Bausteine für ein modernes Weltbild

Herausgeber Hoimar v. Ditfurth

Hans Georg Wunderlich

Das neue Bild der Erde

Faszinierende Entdeckungen der modernen Geologie

Mit 46 Textabbildungen
und 18 Farbfotos auf 16 Tafeln

Hoffmann und Campe

Die Abbildungen ohne Quellenvermerk sind dem Archiv des Autors entnommen.

1. bis 30. Tausend 1975

Gesetzt aus der Korpus Garamond-Antiqua
Satz und Druck Süddeutsche Verlagsanstalt GmbH, Ludwigsburg
Bindearbeiten Großbuchbinderei Sigloch, Künzelsau
ISBN 3-455-08993-3 · Printed in Germany

Meinen Kindern

Inhalt

Vorwort

Will man unser modernes wissenschaftlich-technisches Leben schlagwortartig kennzeichnen, so drängen sich Begriffe wie Atom- oder Weltraumzeitalter auf. Innerhalb eines erstaunlich kurzen Zeitraumes von nur wenigen Jahrzehnten ist es der Menschheit gelungen, nach den ersten vernichtenden Schlägen gegen Hiroshima und Nagasaki zu Ende des Zweiten Weltkriegs, mit der unkontrollierten Freisetzung zuvor ungeahnter Kernenergien, diese neuen Energiequellen zu zügeln und einer friedlichen Nutzung dienstbar zu machen. Nicht weniger eindrucksvoll war der Schritt des Menschen in den Weltraum, der sich innerhalb eines Zeitraumes von nur zwölf Jahren von dem noch unbemannten russischen Sputnik I (mit 84 Kilogramm Nutzlast im Herbst 1957) bis zur Landung auf dem Mond durch die Apollo-11-Besatzung am 21. Juli 1969, mit Hilfe einer Saturn-V-Rakete vollzog (die 113 Tonnen Nutzlast in den Orbit zu heben vermag).
Blickte die Menschheit in den Jahrzehnten des kalten Krieges gleichsam gebannt auf die Atommächte, in steter ängstlicher Erwartung atomarer kriegerischer Auseinandersetzungen, und richteten sich später die Blicke der Weltöffentlichkeit auf den mehr friedlichen Wettstreit im Weltraum, so erfolgte unterdessen auf der Erde, fast unbemerkt von dieser Weltöffentlichkeit, eine nicht minder bedeutende Revolution in der Kenntnis der Erdoberfläche: Mehr als zwei Drittel unserer Erde, kontinentfern und von ozeanischen Wassermassen bedeckt, wurden im Zusammenwirken internationaler Expeditionen von Meereskundlern, Geophysikern und Geologen erforscht und damit eigentlich erstmalig der Menschheit bekanntgemacht. Wie sehr diese Forschertätigkeit unser Bild von der Erde verändert hat, und wie sich nunmehr zum ersten Mal ein Verständnis für die geologischen Vorgänge der gesamten Erde anbahnt, soll in den folgenden Kapiteln gezeigt werden.
Zwar gab es »weiße Flecke« auf der Landkarte praktisch schon seit Einführung der Luftfahrt zu Beginn dieses Jahrhunderts nicht mehr.

Aber die »blauen Flecke« der Meeresräume, ohne Kenntnis der Struktur und Tiefe des Meeresbodens, blieben bis über den Zweiten Weltkrieg hinaus weithin unbekanntes Gebiet. Zweifellos stand die Schließung dieser Kenntnislücken in der öffentlichen Meinung lange Zeit etwas im Schatten der eindrucksvolleren Erfolge der bemannten Raumfahrt oder der Kernphysik mit ihren unmittelbaren Gefahren nicht nur für die unmittelbar Beteiligten. Aber gerade die bemannte Raumfahrt hat unserer Generation eindrucksvoll vor Augen geführt, wie verschwindend klein im Verhältnis zum unendlichen Weltraum unsere bewohnbare Welteninsel Erde tatsächlich ist, wie lebensfeindlich der Weltraum selbst und die benachbarten Himmelskörper sind und wie ausschließlich die Menschheit auf diesen vergleichsweise kleinen Planeten Erde angewiesen ist. Schien die bemannte Raumfahrt zunächst einen trügerischen Weg von der Erde weg in noch unbekannte Fernen zu eröffnen, und ließ die Kernphysik die Möglichkeit offen, daß sich die Menschheit selbst und damit die im interplanetaren Raum allein bewohnbare Erde mit wenigen vernichtenden atomaren Schlägen zerstörte, so führte schließlich gerade die bemannte Raumfahrt zu einer völlig neuen Sicht und Einschätzung unseres angestammten Planeten. Wer den historischen Raumflug zu Weihnachten 1968 mit der ersten bemannten Umrundung des Mondes durch Frank Borman, James Lovell und William Anders am Bildschirm verfolgt hat, dem teilte sich etwas von dem beklemmenden Gefühl der Einsamkeit und Lebensfeindlichkeit des Weltraumes mit, das die Astronauten unwillkürlich ihre Zuflucht zu Bibeltexten suchen ließ. So weit das Auge des Astronauten auch blicken mochte, außer jenem glücksverheißenden, verschwindend kleinen blauen Himmelskörper über dem Horizont der gleißenden, trostlos öden Mondoberfläche gibt es keinen erreichbaren, bewohnbaren Planeten. Hatte die irdische Seefahrt des Zeitalters der Entdeckungen, mit welchem man zunächst das Weltraumzeitalter glaubte vergleichen zu können, der wachsenden Erdbevölkerung neue Siedlungsräume auf fernen Kontinenten erschlossen, so stieß die bemannte Weltraumfahrt gleichsam ins Leere: in die lebensvernichtende Weite eines dem Menschen feindlichen Weltraumes. Sie führte damit zwangsläufig zurück auf die Erde und zu einer Konzentration auf diesen einzigen, uns zugänglichen bewohnbaren Planeten. Indem der Mensch die Erde aus gebührendem Abstand vor der unendlichen Leere des Weltraumes zu sehen lernte, erwuchs ihm zugleich ein neues Gefühl

des Wertes und der einzigartigen Bedeutung dieses Himmelskörpers. Die Erde ist, wie man in Abänderung eines bekannten Zitates sagen möchte, weder die beste noch die schlechteste aller möglichen Welten, sie ist der einzige uns zur Verfügung stehende Lebensraum. Und ihn gilt es, so gut wie irgend möglich kennen- und verstehenzulernen.
So schloß sich an das amerikanische Apollo-Programm mit dem Ziel der bemannten Mondfahrt zwangsläufig der Test von Raumstationen zur Erdbeobachtung vom Orbit aus an. Nicht auf fremden Himmelskörpern, sondern auf der Erde selbst sind der künftigen Raumfahrt die wichtigsten Aufgaben gesetzt. Dies mag fast nach Enttäuschung über den anfänglichen Höhenflug zu fernen Zielen anmuten. Dennoch ist das im Rahmen dieser Raumfahrt Erlernte enorm und unschätzbar. Die vielleicht wichtigste Erkenntnis aber bleibt diejenige von der besonderen Bedeutung unserer Erde. Kennen wir sie überhaupt? Was wissen wir von ihrer Entstehung und Geschichte? Wie sind die Formen der Erdoberfläche entstanden, haben sich Kontinente verlagert und Gebirge gebildet? Das neue Bild der Erde versucht, auf diese Fragen eine Antwort zu geben.

Stuttgart, im Februar 1974 H. G. Wunderlich

Erster Teil

Einleitung

1. Die Erde geht auf

Wer sich Gedanken über den Sinn der Raumfahrt macht, denkt dabei sicher in erster Linie an den Gewinn wissenschaftlich-technischer Erkenntnisse, die im Rahmen von Raumfahrtprogrammen zu gewinnen sind. So verdankt zweifellos die amerikanische Technik ihren Vorsprung auf zumindest einigen Gebieten, wie dem der Computertechnik oder dem der Minimisierung, der optimalen Verkleinerung von Bauteilen, nicht zuletzt den von der Raumfahrt ausgehenden Impulsen.
Aber auch die Auswirkungen im geistigen Bereich sollten nicht unterschätzt werden: Der Mensch des Raumfahrtzeitalters, für den – wenn auch nur stellvertretend – die Astronauten Armstrong und Aldrin erstmals ihren Fuß auf einen fremden Himmelskörper gesetzt haben, ist nicht mehr derselbe wie in vorangegangenen Jahrhunderten. Seit der Mensch der Steinzeit Aufstieg und Niedergang astronomischer Objekte beobachtete, empfand sich der Erdbewohner in Ruhe, sah er die übrigen Himmelskörper in Bewegung. Erstmals bei der Umrundung unseres Erdtrabanten bot sich das ungewohnte Schauspiel des Erd-Auf- und Unterganges über dem deutlich stärker gekrümmten Mondhorizont. Im Film, am Bildschirm, an Hand von Photoserien konnten zahllose Menschen auch ohne eigene Weltraumfahrt an diesem eindrucksvollen Vorgang teilhaben. Sie gewinnen daraus zweifellos ein neues, relativiertes, vielleicht aber auch engeres Verhältnis zu ihrem Mutterplaneten.
Schon das äußere Bild dieser Erde aus dem Weltraum gesehen war zweifellos ungewohnt. In nahezu allen Abbildungen unseres Planeten aus dem Vor-Weltraumzeitalter wurde dieser, gesehen aus dem interplanetarischen Raum, dargestellt wie ein kreiselnder Schulglobus, mit Festländern, Gebirgen und Meeren. Der tatsächliche Anblick der Erde aus dem Weltraum aber stellt sich völlig anders dar: Von den Konturen der Festländer scheint nur ausnahmsweise in den Trockengebieten Afrikas, Südamerikas oder Innerasiens ein Stück rotbrauner

Oberfläche auf. Alles übrige wird von Wolken verdeckt. Diese Tatsache war zwar auch schon vor Beginn der Raumfahrt theoretisch bekannt, aber niemand wußte sich Form und Farbe dieser Wolkendecke richtig vorzustellen. So spricht beispielsweise der namhafte Wiener Geologe Eduard Suess vor knapp hundert Jahren in seinem epochemachenden Werk über »das Antlitz der Erde« von den »rötlichbraunen Wolkenzonen unserer Atmosphäre«, die »ein Beobachter, aus dem Himmelsraume unserem Planeten sich nähernd« »beiseite schieben« müßte, um »die Oberfläche des Erdballes überblicken« zu können. Allenfalls machte man sich eine recht diffuse Vorstellung von der Verteilung dieser Wolkendecke. Der Anblick der Erde aus dem Weltraum jedoch ist phantastisch und ästhetisch zugleich: Die vielfältigen Schattierungen von Blau und Silber, welche die Oberfläche unseres Planeten als einzigen im interplanetaren Raum auszeichnen, sind nicht willkürlich verteilt, sondern spiegeln das dynamische Bild der Bewegung in der Lufthülle der Erde, der allgemeinen atmosphärischen Zirkulation, wieder.

Infolge ihres hohen Reflektionsvermögens gegenüber dem einfallenden Sonnenlicht erscheint die Wolkendecke aus dem Weltraum gesehen strahlend weiß, nicht grau oder rötlichbraun. Wo eine Wolkendecke fehlt, wird ein Teil des Sonnenlichtes absorbiert; der langwellige Anteil des Strahlenspektrums aus dem rötlichen Bereich der Farbskala ist dieser Absorption stärker unterworfen als die kurzwellige Strahlung aus dem blauen Bereich der Farbskala. So erscheinen die nicht von weißen Wolken bedeckten Teile der Erdoberfläche je nach der Stärke dieser Absorption in abgestuften Nuancen bläulichen Lichtes; aus größerer Entfernung verbindet sich das Weiß der Wolken mit dem blauen Schimmer des Horizonts zu einem hellen Silberblau, das nur von wenigen rotbraunen Flecken der Festlandsgebiete unterbrochen wird. Hier wird auf der Festlandsoberfläche kurzwelliges Sonnenlicht absorbiert und in Form von langwelliger Wärmestrahlung, verbunden mit vermehrter Strahlung aus dem roten Bereich des Farbspektrums, wieder abgestrahlt. Doch sind größere Teile der Festlandsoberfläche eigentlich nur in den Wüstengebieten der Sahara, Arabiens, Persiens und Afghanistans, Südafrikas sowie des westlichen Südamerikas vom Weltraum aus sichtbar. Die Verteilung der Kontinente und Meere tritt zurück hinter den Erscheinungen der Erdatmosphäre, der Verteilung von Wolkenfeldern und Aufklarungsgebieten.

Wo warme, feuchte Luftmassen infolge ihrer verminderten Dichte zum Aufsteigen gezwungen sind, kühlen sie sich mit zunehmender Höhe ab, was schließlich zur Kondensation der mitgeführten Feuchtigkeit und damit zur Wolkenbildung führt. Wolkenbildung ist also weithin ein Anzeichen für aufsteigende Luftmassenbewegung in der Erdatmosphäre.

Wo hingegen Kaltluftmassen aus höheren Bereichen der Atmosphäre infolge ihrer größeren Dichte in tiefere Teile der Lufthülle absinken, erwärmen sie sich und werden dadurch befähigt, in steigender Menge Feuchtigkeit unkondensiert aufzunehmen. Wolken lösen sich daher in absteigenden Luftmassen auf; Trockengebiete der Erde mit überwiegend klarem Himmel zeichnen sich daher weitgehend durch abwärts gerichtete Luftmassenbewegung aus.

Diese auf- bzw. abwärts gerichtete, überwiegend vertikale Bewegung der Luftmassen infolge unterschiedlicher Erwärmung wird als Konvektion bezeichnet, und das Weltraumbild der Erde ist in erster Linie ein Abbild dieser thermischen Konvektion.

Nun kann allerdings Luft weder ständig aufsteigen noch absinken, ohne daß ein entsprechender Nachschub warmer bzw. kalter Luftmassen – einerseits am Erdboden, andererseits in der Höhe der Atmosphäre (genauer gesagt unterhalb der Tropopause, der Grenzzone zwischen Troposphäre als dem Bereich des Witterungsgeschehens und der darüber folgenden höheren Atmosphäre) – erfolgen würde. Diesen mehr horizontal gerichteten Anteil der Luftmassenbewegungen bezeichnet man üblicherweise als Advektion; er ist letztlich für die Windbewegung am Erdboden – wie auch unterhalb der Tropopause, insbesondere in der Zone der sogenannten Strahlströme mit ihren besonders hohen Windgeschwindigkeiten – verantwortlich.

In stark vereinfachter Form könnte man sich nun vorstellen, daß sich Konvektion und Advektion in Gestalt einfacher Luftumwälzung um horizontale Achsen, also mit aufsteigendem und abfallendem Ast, verbunden durch horizontale Ausgleichsbewegungen in der Höhe und am Erdboden, zusammenschließen. Dies wäre allenfalls möglich, wenn die Erde ein ruhender Körper im Raum wäre. Tatsächlich aber erfolgen alle genannten Luftmassenbewegungen auf dem Karussell der Erdrotation, und so überlagern sich stets die thermische Bewegung der Luftmassen einerseits mit der Drehbewegung der Atmosphäre aus der Erdrotation. Jede quer zur Erdrotation gerichtete Bewegung erfährt hier-

durch eine Ablenkung, die man als Coriolis-Beschleunigung bezeichnet. Bewegungen auf der nördlichen Erdhälfte werden hierdurch generell nach rechts, solche auf der südlichen Erdhälfte nach links abgelenkt. Genaugenommen kann es daher auf dem Erdkarussell keine streng geradlinigen Bewegungen geben; auch die Luftmassen werden daher in der Erdatmosphäre je nach ihrer Geschwindigkeit in zunehmend gekrümmte Bewegungsbahnen gezwungen.
Diese gekrümmten Bewegungsbahnen der Luftmassen der Erdatmosphäre sind nun an Hand der Weltraumbilder oft besonders schön an den mitgeführten Wolkenbänken erkennbar. Hier spiegelt sich tatsächlich unmittelbar die Bewegung der Luftmassen wider, während die tägliche Wetterkarte am Bildschirm, in der Zeitung oder im Aushang der Wetterstationen eine meßtechnische Abstraktion darstellt, anschaulich vor allem für denjenigen, der die verwendeten Zeichen zu lesen versteht.
Wichtiges Merkmal der Wetterkarten sind die Luftmassengrenzen, die Fronten zwischen beispielsweise arktischer Kalt- und subtropischer Warmluft. Solche Frontalzonen sind im Weltraumbild allenfalls am charakteristischen Wechsel der Bewölkung erkennbar. Des weiteren wird in Wetterkarten insbesondere der Luftdruck dargestellt, der in gesetzmäßiger Weise mit der Verteilung der Luftmassengrenzen variiert.
Aus Luftbildern ist die Verteilung des Luftdrucks, wie ihn die Bodenwetterkarten darstellen, allenfalls wiederum nur sekundär zu erschließen: Gebiete mit hohem Luftdruck zeichnen sich durch absteigende Luftmassenbewegung, durch Auflösung der Wolkendecke und damit gute Bodensicht aus. Tiefdruckzonen hingegen werden durch aufsteigende Luftmassenbewegung, durch verstärkte Bewölkung und damit verbunden nicht selten durch Niederschlag charakterisiert. Man kann also mit etwas Übung versuchen, aus dem Weltraumbild der Erde Rückschlüsse auf die zur Zeit herrschende Luftdruckverteilung in der Atmosphäre zu ziehen.
Die unmittelbare Luftmassenbewegung hingegen wird in der Bodenwetterkarte durch Windpfeile mit desto stärkerer Fiederung dargestellt, je größer die gemessene Windgeschwindigkeit im Bereich der zuständigen Wetterstation ist. Das Weltraumbild hingegen vermittelt vielfach einen unmittelbaren Eindruck von der Luftmassenbewegung in der Atmosphäre; besonders deutlich wird dies überall dort, wo

zahlreiche schmale, parallele Wolkenstreifen unmittelbar die Windrichtung erkennen lassen.
Schon seit geraumer Zeit war es den Meteorologen bekannt, daß die wolkenreichen, feuchtwarmen Luftmassen in Tiefdruckgebieten nicht einfach vertikal aufsteigen, sondern wirbelartig von der Peripherie der Tiefdruckzone her einströmen, wobei gleichzeitig eine Verwirbelung mit Kaltluftzungen aus angrenzenden Frontalbereichen fremder Luftmassenzusammensetzung erfolgt. Genauso, wie sich Wassermassen in der Badewanne bei unterschiedlicher Temperatur nicht unmittelbar mischen, sondern längere Zeit hindurch praktisch stabil übereinanderschichten, wenn man sie nicht durch Umrühren zur Mischung zwingt, also miteinander »verwirbelt«, so erfolgt auch der Temperaturaustausch der Luftmassen in der Erdatmosphäre praktisch durch Verwirbelung. Diese Luftmassenwirbel können allerdings nicht selten kontinentweite Dimensionen annehmen, wobei die Bewegung in Form eines Einströmens und Aufsteigens im Wirbel erfolgt. Diese Wirbel sind im Sinne der Bodenwetterkarten Tiefdruckgebiete; infolge der Coriolis-Bewegungen aus der Erdrotation ist der Drehsinn dieser Tiefdruckwirbel im Bereich der nördlichen Erdhälfte entgegen, auf der südlichen mit dem Uhrzeigersinn gerichtet. Nur im Falle räumlich engumgrenzter, sehr ausgeprägter derartiger Wirbel, nämlich am Beispiel tropischer Wirbelstürme, der Taifune des westlichen Pazifiks und Indiks sowie der Hurrikane des zentralen Atlantiks, waren bisher von Wetterflugzeugen aus direkte photographische Aufnahmen dieser Rotationsbewegung der Luftmassen gelungen.
Um so eindrucksvoller bestätigte sich, auch für den Laien sichtbar, die den Meteorologen längst bekannte Wirbelbewegung der Luftmassen in der Erdatmosphäre an Hand der Weltraumbilder der Erde: Durch streifig angeordnete Wolkenbänke in Richtung der Luftbewegung, durch Auflösung der Wolken in den Kaltluftsektoren der Luftmassenwirbel sowie durch verstärkte Bewölkung im Bereich des Warmluftsektors und der Aufgleitzonen gab sich das Witterungsgeschehen im Bereich eines solch ausgedehnten Tiefdruckwirbels an Hand der Weltraumphotos mit einer Anschaulichkeit zu erkennen, wie sie die herkömmliche Wetterkarte – zumindest für den Nichtfachmann – kaum zu erzielen vermochte. Witterungsgeschehen ist Luftmassenbewegung, und diese Luftmassenbewegung ist in der Regel Wirbelbildung. Was am Beispiel der Wetterkarten zunächst komplizierte De-

duktion und theoretische Abstraktion schien, wurde so durch die neue Sicht der Raumfahrt zum – auch für den Laien unmittelbar verständlichen – unmittelbaren Eindruck von der Bewegung in der Atmosphäre.

Was der Astronaut vom Weltraum her von der Erde sieht, ist somit nicht in erster Linie die Erdoberfläche mit der Verteilung von Land und Meer, mit Gebirgen und Tiefländern, sondern vor allem der Bewegungszustand der Atmosphäre mit ihrer Bewölkung und Luftmassenbewegung. Was dabei zunächst als überflüssige Spielerei der Natur anmuten könnte – diese ständige Verlagerung und Verwirbelung der Luftmassen mit unterschiedlicher Temperatur und Luftfeuchtigkeit – ist für die Erhaltung des Lebens auf der Erde eine unabdingbare Voraussetzung: Ohne Atmosphäre gäbe es keine Atmung, ohne Luftmassenbewegung keinen Temperatur- und Feuchtigkeitsaustausch und damit kein Pflanzenkleid auf der Erde. Kein anderer Planet des Sonnensystems zeigt dieses charakteristische Bewegungsbild der irdischen Atmosphäre; schon weithinaus in den interplanetarischen Raum grüßt die Erde den Weltraumfahrer mit ihrem wesentlichen Merkmal, das sie von ihren Nachbarplaneten unterscheidet und damit als bewohnbaren Himmelskörper auszeichnet. So ist die aufgehende Erde der neu gewonnenen Raumfahrer-Perspektive ein Symbol für die Überlebenschance im sonst lebensfeindlichen Weltraum geworden.

2. Von Kontinenten und Meeren

Die Erdatmosphäre ist ständig in Bewegung; daher ändert sich das Bild der Erde vom Weltraum aus gesehen von Tag zu Tag. Auch die Bodenwetterkarten müssen demzufolge täglich neu gezeichnet werden: In der Lufthülle der Erde ist der stete Wandel das einzig Beständige.
Hat man die Lufthülle passiert und die Erdoberfläche erreicht, so scheinen damit beständige Oberflächenformen gegeben zu sein, wie etwa die Verteilung von Land und Meer oder die Konturen der Gebirge. Sieht man von der vermehrten Kenntnis über entlegene Gebiete der Erde ab, so unterscheidet sich eine Weltkarte aus dem vorigen Jahrhundert in den wesentlichen Zügen nicht allzusehr von einem modernen Exemplar. Die Umrisse der Festlandsgebiete und die Lage der Gebirgszüge hat sich seither nicht verändert. »Ewig wie die Berge«, scheinen die Oberflächenformen der Erde insgesamt faktisch unveränderlich zu sein. Aber dieser Eindruck trügt; er ist lediglich durch die vergleichsweise kurze Lebens- und damit Beobachtungsspanne der Erdbewohner bedingt. Aus historischen Berichten, aus teilweise sagenartiger Überlieferung sowie durch die unmittelbare Feldforschung unter und über Wasser ist uns bekannt, daß ehemals reiche, blühende Landstriche einstmals vom Meere überspült wurden, in Sturmfluten untergegangen sind. In der »großen Mannstränke«, der Marcellusflut vom 16. Januar des Jahres 1362, brach die Nordsee an der schleswig-holsteinischen Westküste im Bereich der Wattenmeerinsel Hallig Südfall über fünfzehn Kirchdörfer herein, deren größtes, Rungholt, noch heute bekannt ist und Eingang in die Balladen-Literatur gefunden hat: »Heut' bin ich über Rungholt gefahren, die Stadt ging unter vor fünfhundert Jahren« ... so klingt in der dichterischen Erinnerung jenes katastrophale Ereignis nach, das im 14. Jahrhundert Tausenden von Menschen das Leben kostete und Hunderte von Quadratkilometern reiches Marschenland überflutete.

Seit Karl Ernst Adolf von Hoff (1771–1837) in seinem fünfbändigen Lebenswerk zur »Geschichte der natürlichen Veränderungen der Erdoberfläche« (1822–1841) sorgfältig alle ihm zugänglichen historischen Überlieferungen von geologischen Vorgängen im Laufe der Menschheitsgeschichte gesammelt und dargestellt hat, weiß man in der Geologie, daß die Beständigkeit der festen Erde nur eine scheinbare ist. Auch die Konturen der Gebirge, der Festländer und Meere sind ständigem Wandel unterworfen, wenn deren Veränderung auch weit langsamer erfolgt als die Veränderungen in der Lufthülle der Erde. Doch auch die Lithosphäre, die Erdhülle, ist praktisch in steter Bewegung; Gebirgsbildung, Hebung oder Senkung der Küsten, Verlagerung der Kontinente sind keineswegs Vorgänge, beschränkt auf eine fern in der Vergangenheit zurückliegende erdgeschichtliche Epoche, sondern Ereignisse, die bis in die Gegenwart hinein andauern. Wäre uns kurzlebigen Menschen der erforderliche lange Atem gegeben, wir könnten das Wachsen der Gebirge oder die Verschiebung ganzer Kontinentaltafeln unmittelbar verfolgen. Doch längst ehe sich diese unendlich langsam verlaufenden Vorgänge für den Menschen sichtbar zu deutlichen Veränderungen in der Gestalt der Erdoberfläche summiert haben, sind unsere Tage gezählt, beginnt eine neue Generation, ihre eigenen Beobachtungen und Erfahrungen zu sammeln. So erscheint uns in der kurzen Spanne unseres eigenen Erlebens die Erde als beständiger, fast unveränderlicher, fester Körper, und wir vermögen nur die relativ raschen Bewegungen der Lufthülle wirklich als solche zu erkennen.

Während im einen Bereich der Erdoberfläche Küstenländer weithin vom Meere überflutet werden, steigen andere Areale des Meeresbodens auf und geben nach und nach die Formen des ehemaligen Meeresgrundes frei. Unzweideutige Versteinerungen einstiger Meeresorganismen galten bis in das Zeitalter der Aufklärung hinein als unmittelbare Beweise für die Richtigkeit des biblischen Sintflutberichtes, als marine Relikte auf dem heutigen Festland – zurückgelassen beim Rückgang der mosaischen Flut (1. Mos. 6), deren altdeutsche Bezeichnung »sinfluot« (= große Flut) später nicht selten in »Sündflut« abgeändert wurde, im Sinne einer zur Vernichtung der sündigen Menschheit über die gesamte Erde verhängten Überschwemmungskatastrophe. Tatsächlich finden sich Sintflutmythen bei vielen alten Völkern, im altmesopotamischen Gilgameschepos, im alten China und Indien, bei

Orinoko-Indianern nach den Berichten Alexander von Humboldts sowie in der vorkolumbianischen mixtekischen Handschrift des Codex Vindobonensis Mexicanus 1 aus dem Hochland von Oaxaca/Mexiko, in welcher geschildert wird, wie der zum Gott erhobene Quetzalcoatl einst den bei einer Flutkatastrophe eingestürzten Himmel wieder aufrichtet. Nichts lag näher, als in den vielfach auffindbaren Meeresversteinerungen auf dem Festland den unmittelbaren Beweis für die Richtigkeit jener uralten Überlieferungen vergangener Flutkatastrophen zu sehen.

Doch die Begründer einer Geologie als Naturbeobachtung und angehende moderne Wissenschaft zu Beginn des vorigen Jahrhunderts lernten, genauer zu beobachten. Nach dem mosaischen Bericht war die große Flut einst angestiegen, aber später wiederum auf den ursprünglichen Wasserstand der Weltmeere abgesunken. Das Wasser reichte also nach der Flut nicht höher als zuvor, und es mußte während des Höchststandes überall annähernd übereinstimmende Höhe erreicht haben. Die Meeresablagerungen aber, welche der Geologe draußen in der Natur weithin in Gebirgen und Flachländern nachzuweisen vermag, zeigen ein völlig anderes Bild: So steigen ehemalige Strandterrassen von den Randgebieten Skandinaviens aus in Richtung zum Fjordinnern hin mehr und mehr an (Bravais 1838, de Geer 1897), bis schließlich im Bereich der nördlichen Ostsee ein Maximum in der Höhenlage derartiger fossiler Meeresbildungen – nahezu 300 m über dem heutigen Meeresspiegel – erreicht wird. Nicht der Meeresspiegel hatte sich gehoben, sondern Skandinavien hatte eine Aufwölbung des Festlandes erfahren, wobei das Zentrum dieser Aufwölbung im Bereich der nördlichen Ostsee zu suchen ist, während sich die Randgebiete vergleichsweise nur wenig über die heutige Strandlinie hoben. Außerhalb des skandinavischen Hebungsraumes, im Gebiet der heutigen Nordsee, der südlichen Ostseeküste und im Norddeutschen Tiefland hingegen tritt weithin junge Absenkung der Erdkruste an die Stelle einer Aufwölbung der Erdoberfläche. In den Alpen wiederum treten uns ehemals marine Ablagerungen, vielfach mit mehr oder minder gut erhaltenen, versteinerten Meeresorganismen, in intensiv gefalteter Form bis hinauf zu den höchsten Erhebungen der Gebirgsgipfel entgegen.

Also war nicht nur der Wasserspiegel der Weltmeere veränderlich und konnte hin und wieder in Flutkatastrophen ansteigen, entscheidender waren die vertikalen Verschiebungen der Erdkruste, die teils zu Überflutungen sinkender Krustenareale, teils zur Heraushebung einstiger Meeresräume führten. Wer im geologischen Schichtenbau der Erdkruste wie in den Zeilen eines historischen Berichtes zu lesen verstand, dem entschlüsselte sich diese vielfältige Bewegung der Erdkruste als eine unablässige Folge von Transgressionen und Regressionen der Weltmeere, von positiven und negativen Strandverschiebungen, also Meeresüberflutung und Meeresrückzug.

Daß auch das tiefere Erdinnere an den Bewegungen der Erdoberfläche beteiligt war, konnte man unschwer aus dem Aufdringen von Gesteinsschmelzen in den Vulkangebieten der Erde ablesen: Im Jahre 79 n. Chr. erlebte der Vesuv, der im Altertum zuvor als erloschen galt, einen gewaltigen Initialausbruch mit Förderung beträchtlicher Lava- und Bimssteinmassen, welche die römischen Landstädte Pompeji und Herculaneum vollständig begruben. Von Pompeji, einst eine etruskische Gründung am Golf von Neapel, waren nach der Katastrophe auf einem Hügel über der Erde nur Reste des ehemaligen Amphitheaters erhalten geblieben. Herculaneum, einst eine griechische Pflanzstätte wie das benachbarte Neapolis, wurde in der ersten Hälfte des 18. Jahrhunderts durch reinen Zufall wiederentdeckt, als ein Prinz Elbeuf neben seinem Sommerhause auf den Lava-Klippen »hinter dem Kloster der Franziskaner der strengerern Regeln von St. Pietro von Alcantara« an der Bucht von Neapel einen Brunnen graben ließ. Dieser Brunnen traf mitten in das ehemalige Theater der Stadt Herculaneum und gab drei marmorne Frauenbildnisse frei, die vom österreichischen Vizekönig dem Prinzen Eugen geschenkt und nach dessen Tod an den König von Polen verkauft wurden. Nachdem Spanien in den Besitz des Königreiches beider Sizilien gelangt war, begannen sowohl in Herculaneum als auch in Pompeji Grabungen nach den antiken Städten, die bis in die Gegenwart hinein mit wechselndem Elan und Erfolg weitergeführt werden. Wie kaum andere Funde der Vergangenheit haben die Ausgrabungen von Pompeji und Herculaneum die damals jungen Wissenschaften der Archäologie und der Kunstgeschichte beflügelt. In Johann Joachim Winckelmanns »Kunst des Altertums« (1764) fanden unter anderem auch diese Wiederentdeckungen antiker Stätten ihren epochemachenden literarischen Niederschlag.

Im Jahre 1538 erhob sich als Folge vulkanischer Tätigkeit nahe dem süditalienischen Landstädtchen Pozzuoli nördlich von Neapel unvermittelt an Stelle flachen Küstenlandes ein neuer Vulkankegel an die dreihundert Meter hoch empor, der bekannte Monte nuovo, neben der berühmten Solfatara (einem durch seine noch aktiven Schwefeldampfquellen bekannten Krater im Stadtgebiet Pozzuolis in der Nähe des antiken Amphitheaters) eine der geologischen Attraktionen dieses landschaftlich wie wissenschaftlich wahrhaft eindrucksvollen Küstenstrichs. Als Leopold von Buch (1774–1853), einer der Begründer der modernen Geologie in Deutschland, anläßlich einer Süditalienreise 1805 gemeinsam mit seinen Studienkollegen Alexander von Humboldt und Gay-Lussac Zeuge eines großartigen Vesuv-Ausbruches wurde, fanden vulkanistische Vorstellungen Eingang auch im damals stark von den neptunistischen Ideen Abraham Gottlob Werners (1750 bis 1817) geprägten Mitteleuropa. Vulkane konnten nicht, wie es Werners Lehre verkünden wollte, untergeordnete, durch in Brand geratene Kohlenlager bedingte Erscheinungen sein, sondern sind offensichtlich Zeugen einer durchaus eigenständigen Aktivität des Erdinnern. Als Leopold von Buch glaubte, vulkanische Gesteine auch bis in die Kernzonen der Gebirge hinein verfolgen zu können, war eine erste Vorstellung darüber gewonnen, wie man sich die plötzlichen Hebungen der Erdkruste erklären konnte: Die »Theorie der vulkanischen Erhebung« der Gebirge, abgeleitet aus Buchs süditalienischen Vulkanstudien am Vesuv und Monte nuovo, hat bis zum Vordringen der Kontraktionstheorie (der Vorstellung vom schrumpfenden Erdball, dessen Abkühlung eine örtliche Faltung und Aufwölbung der Kruste bewirkt) das wissenschaftliche Denken nachhaltig beeinflußt. Noch heute aber ist an dem teilweise engen, primären Zusammenhang von Vulkanismus und Gebirgsbildung kaum zu zweifeln.

Vulkane im aktiven Stadium sind eine stete Gefahrenquelle für die umwohnende Bevölkerung. Überwachung und Vorhersage von Ausbrüchen gehören daher zu den immer wichtiger werdenden Aufgaben der Geowissenschaftler. Die Entgasung der Schmelze vor Beginn eines Ausbruches, die zu einer Hebung des Herddaches führen kann, läßt sich unter Umständen durch Neigungsmesser hoher Genauigkeit von der Erdoberfläche aus nachweisen. Die mit dem Aufstieg der Schmelze verbundenen Erschütterungen lassen sich mit Seismographen, empfindlichen Erschütterungsmeßgeräten, ermitteln, wie sie für Erdbeben konstruiert wurden. Neuerdings aber erlangt die Infrarot-Photographie aus der Luft steigende Bedeutung für die Eruptionsvorhersage: Die vor einem Ausbruch ansteigende Erdwärme im Kraterbereich ist an

Hand von Photoserien feststellbar, die nicht mit üblichem, sondern für den Infrarot-Bereich des Strahlenspektrums sensibilisierten Aufnahmematerial gewonnen wurden. Im Raumfahrtzeitalter gewinnt die Infrarot-Kontrolle der Vulkangebiete aus der Höhe zweifellos an Bedeutung und wird möglicherweise zu einer dauernden Aufgabe der Kosmonauten und Raumstationen. Hierbei wird nicht nur rein wissenschaftliches Beobachtungsmaterial gesammelt, sondern unmittelbar eine praktische Aufgabe für die Allgemeinheit zum Schutze von Menschenleben und wirtschaftlichen sowie künstlerischen Werten innerhalb der Gefahrengebiete geleistet.

Die Infrarot-Technik mit Hilfe des für grün, rot und infrarot empfindlichen Farbfilms (statt des sonst üblichen blau-, grün- und rotempfindlichen Filmmaterials) hat als »Falschfarbenmethode« (remote sensing) bereits weithin Eingang in die Raumfahrt-Beobachtung der Erdoberfläche gefunden. Auf dem Falschfarbenfilm erscheinen beispielsweise gesunde, kräftige Pflanzen des Vegetationskleides der Erde in starker Rotfärbung, während krankhafte Vegetation graue bis graugrüne Farbtöne aufweist. Schädlingsbefall ganzer Landstriche ist daher aus der Höhe oft rascher und dem Umfang nach deutlicher zu erkennen als von der Erdoberfläche aus.

Auch feine Unterschiede in der Zusammensetzung der Gesteine an der Erdoberfläche lassen sich nicht selten an Hand des Falschfarbenfilmes besser erkennen als mit herkömmlichen Luftaufnahmen. Hiervon profitiert die Lagerstättenforschung, etwa bei der Aufsuchung neuer wirtschaftlich nutzbarer Vorkommen. Daß man mit Hilfe von Wettersatelliten die Witterungsentwicklung verfolgt, aus der Höhe den Weg verheerender Wirbelstürme kontrolliert, Waldbrände frühzeitig erkennen kann oder den Weg von Eisbergen als steter Gefahr der nördlichen Schiffahrtswege auf der Nordatlantikroute feststellt, gehört zu den vielfältigen weiteren wichtigen Aufgaben, welche die Raumfahrt im Dienste der Erdbeobachtung übernommen hat.

Aber nicht nur die Erdoberfläche, das Witterungsgeschehen in der Troposphäre oder die Wasseroberfläche der Weltmeere sind einer Überwachung aus der Luft zugänglich: Das Remote-sensing-Verfahren bei Raumbildern erlaubt auch, beispielsweise Aussagen über den Verschmutzungsgrad küstennaher Meeresgewässer zu machen und damit einen Beitrag zum Schutze der Umwelt zu leisten, da sich das schwebstoffhaltige Wasser – etwa vor der Mündung schmutzüberladener

Gehobene Strandterrassen in Tunesien als Zeugen junger Bewegungstektonik (Jungpleistozän).

Marine Ablagerungen der letzten Zwischeneiszeit wurden durch vertikale Krustenbewegungen weit über das heutige Strandniveau gehoben. 20–30 m über dem Meer findet man Versteinerungen einstiger Meeresorganismen, die erkennen lassen, daß diese Gesteinsserien vor ca. 2–3 Millionen Jahren unter dem Wasser gelegen haben.

Früher glaubte man, derartige Meeresversteinerungen seien Relikte uralter Flutkatastrophen und sah in ihnen den unmittelbaren Beweis der Richtigkeit des biblischen Sintflutberichts. Man dachte auch an eine Senkung des Meeresspiegels, ja, an eine generelle Wasserabnahme der Weltmeere um etwa 1 m pro Jahrhundert.

Zu Beginn des vorigen Jahrhunderts begann man aber, derartige Ablagerungen an den Küsten systematisch zu untersuchen und stellte dabei fest, daß vertikale Verschiebungen der Erdkruste zur Heraushebung einstiger Meeresräume führten.

Gehobene Strandlinien findet man in vielen Teilen der Erde, so zum Beispiel in Skandinavien, in Kanada, an der amerikanischen Ostküste zwischen Washington im N und Jacksonville im S, an der südaustralischen Küste zwischen Kingston und Mt. Gambier, und im Mittelmeerraum.

(Siehe Kapitel: Von Kontinenten und Meeren)

Flüsse – bei dieser Aufnahmemethode deutlich heller abbildet als das reine Meereswasser der unbelasteten Umgebung.

Mit diesen Hinweisen können keineswegs alle möglichen oder denkbaren Anwendungen moderner Raumfahrt für die Erdbeobachtung im praktischen oder wissenschaftlichen Bereich aufgeführt werden, zumal fast täglich neue Methoden und Aufgabenstellungen hinzukommen. Aber schon diese wenigen Angaben lassen deutlich erkennen, daß die erzwungene Rückkehr aus der lebensfeindlichen Leere des erdferneren interplanetarischen Raumes keineswegs Anlaß zur Resignation gibt, sondern daß die Rückbesinnung und Konzentration auf die Erde der Raumfahrt wichtige neue Aufgaben zum Wohle der Menschheit überträgt.

Mehr als zwei Drittel der Erdoberfläche sind von Ozeanen bedeckt. Mit rund 180 Millionen Quadratkilometern nimmt dabei der Pazifik den bei weitem größten Raum ein, gefolgt vom Atlantik mit 106 und vom Indik mit 75 Millionen Quadratkilometern. Es ist daher verständlich, daß die Überwachung dieser weiten Wasserflächen eigentlich nur aus der Höhe möglich ist. Die Vergleichswerte für die Festlandsflächen nehmen sich demgegenüber verhältnismäßig bescheiden aus: Die größte zusammenhängende Landfläche, der asiatische Kontinent, bringt es auf 44 Millionen Quadratkilometer, denen man noch 10 Millionen für das westliche Anhängsel Europa hinzurechnen kann. Afrika mit rund 30 Millionen Quadratkilometern gehört noch durchaus zu den großen Kontinentalmassen, während Nord- und Mittelamerika nur 24, Südamerika sogar nur 18 Millionen Quadratkilometer umfaßt. Die Antarktis mit 14 und Australien mit 8 Millionen Quadratkilometern bilden den Schluß. Insgesamt stehen rund 361 Millionen Quadratkilometer Ozeanfläche nur 148 Millionen Quadratkilometern kontinentaler Erdoberfläche gegenüber; von den annähernd 510 Millionen Quadratkilometern der gesamten Oberfläche der Erde sind somit etwa 71 % von den Wassermassen der Ozeane bedeckt. Diese zu Beginn unseres Jahrhunderts noch weithin unbekannten Meeresräume gilt es, in Zukunft besser als bisher kennen- und nutzenzulernen.

Nun sind wir uns nach dem eingangs Gesagten durchaus bewußt, daß die gegenwärtige Verteilung von Land und Meer nur eine Momentaufnahme aus dem langfristigen geologischen Geschehen der Veränderung unseres Planeten darstellt. In erdgeschichtlichen Zeiträumen ist mit sehr erheblichen Verschiebungen der Küstenlinien zu rechnen. Weite Teile der Festländer können infolge Wasserspiegelanstiegs oder Krustensenkung überspült werden, andere Bereiche der Erdoberfläche durch Sinken des Meeresspiegels oder Hebung des Festlandes trocken fallen. Dennoch hat die herkömmliche Unterscheidung von Kontinenten und Meeren eine über den Zufall der augenblicklichen Küstenlinien hinausgehende, man möchte fast sagen bleibende Bedeutung: Ganz unabhängig davon nämlich, wie weit jeweils das Meer die Randgebiete der Kontinentaltafeln überspült, mit ihrer mittleren Höhe von 875 m über dem Meeresspiegel überragen diese Kontinentaltafeln die ozeanischen Teile der Erde – mit einer mittleren Wassertiefe von 3790 m – um mehr als 4500 Meter. Die Erdoberfläche ist also recht deutlich in zwei charakteristische Krustenniveaus gegliedert, nämlich in relativ hoch gelegene kontinentale Tafeln (mit Höhenlagen zwischen – 2430 m = dem mittleren Krustenniveau und 8848 m = der höchsten Erhebung irdischer Gebirgsregionen) und tief liegende ozeanische Krustenbereiche (mit Tiefenlagen zwischen –2430 m und –11 034 m Tiefe, der größten bisher festgestellten Wassertiefe im Tiefseegraben vor dem Inselbogen der Marianen im westlichen Pazifischen Ozean).

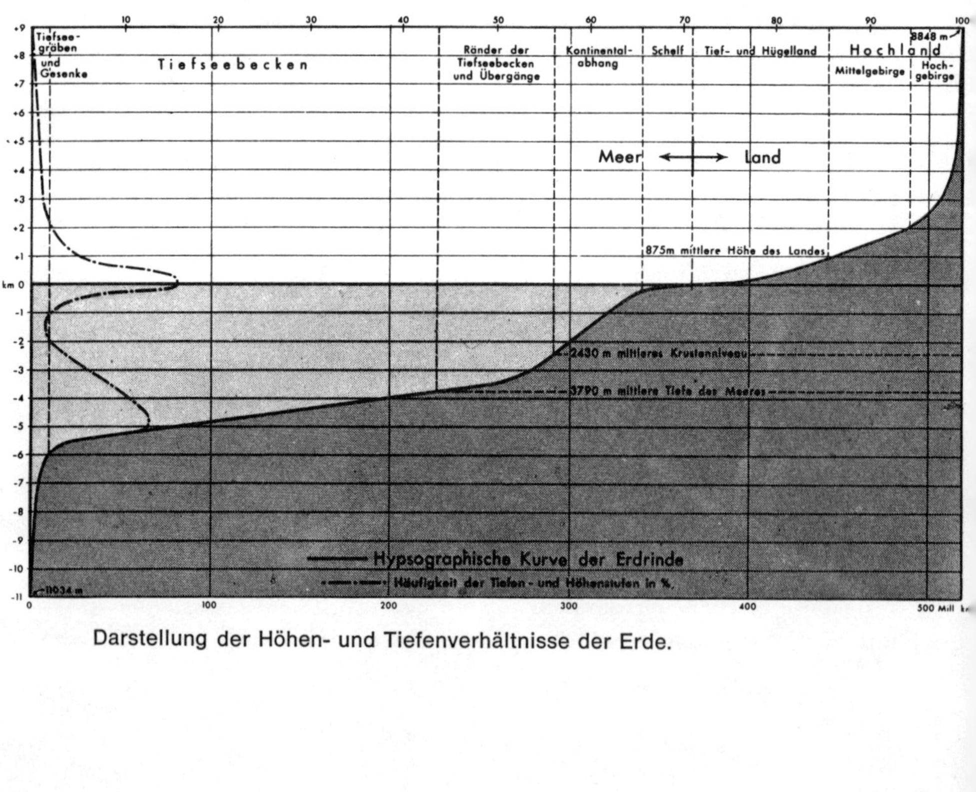

Darstellung der Höhen- und Tiefenverhältnisse der Erde.

Bis weit in dieses Jahrhundert hinein war die Arbeit der Geowissenschaftler weitgehend beschränkt auf die Erforschung der unmittelbar zugänglichen Festlandsräume, war Geologie daher mehr oder weniger eine kontinentale Wissenschaft. Die Meeresflächen waren allenfalls punktuell durch Lotungen der Wassertiefe und Zufallsfunde von Dredgeproben vom Meeresgrunde bekannt. Vorstellungen über den Werdegang der Erde mußten somit fast ausschließlich von den Kontinentalgebieten aus gewonnen werden und blieben daher zwangsweise unvollständig. Erst mit der wissenschaftlichen Eroberung der Meeresräume um die Mitte unseres Jahrhunderts bahnte sich hier ein grundlegender Wandel an, wurden auch die übrigen 71 % der Erdoberfläche für Geowissenschaftler zugänglich. Die Folgen dieser meereskundlichen Revolution für unser heutiges Erdbild sind kaum zu überschätzen. Erst jetzt sind wir in der Lage, einem Verständnis geologischer Vorgänge in erdweitem Rahmen näherzukommen. Im zweiten und dritten Teil dieses Buches wird hierauf näher eingegangen. Doch darf man dabei die bisher gewonnenen Erkenntnisse der kontinentalen Geowissenschaft nicht ganz vergessen; diese sind daher kurz und allgemein verständlich im ersten Teil dargelegt, ehe wir uns den neuen Erfahrungen über das Bild der Erde zuwenden wollen.

Zweiter Teil

Der Bau der Kontinente

Seit dem Zeitalter der Aufklärung haben im Rahmen der allgemeinen Naturwissenschaften auch Geowissenschaftler versucht, auf ihrem Arbeitsgebiet nach Möglichkeit in die Geheimnisse der Natur einzudringen und den Kenntnisstand zu verbessern. Im Unterschied zu anderen Disziplinen ergaben sich dabei allerdings für den Geologen nicht unerhebliche Schwierigkeiten: Er hat es mit Zeiträumen erdgeschichtlicher Entwicklung zu tun, die nach Jahrmillionen zählen, also weit über das hinausgehen, was aus direkter menschlicher Erfahrung oder Überlieferung überblickbar ist. Des weiteren umfaßt die Analyse globaler Bewegungsvorgänge Räume, die für den Menschen vor Beginn des Raumzeitalters praktisch nicht überschaubar waren. Sowohl die zeitlichen als auch die räumlichen Dimensionen des geologischen Arbeitsfeldes sprengten somit den Rahmen üblicher Lebenserfahrung. Noch einschneidender aber war zweifellos die Tatsache, daß nur ein Bruchteil des Forschungsgegenstandes, der Erde, für eine geowissenschaftliche Beobachtung unmittelbar zugänglich war: Die kontinentalen Festlandsräume. Von diesen aus hat sich die Geologie entwickelt, hier hat sie ihre grundlegenden Vorstellungen gewonnen. Mag auch manches, was in den zurückliegenden knapp zwei Jahrhunderten auf diesem Sektor erkannt, gedacht und entwickelt worden ist, unter modernen Gesichtspunkten überholt erscheinen und nachhaltiger Korrektur bedürfen. Eine Reihe prinzipieller Erkenntnisse dieser kontinentalen Epoche der Geowissenschaften ist noch heute ebenso gültig wie zum Zeitpunkt ihrer Ausarbeitung. Ein vollständiges Bild von der Erde und ihrer Ausgestaltung kann daher nicht auf die Kenntnis dieser kontinentalgeologischen Arbeitsergebnisse verzichten. So lückenhaft das bisherige Bild zwangsweise bleiben mußte, ehe die ozeanischen Räume einer ersten Durchmusterung zugänglich wurden, so falsch wäre der entgegengesetzte Ansatz, auf früher gewonnene Beobachtungen zu verzichten, weil sie etwa noch aus dem »kontinentalen« Zeitalter der geowissenschaftlichen Forschung stammen. Das neue Bild der Erde muß sich aus einer sinnvollen Synthese aller, sowohl kontinentaler wie ozeanischer Beobachtungen ergeben. Daher wollen wir zunächst mit den Erkenntnissen aus dem Bereich der Kontinentaltafeln beginnen, ehe wir uns den modernen Untersuchungen der Meeresräume und schließlich der Synthese zuwenden.

1. Gebirge aus dem Meer

Zeigt die Großgliederung der Erdoberfläche eine charakteristische Zweiteilung in Kontinente und Ozeane, so weisen die Kontinente in sich wiederum eine auffällige Zweigliederung auf: Weithin flachen Tieflandsbereichen ohne nennenswertes Relief stehen vergleichsweise schmale, aber in sich stark zerschnittene Hochgebirgsregionen gegenüber. Als Beispiele für die erste Gruppe kann man etwa die Osteuropäische Tafel des westlichen Rußland, das westsibirische Tiefland, das große Artesische Becken Ost-Australiens, das Amazonas-Tiefland Südamerikas oder die ausgedehnte Region der Interior Plains im Westen der Vereinigten Staaten anführen.

Die Hochgebirgsregionen hingegen umziehen die Erde als lockere Aneinanderreihung in Gestalt zweier fast weltweiter Gürtel: Der eine beginnt beispielsweise im westlichen Mittelmeergebiet mit der Betischen Kordillere Südspaniens und dem Atlasgebirge Nordafrikas, setzt sich über die Apennin-Halbinsel, Alpen, Karpaten und Dinarisches Gebirge Jugoslawiens zum Balkan und Pindus des westlichen Festlandgriechenlands fort und mündet östlich der ägäischen Inselwelt in die Kleinasiatischen Randgebirge (Nordpontisches Randgebirge im Norden und Taurus im Süden des zentralanatolischen Hochlandes) ein. Auch die weitere Fortsetzung in südöstlicher Richtung wird von zwei Gebirgszügen (Elburs, Nordiranisches Randgebirge im Norden, Zagrosgebirge im Südwesten des Iranischen Hochlandes) gebildet, die über die Gebirge Westpakistans (Khirdar-Kette, Suleiman-Range) und Afghanistans (Hindukusch) mit dem Himalaja, der höchsten Gebirgserhebung der Erde überhaupt, in Verbindung stehen. Nach scharfer Umbiegung dieses Gürtels in den Gebirgsketten Birmas und Südostasiens wird schließlich der Indische Ozean im Bereich der Andamanensee erreicht, von wo aus sich die Gebirgsländer der Indonesischen Inselwelt, insbesondere Sumatras und Javas, anschließen. Im Raum der Bandasee, der Molukken und West-Neuguineas erhält dieser erste erdumspannende Gebirgsbildungsgürtel Anschluß an einen zweiten, welcher den Pazifischen Ozean rings umgibt. Ihm gehört im Bereich der Neuen Welt die Kordillerenregion der westlichen Vereinigten Staaten, die Zentralamerikanische Festlandsbrücke sowie der Zug der südamerikanischen Anden an, der über den Inselbogen der Südantillen mit dem antarktischen Festland verbunden ist. Von der Kordillerenregion Alaskas stellt der Inselbogen der Aleuten den Kontakt zu den Inselgirlanden Ostasiens (Kurilen, Japan, Riu-Kiu, Philippinen) her, die ebenfalls weithin Gebirgscharakter aufweisen. Die Gebirgsketten der indonesischen Inselwelt ihrerseits sind über das Gebirgsland Neuguineas mit den Inselketten der Salomonen, der Neuen Hebriden, der Fidschi-Inseln sowie über Südfidschi- sowie über Kermadec- und Tongarücken mit den ebenfalls gebirgigen Inseln Neuseelands verbunden, von wo aus die untermeerische Macquarieschwelle abermals die Lücke zum antarktischen Kontinent schließt.

Hat man den ersten dieser beiden erdumspannenden Gebirgsgürtel

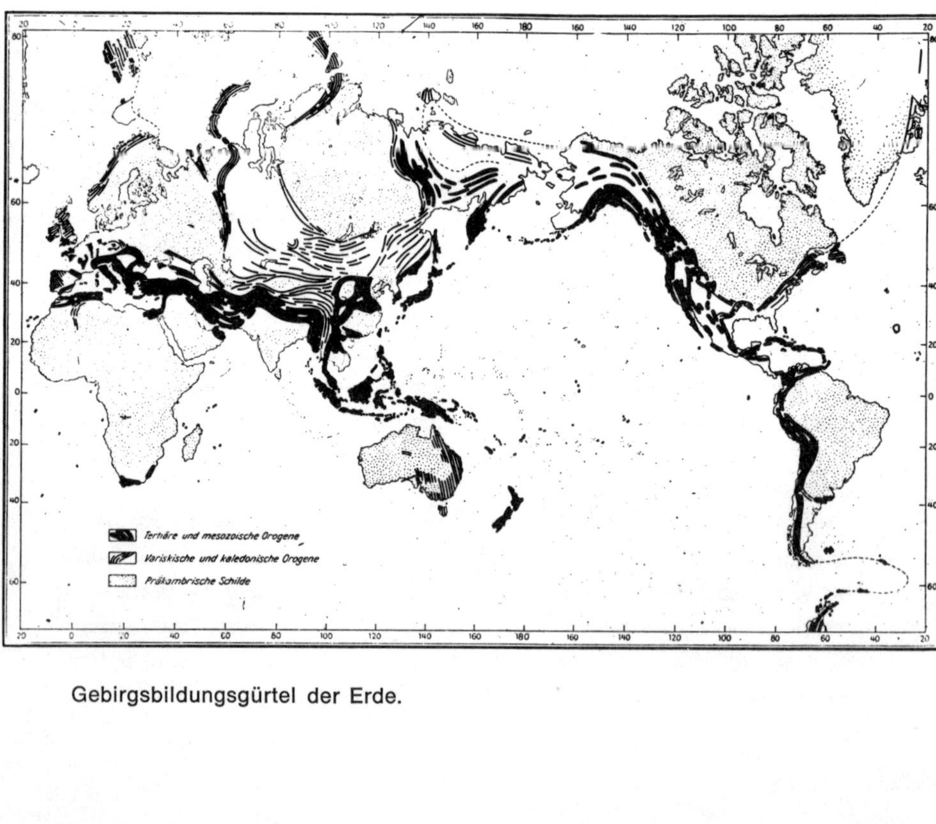

Gebirgsbildungsgürtel der Erde.

wegen seines Beginns im Mittelmeerraum und wegen seiner dem Mittelmeer parallelen Erstreckung als den mediterranen Gürtel bezeichnet, so trägt der zweite, in den Randgebieten des Pazifischen Ozeans verlaufende seinen Namen als Zirkumpazifischer Gebirgsgürtel zweifellos zu Recht.
Die beiden Gebirgsgürtel der Erde, der mediterrane und der zirkumpazifische, gehören zu den eindrucksvollsten Bauformen, die das Gesicht der Erdoberfläche prägen. Während in den flachen Niederungen kaum irgendwo Einblicke in den Aufbau des Untergrundes möglich sind, weil die Ablagerungen weithin horizontal liegen, kaum vom Gewässernetz angeschnitten und damit bloßgelegt werden und weil die unmittelbare Erdoberfläche vielfach von einem mehr oder minder dichten Schleier jüngster Lockerbildungen gebildet wird, die den Aufbau des tieferen Untergrundes weitgehend verhüllen, tritt in den Hochgebirgsregionen der Erde der Gesteinsaufbau der Kruste vielfach unmittelbar zutage. Geowissenschaftler haben sich daher seit Beginn ihrer Forschertätigkeit bevorzugt den Gebirgen zugewandt, deren günstige »Aufschlußbedingungen« ihrer Arbeit so sehr zustatten kommen.
Beide erdumspannenden Gebirgsgürtel umfassen jedoch nicht nur Hochgebirge im eigentlichen Sinn, sondern auch Inselketten und sogar untermeerische Schwellen. Das Charakteristikum dieser Gürtel ist demnach nicht so sehr die orographische Höhe über dem Meeresspiegel, sondern ein meist stark ausgeprägter Höhenunterschied zu den umgebenden Flachländern sowie ein deutlich verstärktes Relief. Es handelt sich um Gürtel hoher Reliefenergie, was sich etwa bei den folgenden Beispielen dokumentiert: Die Alpen erheben sich an ihrem Nordrand aus rund 400 bis 600 m Meereshöhe bis auf 4810 m (Mt. Blanc) im Gebiet der Zentralalpen und fallen zur Poebene wiederum auf unter 200 m ab. Der Himalaja wird bei einer Gipfelhöhe von 8848 m im Norden vom Hochland Tibets mit 2000–4000 m Meereshöhe, im Süden vom Ganges-Tiefland mit 100–200 m begleitet. Aber auch im Bereich der Inselketten und untermeerischen Schwellen, wo keine großen absoluten Meereshöhen erreicht werden, ist ein beträchtliches Relief vorhanden, nicht zuletzt deswegen, weil die Rücken von langgestreckten, ausgesprochenen Tiefseegräben begleitet werden. So steigt der Meeresboden nördlich von Neuseeland aus dem Kermadec- und Tongagraben aus 10 047 bzw. 10 024 m bis nahezu an die Meeresoberfläche auf, fällt jedoch jenseits der Schwellenregion örtlich wie-

der bis auf 3750 m Wassertiefe ab. Die Inselkette der Aleuten erhebt sich aus über 7000 m Wassertiefe im Süden (Aleutengraben) und fast 5000 m im Norden (Beringmeer). Der Kurilengraben erreicht im Witjas-Tief 10 542 m, das Ochotskische Meer auf der Nordwestseite der Kurilenkette über 3000 m Wassertiefe, und die Marianen-Inseln werden auf der Ostseite vom gleichnamigen Graben mit bis über 11 000 m Wassertiefe, auf der Westseite vom Marianenbecken mit über 5000 m Wassertiefe begleitet. Ob eine Inselkette oder untermeerische Schwelle dazwischen den Meeresspiegel erreicht oder überschreitet, ist demgegenüber nicht mehr so wesentlich.

Schon seit langem sind sich die Geowissenschaftler darüber im klaren, daß es sich bei diesen Gebirgsgürteln, Inselketten und untermeerischen Schwellen des mediterranen und zirkumpazifischen Gürtels nicht um alte Bauformen der Erdoberfläche handeln kann, sondern daß ein so ausgeprägtes Relief seine Entstehung jungen Gebirgsbildungsvorgängen verdankt, die wohl vielfach noch bis in die Gegenwart hinein andauern. Gegen ein höheres Alter dieser Formen sprach, daß die abtragenden Kräfte der Erdoberfläche längst einen Ausgleich zwischen Hochgebieten und tiefliegenden Vor- und Rückländern herbeigeführt hätten, wenn ihre Einwirkungsdauer ausreichend gewesen wäre. Doch ließ sich die ungebrochene Aktivität dieser Gürtel weithin auch unmittelbar nachweisen: Beide Gürtel zeichnen sich nicht selten durch Erdbebentätigkeit, durch seismische Erschütterungen der Erdkruste aus, die direkt erkennen lassen, daß die Erdhülle innerhalb dieser Gürtel noch heute in Bewegung ist und keineswegs einen Gleichgewichtszustand der Lagerung erreicht hat.
Während man in den Flachländern abseits der Gebirgsgürtel kaum jemals seismische Erschütterungen der Erdkruste verspürt, liegen die bekanntesten Erdbebengebiete insbesondere im Bereich des zirkumpazifischen Gürtels: Hierzu zählen Kalifornien (mit dem Beben von San Franzisko im Jahre 1906, das zur fast vollständigen Zerstörung der Stadt infolge eines Großbrandes geführt hat), Japan (mit dem Sagami-Bucht-Beben vom 1. 9. 1923, dessen Zerstörung der Städte Tokio und Yokohama zum Tode von mehr als 200 000 Menschen geführt hat), Chile (mit dem energiereichsten, bisher überhaupt beobachteten Erdbeben der gesamten Erde am 22. 5. 1960), Alaska (mit einem ebenfalls sehr kräftigen, wenn auch wegen der dünnen Besiedelung

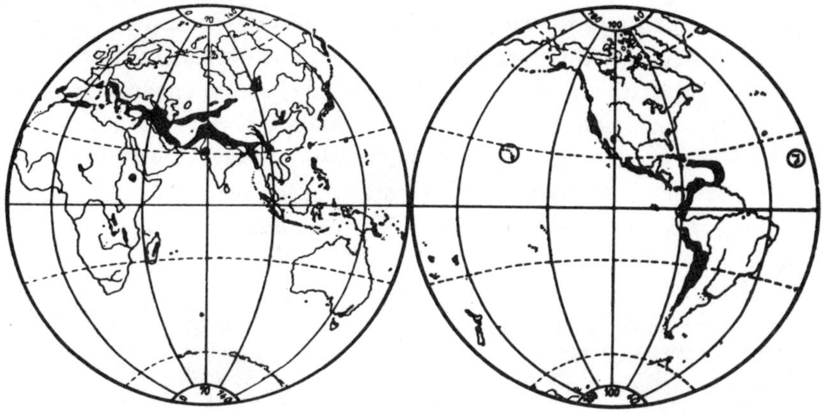

Verbreitung der Haupt-Erdbebengebiete auf den Kontinenten.

weniger verlustreichen Beben des Jahres 1964), die Philippinen und Indonesien. Der mediterrane Gürtel zeichnet sich durch die Erdbebenzentren Irans (1. 9. 1962), Kleinasiens (Erzincan-Beben vom 28. 12. 1939 mit über 30 000 Menschenopfern, Adapazari-Beben vom 22. 7. 1967 und Nachbeben von Pülümür am 26. und 27. 7. 1967), Griechenlands (Kephallenia-Beben von 1636, 1867 und 1953), Mazedoniens (mit dem Skopje-Beben am 26. 7. 1963 und 338 weiteren Erdstößen innerhalb des folgenden Monats) und Süditaliens aus (Beben in der Straße von Messina am 28. 12. 1908, dem in Messina und Reggio di Calabria über 100 000 Menschen zum Opfer fielen).

Aber nicht nur die Erdstöße sind oft von verheerender Wirkung; wo Erdbeben sekundär die Wassermassen der Meere zu Schwingungen anregen, kommt es zu den gefährlichen Tsunamis, den seismischen Wogen, die an den Küsten der Ozeane, seltener auch des Mittelmeeres oft größte Verwüstungen anrichten, ganze Städte und Landstriche überfluten, Seeschiffe auf das Ufer werfen und Tausenden von Anwohnern das Leben kosten. Seismische Wogen entwickeln ihre beträchtliche Höhe (am Kap Lopatka der Kamtschatka-Halbinsel 1737 bis 65 m Höhe beobachtet!) erst auf dem Schelfrand unmittelbar vor der Küste, nicht schon auf dem offenen Ozean, woraus sich der japanische Name (Tsunami = große Woge im Hafen) erklärt. Während die Erdbeben-Vorhersage erst in den Anfängen steckt und noch keine praktisch brauchbaren Ergebnisse aufzuweisen vermag, ist für den Pazifischen Ozean seit einigen Jahren ein durchaus wirksamer Tsunami-Warndienst eingerichtet worden, der die gegenüberliegenden Küsten verständigt, wenn sich seismische Wogen im Zusammenhang mit Erdstößen in einem bestimmten Teil des seismisch aktiven zirkumpazifischen Gürtels anbahnen. Die beim Chile-Beben 1960 ausgelöste Flutwelle überquerte in etwas mehr als 24 Stunden den gesamten Pazifik und löste noch in 9000 km Entfernung große Zerstörungen aus.

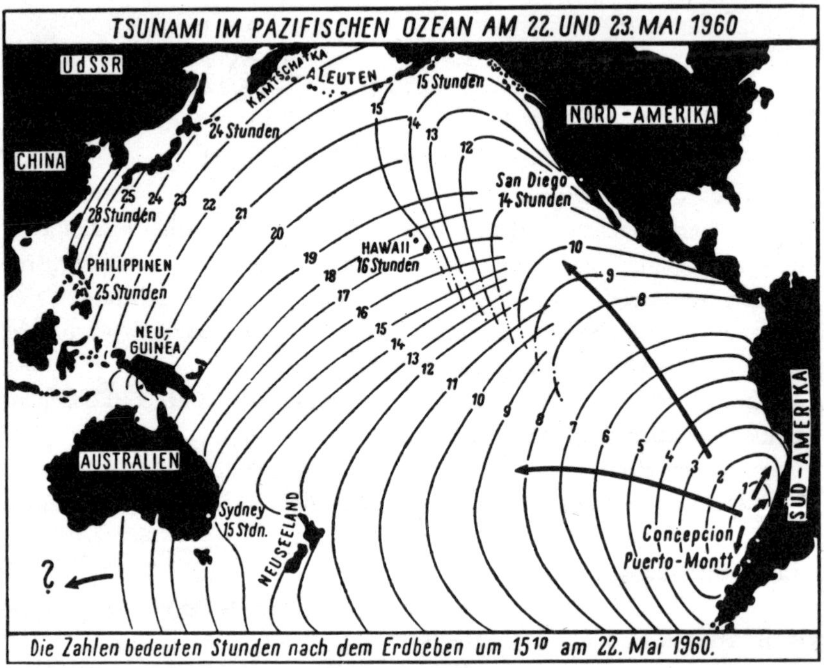

Tsunami (seimische Woge) im Pazifik, nach dem Chile-Erdbeben vom 22. 5. 1960. Die Zahlen zeigen den Verlauf der Flutwelle nach dem Hauptbeben von 15.10 Uhr. (nach D. Niddrie)

Erdbeben und Tsunamis sind jedoch nicht die einzigen Gefahren dieser aktiven Gürtel der Erde; daß die Bewegungen des Erdinnern hier noch nicht zur Ruhe gelangt sind, wird unter anderem auch durch den vielfach noch tätigen Vulkanismus dieser Zonen unter Beweis gestellt. Die höchsten Vulkane der Erde finden sich im Bereich der Chilenischen Hochanden, Aleuten-, Kurilen- und manch anderer Inselbogen

des zirkumpazifischen Gürtels bestehen aus Vulkaninseln, Japans heiliger Berg – der Fudschijama mit 3778 m Höhe – ist einer der schönsten Vulkankegel überhaupt, und auf der Nordinsel Neuseelands beweisen heiße Quellen bei Rotorua die jungvulkanische Natur auch dieses Abschnitts des zirkumpazifischen Gürtels. Im Bereich des mediterranen Gürtels erfolgte im Jahre 1883 die größte bekannte Vulkankatastrophe überhaupt, der Explosivausbruch des Krakatau in der Sundastraße zwischen Sumatra und Java. Sie kostete über 40 000 Menschenleben, zum größten Teil Opfer eines Tsunamis, der durch den Vulkanausbruch ausgelöst wurde.
Die enge Verbindung von Vulkanen und Hochgebirgen in den Gebirgsgürteln rings um die Erde schien zunächst die Vorstellung Leopold von Buchs von der vulkanischen Erhebung der Gebirge zu bestätigen. Danach waren die Gebirge Abschnitte der Erdkruste, die durch vulkanische Kräfte gegenüber ihrer Umgebung herausgehoben wurden. In den Gebirgsgürteln werden jedoch auch vielfach Rücken und Inselketten von langgestreckten, schmalen Depressionen, wie etwa den markanten Tiefseegräben, begleitet. Und hier versagt nun diese Erklärung, eine »vulkanische Absenkung« als Gegenstück zur vulkanischen Erhebung der Gebirge ergibt keinen Sinn.
Außerdem führten schon frühzeitig im 18. Jahrhundert Geländebeobachtungen über die Erdgestalt und das Schwerefeld der Erde zu einer sinnvollen, anderweitigen Erklärung für die Hebung der Gebirge. Im Zeitalter der Aufklärung war man vor allem in Frankreich bestrebt, Ordnung in das früher verwirrende Maß- und Gewichtssystem zu bringen. Dabei sollte auch die Zeitmessung geregelt werden. Hierzu bediente man sich der Pendeluhren, für die eine Vereinheitlichung der Pendellänge und Mechanik angestrebt wurde, um eine einheitliche Zeitmessung herbeizuführen. Bei Versuchen mit Einheitsuhren gleicher Konstruktion ergaben sich jedoch schon innerhalb des französischen Staatsgebietes Unterschiede in der Pendelschwingung, die eigentlich nur durch örtliche Abweichungen der Schwerkraft zu erklären waren, welche die Pendel antreibt. Solche Schwerkraft-Unterschiede traten vor allem zwischen dem Norden und dem tiefen Süden Frankreichs auf, und man diskutierte in Fachkreisen interessiert die Frage, ob möglicherweise die Erde nach Süden, zum Äquator hin, abgeplattet sei. Da über die wirkliche Erdgestalt noch wenig bekannt war, sandte die französische Gesellschaft der Wissenschaften auf Anregung der

Herren Condamine, Godin und Jussieu je eine Forschungsexpedition zu geodätischen Gradmessungen aus, eine in den hohen Norden, nach Finnisch-Lappland, eine zweite nach Süden, zum Äquator. Während die erstgenannte erst später wesentlich neue Ergebnisse brachte, war die zweite unter Leitung des jungen Pierre Bouguer (1698–1758) bei ihren Messungen im damaligen Peru (heute Ecuador) in den Jahren 1753–1742 äußerst erfolgreich. Bouguer konnte nicht nur auftragsgemäß einen Meridiangrad ausmessen, sondern erfand gleichzeitig die noch heute gebräuchlichen Berechnungsmethoden zur Geländekorrektur bei Schweremessungen und machte sich Gedanken über den Einfluß, welchen die Gesteinsmassen der Hochanden auf Pendelschwingungen und auf das Lot ausüben. Zu seiner größten Überraschung zog das Gebirge ein im Vorland aufgehängtes Lot keineswegs mit der aus den Gesetzen der Massenanziehung zu fordernden Kraft an: Die tatsächlich beobachtbare Lotablenkung vor den Hängen des Chimborasso entsprach nicht dem berechneten Betrag von etwa einer Bogen-Minute (dem 3600. Teil eines Vollkreises), sondern war verschwindend gering. War der Berg innen hohl, oder bestand er aus Gesteinsmassen geringerer Dichte als seine Umgebung mit geringerer Meereshöhe?
Die Gradmessung unter dem Äquator ergab tatsächlich eine Verkürzung des Meridiangrades in niederen Breiten und damit eine stärkere Krümmung der Erdoberfläche als im Norden, was nur durch eine Abplattung der Erde an den Polen zu erklären war. Diese wurde neuerdings auch wieder bei Messungen mit Hilfe der Satelliten-Geodäsie bestätigt.
Auch Bouguers Beobachtungen über die zu geringe Lotablenkung am Rande der Hochgebirge fand eine Bestätigung: Im Jahre 1855 maß der englische Archidiakon W. E. Pratt anläßlich eines Indien-Aufenthaltes die Lotabweichung im Bereich der Ganges-Ebene vor dem Himalaja und fand ebenfalls nur wenige Bogen-Sekunden statt der berechneten Bogen-Minute. Seine Erklärung dieses Phänomens war, daß das Gebirge von nebeneinanderliegenden Gesteinssäulen unterschiedlicher, zum Innern hin abnehmender Dichte aufgebaut wird, so daß der sichtbare Massen-Überschuß der orographischen Erhebung der Erdoberfläche mit zunehmender Meereshöhe durch eine Abnahme der Gesteinsdichte kompensiert wird. Der Massenüberschuß ist damit also offenbar nur ein scheinbarer; die Gesteine ragen um so höher empor, je leichter sie sind.

Faltenbilder sind ein typisches Kennzeichen einengender Tektonik. Der schichtige Zusammenhang der Gesteine wird nicht zerrissen wie bei der Bruchtektonik, sondern verbogen, gefaltet.
Das obere Bild zeigt eine liegende Knickfalte aus den tertiären Flyschserien der Insel Elba, auf dem unteren Bild sehen wir eine Biegefalte aus varistischer Zeit im Sauerland. Die Faltenachsenebenen beider Falten liegen etwa horizontal. Jene gedachte Linie, um welche die Schichtung herumgebogen erscheint, bezeichnet man als Faltenachse. Durch Einmessen der Faltenachsenrichtung mit dem Geologenkompaß erhält man Werte, die Rückschlüsse auf die Bewegungsrichtung im Faltengebirge erlauben.
Auch ist die Bestimmung des Einengungsbetrages von Bedeutung: eine Ausglättung des Faltenbaues gibt Anhaltspunkte für die ursprüngliche Anordnung und Breite der Faziesräume zum Zeitpunkt der Ablagerung.

(Siehe Kapitel: Faltenwurf im Antlitz der Erde)

Während Pratts Aufenthalt in Kalkutta beschäftigte sich in London der namhafte Astronom und Präsident der Royal Society George Bidell Airy (1801–1881) mit genau dem gleichen Problem und fand eine andere Lösung. Da sich nicht nachweisen ließ, daß die Hochgebirge aus grundsätzlich leichteren Gesteinsmassen im Bereich der Gipfelregionen aufgebaut sind, mußte man an eine andere Art von Dichte-Kompensation denken; hierfür bot sich das Tauchgleichgewicht an, wie es beispielsweise von Eisbergen bekannt ist. Die über Wasser aufragenden Eismassen werden durch die unter der Wasseroberfläche verborgenen ausgeglichen; da Eis eine geringere Dichte als Wasser besitzt, ragen Eisberge entsprechend dieses Dichteunterschiedes desto höher empor, je mehr Eis noch unter dem Wasserspiegel liegt. Man könnte also von einer im Wasser versteckten »Wurzelzone« der Eisberge sprechen, die bis zur Titanic-Katastrophe am 15. 4. 1912, dem Untergang des englischen Schnelldampfers der White Star Line (bei seiner Jungfernfahrt auf der Nordatlantikroute mit 1500 Menschen an Bord) so manchem Seeschiff zum Verderben wurde.
Airy wandte nun dieses Prinzip des Tauchgleichgewichts auf die Hochgebirge der Erde an und gab ihm den Namen »Isostasie«; danach besitzen Hochgebirge eine »Gebirgswurzel« geringerer Dichte, die für die gravimetrische Kompensation und damit für die zu geringe Lotablenkung verantwortlich ist. Hochgebirge ragen jeweils desto höher empor, je tiefer diese Gebirgswurzel in den Erdmantel aus schwererem Gesteinsmaterial hinabtaucht. Die relativ leichten Gesteine der Erdkruste schwimmen demnach gleichsam auf den vergleichsweise dichten Massen des Erdmantels. Damit war zugleich eine neue, sinnvolle Erklärung für die Heraushebung der Gebirge gegenüber ihrer flacheren Umgebung gefunden: Nicht vulkanische Kräfte waren hierfür verantwortlich, sondern die Schwerkraft, die leichtere Massen auf schwereren schwimmen läßt. Hochgebirge sind demnach Zonen der Erdkruste, die sich durch eine größere Dicke der leichten Erdkruste und somit durch eine Airysche Gebirgswurzel auszeichnen; diese Krustenverdickung sorgt nach dem Isostasie-Prinzip dafür, daß das Hochgebirge über den schwereren Mantelgesteinen gleichsam »aufschwimmt« und seine vergleichsweise hochragende Position einnimmt.
Tatsächlich haben sich Airysche Gebirgswurzeln neuerdings unter den verschiedenen Hochgebirgen der Erde, wie etwa den Alpen, dem Himalaja oder der Sierra Nevada in der Kordillerenregion der west-

lichen Vereinigten Staaten, nachweisen lassen, indem man die Laufzeit elastischer seismischer Schwingungen von Erdbeben oder Sprengungen verfolgt und aufgezeichnet hat. Laufzeitkurven in Hochgebirgen unterscheiden sich in charakteristischer Weise von denjenigen aus Flachländern, und zwar in dem Sinne, daß die Reflektionen an den dichteren Gesteinen des Erdmantels später erfolgen als im Vorland. Die Einsätze der reflektierten seismischen Schwingungen in den Aufzeichnungen der Schwingungsmesser erfolgen also später, verzögert durch die größere Dicke der Erdkruste im Bereich der Gebirge. So hat die Auswertung derartiger Seismogramme, den Meßergebnissen der Seismographen, eine weitgehende Bestätigung des Isostasieprinzips im Sinne von Airy erbracht.
Noch aber war nicht erklärt, worauf diese Krustenverdickung unter dem Gebirge, die Airysche Gebirgswurzel, beruhte. Wie kam es zu einer solchen örtlichen Verdickung der Erdkruste durch Anhäufung vergleichsweise leichter, krustaler Gesteinsmassen? Einer Anhäufung leichten Gesteins, die so groß war, daß in den Gebirgen weithin ausweislich der dort zu findenden Versteinerungen ehemaliger Meeresorganismen früherer Meeresboden bis in Gipfelhöhe der Gebirge emporgehoben wurde! Eine Erklärung hierfür gab der nordamerikanische Geologe J. D. Dana (1813–1895) im Jahre 1873 aufgrund der Schichtenvergleiche des Appalachen-Gebirges und seines westlichen Vorlandes. Um diesen Vergleich hat sich insbesondere auch der nordamerikanische Geologe James Hall (1811–1898) verdient gemacht. Wie die meisten übrigen Gebirge der Erde auch, so waren die Appalachen Nordamerikas weithin aus Meeresablagerungen aufgebaut. Aber diese marinen Gesteinsschichten waren im Gebirge weit dicker, »mächtiger« als im flachliegenden Vorland des Gebirges. Verfolgte man die Schichten gleichen Alters aus dem Gebirge heraus ins Flachland der Staaten New York, Pennsylvania oder Ohio, so nahm die Gesteinsdicke (Mächtigkeit) für die Gesteinsserien der Devon-Formation des Paläozoikums (Erdaltertums) von rund 2000 m auf etwa 400 m ab. Auch die etwas jüngeren Serien des Unterkarbons ließen dieselbe Erscheinung erkennen: Sie erreichten im Gebirge annähernd 3000 m, im Vorland hingegen nur 500 m Mächtigkeit. Schichtpakete gleichen Alters von weniger als 1000 m Gesamtmächtigkeit schwollen also zum Gebirge hin auf mehr als 5000 m an. Dies war offenbar nur so zu deuten, daß die Gebirgsregion zum damaligen Zeitpunkt noch nicht bestand, sondern

im Gegenteil unter Wasser lag, wobei im Raum des späteren Gebirges eine verstärkte Absenkung und sedimentäre Auffüllung erfolgte. Der eigentlichen Gebirgsbildung ging ein langer Zeitraum einer marinen Vorbereitungszeit mit Anhäufung beträchtlicher sedimentärer Gesteinsmassen voraus; fast hundert Millionen Jahre hindurch sank der Bereich des späteren Gebirges verstärkt ab und nahm etwa sechsmal mehr Ablagerungen auf als das Vorland. Diese örtliche Anhäufung von marinen Sedimenten, ursprünglich weitgehend Lockerablagerungen des Meeres, war offenbar der eigentliche Grund für das spätere isostatische Aufsteigen des Gebirges.

Gebirge sind also Regionen der Erde, die einstmals eine verstärkte Absenkung und Sedimentanhäufung erfahren haben, während die

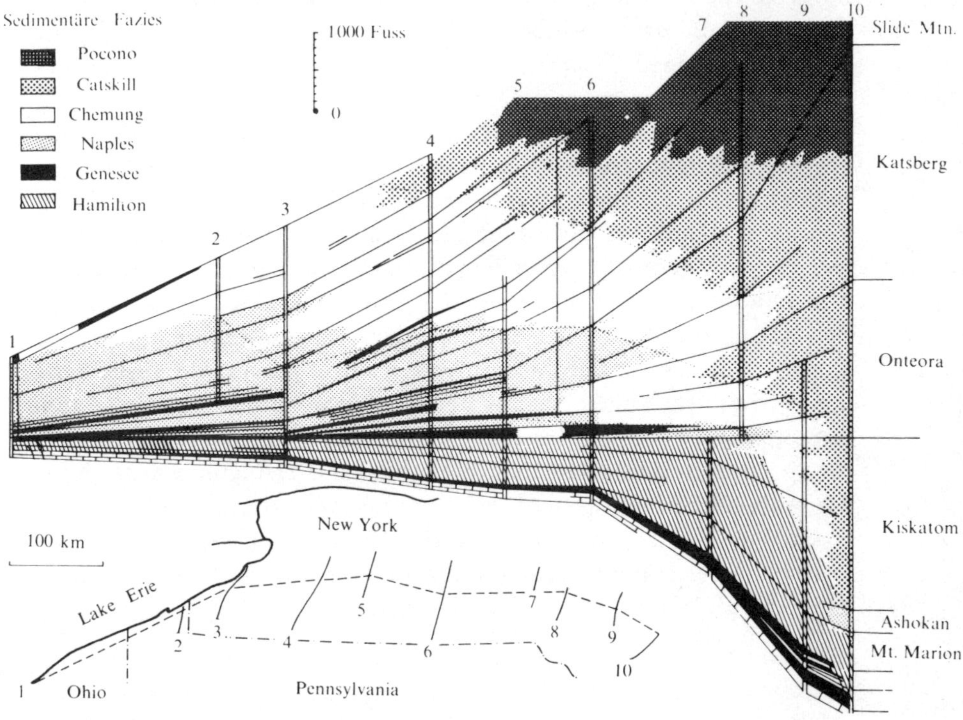

Schichtenvergleich des Appalachen-Gebirges und seines westlichen Vorlandes (Profilschnitt): Starke Sedimentmächtigkeit im Bereich der Geosynkline (rechts), und die Abnahme der Schichtmächtigkeit in Richtung auf das Vorland (links). (nach R. G. Moore)

Flachländer ihre strukturelle Höhenlage während der Erdgeschichte weitgehend beibehielten. Wegen der geringeren Schichtdicke der Gesteinsserien im Flachland gelangt man hier in geringerer Tiefe in die dichten Gesteine des Erdmantels, die unter dem Gebirge wegen der hier größeren Schichtmächtigkeit erst erheblich tiefer folgen.
An der Stelle des späteren Gebirges befand sich also einstmals ein Senkungsgebiet unter dem Meeresspiegel, dessen Absenkung durch Sedimentation nahezu ausgeglichen wurde, bis die Heraushebung zum Gebirge einsetzte. Ein solches marines Senkungsgebiet als Wiege künftiger Gebirge wird als Geosynkline oder anschaulicher als Trog bezeichnet. Das spätere Gebirge ist also eigentlich nur die Umkehrung der vorangegangenen geosynklinalen Absenkung; was später als Hochgebirge emporragen soll, muß zunächst einmal als Trog absinken, damit sich die erforderlichen leichten Gesteinsmassen der Erdkruste anreichern können. Gebirge wachsen demnach offenbar aus ursprünglichen Meeresgebieten mit verstärkter Absenkung empor. Mit dem Geosynklinalbegriff und dem Isostasieprinzip war um die Mitte des vorigen Jahrhunderts also eine neue, sinnvolle Erklärung der Gebirgsbildung erarbeitet, die über die alten Vorstellungen Leopold von Buchs von der vulkanischen Erhebung der Gebirge weit hinausging. Damit war zugleich auch das verbreitete Vorkommen mariner Versteinerungen in den Hochgebirgsregionen der Erde zu erklären, das einst als Beweis für die Richtigkeit des biblischen Sintflutberichtes angesehen worden war. Nicht das Meer war zeitweilig bis in die Gipfelhöhe der Hochgebirge angestiegen, die Hochgebirge wuchsen, getragen vom Tauchgleichgewicht der Isostasie, bis zu ihrer vollen Höhe aus dem Meere empor. Wie hoch diese Heraushebung erfolgte, wurde durch das Ausmaß der marinen Absenkung und Anhäufung relativ leichter Krustengesteine zuvor – während des Geosynklinal-Stadiums – entschieden. Meeresräume, Geosynklinen mit verstärkter Absenkung wurden somit als Wiege späterer Gebirge erkannt.

2. Faltenwurf im Antlitz der Erde

Die Gesteinsserien der Appalachen sind aber, wie in den meisten andern Gebirgen der Erde, nicht nur örtlich konzentriert und in die Höhe gehoben worden. Sie zeigen darüber hinaus eine charakteristische Eigenschaft der Gesteine in Hochgebirgen: Sie sind mehr oder weniger stark gefaltet, das heißt ihre ursprünglich bei der Ablagerung der Gesteine im Meere noch ebenen Schichtflächen sind vielfältig verbogen, in Falten gelegt. Diese Faltung ist so typisch, daß man heute meist bei den Hochgebirgen der Erde von Faltengebirgen spricht und die Gebirgsbildung sprachlich mit der Faltung gleichsetzt. Es sollte dabei allerdings nicht vergessen werden, daß es daneben auch Hochgebirge gibt, in denen Faltung weitgehend zurücktritt. Ganz fehlt sie in den seltensten Fällen, und so ist der Begriff der Faltung zu einem zentralen der gesamten Geologie geworden.

Kaum jemand, der offenen Auges eine Gebirgslandschaft durchwandert, wird die charakteristische Zeichnung vieler Steilwände im Gebirge übersehen, in welcher die Verbiegung und Schrägstellung der Schichtflächen zum Ausdruck kommt. Als die Ablagerung der Gesteine noch während des geosynklinalen Vorbereitungsstadiums erfolgte, bildeten sich Schichtfugen zwischen den einzelnen Gesteinsbänken im Schwerefeld der Erde, das heißt in horizontaler Lage aus. Solche Schichtfugen entstehen dann, wenn etwa vorübergehend die Sedimentzufuhr stockt, wenn sich die Zusammensetzung des angelieferten Sedimentmaterials ändert oder zeitweilig gar infolge tiefreichender Zirkulation des Meerwassers Abtragung statt Ablagerung am Meeresgrund herrscht. Für die Erkennung späterer gebirgsbildender Vorgänge ist diese horizontale Schichtung ein wahrer Segen; sie liefert eine verbindliche Vorzeichnung, ein im Gestein fixiertes Abbild wichtiger Richtungsbeziehungen des einstigen Schwerefeldes der Erde zum Zeitpunkt der Ablagerung, mit deren Hilfe spätere Bewegungen der Gesteine sichtbar werden. Besonders eindrucksvolle Beispiele der Faltung findet man etwa in den Schweizer Alpen beiderseits des Vierwaldstätter Sees, freigelegt durch den eiszeitlichen Talgletscher der Reuß und erschlossen durch den kühnen Straßenbau der Axenstraße, der nördlichen Zufahrt zum Gotthardpaß. Es lohnt sich, hier einmal an einer der Aussichtsplattformen anzuhalten und nicht nur den Ausblick auf den herrlichen Alpensee, ein Geschenk der Eiszeit, sondern auch den auf die Faltenbilder in den Steilwänden oberhalb des Seeufers in Ruhe zu genießen. Während auf dem Westufer eine gewaltige Muldenumbiegung fast die gesamte Höhe der Steilwand einnimmt, sind in den Steilhängen oberhalb der Axenstraße auf der Ostseite des Sees harte Kalksteine des Mesozoikums (Erdmittelalters) auf Meterlänge in zickzackartige, enge Falten gelegt. Viele ähnliche Beispiele aus den Alpen und anderen Gebirgen der Erde ließen sich anführen, bei denen die einst ebene Schichtung mehr oder minder eng verfaltet, aufgerichtet, verbogen wurde.

Da es sich in fast allen diesen Fällen ebenfalls um festes, hartes Gestein handelt, müssen beträchtliche Kräfte auf die Schichten eingewirkt haben, um die teilweise erstaunlich enge Verfaltung hervorzubringen. Und diese Kräfte waren offenbar weitgehend unabhängig von den Vorgängen der Isostasie, das heißt der einfachen vertikalen Heraushebung des Gebirges gegenüber seiner Umgebung. Es mußte sich um Kräfte handeln, welche die Gesteinsserien von der Seite her erfaßten und – nach einem anschaulichen Bilde Elie de Beaumonts (Jean Baptiste Armand Louis Leonce E. de B., 1798–1874) – wie zwischen den Backen eines Schraubstocks zusammenpreßten, bis die zu beobachtenden Faltenstrukturen entstanden.

Waren diese Faltenbilder nicht ein unmittelbarer Beweis für eine Krustenverkürzung in Richtung der Erdoberfläche, für eine enge seitliche Kompression der Gebirgsbildungsgürtel der Erde, und damit für eine Schrumpfung des Erdumfanges im Laufe der Erdgeschichte? Elie de Beaumont, einer der namhaftesten Begründer der französischen Geologie, beeinflußt durch die Geologenschule Abraham Gottlob Werners in Freiberg/Sachsen und in stetem Gedankenaustausch mit Alexander von Humboldt, gab in seiner Schrift »Recherches sur quelques-unes des révolutions de la surface du globe« (Paris 1834) eine damals logisch erscheinende Erklärung für diese seitliche Einengung der Gebirge, die zur Faltung der Gesteine führt: Es ist die Kompression des Erdballs, ausgelöst durch eine Abkühlungs-Kontraktion des Erdinnern. Wie bei einem schrumpfenden Bratapfel scheint sich die Erdoberfläche in Falten zu legen, während sich das Erdinnere unter Abkühlung zusammenzieht.

J. D. Dana hat diesen Gedanken für die Neue Welt aufgegriffen (On some results of the Earth's contraction from cooling, *Amer. Journal of Science 1873*) und damit der Vorstellung von der Abkühlungskontraktion der Erde weithin zum Durchbruch verholfen. Noch bis um die Mitte unseres Jahrhunderts war sie die herrschende Lehrmeinung der Geologie, vertreten von namhaften Forscherpersönlichkeiten wie Eduard Suess (1831–1914) in Österreich, dem die Wissenschaft in seinem Hauptwerk »Das Antlitz der Erde« einen ersten geologischen Überblick über die gesamte Erde verdankt, Albert Heim in der Schweiz (1849–1937), durch dessen unermüdliches Wirken insbesondere die Schweizer Alpen zum geologisch am besten bekannten Gebirge der Erde wurden (Geologie der Schweiz, Leipzig 1923), und Hans Stille in Deutschland (1876–1966), der die zeitliche Einordnung der Faltungsvorgänge im Laufe der Erdgeschichte erarbeitete (Grundfragen der vergleichenden Tektonik, Berlin 1924). Damit schienen bereits um die Jahrhundertwende die grundlegenden Probleme der Erdgestaltung geklärt zu sein, die Erde zieht sich im Laufe der Erdgeschichte infolge Abkühlung mehr und mehr zusammen, wobei sich die überschüssige Erdkruste in Falten legt.

Doch bald schon erhoben sich Schwierigkeiten. Warum, so mußte man sich fragen, überzogen diese Falten nicht die gesamte Erdoberfläche, sondern waren jeweils auf die Faltengebirgsgürtel konzentriert? und weshalb gab es, wie die zeitlichen Vergleiche Hans Stilles deutlich gemacht hatten, beträchtliche Unterschiede dieser Falteneinengung und damit Erdkontraktion im Laufe der Erdgeschichte? »Der Zusammenbruch des Erdballs ist es, dem wir beiwohnen« hatte Eduard Suess in einem berühmten Ausspruch festgestellt. Aber wesentliche Bauformen der Erde, insbesondere Dehnungsbrüche und Grabenzonen, ließen keine entsprechende seitliche Einengung, sondern gar Dehnung in Richtung der Erdoberfläche erkennen.

Während man in den Gebirgsgürteln der Erde nahezu auf Schritt und Tritt gefalteten Schichtserien begegnet, geknickt und verbogen wie die Blätter eines schlecht gehaltenen Buches, ist die Schichtlagerung außerhalb der Gebirge in den umgebenden Flachländern weithin auf Tausende von Quadratkilometern praktisch horizontal, ungefaltet. Wenn die Erde tatsächlich schrumpft, wie es die Vorstellung der Abkühlungskontraktion vorschreibt, warum bleiben diese ausgedehnten flachen Tafelländer abseits der Faltengebirge ungefaltet, konzentriert sich die seitliche Einengung der Erdkruste einseitig auf die schmalen Zonen der Faltengebirgsgürtel? Um die herrschende Lehrmeinung zu stützen, wußte man sich zu helfen: Die Tafelländer waren nicht mobil genug, zu steif, um noch gefaltet zu werden. Vorangegangene Faltungen früher Epochen der Erdgeschichte hatten hier eine Konsolidierung der Erdkruste bewirkt, die spätere Faltung nicht mehr zuließ. Dementsprechend engten sich die Räume möglicher Falteneinengung auf der Erde im Laufe der Erdgeschichte mehr und mehr ein, bis schließlich die Erdkruste weitestgehend versteift, unfaltbar geworden war. Dann konnte lediglich ein tiefgreifender geotektonischer Umbruch erneut zu Mobilität und Faltbarkeit führen. Die Vorstellung von solchen tektonischen Umbrüchen benötigte man, um erklären zu können, weshalb in vielen Teilen der Erde an ein und derselben Stelle mehrere Faltungen nacheinander erfolgt waren, ohne daß die vorangegangenen zu einer wesentlichen Versteifung der Kruste geführt hatten. Schwieriger war das Problem der Dehnungsformen der Erdkruste zu lösen. Sie paßten schlecht zum Konzept einer steten Kontraktion des Erdinnern. Aber offene Klüfte, Schichtverwerfungen mit Abstandsvergrößerung der aneinandergrenzenden Krustenschollen, Grabenbrüche mit auseinanderweichenden Flanken beiderseits der absinkenden Mittelscholle oder Spaltensysteme in der Erde, die sich bis zu ausgedehnten unterirdischen Schmelzkammern erweiterten (sogenannten Plutonen, gefüllt mit erkalteter Gesteinsschmelze vielfach granitischer Zusammensetzung) sind in der Erdkruste so weit verbreitet, daß sie schwerlich zu übersehen waren.

Während man anfangs noch versuchte, derartige Dehnungsformen mittels mechanischer Gedankenspielereien auf seitliche Einengung der Erdkruste zurückzuführen, setzte sich vor allem unter dem Einfluß von Hans Cloos (1885–1951) mit seinen Ton-Modellversuchen geologischer Vorgänge die Erkenntnis durch, daß Krusteneinengung nicht das einzige Prinzip der Erdkrustengestaltung sein konnte. Die Krustendehnung trat als selbständiger Vorgang gleichberechtigt neben die Krusteneinengung.

Mit einer Kontraktion der Erde allein war es nicht getan, gebirgsbildende Vorgänge waren offensichtlich komplizierter, als man zu-

nächst angenommen hatte, und Theorien, die den Tatsachen einigermaßen gerecht werden wollten, mußten Dehnungs- wie Einengungsvorgänge der Erdkruste berücksichtigen.
Gleichzeitig erhoben sich auch berechtigte Zweifel daran, daß Faltenbilder im Gestein der Gebirge tatsächlich immer ein Hinweis auf Einengung der Erdkruste sind.
E. Reyer (Theoretische Geologie, Stuttgart 1888, Ursachen der Deformation und der Gebirgsbildung, Leipzig 1892) wies schon frühzeitig auf die Möglichkeit der Faltenbildung durch Abgleitungsvorgänge hin, in einer schräggestellten Rinne ließ er weichplastischen Ton abgleiten und so Gleitfaltung erzeugen. Aber erst in diesem Jahrhundert kam die Bedeutung der Gleittektonik voll zur Geltung; mit E. Haarmanns »Oszillationshypothese« (1930) wurde die Gleittektonik an den Flanken weitgespannter Aufwölbungen der Erdkruste (an sogenannten Geotumoren) gleichsam zum Prinzip aller tektonischen Veränderungen der Erdkruste, aller Gebirgsbildungsvorgänge erhoben: Örtliche Aufwölbung war das Primäre (die Primärtektogenese), die eigentliche Ursache für das Abgleiten der Erdkruste in großem Stil (als Sekundärtektogenese). Gleitfalten sind bei Rutschungsvorgängen an Hängen nicht selten zu beobachten und gleichen häufig den Faltenbildern der Gesteine in den Gebirgsgürteln in auffälliger Weise: Gleitfalten sind nämlich in Richtung des Gefälles geneigt, zeigen eine sogenannte »Vergenz« in Richtung zum tiefer liegenden Vorland. Eine derartige Vergenz ist meist auch bei Faltengebirgen nachzuweisen. Dabei bilden sich nicht selten so stark geneigte Falten, daß »liegende« Faltenformen entstehen. Bei ihnen sind die beiden Faltenschenkel an den Flanken der Sättel oder Mulden nicht einfach emporgewölbt, sondern jeweils ein Faltenflügel ist überkippt, mit auf dem Kopf stehender Schichtung. Am überkippten Flügel folgen die Schichten also nicht mehr in der Reihenfolge ihrer einstigen Ablagerung von unten nach oben aufeinander, sondern umgekehrt, die älteste Schicht oben, die jüngste unten. Solche liegenden Falten sind bei Gleitvorgängen häufig, hingegen durch seitliche Einengung nur schwer zu erklären, da hierbei die räumliche Verkürzung nicht in der Horizontalen, sondern in der Vertikalen erfolgt. Starke Vergenz oder gar liegende Faltung ist in vielen Faltengebirgen, insbesondere beim Übergang zu einem tiefergelegenen Vorland, nachgewiesen.
Aber Gleitfaltung ist nur eine der Möglichkeiten, wie Falten auch ohne

seitliche Krustenverkürzung zustande kommen kann. Eine weitere Möglichkeit ist die Fließfaltung in Schmelzen, die sich nach dem Erkalten etwa als Fluidaltextur im Gestein abbildet. Hierzu muß das Gestein allerdings eine schmelzflüssige Phase durchlaufen haben, was bei vielen gefalteten Gesteinen auszuschließen ist. Aber nicht immer ist die Überschreitung des Schmelzpunktes unmittelbar erforderlich, viele Gesteine verhalten sich bei hinlänglichem Überlagerungsdruck ausreichend plastisch, um fließende Faltenbilder zu ermöglichen. Solche Erscheinungen kennt man seit langem beispielsweise aus Salzgesteinen (Stein- und Kalisalz), die von spezifisch schwereren Deckgebirgsmassen überlagert werden. Unter dem Druck dieser Überlagerung wandert das Salz, ohne selbst flüssig zu werden, also durchaus in festem kristallinem Zustand, in Richtung zum geringsten Überlagerungsdruck ab. Man spricht von Halokinese, von Salzbewegung im Äquipotentialfeld der Schwereverteilung. Da die Salzgesteine je nach Zusammensetzung recht unterschiedliche Plastizität aufweisen, ist auch die Bewegungsgeschwindigkeit der Halokinese von Schicht zu Schicht recht verschieden. Einzelne Lagen eilen der Bewegung voran, andere bleiben zurück, so daß sich im einzelnen häufig ausgeprägte, fließende Faltenformen ausbilden.

Ähnliche Bewegungen mit Bildung von Falten ohne seitliche Einengung entstehen jedoch nicht nur bei der Halokinese in Salzgesteinen. Sie sind überall da zu erwarten, wo spezifisch leichtere Gesteine von schwereren überlagert werden. Das leichtere Material versucht dann, unter dem Überdruck der schweren Überlagerung abzuwandern, das heißt in Richtung geringeren Drucks auszuweichen. Auslösendes Moment ist die inverse Dichteschichtung – die instabile Überschichtung weniger dichter Gesteine durch dichtere Medien. Halokinese in Salzgesteinen findet bereits statt, wenn die Salzlager (Dichte um 2,2 – das heißt rund 2,2 mal schwerer als Wasser bei 4° C) von einigen hundert Metern Deckgebirgsschichten aus Kalken, Tonen oder Sandsteinen (Dichte etwa 2,4–2,6) überlagert werden. Das Salz wandert dann in der Richtung kleinsten Überlagerungsdruckes, steigt auf Klüften oder Spalten durch das Deckgestein auf oder wölbt die überlagernden Schichten empor. Der Physiker S. Arrhenius und der Geologe R. Lachmann haben dieses Prinzip bereits 1912 richtig erkannt und als Salzaufstieg infolge Salzauftriebs (Dichteauftriebs) bezeichnet. Aber erst durch die umfangreichen Erdölbohrungen in Nordwestdeutschland ergab sich ein voll-

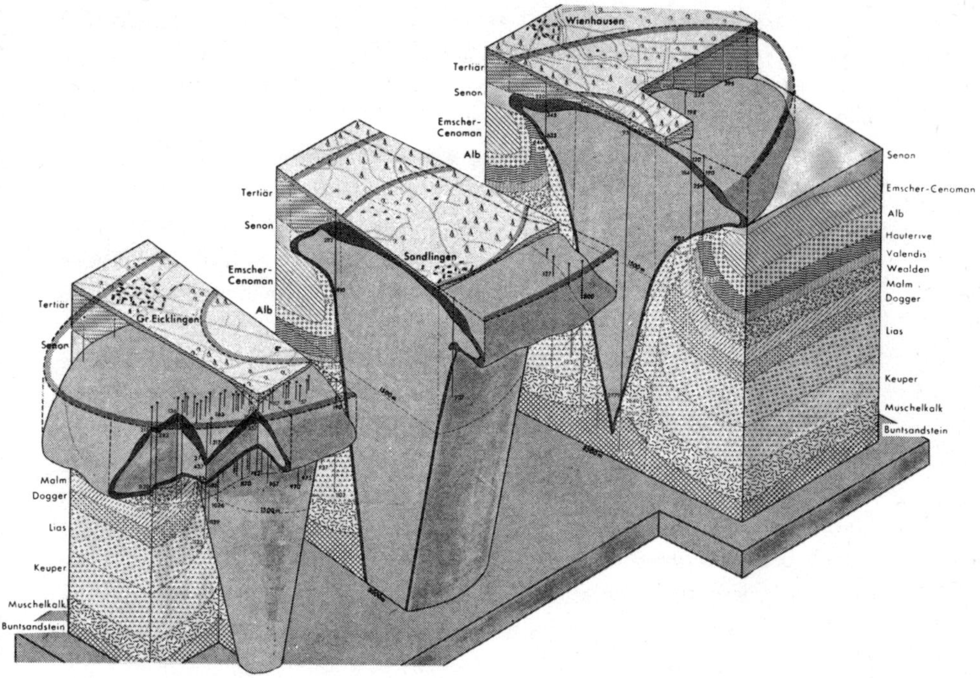

Isometrisches Raumbild des Salzstocks von Eiklingen. Der Salzauftrieb kann so kräftig sein, daß das Salz sich in flacheren Krustenbereichen pilzartig nach allen Seiten hin ausbreitet. (nach E. Stach)

ständiges Bild von der Salzbewegung des norddeutschen Untergrundes, die hier bis zur Entstehung ausgesprochener Salzstöcke geführt hat. F. Trusheim konnte so 1957 dem Prinzip des Salzauftriebes unter dem Begriff der Halokinese zum Durchbruch in der wissenschaftlichen Welt verhelfen.

Inverse Dichteschichtungen ähnlich derjenigen von Salz und sedimentärem Deckgebirge können jedoch auch auf vielfache Weise sonst zustande kommen, etwa durch unterschiedliche Verfestigung von Sedimenten (Sande gegenüber Tonen), durch tektonische Überschiebung leichter durch schwerere Massen, durch unterschiedliche Gesteinsumwandlung unter Einwirkung von Druck und Temperatur, durch Aufschmelzung von Gesteinen in der Tiefe oder durch deckenartiges Ausfließen vulkanischer Schmelzen hoher Dichte über leichteren Lockersedimenten. In all' diesen Fällen ist die Entstehung einer inversen Dichtelagerung mit entsprechenden Wanderbewegungen zum Ausgleich der Dichteinversion möglich, und derartige Wanderbewegungen sind oft mit Faltenbildung verbunden, ohne daß dabei eine tatsächliche seitliche Einengung vorliegt.

Es ist also keineswegs zwingend, aus Faltenbildern direkt auf eine Kontraktion des Erdballs zu schließen. Die eigentliche Abkehr von der Abkühlungskontraktion der Erde als herrschende Lehrmeinung der Gebirgsbildung aber wurde nicht von den Geowissenschaften, sondern von der Physik eingeleitet. Dabei kam, wie glücklicherweise nicht allzu selten, der Zufall der Forschungsarbeit zu Hilfe.

Im Jahre 1896 ließ der französische Physiker Henri Becquerel über Nacht ein Stück Uran-Pechblende auf einer lichtundurchlässig verpackten Photoplatte liegen. Als er die Platte entwickelte, stellte er einen schwarzen Fleck darauf fest, der nur durch eine vom Pecherz ausgehende unbekannte, aber sehr durchdringende Strahlung ausgelöst sein konnte. Das polnisch-französische Forscherehepaar Marie und Pierre Curie, beide Professoren für Chemie und Physik in Paris, fand die Erklärung für die unheimlichen Becquerel-Strahlen: Sie isolierten aus der Pechblende das nur in verschwindend geringer Menge darin enthaltene neue Element »Radium« – das Strahlende – von dem nur ein Gramm in je zehn Tonnen Pecherz zu erwarten ist. Aber zweifellos war dieses Radium verantwortlich für die Schwärzung der Photoplatte durch die lichtdichte Verpackung hindurch. Diese Erkenntnis war die Geburtsstunde eines neuen Zweiges der Physik, der Kernphysik, durch die Auffindung der »Radioaktivität«. Radioaktivität ist Kernzerfall unter Aussendung energiereicher Strahlen – schwerer, positiv geladener Heliumkerne oder Alpha-Strahlen, leichter, negativ geladener Elektronen oder Beta-Strahlen sowie harter, kurzwelliger elektromagnetischer Gamma-Strahlung. Aber nicht nur Radium, auch eine Reihe anderer natürlicher (sowie künstlich aktivierter) Elemente sendet radioaktive Strahlen aus, wie etwa das Uran, Thorium, Protaktinium, Radon, Polonium, Blei mit dem Atomgewicht 210 und 214, Wismut (214), Thallium (210) und andere mehr.

Die natürlichen radioaktiven chemischen Elemente sind nun in der Erdkruste in geringen, jedoch bei großen Gesteinsmassen ausreichenden Mengen enthalten, um durch Radioaktivität eine eigene, nicht zu unterschätzende Wärmeproduktion zu erzeugen. So enthält Granit etwa 3,3 Gramm pro Tonne Uran und 12,5 g/t Thorium, Basalt 0,9 g/t

Uran sowie 3,4 g/t Thorium, Tonschiefer 3,7 g/t Uran und 11,0 g/t Thorium. Je Gramm produziert Uran 238 jährlich (mit Zerfallsprodukten) 0,71 cal, Thorium 232 0,20 cal Wärme. Um den an der Erdoberfläche meßbaren Wärmefluß aus dem Erdinnern in Höhe von rund $1{,}2 \cdot 10^{-6}$ cal/cm^{2}sec erklären zu können, reicht demnach eine Granitschicht von rund 20 km Dicke, eine Basaltschicht von 75 km Mächtigkeit aus. Da Gesteine wie Granit und Basalt im Erdinnern in großer Menge vorhanden sind, war mit der Radioaktivität zugleich eine unabhängige Wärmequelle in der Erde selbst entdeckt, welche die fast hundert Jahre alte Vorstellung von der Abkühlung der Erde im Laufe der Erdgeschichte ernstlich in Frage stellte. Im Gegenteil, bei den großen Mengen von Gesteinen mit radioaktivem Elementanteil war sogar auch der umgekehrte Fall zur Abkühlung, die radiogene Aufheizung des Erdballes denkbar; J. Joly in England (The surface history of the Earth 1925) und G. Kirsch in Deutschland (Geologie und Radioaktivität 1928) entwickelten eine These, wonach die radioaktive Wärmeproduktion sogar die Energie für die gesamten Faltungs- und Gebirgsbildungsvorgänge der Erdkruste liefert. Infolge ihres hohen Gehalts an zerfallsfähiger Substanz reichert sich nach dieser Vorstellung die Wärme im Erdinnern periodisch so lange an, bis ein kritischer Wert erreicht respektive überschritten wird, bei welchem aktiver Energieverlust durch gebirgsbildende Bewegungen einsetzt. Hierdurch sinkt der Energiebestand wieder unter den kritischen Wert ab, bis weiterer radioaktiver Zerfall zu erneuter Aufheizung führt. Zweifellos waren diese Gedankengänge von Joly und Kirsch gut geeignet, die offensichtliche Periodizität der Gebirgsbildung zu erklären.

So änderte sich schlagartig die Vorstellung von der langfristigen thermischen Entwicklung der Erde. Hatte man im vorigen Jahrhundert allgemein mit einer Abkühlung des Erdballs von glutflüssigen Anfangsstadien über die Bildung einer ersten, noch dünnen Erstarrungskruste bis zur Verfestigung auch des Mantels gerechnet, so lieferte nun an der Wende zu diesem Jahrhundert die Entdeckung der natürlichen Radioaktivität auch den Geowissenschaften eine zuvor unbekannte Energiequelle zur Erklärung gebirgsbildender Vorgänge. Ob sich die Erde im Laufe ihrer langen Geschichte tatsächlich abgekühlt, radioaktiv aufgeheizt oder ihren Wärmebestand nahezu konstant beibehalten hat, ist heute praktisch völlig offen. Von der Abkühlungskontraktion allerdings spricht man heute nur noch im historischen

Rückblick. Aber auch die Theorie der thermischen Zyklen von J. Joly und G. Kirsch ist gegenwärtig nicht mehr aktuell. Zu unsicher sind unsere Kenntnisse über den tatsächlichen Wärmeverlauf im Erdinnern sowie während der Erdgeschichte. Zum Teil bringt uns die natürliche Radioaktivität in die neue Schwierigkeit, daß bei den großen Mengen granitischer und verwandter Gesteine eher zu viel radiogene Wärme erzeugt werden müßte, als es dem gemessenen Wärmefluß entspricht. Dagegen weisen die Ozeane, die weithin praktisch ohne Granit und andere, radiogene Elemente enthaltene Gesteine sind, keinen prinzipiell geringeren Wärmefluß als die Kontinente auf, die vergleichsweise reich an granitischen Gesteinen sind. Zur Erklärung des Faltenwurfes im Antlitz der Erde wird allerdings heute weder die Abkühlungskontraktion noch die Theorie der thermischen Zyklen bemüht; wir haben damit lediglich eine bedeutsame Epoche der geowissenschaftlichen Erforschungsgeschichte nachgezeichnet. Wer sich jedoch Gedanken über die Veränderung der festen Erdkruste macht, muß diesen Faltenwurf zwangsläufig in seine Überlegungen einbeziehen.

3. Die wandernde Erdkruste

Kaum eine wissenschaftliche Erkenntnis hat die Geowissenschaftler stärker verunsichert und zu heißeren Diskussionen angeregt, als die Feststellung, daß bedeutende Teile der Alpen und anderer Faltengebirge nicht aus dem Untergrund an Ort und Stelle stammten, sondern über weite Entfernungen mehr oder weniger parallel zur Erdoberfläche herantransportiert worden waren. Solche Gesteinsstapel mit Ferntransport in den Gebirgsgürteln der Erde bezeichnet man als (tektonische)»Decken«; inzwischen sind Transportwege von annähernd 50 km unmittelbar nachgewiesen und solche von weit über hundert Kilometern durchaus in der Diskussion. Obwohl die grundlegenden Beobachtungen zum Deckenbau der Schweizer Alpen bereits um die Mitte des vorigen Jahrhunderts gemacht worden waren, hat sich die Deckenlehre erst mit fast hundertjähriger Verspätung in der Wissenschaft durchsetzen können. Der Grund hierfür ist einfach: Die Vorstellung vom Ferntransport kilometerdicker Krustenplatten über zehn, ja Hunderte von Kilometern überstieg das Fassungsvermögen selbst der an Superlative der Zeit und des Raumes gewohnten Geologen. Man konnte sich nicht erklären, durch welchen Vorgang Teile der Erdkruste aus ihrem ursprünglichen Ablagerungsraum herausgerissen und – nach beträchtlichem Transportweg in der Horizontalen – seitlich über benachbarte Krustenteile geschoben, ja mehrfach übereinandergestapelt worden sein sollten. Welche Kraft war hier am Werk, um die Decken der alpinotypen Faltengebirge übereinanderzuhäufen? Da es zunächst kein sinnvolles Konzept für den Mechanismus des Deckentransportes gab, erschien es einfacher, den Deckenbau als solchen abzulehnen und die Geländebefunde umzudeuten. Man stelle sich vor: Gesteinsserien bis zu mehreren Kilometern Mächtigkeit wurden in den Helvetischen Alpen zwischen Aarmassiv und Schweizer Mittelland drei- bis vierfach übereinandergestapelt, nachdem sie zuvor über 30 km weit von Süden herantransportiert worden waren. Hier half keine Erklärung mittels

Isostasieprinzip oder Erdkontraktion, die von der Natur geschaffenen Leistungen des alpinen Deckenbaues waren zu groß, um sich in die menschliche Vorstellungswelt einzufügen; sie entzogen sich jahrzehntelang jedem praktischen Deutungsversuch.
Und dabei hatte es so harmlos angefangen: Am 1. August (dem schweizer Nationalfeiertag) des Jahres 1840 untersuchte der Alpengeologe Arnold Escher von der Linth eine Talflanke des engen Sernftales, die sogenannte Lochsiten (Lochseite) oberhalb des Städtchens Schwanden im Schweizer Kanton Glarus. Die Gesteinsabfolge war klar und vollständig aufgeschlossen: Zuunterst lagen Schiefer und Sandsteine des Flysch, einer in den Schweizer Alpen verbreiteten Gesteinsserie, die leicht zu Bergrutschen neigt und daher im Simmental ihren charakteristischen Namen erhalten hatte. Darüber folgte eine meterdicke Schicht »Hochgebirgskalk«, der jedoch an dieser Stelle intensiv verformt, ja geradezu durchgewalzt worden war. Über dem Hochgebirgskalk lag in beträchtlicher Mächtigkeit sogenannter »Verrucano«, eine rotbraun bis graugrün gefärbte Serie von Schiefern, Konglomeraten und Sandsteinen. Ihr Name war vom Monte Verruca in der Toskana abgeleitet, wo ähnliche Gesteine bekanntgeworden waren. Was Arnold Escher an diesem Aufschluß verwirrte, war die erstaunliche zeitliche Abfolge der hier anstehenden Gesteine: Während normalerweise die zuunterst liegenden Serien die ältesten Schichtglieder sind, die später von jüngeren Sedimenten zugedeckt werden, war hier alles umgekehrt; der Verrucano, zuoberst an den Talflanken, bildete das älteste Schichtglied und gehört dem Paläozoikum (Erdaltertum) an. Der Hochgebirgskalk hingegen ist mesozoisch, also dem Erdmittelalter zuzuweisen, während der Flysch zuunterst im Aufschluß die jüngsten Gesteine dieser Serie umfaßte, die dem Tertiär, der Erdneuzeit, zuzuordnen sind. Die Gesteine der Lochseite folgen also nicht in normaler Reihenfolge übereinander, nach dem Grundprinzip der Stratigraphie, wonach das älteste Schichtglied unten, das jüngste oben zu suchen ist. Sie sind in ihrer zeitlichen Reihenfolge gestört, das älteste oben, das jüngste Schichtglied unten. In dieser Form können sie nicht im Bereich der Glarner Alpen abgelagert worden sein. Zudem weist die vergleichsweise geringe Mächtigkeit und starke Verformung des Hochgebirgskalks zwischen Flysch und Verrucano auf eine Auswalzung dieser mesozoischen (»Malm«-) Kalke zwischen der Masse des Verrucano und dem unterlagernden Flysch hin.

Deckenüberschiebung am Cassonsgrat in den Glarner Alpen. Ältere paläozoische Gesteine haben sich flach über die jüngeren mesozoischen Kalke geschoben. Die wie mit dem Lineal gezogene Deckengrenze ist deutlich zu erkennen. Deckenüberschiebungen sind Hauptkennzeichen alpinotyper Faltengebirge. Die Glarner Decke läßt sich bis ins Vorderrheintal südlich des Aarmassivs, über die Grate der Tschingelhörner, über Vorab, Sardona, Ringelspitz und Cassonsgrat verfolgen. Der ursprüngliche Ablagerungsraum ist mindestens 30 km südlich der heutigen Position der Deckengesteine zu suchen.

(Siehe Kapitel: Die wandernde Erdkruste)

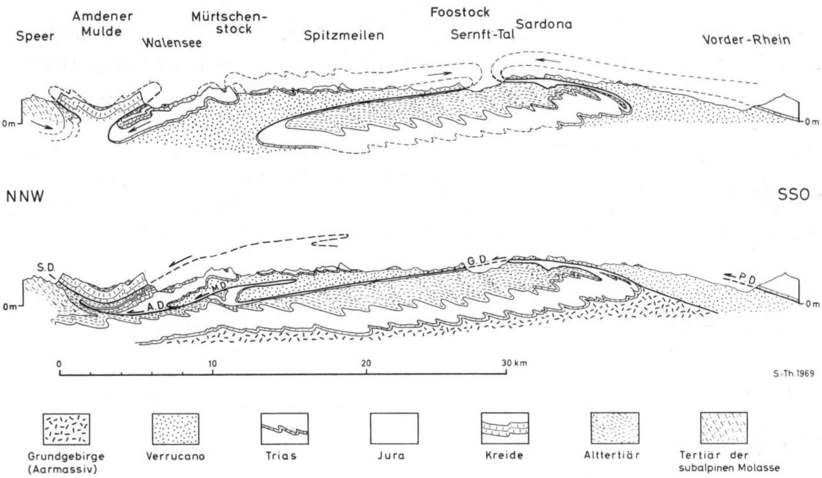

Profil der Glarner Doppelfalte (oben)
Profil der Glarner Deckenüberschiebung (unten)

Arnold Escher von der Linth war sich zum damaligen Zeitpunkt wohl noch nicht über die ganze Tragweite seiner Beobachtung im klaren. Er stellte jedoch ähnliche Lagerungsverhältnisse auch in anderen Teilen der Glarner Alpen fest. Als sein Schüler Albert Heim in den folgenden Jahrzehnten die noch heute bewundernswerte geologische Karte der Glarner Alpen aufnahm, ergab sich, daß die anormale Lagerung der Gesteine von der Lochseite keineswegs auf den engeren Bereich des Sernftales beschränkt war, sondern in den Bergen des Glarner Landes über Hunderte von Quadratkilometern verfolgt werden konnte. Zur Erklärung dieses Phänomens griff Albert Heim zu einer etwas komplizierten Lösung: Seiner Ansicht nach waren die Gesteine von zwei Seiten her überfaltet worden, so daß sich ein doppelter überkippter Faltenschenkel mit ausgedünnten Flanken (daher die Auswalzung im Hochgebirgskalk) gebildet hatte. Als »Glarner Doppelfalte« ging diese tektonische Kontruktion zunächst in die wissenschaftliche Literatur ein.

Die von Heim gegebene Deutung der Glarner Doppelfalte ist in den folgenden Jahren in der Fachwelt heftig diskutiert worden. Konnte der gebirgsbildende Druck sowohl von Norden als auch von Süden her gewirkt haben, so daß die Junggesteine des Glarner Flyschs im Innern der Doppelfalte eingeschlossen und beidseitig überfaltet wurden?

Heims großes künstlerisches Talent und seine Gabe, die geologischen Verhältnisse des Glarner Landes in Karten und Profilschnitten anschaulich zur Darstellung zu bringen, ermöglichten eine Diskussion auf internationaler Ebene, in welche sich auch Ortsfremde einschalten konnten. Ein solcher war der belgische Geologe Marcel Bertrand. Aus seiner belgischen Heimat war ihm die kurz zuvor entdeckte Faille eifelienne, die Nordrandüberschiebung der Ardennen auf ihr nördliches Vorland um rund zwei Kilometer bekannt. Ohne zum damaligen Zeitpunkt selbst die Aufschlüsse Arnold Eschers und Albert Heims im Glarner Land unmittelbar besucht zu haben, warf er die Frage auf, ob nicht eine der Eifelüberschiebung der Ardennen ähnliche Bauform den Lagerungsverhältnissen der Glarner Alpen eher gerecht würde als die doch insgesamt wenig überzeugende Glarner Doppelfalte, die offensichtlich nur ein Konstruktionsbehelf sein konnte. Mit Marcel Bertrands Umdeutung der Glarner Doppelfalte im Jahre 1884 beginnt in der Geologie das Zeitalter des Deckenbaues, der ferntransportierten Krustenschollen. Bertrand vereinte die beiden bei Albert Heim noch getrennten Flügel der Glarner Doppelfalte zu einer einheitlichen, von Süden nach Norden überschobenen Bewegungsmasse, der Glarner Decke. Auf dem Papier war der Vergleich der Glarner Überschiebung mit der Faille eifelienne am Nordrand der Ardennen durchaus überzeugend – mit dem einzigen Einwand, daß die Eifelüberschiebung rund zwei Kilometer Transportweg, die Glarner Decke hingegen mehr als das 25fache aufwies. Man wird nicht ganz den Eindruck los, daß Marcel Bertrand möglicherweise nicht so genau auf den Maßstab der Heimschen Karten und Profile geachtet hat, als er seine Umdeutung gab.

Diese Umdeutung der Glarner Lagerungsverhältnisse durch den ortsfremden Bertrand, der nie zuvor die Glarner Alpen besucht hatte, ist der klassische Fall einer schlagartig intuitiven Erkenntnis durch einen Außenseiter. Davon hat es in fast allen Wissenschaften immer wieder einige gegeben, und meist sind sie von den Fachgelehrten mehr oder minder heftig angegriffen und abgelehnt worden, selbst wenn sich ihre Intuition später als richtig herausgestellt hat. Im Falle der Geologie der Glarner Alpen allerdings bewies Albert Heim seine ungewöhnliche persönliche Größe, indem er der Umdeutung durch den Außenseiter Bertrand zustimmte und die Glarner Decke als den Geländebefunden entsprechend in sein eigenes Denken übernahm. Diese Bereitschaft zur

Korrektur eigener Vorstellungen und Anerkennung fremder Argumente, selbst wenn sie von Außenseitern stammen, ehrt die echte Forscherpersönlichkeit mehr als das Rechthabenwollen und Festhalten an überkommenen Gedankengängen. Es ist nichts Ehrenrühriges, einen zunächst fast allzu kühnen Gedankenflug nicht vollzogen zu haben. Sich aber trotz der besseren Argumente neuen Vorstellungen zu verschließen, weil sie nicht zu dem eigenen Konzept oder der herrschenden Lehrmeinung passen, ist unwissenschaftlich.
Albert Heim hat mit der Anerkennung der Glarner Überschiebung der Schweizer Geologie einen jahrzehntelangen Vorsprung in der Entschlüsselung des Gebirgsbaues gesichert. Die einheitliche Überschiebungsbahn von Süden her erklärte mit einem Schlage, weshalb in den Glarner Alpen nicht zwei gegeneinander gerichtete Faltenneigungen, sondern eine einheitliche Vergenz des Faltenbaues nach Norden hin zu beobachten war. Diese Nordvergenz in Richtung zum tief gelegenen Vorland hält von den Höhen des Aarmassivs in den zentralen Schweizer Alpen bis an den Rand des Schweizer Mittellandes an, wo die Glarner Decke an der Aufrichtungszone der subalpinen Molassegesteine, der Füllung des voralpinen Troges, anbrandet. Die Decke selbst (wie auch die übrigen, bald darauf erkannten Helvetischen Decken nördlich der Schweizer Zentralmassive) ließ sich bis ins Vorderrheintal südlich des Aarmassivs, über die Grate der Tschingelhörner, über Vorab, Sardona, Ringelspitz und Cassonsgrat verfolgen. Demnach war der ursprüngliche Ablagerungsraum im Süden zu suchen, mindestens 30 km südlich der heutigen Position der Deckengesteine. Stellenweise fanden sich sogar drei bis vier Decken übereinander, alle aufgebaut aus Gesteinsserien ähnlichen Alters, so daß an den Deckengrenzen immer wieder ältere Gesteine über jüngere hinwegbewegt worden waren. Schließlich wurde der gesamte Deckenstapel noch in eine intensive Verfaltung einbezogen, deren eindrucksvolle Faltenbilder im Alpstein (Säntisgebirge) herrlich aufgeschlossen sind und von Albert Heim naturgetreu abgebildet wurden.
Die folgenden zwei Jahrzehnte bis zum Internationalen Geologen-Kongreß in Wien 1903 waren gekennzeichnet durch intensive Durchmusterungen der Alpen und anderer Gebirge zwecks Feststellung weiterer Deckenüberschiebungen sowie durch heftige Diskussionen pro und contra alpiner Deckenbau. 1903 trug der Schweizer Geologe M. Lugeon in Wien über den Deckenbau der Schweizer Alpen vor und

zog dabei, ohne selbst die ostalpinen Verhältnisse zu kennen, auch die Österreichischen Alpen in sein Deckenkonzept ein. So war es also ebenfalls wiederum ein Außenseiter, der für die Verbreitung der Deckentheorie über die Schweizer Alpen hinaus sorgte. Auch für Skandinavien und sogar die Gebirge Nordamerikas wurden in Wien erste Vorstellungen von Deckenbau vertreten. War die Übertragung des Deckenkonzepts auf die Ostalpen bei M. Lugeon noch weitgehend intuitiv, so legte ein anderer Teilnehmer dieses Wiener Kongresses, Paul Termier, nur vier Monate später der Französischen Geologischen Gesellschaft die ersten im Gelände erarbeiteten Beweise für einen einheitlichen Deckenbau der West- und Ostalpen und damit für ein neues, grundlegendes Bild vom Bau der Alpen vor. Die Glanzschiefer (schistes lustres) aus der Penninischen Zone der inneren Westalpen entlang der französisch-italienischen Grenzlande gingen seitlich in die Bündner Schiefer der Schweizer Alpen über, aber endeten nicht abrupt an der Grenze zu den Ostalpen, der Rheintal-Querfurche von Chur zum Bodensee und ihrer südlichen Fortsetzung über Lenzerheidpaß und Julier, sondern traten auch östlich davon in eng umgrenzten Arealen abermals zutage: Nämlich einerseits im Unterengadin, andererseits in den Hüllgesteinen der Hohen Tauern. Was in den Westalpen Frankreichs, Italiens und der Schweiz weithin den penninischen Gebirgsbau bestimmte, und als ausgedehnte Deckenmasse die Höhen der Berge Graubündens, des Wallis und der Französisch-Italienischen Zentralalpen aufbaute, lugte in den Ostalpen nur in zwei bedeutenderen Aufbrüchen unter den kristallinen Gesteinen der zentralen Ostalpen hervor. Dieses Kristallin mußte also die schistes lustres (oder Bündner Schiefer) überfahren haben, und die lokalen Aufbrüche im Unterengadin und in den Hohen Tauern waren als durch die Flußerosion freigelegte »Fenster« des überfahrenen Untergrundes aufzufassen. Demnach waren auch die Ostalpen weithin von Decken aufgebaut; Silvretta, Ötztaler, Gurktaler Alpen waren gewaltige Deckschollen ostalpinen Kristallins, die über »westalpine« Gesteine vom Typ der schistes lustres bzw. Bündner Schiefer hinwegtransportiert worden waren, aber auch diese »westalpinen« Gesteine bildeten ihrerseits »Decken« aus weitreichenden liegenden Falten, wie sie in der lepontinischen Region der Tessiner Alpen, in der Simplonpaßregion oder in den zentralen Hohen Tauern aufgeschlossen waren.
Hatte man zuvor den Gebirgsbau der Alpen allgemein bodenständig angesehen, so wurde er im Bilde Paul Termiers mit einem Schlage weit-

gehend »entwurzelt«, in eine Reihe gewaltiger, von Süden nach Norden überschobener Deckenkomplexe aufgelöst.
Da die Ostalpen jedoch nach Osten hin immer breiter auffächern, ergaben sich für Teile dieses Alpenkörpers ungeahnte Transportweiten von weit über hundert Kilometern. Es ist verständlich, daß zunächst nur wenige Fachkollegen bereit waren, diesen weitgespannten Gedankengängen zu folgen. Während in der Schweiz und in den Französischen Alpen E. Argand, M. Lugeon, H. Schardt, P. Termier, R. Staub und viele andere den Deckenbau der Westalpen immer genauer herausarbeiteten, griffen in den Ostalpen E. Suess, V. Uhlig und L. Kober die Vorstellungen vom Deckenbau auf und versuchten, sie gegen die Meinung von einer mehr ortsgebundenen Tektonik durchzusetzen. Stritt man zu Beginn dieses Jahrhunderts noch prinzipiell um die Möglichkeit des Deckentransportes überhaupt, so geht seit der Mitte dieses Jahrhunderts die Diskussion nur noch um die Deckennatur oder Ortsständigkeit einzelner Gebirgsabschnitte sowie über die Transportweite, die man den einzelnen Decken zuschreiben muß. Das Deckenkonzept an sich hat sich, gerade bei der intensiven Durchforschung des Gebirges im Rahmen der Diskussion um den Deckenbau, insgesamt glänzend bestätigt, obwohl bis heute noch keineswegs gültige Vorstellungen über den Mechanismus der Deckenbewegung gewonnen werden konnten.
Wie gelang es der Erde, Gesteinstafeln der Dicke und Ausdehnung alpinotyper Decken über zehn, ja Hunderte von Kilometern praktisch in der Horizontalen über alle Nachbargesteine hinweg zu verfrachten und auf fremdem Untergrund mehrfach übereinanderzustapeln? Wie sollte man sich diesen Vorgang mechanisch vorstellen? Hatte sich Afrika auf Europa zu bewegt, gewaltige Gesteinsmassen vor sich herschiebend? Oder waren die Decken in ganzer Ausdehnung von beulenartigen Hebungszonen, Haarmannschen Geotumoren, abgeglitten? Oder war verstärkte Falteneinengung, im Sinne von Heims »Überfaltung«, auch für den Deckentransport verantwortlich zu machen?
Mußte man annehmen, daß Kontinente von der Größe Afrikas gewandert waren? Aber wenn Afrika sich nach Norden auf Europa zu bewegt hatte, weshalb schob es nicht einheitliche Decken in ganzer Breite vor sich her, sondern beschränkte sich auf vergleichsweise kurze Abschnitte der Alpen und der übrigen mediterranen Deckengebirge? und wie sollte man aus einer Nordbewegung Afrikas die Westbewe-

gung des Deckenbaues in den Französisch-Italienischen Westalpen ableiten?
Aber auch die Vorstellung von den ausgedehnten Aufwölbungen der Erdkruste, den Tumoren, von welchen die Decken im Sinne E. Haarmanns abglitten, stieß auf Schwierigkeiten. Trotz aller Rekonstruktionsversuche waren derartige Tumore im Hinterland der Alpen nicht nachweisbar, und um den Deckentransport über Hunderte von Kilometern bewerkstelligen zu können, indem die Deckengesteine von einer tumorartigen Hebungszone abgleiten, wären extrem lange, geneigte Böschungsrampen erforderlich gewesen, die sich in der Natur nicht realisieren ließen. So blieb der Antrieb des Deckentransportes nach wie vor rätselhaft. Dennoch setzte sich das Deckenkonzept bis um die Mitte dieses Jahrhunderts mehr und mehr durch. Von den Alpen, wo es seinen Ausgang nahm, wurde es auf die Karpaten, das Dinarische Gebirge Jugoslawiens, den Apennin, die Pyrenäen, die Betische Kordillere Südspaniens und den Atlas, ja außerhalb des Mittelmeerraumes auf Himalaja, das Skandinavische Hochgebirge, auf das Naukluftgebirge Südafrikas oder die südamerikanischen Anden übertragen.
Trotz aller Diskussionen um den Mechanismus der Deckenbewegungen, um einzelne Deckschollen und die zugehörigen Transportweiten kann der Deckenbau als ein Grundprinzip der Erdkrustengestaltung bezeichnet werden, und alle Gedankengänge über weitreichende Bewegungen der Erdkruste müssen die Tatsache des Deckentransportes in die Überlegungen einbeziehen.
Auch wenn man den eigentlichen Antrieb noch nicht kannte, war die Erdkruste offenbar befähigt, in mächtigen Schollen Hunderte von Kilometern weit in den Gebirgsgürteln der Erde zu wandern. Die Gebirge stiegen nicht nur, der Isostasie folgend, aus der Tiefe des Untergrundes empor; sie erfuhren darüber hinaus nicht selten weitreichende Verlagerungen ihrer einzelnen Bauabschnitte, wobei es zur Übereinanderlagerung derartiger Deckschollen kommen konnte.
Die Deckenlehre hat in stärkerem Maße zu mobilistischen Vorstellungen, zu beweglicherem Denken in der Geologie beigetragen, als man sich dies heute noch vorzustellen vermag. Wer etwa die noch ganz auf der Grundlage der Bodenständigkeit (Autochthonie) entworfenen Ostalpenprofile Hammers mit denjenigen Termiers oder Uhligs vergleicht, erkennt die beträchtliche geistige Spannweite, welche die Geologie durch die Deckenlehre erworben hatte. Statt nur in räumlichen

Dimensionen der näheren Umgebung zu denken, wurde der Geowissenschaftler nunmehr gezwungen, weit größere Bereiche der Erdkruste in seine Überlegungen einzubeziehen. Ohne den unmittelbaren Nachweis bedeutender Deckentransporte wären Hypothesen von der Verlagerung ganzer Kontinente nicht möglich geworden. So steht die Erkenntnis des Deckenbaues, so unverständlich der ihm zugrunde liegende Bewegungsvorgang auch zunächst erscheinen mochte, am Beginn einer neuen, flexibleren und mobilistischen Epoche der Erdwissenschaften. Statische Vorstellungen mußten mehr und mehr den Gedanken des Ferntransportes und weitreichender Krustenverlagerungen weichen, und damit war ein Bann gebrochen, der die Geowissenschaften des vorigen Jahrhunderts, ja noch bis in die Mitte dieses Jahrhunderts hinein in engen Grenzen hielt. Mag man bei den Vorstellungen der Deckentheorie manchmal auch über das vertretbare Maß hinausgeschossen sein, indem Gebirgsteile unberechtigter Weise künstlich »entwurzelt«, in hypothetische Decken umkonstruiert wurden, die einer späteren Kontrolle der Geländebefunde nicht standhielten: Insgesamt hat die Deckenlehre die Geowissenschaften wie wenige andere Erkenntnisse befruchtet und der Wahrheit ein Stück nähergebracht. Bis heute nehmen daher die Alpen, denen wir diese Erkenntnis verdanken, eine zentrale Stellung unter den Gebirgen der Erde ein, werden nicht selten Bauformen ferner Erdteile mit dem Bau der Alpen verglichen, auch wenn jedes Gebirge gewisse eigene Charakteristiken aufweist, und die Alpen keineswegs die einzig mögliche Form junger Kettengebirge darstellen.

Als der holländische Geologe R. W. van Bemmelen 1930 nach längeren geologischen Geländearbeiten im damaligen Niederländisch-Indien überzeugende Beweise für ein Wandern der Gebirgsbildungsaktivität in Zeit und Raum im Bereich des Indonesischen Archipels vorlegen konnte, bahnte sich erstmals eine Vorstellung von langsamen, fast stetigen Bewegungen in der Erdkruste an, die über längere Zeiträume der Erdgeschichte und ausgedehnte Krustenabschnitte der Erde hinweg andauern. Gebirge entstanden offenbar nicht auf einen Schlag, sondern wurden Stück um Stück durch Anbau erweitert. War damit nicht auch eine sinnvolle Erklärung für den Ferntransport tektonischer Decken denkbar? Als sich im Nordapennin die Annahme zur Gewißheit erhärten ließ, daß einzelne Teile des Gebirges einen Ferntransport von über 200 Kilometern zurückgelegt haben mußten, griffen italienische

Geologen unter Führung von G. Merla und C. Migliorini die Erkenntnis vom Wandern der Gebirgsbildung auf und entwickelten ein Konzept etappenweisen Deckentransportes: Dabei gleiten die Deckschollen jeweils von tektonisch aufgewölbten Rücken ab und finden in den benachbarten Muldenzonen vorübergehend Ruhe, nachdem sie so einige zehn Kilometer Deckentransports zurückgelegt haben. Anschließend entsteht aus den Muldenzonen erneut ein tektonischer Rücken, von welchem abermals ein Abgleiten möglich ist. Mit der nacheinander folgenden Aufwölbung von etwa sechs derartigen Rücken und jeweils rund 40 km Gleitdeckenbewegung ließ sich so der gesamte Ferntransport der Deckschollen über mehr als 200 km verständlich machen. Dieses Prinzip der »falde tettoniche a cunei composti« war ein weiterer bedeutsamer Markstein auf dem Wege zum Verständnis des alpinotypen Deckenbaues.

4. Gebirgsbildung unter dem Mikroskop

Bisher haben wir die Formen der Erdkruste nur im großen, gewissermaßen mit Verkleinerungsmaßstab betrachtet. Gebirge, Falten, Dekkengrenzen sind schon mit bloßem Auge erkennbar und dem geologischen Studium zugänglich.

Wertvolle Hilfe erfuhr die Tektonik jedoch zu Beginn dieses Jahrhunderts von einem Zweig der Geowissenschaften, von dem man eine solche vielleicht nicht ohne weiteres erwartet hatte: Von der Kristallographie, die sich üblicherweise mit dem Bau kleinerer Objekte, der Kristalle und ihrem Gitter-Feinbau, beschäftigte.

Gebirge sind Gemenge von Gesteinen, und Gesteine sind Gemenge von Mineralen. Eine weitergehende räumliche Ordnung der Gemengteile innerhalb dieser Einheiten schien zunächst nicht zu erwarten. Erst bei den Mineralen gelangte der Forscher zu Objekten mit jeweils charakteristischem, wohlgeordnetem Internbau. Freilich war es anfänglich die auffällig regelmäßige äußere Form der Kristalle, die gesetzmäßige Wiederkehr charakteristischer Kristallflächen und vor allem -winkel, was zur Beschäftigung mit den Kristallen anregte. Schon der dänische Arzt und Naturforscher Niels Stensen (Nikolaus Steno, 1638–1686) hatte beobachtet, daß bei verschiedenen Kristallen gleicher Zusammensetzung immer wieder konstante Winkel zwischen vergleichbaren Flächen auftreten. Damit wurde ersichtlich, daß nicht so sehr die äußere Form der Kristalle, sondern der innere Aufbau der Kristallbausteine, von Bedeutung war. Dieses Gesetz von der Winkelkonstanz der Kristallflächen erfuhr allerdings erst im Zeitalter der Röntgenstrahlung seine beweiskräftige Deutung. Als man sich zu Beginn dieses Jahrhunderts über die physikalische Natur der 1895 von Wilhelm Conrad Röntgen (1845–1923) entdeckten Strahlung stritt, ob Wellen- oder Korpuskularstrahlung, kam der deutsche Physiker Max von Laue (1879–1960) auf die glänzende Idee, gleich zwei strittige Fragen der damaligen Naturwissenschaft mit einem Experiment zu klären: Wenn die Kristalle tatsächlich, wie die Mineralogen annahmen, aus regelmäßig angeordneten, kleinsten Gitterbausteinen aufgebaut waren, und wenn es sich bei der Röntgenstrahlung um elektro-magnetische Wellen handelte, so waren bei einer bestimmten Dimension dieser Kristallgitter und passender Wellenlänge der Röntgenstrahlen charakteristische Beugungsbilder beim Durchgang der Strahlung durch Kristalle zu erwarten. Im Jahre 1912 gelang Max von Laue zusammen mit Walter Friedrich und Paul Knipping dieser Versuch, der mit einem Schlage sowohl die Wellennatur der Röntgenstrahlung als auch den Gitteraufbau der Kristalle bewies.

Damit bewährte sich die alte Vorstellung, wonach die Kristallbausteine jeweils in regelmäßigen Raumabständen in Punktreihen, Netzebenen und räumlichen Gittern angeordnet waren. Teilte man einen solchen Kristall, so wurden zwar völlig andere Abschnitte des Kristallgitters freigelegt, aber diese wiesen wiederum dieselben räumlichen Anordnungen der Kristallbausteine auf wie beim unversehrten Stück. Bis in die kleinsten noch teilbaren Bruchstücke hinein beobachtete man so stets dieselben Winkel zwischen den entstehenden Kristallflächen, erwies sich der Kristall als gitterkonstant geordnet. Die im Laue-Diagramm mit Hilfe von Röntgenstrahlen an Kristallplatten gewonnenen Beugungsbilder zeigten die hohe Regelmäßigkeit der Gitteranordnung von Kristallbausteinen und ermöglichten damit erstmalig einen Einblick in die gesetzmäßige Wunderwelt des Feinbaues der kristallisierten Natur. Röntgenmethoden in der Kristallographie nach dem Vorgange Max von Laues oder nach dem später mehr gebräuchlichen Debye-Scherrer-Verfahren spielen in der modernen Kristallographie bis in die Gegenwart eine wesentliche Rolle, insbesondere zur Kennzeichnung und Analyse von Kristalliten kleinster Dimension, deren chemische Zusammensetzung somit auf mineralogischem Wege festgestellt werden kann.

Weitaus der größte Teil aller Minerale liegt in kristallisierter Form vor. Der ungeordnete, »amorphe« Zustand tritt demgegenüber weitgehend zurück. In der Welt der Kristalle und kristallisierten Mineralkomponenten herrscht die von den Röntgenbildern her bekannte gesetzmäßige Anordnung der Gitterbestandteile, sind alle Bausteine regelmäßig im Raum angeordnet. In Gesteinsgemengen, oder gar in ganzen Gebirgsmassiven, schien hingegen zunächst keine Regelmäßigkeit in der räumlichen Anordnung der Gefügebestandteile vor-

zuliegen. Minerale unterschiedlichster Lage konnten sich zu Gesteinen, Gesteine verschiedenster Lagerung zu Gebirgen zusammenfügen.
Um so überraschender waren die Ergebnisse, die der 1884 in Innsbruck geborene österreichische Geologe und Mineraloge Bruno Sander bei Arbeiten über das Westende der Hohen Tauern südlich seiner Vaterstadt kurz vor dem Ersten Weltkrieg erzielen konnte. (Über Zusammenhänge zwischen Teilbewegungen und Gefüge in Gesteinen): Die Mineralbestandteile der Gesteine in Gebirgen waren nicht beliebig angeordnet, sondern wiesen eine charakteristische Gefügeregelung auf. Zwar erreichte diese Gefügeregelung nicht die hohe Regelmäßigkeit der Gitterbausteine von Kristallen, sondern war mehr eine statistische Einregelung in bestimmten Richtungen. Die Bewegungsvorgänge bei der Gebirgsbildung gingen jedoch nicht spurlos an der Mineralanordnung in den Gesteinen vorüber, sondern prägten den Gesteinen jeweils charakteristische Gefügeregelungen auf. An der Art dieser Gefügeregelung war daher auch der Bewegungsablauf selbst rekonstruierbar, welcher diese Gefügeprägung verursacht hatte. Damit war die »Gefügekunde« der Gesteine und geologischen Körper geboren, eine neue Methode der Tektonik und Petrographie, die sich als außerordentlich fruchtbar für die Erforschung von Krustenbewegungen erweisen sollte (B. Sander: Gefügekunde der Gesteine, Wien 1930 sowie Einführung in die Gefügekunde der geologischen Körper, 2 Bde., Wien 1948/50).
Bis in mikroskopische Dimensionen hinein zwangen so die gebirgsbildenden Bewegungen dem Gesteinsbestand ihre Gesetzmäßigkeit auf; an Hand von Gesteinsdünnschliffen, durchsichtig dünn geschliffenen Gesteinssplittern, konnte man unter dem Mikroskop noch die Spuren dieser Bewegungen und Verformungen nachweisen.
Die Methoden der Gefügekunde sind weitgehend von denjenigen der Kristallographie abgeleitet: Allgemein gilt es, die Richtungsbeziehungen der Mineralbausteine im Gesteinsverband möglichst genau und mit statistischer Gültigkeit zu erfassen. An größeren Objekten kann dies – wie bei der direkten Winkelmessung an größeren Kristallen – von Hand etwa mittels Geologenkompaß erfolgen. Unter dem Mikroskop werden Gesteinsdünnschliffe mit Hilfe des Universaldrehtisches einer Art Mikroskop-Theodolith der Kippung des Objektes um mehrere Achsen erlaubt, ausgemessen. Feinstkörnige Mineralkomponenten hingegen werden mit Röntgenstrahlen untersucht, die charakteristische Beugungsfiguren ergeben.

So werden beispielsweise blättchenförmige Minerale, wie die weitverbreiteten Glimmer im Gestein, unter Druck parallel zueinander eingeregelt, so daß die einzelnen Glimmerkristallite später untereinander eine übereinstimmende räumliche Anordnung aufweisen. Oder stengelförmige Kristalle (wie vielfach Kalkspat, Quarz, Turmalin und andere) werden bei Auswalzung des Gesteins mit ihren Längsachsen (zugleich den optischen Achsen des Kristallgitters im Lichtmikroskop oder bei Röntgenaufnahme) senkrecht zur Auswalzrichtung eingeregelt. Die Regelung kann entweder nach der Außengestalt der Minerale, nach deren Gitter-Feinbau (etwa nach bevorzugten Verschiebungsbahnen im Gitter) oder nach bestimmten Richtungen des Kristallwachstums erfolgen.
Praktische Beispiele für solche Arten der Mineralregelung infolge Durchbewegung hatten schon um die Mitte des vorigen Jahrhunderts Versuche von Sorby und Daubrée (1853) geliefert: Walzt man plastische Massen aus, die ungeordnet feine Hammerschlagblättchen enthalten, so beobachtet man nach der Bewegung eine deutliche Parallelanordnung dieser Blättchen. An den Flächen der einzelnen scheibenförmigen Körper greifen Kräfte an, welche die Blättchen so lange drehen, bis sie der Bewegung den geringsten Widerstand entgegensetzen. Dieser Zustand ist erreicht, sobald praktisch alle Blättchen parallel zur Auswalzungsebene angeordnet sind, also eine Gefügeregelung aufgeprägt erhalten haben.
Im Gesteinsdünnschliff unter dem Mikroskop kann man, etwa an Glimmerblättchen, eine solche Gefügeprägung Korn für Korn an der räumlichen Lage der Glimmerminerale feststellen und einmessen (Korngefüge). Aber auch der Gesteinsverband im großen zeigt nach entsprechender Durchbewegung bereits charakteristische Spuren der Verformung in Gestalt stets wiederkehrender bestimmter Klüfte und Absonderungsflächen. Besonders eindrucksvoll ist in diesem Zusammenhang die sogenannte Schieferung der Gesteine, eine Absonderung von Tongesteinen nach ebenen, parallelen Flächen, die zur Aufspaltung nach zentimeter- oder gar millimeterdünnen Tafeln führen kann. Solche Schieferplatten werden seit langem als Dachschiefer zum Eindecken von Dächern verwendet. Dachschiefer finden sich in gefalteten Gesteinsserien, meist einer Wechsellagerung von sehr feinkörnigen Tongesteinen mit zwischengeschalteten, dickeren Bänken von Sandsteinen oder Vulkaniten. Während die dickeren Bänke eine mehr oder weniger

weitspannige Faltung aufweisen, sind die Tongesteine dazwischen geschiefert, das heißt, sie weisen eine engständige Absonderung nach ebenen, parallelen Platten auf.
Schon Charles Darwin (1809–1882) war es in der ersten Hälfte des vergangenen Jahrhunderts aufgefallen, daß die Orientierung der Schieferungsflächen im Raum in Faltengebirgen oft über große Strecken hin gleichbleibt, während die Schichtflächen der Gesteine infolge der Faltung in Sätteln und Mulden auf- bzw. absteigen. Die Lage der Schichtung in Faltengebirgen ist also offensichtlich von Ort zu Ort recht verschieden, je nachdem, in welchem Abschnitt einer Falte man sich gerade befindet: Während im Bereich der Sattel- und Muldenumbiegungen flache Lagerung herrscht, wobei die Schichten im ersten Falle leicht nach oben, im zweiten nach unten durchgebogen sind, beobachtet man an den Sattelflanken Schichtaufrichtung zur Sattelfirste hin, anfangs mit zunehmender, dann wieder mit abnehmender Schichtneigung. Da die gesamte Schichtfolge gefaltet ist, stößt man immer wieder auf andere Schichtflächenorientierung. Die Schieferungsflächen hingegen machen dieses ständige Auf und Ab der Schichtung nicht mit, sondern behalten weit beständiger ihre räumliche Orientierung bei. Auf den Schieferungsflächen erkennt man vielfach schon mit bloßem Auge glänzende Kristallflächen von Glimmermineralen, die mit ihren bevorzugten Spaltflächen (nach der Basis des Gitterfeinbaues) parallel zu den Schieferungsflächen des Gesteins eingeregelt sind. In dieser Parallelstellung der Glimmerminerale auf Schieferungsflächen kommt die Gefügeregelung im Zuge der Gebirgsbildung zum Ausdruck; Glimmerminerale mit ihrer vorzüglichen Spaltbarkeit sind auch nicht unwesentlich bei der guten Teilbarkeit der Schiefer nach ebenen, parallelen Flächen beteiligt. Die Schiefergesteine zeigen also eine Absonderung und Teilbarkeit in Richtung der Glimmerminerale auf den Schieferungsflächen. Dabei können die Glimmer entweder bei der Verformung entsprechend ihrer blättchenförmigen Außengestalt in die Richtung geringsten Widerstandes gedreht (Formregelung) oder während der Verformung geregelt gewachsen sein (Wachstumsregelung), wobei die im Gestein herrschenden Spannungen während der Gebirgsbildung ein Mineralwachstum in bestimmten Richtungen begünstigen (sogenanntes Rieckesches Prinzip). Aber auch noch nach Beendigung der Verformung kann das Gefüge die Mineralanordnung beeinflussen: Minerale wachsen beispielsweise bevorzugt in Richtung besserer »Weg-

samkeit« der Gesteine, also Beweglichkeit von Porenlösungen, die Mineralbaustoffen heranführen. So kann nachträgliches Mineralwachstum ein zuvor erzieltes Verformungsergebnis gleichsam abbilden und damit erst eigentlich sichtbar machen (Abbildungs-Kristallisation). Minerale können also vor, während oder nach der gebirgsbildenden Verformung wachsen; entsprechend spricht man mit Bruno Sander von prä-, syn- und posttektonischer Kristallisation. In allen drei Fällen aber wirkt sich die Verformung auf Kristallanordnung und -wachstum aus, beobachtet man eine Gefügeregelung durch die gebirgsbildenden Kräfte. Es ist also keineswegs übertrieben, wenn man gebirgsbildende Vorgänge unter dem Mikroskop, nämlich am Feinbau der Mineralorientierung ablesen kann.

Grundsatz der Gefügekunde ist die Feststellung, daß sich die Verformung in der Gefügeregelung abbildet, und zwar entspricht die Symmetrie des Verformungsvorganges auch der Symmetrie des Verformungsergebnisses. Eine schiefe Pressung geologischer Körper bildet sich etwa in Form eines ungleichmäßigen Verformungsresultates ab, mit deutlicher Rechts-links-Asymmetrie, während eine gleichmäßige Vorwärtsbewegung »zwischen übereinstimmenden Flanken«, das heißt mit symmetrischer Verteilung der einengenden Kräfte, auch zu einer höheren Symmetrie des Verformungsergebnisses führt (sogenannte monokline oder gar rhombische Symmetrie).

Nun verstehen wir auch, weshalb die tektonisch erworbenen Schieferungsflächen nicht einfach den Faltenbau abzeichnen; wird eine geologische Schicht durch tektonische Kräfte seitlich eingeengt, bis diese einengenden Kräfte die aus dem Überlagerungsdruck der darüber folgenden Deckschichten herrührenden Rückstellkräfte von oben auf die Sattelaufwölbung überwiegen, so legt sich diese Schicht in Falten, bildet emporgewölbte Sättel und eingetiefte Mulden. Die Gefügeregelung der Schieferungsflächen aber ist über weite Teile dieses Faltenbaues hinweg konstant und stimmt nur in ihrer Symmetrie mit dem Faltenwurf überein: Sind die Falten bilateralsymmetrisch (rechts-links-symmetrisch wie rechte und linke Hand), aber in Richtung auf das Vorland geneigt (vergent), so liegt monokline Symmetrie vor, und auch die Schieferung sowie die Anordnung der Glimmerminerale im Gestein läßt in der Regel eine entsprechende monokline Symmetrie erkennen. Die Schieferungsflächen sind in ähnlicher Weise in Richtung auf das Vorland gekippt wie die Falten selbst. Ist die Faltenstellung hingegen

aufrecht, das heißt, ist die Neigung der Sattelflanken auf beiden Seiten dem Betrage nach gleich (wenn auch der Richtung nach entgegengesetzt), so stehen die Schieferungsflächen vertikal, und die Gefügeregelung weist rhombische Symmetrie auf.
Die Schieferungsflächen zeigen also eine ähnliche Lagerung wie die Symmetrieebene (Faltenmediane, Faltenachsenebene) der Falten, und aus den Symmetrieverhältnissen lassen sich Rückschlüsse auf die Symmetrie der Verformung bei der Entstehung der Gebirgsstrukturen ziehen.
Besonders wichtig aber ist die Gefügekunde für die Erkennung mehrerer Verformungsvorgänge, die sich nacheinander im Gestein abgespielt haben. Bis zu vier oder fünf Gefügeprägungen lassen sich dabei in ein und demselben Gebirgskörper nachweisen, zum Zeichen, daß ein Gebirge nicht in einem einzigen Bauakt, sondern nach und nach in mehreren »Arbeitsgängen« entsteht. So hat die Gefügekunde entscheidend dazu beigetragen, den Bewegungsablauf der Gebirgsbildung in seinen Teilstadien zu erkennen und frühere sowie spätere Verformungsvorgänge zu unterscheiden. Kein Abschnitt der Erdkruste ist durch derartige Verformungen so »versteift« worden, daß nicht eine spätere erneute tektonische Durchbewegung möglich gewesen wäre und ihre Spuren im Gesteinsfeinbau hinterlassen hätte. Vielfach sind mehrere Verformungen einer gemeinsamen Gebirgsbildungsära zuzuordnen, insbesondere dann, wenn eine Symmetrie-Verwandtschaft auf eine gleichbleibende Orientierung der Spannungsrichtungen im Gesteinsverband hinweist.
Ergibt jedoch die gefügekundliche Analyse eine nicht-symmetriekonstante Überprägung älterer Gefügemerkmale durch jüngere, so müssen sich die Spannungsverhältnisse im Gestein zwischen den Verformungsvorgängen grundlegend verändert haben, was für die Zuordnung zu zeitlich und mechanisch getrennten Gebirgsbildungsvorgängen spricht. Eine zeitliche Analyse von Verformung und Mineralwachstum gehört demnach zu den besonderen Aufgaben der Gefügekunde.
Meist kann man die Gefügeregelung im Gebirgsbau nicht erst unter dem Mikroskop, sondern schon mit bloßem Auge im Gelände erkennen (Makrogefüge). So bildet sich insbesondere die Richtung des tektonischen Transports (a) im Gestein ab; senkrecht zu ihr verlaufen die Faltenachsen, das heißt die Geraden, um welche die Schichtung bei der Faltung gebogen sind. Der tektonische Transport erfolgt also senk-

recht zu den Faltenzügen des Gebirges. Die Achsenrichtung der Falten wird im gefügekundlichen Koordinatensystem als b-Richtung bezeichnet. Senkrecht zu den Faltenachsen wird der Faltenbau häufig von Querklüften (ac-Fugen) durchsetzt; es handelt sich hierbei um Dehnungsfugen im Gestein, das senkrecht zur Haupteinengungsrichtung aufreißt. Insgesamt erhält man also ein System gefügekundlicher Ach-

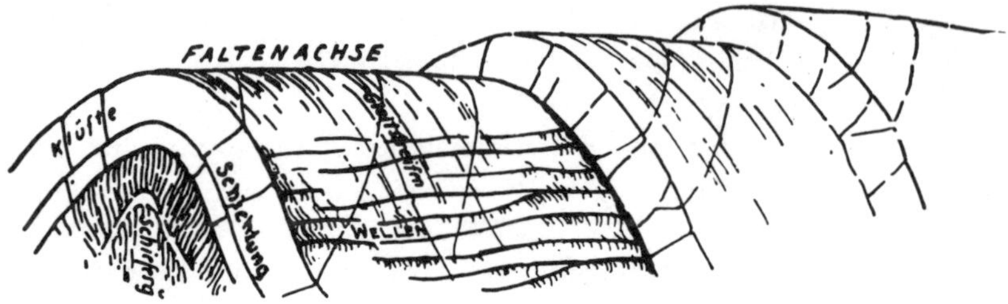

Schema eines Faltensattels. Auf den gebogenen Schichtflächen sieht man senkrecht zur Faltenachse (b-Richtung) durch Dehnung entstandene Querklüfte (ac-Fugen). (nach H. Cloos)

sen, das im Prinzip den Koordinatensystemen (Achsenkreuzen) der Kristallographie weitgehend entspricht. Auch hierdurch erweist sich die Gefügekunde als legitime Tochter der Kristallographie, auch wenn der Gitterfeinbau der Kristalle einen weit höheren Ordnungsgrad aufweist als die mehr statistische Regelung der Gefügebestandteile in verformten Gesteinen.

Makrogefüge wie Faltenachsen oder Querklüfte lassen sich im Gebirgsbau meist schon mit dem Geologenkompaß einmessen und geben somit wichtige Hinweise auf die Richtung der Bewegung. Die Ermittlung der Richtungen des tektonischen Transports ist eine der wichtigsten Aufgaben der Gefügekunde; dies gilt auch im großen, für Deckenbewegungen und Kontinentaldrift. Wenn beispielsweise in den französischen Préalpes und Chaînes subalpines die Faltenachsen in nordsüdlicher Richtung und die ac-Fugen ost-west verlaufen, so ist die hier zugrundeliegende tektonische Bewegung nicht ursächlich auf eine Nordverlagerung des afrikanischen Kontinents zurückzuführen.

Die Entnahme orientierter Gesteinsproben für die Dünnschliff-Herstellung und -Untersuchung unter dem Mikroskop sowie die Aufnahme von Achsenkarten (Orientierung der gefügekundlichen Koordinaten im Gebirgsbau) gehört zu den weiteren wichtigen Aufgaben gefügekundlicher Arbeiten der Geowissenschaftler im Gelände.

Zentimeter

Disthen, ein triklinisch kristallisierendes blaues, grünes, weißes oder rosafarbenes Mineral der chemischen Zusammensetzung Al_2SiO_5.
Es bildet breitstengelige Prismen und findet sich meist eingewachsen.
Disthen ist ein typisches Hochdruckmineral in metamorphen Gesteinen. Mit zunehmendem Druck erhöht sich die Dichte des Kristallgitters und damit das spezifische Gewicht (Dichte 3,5–3,7 g/cm^3; Mohshärte 4,5–7,0).
Disthen kommt vor in Gebieten mit geringen Temperatur-, aber außergewöhnlich hohen Druckgradienten, wie sie nur unter den Ausnahmebedingungen der Faltengebirge anzutreffen sind; zum Beispiel findet sich ein klassischer Disthen-Fundpunkt in den penninischen Serien der Westalpen im Lukmaniergebiet.

(Siehe Kapitel: Aus der Werkstatt der Gesteinsumwandlung)

Einschränkend muß allerdings gesagt werden, daß nicht alle Gefügeregelungen von Gesteinsbausteinen auf tektonische Bewegungsvorgänge zurückzuführen sind. Daneben gibt es sedimentäre Gefüge, entstanden bei der Ablagerung von Sedimentgesteinen im Schwerefeld der Erde, oder Gefüge in Gesteinsschmelzen, wie die Fließgefüge (Fluidaltextur) in Lavaströmen und anderen vulkanischen Bildungen. Mit einiger Erfahrung ist es jedoch nicht allzu schwer, tektonische Gefüge von derartigen primären Mineralregelungen zu unterscheiden. Hingegen kann man feststellen, daß Gefügeregelungen nicht nur auf geologische Körper (Gesteine) beschränkt sind, sondern vielfach auch im Bereich der Technik auftreten: Auch dort weisen verformte Massen vielfach charakteristische Regelungen ihrer Gefügebestandteile auf, die mit den Methoden der Gefügekunde erfaßbar sind.
Zum Schluß dieses Kapitels sei noch ein Wort zur Entstehung der Schieferungsflächen im Gesteinsverband der Faltengebirge gesagt. Hierüber hat sich seit der Mitte des vorigen Jahrhunderts eine rege wissenschaftliche Diskussion entwickelt. Im gefügekundlichen Koordinatensystem folgen die Schieferungsflächen nicht selten der bc-Richtung, das heißt verlaufen parallel zu den Faltenachsen und senkrecht zum tektonischen Transport. Aus dieser Richtung senkrecht zum tektonischen Druck hat man auf eine Entstehung durch Zusammenpressung (Plättung) senkrecht zur maximalen Hauptspannung im Gestein geschlossen. In anderen Fällen aber weichen die Schieferungsflächen mehr oder weniger stark von der bc-Richtung ab; zwar bleibt die Schieferung parallel zur Faltenachsenrichtung, aber die Schieferungsflächen sind leicht gegenüber der Hauptspannungsrichtung geneigt. Dies spricht für eine Entstehung der Schieferung nach Art von Scherflächen in Richtung von Schubspannungen, nicht Normalspannungen. Vermutlich sind diese Flächen ursprünglich in Richtung mehr scherender Verformung angelegt und anschließend in die Richtung senkrecht zum Druck gedreht, eingeregelt worden. Aus einer anfänglichen Scherflächenschieferung kann so eine Druckschieferung entstehen. In den meisten Fällen beobachtet man unter dem Mikroskop eine mehr oder weniger deutliche Lösung von Gesteinspartikeln auf den Schieferungsflächen; diese sind also Lösungsbahnen, auf welchen der ursprünglich im Gestein eingeschlossene Porenwasserstrom unter örtlicher Auflösung von Nebengestein den Gebirgsbau durchsetzen und verlassen konnte (Lösungsschieferung). Steigt die Temperatur im Gebirge

so weit an, daß es zur Neubildung von Mineralkomponenten, also zur Umkristallisation kommt, so bedingt die höhere Wegsamkeit der Schieferungsflächen ein bevorzugtes Mineralwachstum in dieser Richtung (Kristallisationsschieferung). Die verschiedenartigen (und jeweils mit praktischen Beispielen untermauerten) Schieferungsarten schließen sich also nicht, wie man anfangs meinte, gegenseitig aus, sondern ergänzen sich in ihrer zeitlichen Abfolge im Laufe einer Gebirgsbildung.

5. Aus der Werkstatt der Gesteinsumwandlung

Gibt uns die Gefügekunde Hinweise auf die Richtung des tektonischen Transportes im Gebirgsbau, als wichtiger Beitrag kristallographischer Arbeitsmethodik, angewandt auf tektonische Aufgabenstellungen, so verdanken wir weitere bedeutsame Hinweise auf die während der Gebirgsbildung herrschenden Druck- und Temperaturbedingungen einem anderen Teilgebiet der Mineralogie und Petrographie, der experimentellen Petrologie. Es ist ja zweifellos nicht nur interessant, zu wissen, in welcher Richtung tektonische Bewegungen abgelaufen sind; mindestens ebenso wertvoll sind Angaben über die Höhe der Drucke und der Temperaturen, denen die Gesteine bei der Gebirgsbildung ausgesetzt waren. Schon seit der Mitte des vorigen Jahrhunderts war bekannt, daß beispielsweise in den Zentralalpen weitverbreitet Mineralneubildungen wie beispielsweise Granat (Almandin), Disthen oder Staurolith in Gesteinen zu beobachten waren, die von ihrer sedimentären Bildung her solche Minerale nicht enthalten konnten. Diese Minerale mußten erst lange Zeit nach der Ablagerung, nämlich im Zuge der alpidischen Gebirgsbildung gebildet worden sein. Ursprünglich normal zusammengesetzte Sedimentgesteine hatten demnach offenbar im Laufe der Gebirgsbildung eine Gesteinsumwandlung unter Kristallisation neuer Minerale erfahren; diese Gesteinsumwandlung wird als Metamorphose (eigentlich: Gestaltumwandlung) bezeichnet. Während die Gesteinsmetamorphose durch Einwirkung vulkanischer Schmelzen, also am Erstarrungsgesteinskontakt vulkanischer Bildungen bei den hier herrschenden hohen Temperaturen und der Einwirkung vulkanischer Gase auf das Nebengestein vergleichsweise leicht verständlich war, bot die Gesteinsumwandlung in den Zentralalpen größere Schwierigkeiten für eine sinnvolle Deutung: Erstarrungsgesteinskörper der erforderlichen Ausdehnung im Gebirgsbau als Wärmelieferanten waren nicht nachzuweisen, und die Bereiche der Umwandlung waren so ausgedehnt, daß man zunächst nur beschreibend von regionaler Ge-

steinsumwandlung, von Regionalmetamorphose sprechen konnte.
Obwohl also die eigentliche Ursache dieser Regionalmetamorphose zunächst unbekannt blieb, konnte diese Erscheinung an sich allgemeineres Interesse beanspruchen: Eine nicht geringe Zahl der Mineral-Neubildungen bei der alpinotypen Gesteinsumwandlung stellt bei Sammlern und Laien beliebte und begehrte Mineralstufen dar, und einzelne dieser neu gebildeten Minerale sind als Schmuck- und Halbedelsteine gesucht. In den Schweizer Alpen gibt es den Beruf der Strahler, der Mineral- und Edelsteinsammler, die oft unter gefahrvollem Einsatz von Leib und Leben die wertvollen Sammler- und Liebhaberstücke aus dem Felsgestein bergen. Naturgemäß kann sich auch ein Geowissenschaftler an solch schönen Stücken von Granat oder Bergkristall erfreuen. Über den rein ästhetischen Reiz hinaus sagen die metamorphen Mineralneubildungen ihm jedoch mehr, sie künden von den Geschehnissen bei der Gebirgsbildung und sind damit wichtige Indizien für den Ablauf der Vorgänge, die zur Entstehung der Alpen und anderer Gebirge geführt haben.
So möchte man nicht nur die Richtungen kennen, in welchen die gebirgsbildenden Kräfte gewirkt haben. Man wünscht sich auch nähere Angaben über Druck und Temperatur bei der Gebirgsbildung; und es war eine geniale Idee der alpinen Petrographen, die metamorphen Mineralneubildungen als quasi natürliche, im Gesteinsverband verteilte empfindliche Meßgeräte für Druck und Temperatur anzusehen. Ein Glaukophan- oder Disthen-Mineral im Gesteinsverband ist also nicht nur ein begehrtes Sammlerobjekt für eine private Mineralsammlung oder ein öffentliches Museum; es ist gleichsam ein von der Natur selbst geschaffenes und überall im Gebirge verteilt eingebautes empfindliches Manometer und Thermometer. Kennt man die Bildungsbedingungen dieser Minerale, so kann man Aussagen über die Höhe von Druck und Temperatur während der Metamorphose, also bei der Kristallisation selbst, machen. Manche dieser Minerale wurden während ihres Wachstums unter dem Einfluß gebirgsbildender Kräfte bewegt, gedreht, zum Zeichen, daß die Kristallisation mit der tektonischen Verformung einherging. Kennt man Druck und Temperatur bei der Kristallisation, so kann man auf die Tiefenlage des betreffenden Gebirgsabschnittes während der Strukturprägung, den herrschenden Wärmefluß aus dem Erdinnern bei der Metamorphose sowie das Ausmaß der isostatischen Heraushebung des Gebirges nach der Gesteins-

umwandlung schließen. Derartige Feststellungen der Druck- und Temperaturverhältnisse im Gebirgsbau sind also geeignet, die rein beschreibende Darstellung der Lagerungsverhältnisse der Gesteine mit exakten Daten zu versehen, aus einer beschreibenden Wissenschaft eine exakte zu machen.

Aber wie erhält man die erforderlichen Kenntnisse über die Bildungsbedingungen der Minerale? Der Weg hierzu führt über das Experiment mit natürlichen Mineralgemischen im Labor, ausgeführt von der experimentellen Petrologie. Diese moderne Arbeitsrichtung der Mineralogie und Petrographie hat unser Wissen um den Ablauf der Gebirgsbildung und Erdkrustengestaltung ganz wesentlich erweitert. In Druckapparaturen, Autoklaven, die zugleich bis zu mehreren hundert Grad Celsius beheizbar sind, werden künstliche Minerale aus ihren natürlichen Bausteinen synthetisiert, wobei man die kritischen Beträge von Druck und Temperatur bei der Mineralbildung ermittelt. Gibt uns die Gefügekunde die Richtung an, in welcher der gebirgsbildende Druck gewirkt hat oder der tektonische Transport erfolgte, so lesen wir an Hand der im metamorphen Gestein eingeschlossenen Mineralneubildungen die jeweiligen bei der Metamorphose und der Gebirgsbildung herrschenden Druck- und Temperaturbedingungen ab. So hat sich die experimentelle Petrologie zu einer bedeutenden Hilfswissenschaft der Tektonik entwickelt, selbstverständlich neben ihren übrigen Aufgaben im Rahmen der petrographischen Forschung.

Durchmustert man Gebiete mit regionaler Gesteinsumwandlung, so beobachtet man örtlich beträchtliche Unterschiede im Umwandlungsgrad der Gesteine. Ursprünglich glaubte man, diese Unterschiede nur auf verschiedenartige Tiefenlage des betreffenden Krustenabschnitts während der Metamorphose zurückführen zu können: Die am stärksten umgewandelten Gesteine mußten ursprünglich am tiefsten in der Erdkruste versenkt gewesen und daher später am stärksten aufgestiegen sein. Aus dieser Vorstellung heraus schuf der österreichische Petrograph Fr. Becke um die Jahrhundertwende die Gliederung der Regionalmetamorphose in zwei Tiefenstockwerke, eine Epizone mit schwachem sowie eine Katazone mit starkem Umwandlungsgrad. Die Epizone sollte den einst nur geringfügig versenkten und daher auch nur wenig umgewandelten flachgründigen Teilen der Erdkruste entsprechen, die Katazone hingegen tief versenkten und später stark emporgestiegenen Abschnitten der Lithosphäre, die eine entsprechend hohe Umwandlung erfahren haben. Voraussetzung dabei war allerdings, daß die bei der Gesteinsmetamorphose neu gebildeten Minerale bei der Druckentlastung und Temperaturabnahme im Zuge der Heraushebung nicht wieder zurückgebildet werden, daß also der jeweils höchste Metamorphosegrad in der Mineralzusammensetzung der Gesteine erhaltungsfähig ist, sofern diese Mineralassoziationen nicht durch mechanische Beanspruchungen betroffen werden. Tatsächlich beobachtet man in Gebirgen heute noch vielfach Minerale, deren Bildungsbedingungen nicht mit den Druck- und Temperaturbedingungen der Erdoberfläche übereinstimmen, die aber trotzdem an dieser Stelle über Jahrmillionen Bestand hatten, ohne sich in andere Minerale umzuwandeln, die den niedrigen Drucken und Temperaturen der Erdoberfläche besser angepaßt sind. Offensichtlich erfolgt die Mineralumwandlung bei steigenden Druck- und Temperaturbedingungen unter steter Anpassung an die veränderten Bildungsbedingungen, während bei sinkendem Druck und fallender Temperatur keine rasche Anpassung erfolgt, sondern sich die Bildungen höherer Metamorphose selbst innerhalb geologischer Zeiträume als beständig erweisen. Anders wäre es nicht möglich, metamorphe Mineralneubildungen als Halbedelsteine zu Schmuckstücken zu verarbeiten oder in geologischen Sammlungen auszustellen, ohne daß sie an der Erdoberfläche zerfielen.

Zwischen die Epi- und Katazone der Beckeschen Tiefenstockwerke fügte U. Grubenmann aufgrund von Untersuchungen in den Alpen sowie im Altvatergebirge (Sudeten) noch ein mittleres Stockwerk ein, die Mesozone. Während die Epizone durch Schiefergesteine mit seidigem Glanz auf den Schieferungsflächen (infolge Aufwuchses mikroskopisch feinschuppiger heller Glimmer, des Serizits) charakterisiert wird, die man als Phyllite bezeichnet, zeichnet sich die Mesozone durch grobschuppige Glimmerschiefer und die Katazone durch Gneise aus, kristalline Gesteine mit lagenweiser Anordnung heller und dunkler Mineralkomponenten und starker Gefügeprägung, jedoch ausgezeichneter Rekristallisation. Wegen ihres kristallinen Habitus und ihrer vielfach plattigen Absonderung nach parallelen ebenen Flächen faßt man Phyllite, Glimmerschiefer und Gneise auch als kristalline Schiefer zusammen und stellt sie den beiden anderen großen Gesteinsgruppen, den aus Schmelzen erkalteten Erstarrungsgesteinen und den durch Absatz an der Erdoberfläche gebildeten Sedimentgesteinen gegenüber.

Bis heute trifft man noch vielfach, selbst bei Geowissenschaftlern, auf

die Vorstellung von der Abhängigkeit der Gesteinsumwandlung von der Tiefenstockwerksgliederung der Erdkruste im Sinne von Becke und Grubenmann. Im Prinzip ist natürlich auch der Überlagerungsdruck und die Wärmedämmung des Deckgebirges ein nicht ganz unwichtiger Faktor bei der Gesteinsumwandlung. Die Vorstellung aber, an der Zugehörigkeit der Gesteine zu einer bestimmten Tiefenzone der Metamorphose unmittelbar das Ausmaß der ursprünglichen Versenkung und nachträglichen Heraushebung ablesen zu können, hat sich nicht bewahrheitet: Druck und Temperatur in der Erdkruste sind nicht allein von der Tiefenlage abhängig. So folgen an einer Stelle alle drei Metamorphosezonen dicht aufeinander, während in anderen Teilen des Gebirges ein vergleichsweise großer Abstand diese Zonen trennt. Außerhalb der eigentlichen Gebirge fehlt Regionalmetamorphose praktisch ganz, das heißt, Gesteinsserien können beliebig tief versenkt werden, ohne dabei eine nennenswerte Umwandlung zu erfahren. Noch schwieriger aber war mit dem Tiefenstockwerkskonzept zu vereinbaren, daß in einigen Gebirgen Metamorphosezonen auch in umgekehrter Reihenfolge auftreten, die Katazone mit starker Umwandlung oben, die Epizone mit geringem Umwandlungsgrad unten. Solche »inverse« Metamorphosezonierung wurde insbesondere aus dem Himalaja bekannt, wo der Metamorphosegrad mit der Höhe des Gebirges zunimmt und epizonale Gesteinsserien, ja praktisch nicht umgewandelte Gesteine, von Glimmerschiefern und Gneisen überlagert werden.
Der finnische Petrograph Pentti Eskola löste daher den vermeintlichen Zusammenhang zwischen Umwandlungsgrad und Tiefenstockwerk und führte statt dessen eine Gliederung der metamorphen Gesteine nach unabhängigen Druck- und Temperaturbereichen ein. Als metamorphe »Fazies« bezeichnet Eskola (1929) den Stabilitätsbereich einer Mineralassoziation in Abhängigkeit von Druck und Temperatur. Die metamorphe Fazies ist nicht mehr an eine bestimmte Versenkungstiefe des Metamorphosegutes in der Erdkruste gebunden; die Temperatur kann auch zum Metamorphosegut aufsteigen, und eine statische Belastung infolge Deckgebirgsdruckes läßt sich bis zu einem gewissen Grad auch durch tektonische Vorgänge (Gebirgsbildungsdruck, tectonic overpressure) ersetzen. Erst mit dem Konzept der metamorphen Fazies wurde so der Weg für die experimentelle Petrologie als moderne, exakte Forschungsrichtung frei.
Schon ehe erste Ergebnisse der experimentellen Petrologie vorlagen,

schloß Eskola aufgrund von Geländebeobachtungen auf charakteristische Faziesfolgen der Metamorphose, die etwa bei mittlerem Druck und steigender Temperatur von der Grünschieferfazies über die Albit-Epidot-Fazies zur Amphibolit- und zur Pyroxen-Hornfels-Fazies führten. Besonders niedriger Druck, aber extrem hohe Temperatur charakterisiert die Sanidinitfazies, während umgekehrt hoher Druck bei niedriger Temperatur für die Glaukophanschieferfazies typisch ist. Hoher Druck und hohe Temperatur hingegen kennzeichnen die Eklogitfazies. Schon aus der Tatsache, daß einmal hoher Druck mit niedriger Temperatur, ein andermal niedriger Druck mit hoher Temperatur einhergehen können, war die direkte Abhängigkeit der Gesteinsumwandlung von der Erdtiefe zu widerlegen: Eine derartige Abhängigkeit hätte zur Voraussetzung, daß jeweils Druck und Temperatur gleichsinnig ansteigen, wenn die Tiefenlage des Umwandlungs-Stockwerkes zunimmt.

So bedeutsam diese Geländebefunde waren, exakte Daten über die tatsächlichen Druck- und Temperaturverhältnisse bei der Gesteinsumwandlung konnte man aus ihnen nicht gewinnen. Hierzu waren Laborbeobachtungen an Experimenten erforderlich. Dabei galt es, die jeweiligen Stabilitätsgrenzen der Mineralassoziationen beziehungsweise kritische Mineralumwandlungsreaktionen zu ermitteln. Eine derartige Mineralreaktion ist beispielsweise die Bildung des Schichtsilikats Pyrophyllit anstelle von Kaolinit und Quarz, die etwa um 400°C erfolgt und das Stabilitätsfeld der Grünschieferfazies nach unten, als in Richtung abnehmender Temperatur, begrenzt. Unterhalb dieser Stabilitätsgrenze wurde als Bereich niedrigster Umwandlungstemperatur und geringsten Umwandlungsdruckes die sogenannte Zeolithfazies eingeführt. Von der Zeolithfazies aus gelangt man mit steigendem Druck in den Bereich der Glaukophanschieferfazies; als kritische Stabilitätsgrenze zwischen beiden kann das Auftreten von jadeitischem Pyroxen und Quarz anstelle von Albit oberhalb etwa 8 Kilobar (entsprechend 8157,76 kg/cm^2 oder rund 30 km Deckgebirgslast) gelten. Als Produkt eines bestimmten Tiefenstockwerkes aufgefaßt, könnte sich somit Glaukophanschiefer (ein meist kräftig blaugefärbtes Gestein) praktisch nur ab 30 km Tiefe bilden. Bei einer üblichen Temperaturzunahme von 1° C auf je 30 m Tiefe müßte man allerdings dann mit Temperaturen von rund 1000° rechnen, aber die Glaukophanschieferfazies ist mit steigender Temperatur nur bis zur bereits erwähnten Umwandlungsreaktion von Kaolinit und Quarz in Pyrophyllit bei etwa 400° C stabil. Mit »normalen« Druck- und Temperaturverhältnissen der Erdkruste ist also die Glaukophanschieferfazies nicht vereinbar; nach der experimentell bestimmten Bildungstemperatur müßte die Sprossung der Glaukophanschieferfaziesassoziation in einer Krustentiefe von weniger als 12 Kilometern erfolgen, obwohl der Bildungsdruck 30 Kilometern Krustentiefe entspricht.

Dieses experimentelle Ergebnis scheint zunächst völlig widersprüchlich, ja unvereinbar mit der Wirklichkeit zu sein. Doch ist die Erklärung recht einfach, wenn man sich vergegenwärtigt, daß Glaukophanschiefer typische Gesteine der Faltengebirge sind, die nur in Arealen mit gebirgsbildender Aktivität vorkommen; hier gelten nicht die sonst innerhalb der Erdkruste üblichen Druck- und Temperaturverhältnisse. Druck und Temperatur steigen also nicht in »normaler« Weise gleichsinnig mit der Tiefe an, sondern sind durch anormale Druck- und Temperaturgradienten abgelöst. Gebirgsbildungsgürtel mit Glaukophanschieferfazies sind Krustenstreifen mit anormal geringem Temperatur-, aber außergewöhnlich steilem Druckgradienten, wie sie nur unter den Ausnahmebedingungen der Faltengebirge anzutreffen sind.

Ähnliche Überlegungen gelten an der Obergrenze des Stabilitätsbereiches der Grünschieferfazies: Bei annähernd 500° C endet die Stabilität von Pyrophyllit; oberhalb ca. 6 Kilobar wird dieser von Andalusit und Quarz, unterhalb dieses Druckes von Disthen und Quarz abgelöst. Disthen könnte sich demnach nur unter etwa 20 km Deckgebirgslast bilden, wenn man die experimentell ermittelten Drucke in der Natur auf Krustentiefe umrechnet. Das Stabilitätsfeld des Disthens liegt jedoch bei 500–650° C Temperatur, während bei normaler geothermischer Tiefenstufe in dieser Tiefe bereits annähernd 700° C erreicht werden. Auch für die Bildung von Disthen muß man daher besondere Bildungsbedingungen annehmen, wie sie nicht normalerweise in der Erdkruste, sondern nur unter den besonderen Verhältnissen gewisser Gebirgsbildungsgürtel verwirklicht sind.

Mit der Entstehung von Andalusit bzw. Disthen ist der Bereich der Amphibolitfazies im Sinne Eskolas erreicht, aufgrund der experimentellen Ergebnisse sind hierfür Temperaturen von 500–700° C anzusetzen, wobei sich in Richtung zu höheren Temperaturen der Bereich der (teilweisen) Gesteinsaufschmelzung (Anatexis) anschließt.

Sind für die Bildung von Disthen und insbesondere von Glaukophan-

schiefern besonders hohe Drucke bei vergleichsweise niedrigen Temperaturen erforderlich, so gilt für andere kritische Mineralreaktionen eine umgekehrte Voraussetzung – nämlich besonders hohe Temperaturen bei relativ niedrigen Drucken. Hierzu zählen die Stabilitätsgrenzen von beispielsweise Muskovit und Quarz gegenüber Kalifeldspat und Al_2SiO_5 (570–700° C bei weniger als 4 Kilobar Druck) oder Orthoamphibol gegenüber Orthopyroxen (670–800° C bei weniger als 3 Kilobar Druck): Im einen Falle könnte die Umwandlung zwar in 15 km Tiefe erfolgen, wobei aber normalerweise nur knapp 500° C erreicht werden, im zweiten Falle nur bis 10 km Tiefe, wo höchstens 330° zu erwarten sind – normale geothermische Tiefenstufe vorausgesetzt.
Die experimentelle Petrologie hat somit durch exakte Daten bewiesen, daß wesentliche Züge der Gesteinsumwandlung nicht mit dem normalen Druck- und Temperaturgefälle in der Erdkruste in Einklang stehen, sondern offensichtlich auf extremen Bildungsbedingungen in den Gebirgsbildungsgürteln beruhen. Dabei kann man Gürtel mit typischen Hochdruck-Mineralen (wie Lawsonit, Glaukophan, Disthen) und solche mit Niederdruck-Mineralen (wie Andalusit und Cordierit), allerdings bei vergleichsweise hoher Bildungstemperatur, unterscheiden. Die erste Gruppe wird beispielsweise von den Alpen vertreten und kann daher als alpinotype Hochdruckzone bezeichnet werden. Hierfür kann man mit Drucken von 8–16 Kilobar (entsprechend einer Deckgebirgslast bzw. Krustentiefe von 30–60 km) und mit Temperaturgradienten zwischen 10 und 17° C je km Tiefenzunahme rechnen.
Die zweite Gruppe könnte demgegenüber als Hochtemperaturzone angesprochen werden und tritt in den Mittelgebirgen Zentraleuropas sowie im Skandinavischen Gebirge auf (Varisziden und Kaledoniden); hierfür sind rechnerische Krustentiefen von etwa bis zu 20 km und Temperaturgradienten zwischen 25 und 150° C anzusetzen (E. den Tex 1965 und H. J. Zwart 1967).
In der Umrahmung des Pazifischen Ozeans, insbesondere aber auf den Japanischen Inseln, haben jedoch neuerdings japanische Geowissenschaftler mehrfach Hochdruck- und Hochtemperaturgürtel in engem räumlichem Zusammenhang nachgewiesen, wobei jeweils der Hochdruckgürtel räumlich vor dem Hochtemperaturgürtel liegt. So gehört dem Akiyoshi-Gebirge Honshus der nördliche Hida-Hochtemperatur-

gürtel sowie der südliche Sangun-Hochdruckgürtel an, dem Sakawa-Gebirge derselben Insel die Ryoke-Hochtemperaturzone im Norden sowie die Sambagawa-Hochdruckzone im Süden, und auf Hokkaido wird das Yezo-Gebirge vom Hidaka-Kamui-Hochtemperaturgürtel und der Kotan-Hochdruckzone aufgebaut. Der japanische Geologe A. Miyashiro hat für derartige metamorphe Zwillingszonen die Bezeichnung *»paired belts«* eingeführt. In derartigen »paired belts« wird demnach offenbar hoher Druck örtlich zonar innerhalb der Erdkruste konzentriert – und zwar zwangsläufig unter gewisser Druckentlastung benachbarter Krustenzonen –, während andererseits eine Temperaturkonzentration auf eine anderweitige Zone festzustellen ist – auch hier wieder offenbar bei gleichzeitiger Temperaturverminderung der angrenzenden Gebiete. Drucküberwälzung auf die Hochdruckgürtel einerseits und Konzentration des irdischen Wärmeflusses auf die Hochtemperaturgürtel scheint in Gebirgsbildungszonen der Erde häufiger verwirklicht zu sein. Druck und Temperatur sind in derartigen Fällen weitgehend unabhängig voneinander; diese Tatsache kommt in der weiten Auffächerung der Metamorphoseerscheinungen im Druck- und Temperaturdiagramm (H. G. F. Winkler 1967) zum Ausdruck. Ohne eine derartige Trennung von Hochdruck- und Hochtemperaturgürteln wäre die Entstehung typischer Umwandlungsprodukte (wie etwa Glaukophanschiefer, Disthen-Porphyroblastenschiefer, Andalusit- oder Cordieritschiefer) nicht möglich.

Man fragt sich aber auch bei einem Vergleich europäischer Gebirge mit denjenigen der Umrahmung des Pazifischen Ozeans, ob »paired belts« in Europa nicht ausgebildet wurden oder ob man sie hier bisher nur noch nicht beobachtet hat. Möglicherweise hat bei den alten Gebirgen (Varisziden und Kaledoniden) die Hochtemperaturmetamorphose eine vorangegangene Hochdruckmetamorphose innerhalb bestimmter Hochdruckgürtel weitgehend ausgelöscht, nachdem die strukturprägenden Vorgänge beendet waren, und die Alpen stellen offenbar insgesamt nur ein Teilstück – also den Hochdruckgürtel – einer größeren krustalen Baueinheit dar, deren Unterdruck- und Hochtemperaturbereich außerhalb der jetzigen Randkonturen der Alpen zu suchen sind. Insgesamt hat jedenfalls die experimentelle Petrologie durch Lieferung konkreter Werte für Druck und Temperatur bei der Gesteinsumwandlung die Vorstellungen von der Umgestaltung der Erdkruste wirkungsvoll gefördert.

6. Die irdische Schmelze

Zu den wohl eindrucksvollsten geologischen Geschehnissen gehören zweifellos Vulkanausbrüche und die Förderung von Lavaströmen aus dem Erdinnern. Wer in der Natur, in Film oder Fernsehen ein solches Ereignis beobachtet, wird sich schlagartig von der Gewalt der innenbürtigen Kräfte der Erde überzeugen. Mehr als viele Worte sagt ein solcher unmittelbarer Anschauungsunterricht. Mit erstaunlicher Gewalt werden gewaltige Mengen vulkanischer Gase und fester Förderprodukte, wie Aschen, Lapilli oder Bomben, aus der Krateröffnung emporgeschleudert. Aus anderen Öffnungen eines Vulkanbaues hingegen fließen große Mengen irdischer Schmelze als Lavaströme aus und überdecken die Hänge der Vulkankegel mit Massen schwarzen, harten, vielfach bizarr gezackten Gesteins. Die flüssige Lava dringt in die meist dicht besiedelten Gebiete fruchtbarer Vulkan-Landschaften ein, zerstört Gehöfte, Städte und Kulturland, bis die Verwitterung auch die erkalteten Lavaströme nach und nach abermals in fruchtbaren Kulturboden verwandelt. Aber schon mit dem Aufdringen der Schmelze im Schlot unterhalb der Krateröffnung können verheerende Erschütterungen, vulkanische Erdbeben, verbunden sein, die hinsichtlich ihrer katastrophalen Auswirkungen nicht hinter den (häufigeren) tektonischen Beben zurückstehen.

Seit der Mensch zu denken gelernt hat, beschäftigt ihn das Phänomen des Vulkanismus. Auf Freskomalereien hat der Mensch der Jungsteinzeit des östlichen Anatolien in Çatal Hüyük einen Vulkan in voller Aktivität dargestellt. Im klassischen Altertum galt der Vulkanismus als Äußerung göttlichen Willens. Vulkanschlote waren Zugänge zur Unterwelt, und in vulkanischer und seismischer Aktivität glaubte man unmittelbar die Stimme der Götter vernehmen zu können.

Für den aufgeklärten Menschen des ausgehenden 19. und des 20. Jahrhunderts sind Vulkanausbrüche Naturerscheinungen, verständlich aus der geologischen Aktivität des Erdinnern und durchaus einem logischen

Verständnis des Naturforschers zugänglich. In der breiten Öffentlichkeit hingegen hat sich noch viel von der ursprünglichen, magischen Macht solcher Naturerscheinungen gehalten; sie wirken unheimlich und anziehend zugleich. Woher stammt die Kraft, welche vulkanische Förderprodukte an die Erdoberfläche schafft? Und woher stammt vor allem die irdische Schmelze, die in oft gewaltigen Lavaströmen übertage ausfließt? Ist etwa das tiefere Erdinnere insgesamt flüssig, und leben wir nur auf einer dünnen Erstarrungskruste, die uns vom glutflüssigen Innern der Erde trennt?

Bis in dieses Jahrhundert hinein ist diese Vorstellung vom glutflüssig heißen Erdinnern noch weit verbreitet, und keineswegs nur in religiös motivierten Darstellungen von den Schrecknissen der Höllenqualen in einer tief im Erdinnern verborgenen Unterwelt. Aus seinem üblichen Erfahrungsbereich heraus steht selbst der moderne Bewohner unseres Planeten den elementaren Urgewalten vulkanischer Aktivität üblicherweise verständnislos gegenüber, und selbst das verbreitete Schulwissen hilft hier meist nicht weiter. Wenn irdische Schmelze aus Krateröffnungen der Erdoberfläche austritt, so muß es in der Tiefe gleichsam Reservoire solcher glutflüssiger Schmelze geben, und die erstarrte Außenhaut der Erde ist offensichtlich nur unvollkommen in der Lage, uns vor der Gewalt dieser innenbürtigen Kräfte zu schützen.

Ist demnach das Erdinnere glutflüssig, und wie dick ist die Erdkruste, beziehungsweise aus welcher Tiefe stammt die irdische Schmelze, die in den Vulkangebieten zutage tritt? Welche Kraft bewirkt ihren Aufstieg, und kann es morgen an jeder beliebigen Stelle der Erde zu Vulkanausbrüchen kommen?

Für manche Bewohner des vulkanisch so überaus ruhigen Mitteleuropa sind alle diese Fragen meist mehr von akademischem Interesse, angeregt etwa bei einem Besuch der berühmt-berüchtigten süditalienischen Vulkangebiete. Aber hin und wieder macht man sich auch in Mitteleuropa schon so seine Gedanken, wenn man in der Presse von Vulkankatastrophen liest oder in der Tagesschau Filmaufnahmen von Ausbrüchen sieht. Könnte nicht etwa Ähnliches jederzeit auch bei uns passieren?

Die Anwohner solcher Vulkangebiete hingegen sind es gewohnt, gleichsam mit der Gefahr zu leben. Der Vulkan, der hin und wieder seinen Tribut an Menschenleben, an Häusern und Kulturland fordert, schafft auch die Fruchtbarkeit, von welcher die Menschen dieser oft dicht besiedelten Gebiete leben. Dennoch interessiert man sich hier in steigendem Maße für Methoden der wissenschaftlichen Vorhersage von Ausbrüchen, wird die Vulkanologie, die Erforschung vulkanischer Tätigkeit, immer mehr zu einem Beitrag zum öffentlichen Leben, im Interesse der Allgemeinheit.

Daß wir heute erste Antworten auf die genannten Fragen geben können, ist eine wissenschaftliche Leistung, die hinter derjenigen der Erforschung des Weltraumes nicht wesentlich zurückzustehen braucht. Nicht nur die Höhen über der Erde, auch die Tiefen des Erdinnern gilt es zu erforschen und der Kenntnis zu erschließen. Die Richtung dieser wissenschaftlich-technischen Erkundung ist dabei nicht von grundlegender Bedeutung, zumal Erdinneres und interplanetarischer Raum in mehr als einer Beziehung – beispielsweise über die Erscheinungen des Erdmagnetismus – unmittelbar miteinander in Verbindung stehen.

In der Regel stellt sich der Laie die Erforschung des Erdinnern in der Praxis so vor, daß man mit Hilfe tiefer Bohrungen sich direkten Einblick zu verschaffen sucht. Dieser Weg ist jedoch nur für die flachgründigen Bereiche der Erdkruste und im allgemeinen auch nur für diejenigen Gebiete der Erde gangbar, wo Tiefbohrungen aus wirtschaftlichen Erfordernissen der Lagerstättenerschließung nutzbarer natürlicher Vorkommen von Erdöl, Erdgas oder Ähnlichem sowieso niedergebracht werden. Tiefbohrungen aus rein wissenschaftlichem Interesse sind zu aufwendig, als daß sie bisher üblicherweise ausgeführt worden wären. Und auch die von den Großmächten USA und Sowjetunion gestarteten Projekte zur wissenschaftlichen Erforschung des Erdmantels mittels Tiefbohrungen sind seit einigen Jahren nicht mehr im Gespräch. Während die Russen vom Festland aus 3 bis 4 derartige Pionierbohrungen in verschiedenen Teilen des Landes möglichst bis zur Obergrenze des Erdmantels niederbringen wollten, hatten die Amerikaner in ihrem Mohole-Projekt überlegt, die wesentlich flacher anzutreffende ozeanische Krusten-Mantelgrenze von Bohrschiffen aus erreichen zu können. Es zeigte sich jedoch bald, daß die beiderseitigen Aufwendungen für derartige Projekte rasch die zur Verfügung stehenden Mittel erschöpften. So erlahmte das öffentliche Interesse, das gerade in diesen Jahren weitgehend durch die Raumfahrt absorbiert war. Dort glaubte man, große Mittel mit besserer Aussicht auf Erfolg und öffentliches Interesse investieren zu müssen, zumal der Wettlauf in

den Weltraum zu einer Art nationalem Wettstreit um technisches Prestige avanciert war.
Man braucht jedoch die Erdkruste und ihre Unterlage nicht notwendigerweise unmittelbar anzubohren, um Aufschluß über den Zustand des Erdinnern zu gewinnen. Man lernte vielmehr, sich indirekt Kunde aus dem Erdinnern zu verschaffen, indem man seismische Erschütterungen auswertete. Dies ist weit einfacher und mit wesentlich geringerem Aufwand möglich, als wenn man mit Tiefbohrungen in die Tiefe der Erde vordringen wollte. Zumal die Methode des direkten Anbohrens noch immer bei etwa 10 km maximaler Tiefe begrenzt ist, während elastische seismische Wellen den gesamten Erdball durchsetzen.

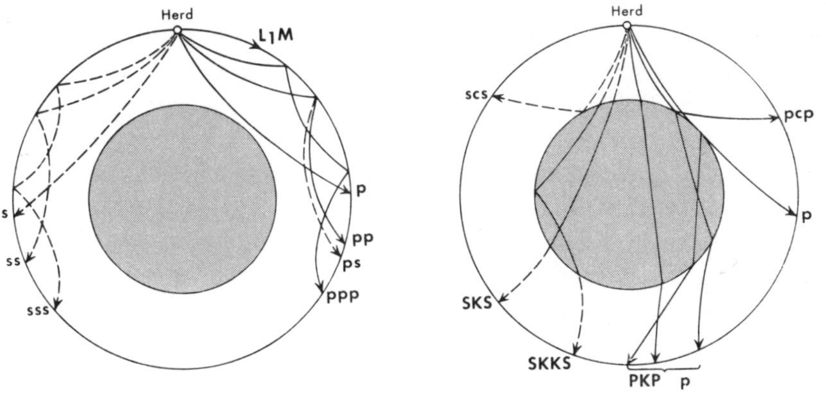

Weg der Erdbebenwellen in der Erde: links Bahnen einfacher Raumwellen, rechts Bahnen von Kernphasen. (nach K. Jung)

Erleichternd kommt hinzu, daß die Erde derartige Schwingungen hoher Energie und großer Eindringtiefe bei natürlichen Erdbeben selbst liefert. Ein Teil der vom Erdbebenherd ausgehenden seismischen Wellen breitet sich unmittelbar an der Erdoberfläche aus, wird also gleichsam von dieser »geführt« (freie Rayleigh-Wellen an der Oberfläche eines elastischen Halbraumes). Die Bewegung der Bodenpartikel bei solchen Oberflächenwellen gleicht derjenigen von Wasserwellen. Andere Erdbebenwellen durchdringen das Erdinnere, und zwar unterscheidet man einerseits Kompressions-(Longitudinal-)Wellen mit Schwingungsrichtung der Bodenteilchen in der Fortpflanzungsrichtung der Welle sowie andererseits Scher- oder Transversalwellen, bei welchen die Bodenpartikel zu Schwingungen senkrecht zur Fortpflan-

zungsrichtung des seismischen Impulses angeregt werden. Aus physikalischen Versuchen weiß man nun, daß feste Körper sowohl Kompressions- als auch Scherwellen fortleiten, während in Flüssigkeiten nur Kompressionswellen fortgepflanzt werden.
Aus Aufzeichnungen elastischer seismischer Wellen ergab sich, daß nicht nur die Erdkruste beide Arten von Raumwellen fortleitet, also Kompressions- sowie Scherwellen, sondern daß auch der Erdmantel unterhalb der Kruste – und zwar bis in 2900 Kilometer Tiefe – eine Ausbreitung von Scherwellen wie von Kompressionswellen gestattet. Daraus folgert die zunächst überraschende Tatsache, daß das Erdinnere, und zwar bis in 2900 km Tiefe, sich elastischen seismischen Wellen gegenüber wie ein fester Körper verhält, also keine Flüssigkeit im physikalischen Sinn darstellt. Erst unterhalb 2900 km Tiefe, im sogenannten oberen Erdkern, folgt eine Zone, welcher man einen flüssigen Aggregatzustand zusprechen kann, da hier offenbar nur Kompressionswellen fortgeleitet werden. Ab etwa 5000 km Tiefe folgt darunter der Innere Erdkern, der anscheinend wiederum festen Aggregatzustand aufweist.
Vom gesamten Erdball ist also offenbar nur der Äußere Kern zwischen 2900 und ca. 5000 km flüssig, alles übrige fest. Aus diesem Äußeren Kern kann man jedoch die irdische Schmelze nicht ableiten, welche die Vulkane beliefert; die Kern-Mantel-Grenze liegt viel zu tief, als daß aus annähernd 3000 km Tiefe noch Gesteinsschmelze bis an die Erdoberfläche aufdringen könnte.
Aus vulkanischen Beben hingegen weiß man, daß die Vulkanherde weit höher, nämlich oberhalb 100 km Tiefe zu suchen sind, also noch innerhalb des höchsten Abschnittes des Erdmantels, kaum wesentlich unterhalb der Erdkruste, die unter den Kontinenten rund 30 km, unter jungen Faltengebirgen bis 70 km und unter den Ozeanen 7–13 km tief reicht. Dieser obere Mantel, dem die Vulkanherde angehören, ist aber nach Auskunft der Seismik, der Ausbreitung elastischer Raumwellen, ein fester Körper, keine glutflüssige Masse. Wie kann man, so mußte man sich fragen, aus einem festen Erdmantel irdische Schmelze herleiten?
Die Antwort konnte nur lauten, daß Gesteinsschmelze im oberen Mantel nicht ständig zur Verfügung steht, sondern von Fall zu Fall aus den üblicherweise festen Gesteinen des Erdmantels neu gebildet, also erschmolzen werden muß. Wir leben also nicht auf einem glutflüssigen

Erdball, vom Schmelzfluß des Erdinnern getrennt nur durch eine dünne Erstarrungskruste, sondern auf einer durchaus festen Erde (mit schmelzflüssiger Zone nur im Äußeren Kern), die jedoch von Zeit zu Zeit aus festen Gesteinen irdische Schmelze zu produzieren versteht. Diese Umwandlung fester Gesteine in schmelzflüssiges Magma, das an der Erdoberfläche in Form von Lavaströmen auszutreten vermag, schließt eng an die Bildung metamorpher Gesteine an. Auch die Gesteinsmetamorphose ist zu einem wesentlichen Teil mit Temperaturerhöhung verbunden. Tatsächlich wird es zum Erdinnern hin heißer; wie Temperaturmessungen in Bergwerken und tiefen Bohrlöchern ergeben haben, beträgt diese Temperaturzunahme etwa ein Grad Celsius auf je 30 m Tiefe (geothermische Tiefenstufe).

Wie sich an frisch austretender Lava ermitteln läßt, besitzt die irdische Schmelze eine Temperatur von rund 1000°, in Lavafontänen, die bis 300 m Höhe emporgeschleudert werden, bis 1120° und in Schlackenkegeln infolge Oxydationswärme an der Luft bis zu 1350° C. In über 30 Kilometern Tiefe wäre demnach das Stockwerk erreicht, in welchem Gesteinsverflüssigung möglich ist. Normalerweise wirkt aber der mit der Tiefe ebenfalls zunehmende Druck einer solchen Verflüssigung entgegen; selbst wenn das Gestein in dieser Tiefe, nahe der Grenze zum oberen Mantel, die erforderliche Temperatur aufweist, so wirkt doch der hier herrschende Überlagerungsdruck von rund 8 Kilobar einer Aufschmelzung entgegen.

So ist üblicherweise auch der obere Mantel fest. Zur Aufschmelzung, und damit zu vulkanischer Tätigkeit, kommt es nur in Ausnahmefällen, also bei Störungen der normalen Druck- und Temperaturverhältnisse im Erdinnern, bei anormalen Druck- bzw. Temperaturgradienten. Wie die Gesteinsmetamorphose, so ist auch der Vulkanismus weitgehend an ungewöhnliche Zustände im Erdinnern gebunden; solche ungewöhnlichen Verhältnisse liegen beispielsweise bei der Gebirgsbildung vor. Daher ist eine der wichtigsten Gruppen von Vulkanen an die Gebirgsgürtel, den mediterranen und den zirkumpazifischen gebunden. Auch für die Entstehung irdischer Schmelze hat uns die experimentelle Petrologie Daten geliefert: Der Beginn der Aufschmelzung natürlicher Gesteine ist je nach Zusammensetzung zwischen 650° C und 800° C anzusetzen. Dabei muß allerdings berücksichtigt werden, daß silikatische Massen (zu denen die weitaus meisten Gesteine zu rechnen sind) sich Schmelzversuchen gegenüber außerordentlich träge

verhalten, das heißt, sie zeigen keinen eindeutigen Schmelzpunkt, sondern bleiben noch lange im »unterkühlten« Bereich flüssig oder oberhalb der möglichen Schmelztemperatur fest.
Nur wenn man einige Prozent Wasser hinzufügt, gelingt die Ermittlung einigermaßen sicherer Schmelztemperaturen auch im Laborversuch an Silikatgesteinen. Dabei ändert sich aber auch das physikalische Verhalten der Schmelze: Wasserarme bis -freie Silikatschmelzen werden nämlich mit sinkendem Druck beweglicher, flüssiger, während bei wassergesättigten Silikatschmelzen die Zähigkeit (Viskosität) mit abnehmendem Druck rasch ansteigt. Wasserarme oder -freie Schmelzen können daher, wenn sie sich einmal im Erdinnern gebildet haben, bis an die Erdoberfläche aufsteigen, da ihre Viskosität mit fallendem Druck abnimmt. Sie werden also mit Annäherung an die Erdoberfläche immer »flüssiger«, bis sie als Lavastrom aus der Krateröffnung des Vulkanschlotes ausfließen.
Nur wenige Prozent Wasser genügen indessen, die Zähigkeit der Schmelze mit fallendem Druck ansteigen zu lassen; solche Schmelzen haben keine Chance, an die Erdoberfläche zu gelangen, sie werden innerhalb der obersten Kilometer der Erdkruste so zähplastisch, daß praktisch kein weiterer Aufstieg, geschweige denn ein Ausfließen an der Erdoberfläche möglich wäre. Wasserhaltige Silikatschmelzen werden daher gleichsam noch innerhalb der Erdkruste »abgefangen«, sie bleiben dort als erstarrte Massen in mehr oder weniger ausgedehnten unterirdischen Schmelzkammern stecken.
Man kann also grundsätzlich zwischen zwei Arten von irdischer Schmelze unterscheiden, und zwar je nach dem Wassergehalt: Wasserarme bis -freie Schmelzen, welche in Annäherung an die Erdoberfläche »flüssiger« werden, daher bis an die Erdoberfläche aufzusteigen vermögen und hier den Vulkanismus speisen (benannt nach dem römischen Gott des Herdfeuers, Vulkanus), sowie wasserhaltige Schmelzen mit zunehmender Viskosität bei abnehmendem Druck, die bereits im Erdinnern abgefangen werden und daher zu Tiefengesteinen in »Plutonen«, unterirdischen Magmenkammern, erstarren.
Im Gegensatz zum Vulkanismus der Erdoberfläche spricht man daher üblicherweise vom »Plutonismus« des Erdinnern (benannt nach Pluto, dem Gott der Unterwelt).
Aber auch hinsichtlich der Mineralzusammensetzung ergeben sich Unterschiede zwischen vulkanischen und plutonischen Gesteinen: Die Vul-

kanite sind primär höher temperiert (1100–1200° C) und stammen aus dem Erdmantel, also aus Tiefen über 30 km. In diesem Tiefenbereich ist der Wassergehalt der Gesteine (als Porenfüllung oder Kristallwasser beziehungsweise eingebaut in das Kristallgitter in Form von OH-Gruppen) bereits äußerst gering, und der Siliziumdioxidgehalt der Schmelze sinkt auf weniger als 50 % ab. Die Plutonite hingegen verfügen über eine primär niedrigere Schmelztemperatur (700 bis 800° C) und stammen aus der Erdkruste, also aus Bereichen flacher als 30 km. Krustengesteine sind aus Mineralen mit höherem Siliziumdioxidgehalt als Mantelgesteine aufgebaut und verfügen meist auch über einen ausreichenden Wassergehalt (als Porenflüssigkeit, Kristallwasser oder chemisch gebunden in Form von OH-Gruppen). Daher ist das Auftreten der Vulkanite und Plutonite grundlegend verschieden; die ersteren steigen bis an die Erdoberfläche auf, bestehen aus vergleichsweise siliziumdioxidarmen (»basischen«) Gesteinen mit überwiegend dunklem Mineralbestand (der wichtigste und verbreitetste Vertreter dieser Gesteinsgruppe ist der Basalt), während die Plutonite in der Erdkruste steckenbleiben, geringere Aufstiegstemperaturen und -wege aufweisen, aus siliziumdioxidreichen Mineralen zusammengesetzt sind (der häufigste Vertreter dieser Gruppe ist der Granit) und mehr oder minder ausgedehnte unterirdische Magmenkammern füllen.

Sowohl Vulkanite als auch Plutonite finden sich oft gebunden an Gebirgsbildungsvorgänge; in beiden Fällen steht also die Bildung der irdischen Schmelze mit den anormalen Druck- und Temperaturverhältnissen in den Gebirgsbildungsgürteln in Zusammenhang.

Weshalb aber steigt die irdische Schmelze überhaupt auf, durchdringt entgegen dem Deckgebirgsdruck die überlagernden Gesteinsmassen, um bis oder nahe an die Erdoberfläche zu gelangen?

Auch hierfür gibt es eine einfache Erklärung. Steigt nämlich die Temperatur örtlich im Erdinnern bis über den Schmelzpunkt der Gesteine an, so wird das umgebende Gestein nicht insgesamt auf einen Schlag verflüssigt. Gesteine sind ja Mineralgemenge, und jedes beteiligte Mineral hat seinen eigenen Schmelzpunkt. Es gibt also prinzipiell keinen eigentlichen »Gesteinsschmelzpunkt«, sondern nur mit steigender Temperatur eine fraktionierte Aufschmelzung nach den einzelnen Mineralschmelzpunkten. Diejenigen Minerale mit dem niedrigsten Schmelzpunkt werden als erste verflüssigt, hingegen bleiben weniger leicht

schmelzbare Minerale noch lange fest. Nun weisen aber die leichtschmelzenden Minerale in der Regel eine geringere Dichte als die schwerschmelzenden auf; die fraktionierte Aufschmelzung entspricht also zugleich einer Trennung nach dem spezifischen Gewicht. So ist also die zuerst gebildete Teilschmelze aus vergleichsweise leichtschmelzenden Mineralen spezifisch leichter als der noch feste Reliktbestand und steht daher vom Herd ihrer Entstehung an unter Dichteauftrieb, der sie zum Aufsteigen zwingt. Man spricht von partieller Anatexis. Je nach Dichte und Schmelzpunkt sind daher bestimmte Minerale in größeren Tiefen nicht beständig, werden aufgeschmolzen und zum Aufstieg gezwungen. Vor allem die siliziumdioxidreichen Minerale (wie Quarz oder Kalifeldspat) zeichnen sich durch niedrigen Schmelzpunkt und geringe Dichte aus; sie fehlen daher im Erdmantel, sind jedoch in der Erdkruste angereichert. Daher setzen sich die aus der Erdkruste stammenden Plutonite häufig aus solchen Mineralen zusammen, während die Vulkanite spezifisch schwerere Komponenten mit niedrigerem Siliziumdioxidgehalt, aber höherer Dichte enthalten (wie Pyroxen oder Olivin).
Schmelzbildung in der Erde ist also mit einer Mineraltrennung nach Chemismus, Schmelzpunkt und Dichte verbunden. Der Schmelzaufstieg ist durch Dichteauftrieb (also letztlich durch den Überlagerungsdruck des spezifisch schwereren Deckgebirges) bedingt, da stets die spezifisch leichtesten Minerale zuerst schmelzen. Schmelzbildung korrigiert also örtliche Störungen in der Dichteanordnung der Gesteine mit der Tiefe, indem die spezifisch zu leichten Mineralkomponenten durch partielle Anatexis aufgeschmolzen und durch Schmelzaufstieg aus dem Gesteinsbestand der Tiefe entfernt werden. Vulkanismus ist demnach nicht die Ursache, sondern eine Folge der Gebirgsbildung, etwa der tektonischen Störung der normalen Dichteschichtung in Mantel und Kruste. Den Gesteinen der Erdkruste fehlt aber meist die ausreichende Temperatur, sie verfügen aber über einen meist zu hohen Wassergehalt, um einen Schmelzaufstieg bis an die Erdoberfläche zu gestatten. Sie bleiben daher als Plutonite in der oberen Kruste stecken.
Die Vulkanite hingegen sind primär höher temperiert und wasserärmer, besitzen also die wesentlichen Voraussetzungen zum Aufstieg bis unmittelbar an die Erdoberfläche. Während dieses Aufstieges vermindert sich der Druck, welchem die Schmelze ausgesetzt ist; die in der Schmelze gelösten Gase werden (nicht selten ruckartig bei Unter-

schreiten kritischer Druckbereiche) frei und vermindern so weiterhin das spezifische Gewicht der Schmelze (unter Bildung von Blasen-Hohlräumen), wodurch sich der Dichteauftrieb verstärkt. Nicht selten erfolgt die Entgasung so rasch, daß es zu explosionsartigen Eruptionen kommt, bei welchen Schmelzbrocken und Nebengesteinstrümmer ausgeschleudert werden. Wie eine ruckartige Entgasung kann auch ein plötzlicher Meerwasserzutritt zu einem Vulkanschlot wirken; die Folge ist eine »phreatische« Explosion, wie sie der Vulkan Krakatau in der Sundastraße im Jahre 1883 erlebt hat: Dabei wurden rund 18 Kubikkilometer Auswurfmassen gefördert und auf etwa 750 000 km^2 Fläche verteilt; der Schall dieser Explosion war noch auf 3400 km Entfernung zu hören, und 40 000 Menschen kamen ums Leben.

7. Kunde aus der Tiefe

Mit Hilfe der Seismik, der Auswertung elastischer seismischer Wellen, gelang es, Hinweise über den Bau des Erdinnern zu erhalten, ohne die Erde selbst anbohren zu müssen. Ja die Erde selbst lieferte in Form von Erdbeben die erforderlichen Schwingungen, mit deren Hilfe man Auskunft über den Aufbau des Erdballes erhielt. So einfach das Prinzip der Seismik zunächst scheint und so genial auch seine Anwendung erstmals um die Jahrhundertwende war, anfangs waren beträchtliche Schwierigkeiten zu überwinden, ehe man geeignete Geräte (Seismographen) zur Aufzeichnung der Erdbebenwellen besaß und die Zeichen zu lesen verstand, die mit diesen Seismographen aufgenommen wurden (Seismogramme).
Man stelle sich vor: Erdbeben sind Erschütterungen der festen Erde, die alle Gegenstände in und auf der Erdoberfläche erfassen und in Bewegung versetzen. Wie sollte man Schwingungen messen, wenn auch die Meßgeräte selbst diesen Schwingungen ausgesetzt waren, also die Erschütterungen der Erde mitmachten? Um exakt aufzeichnen zu können, bedurfte es eines ruhenden Bezugssystems, das frei von Schwingungen blieb, während die Erde selbst in Bewegung versetzt wurde. Der Göttinger Physiker Emil Wiechert (1861–1928), erster Professor für Geophysik überhaupt und Begründer des nachmals berühmten Geophysikalischen Instituts der Universität Göttingen, löste dieses Problem in seiner »Theorie der automatischen Seismographen« (1903) auf elegante Weise. Er schuf sogar gleich zwei Prinzipien, mit deren Hilfe eine störungsfreie Aufzeichnung von Seismogrammen möglich war: Nach dem ersten bedient man sich der Eigenschaft der Massen, zugleich schwer und träge zu sein, das heißt, auf Impulse verzögert zu reagieren; eine schwere Masse wird so lose mit der Erde verbunden, daß sie die Bodenbewegungen möglichst wenig mitmacht. Während nun die Erde bebt, bleibt die Masse der Registrierapparatur infolge ihrer Trägheit und geschickten Aufhängung noch in Ruhe und kann

daher als ruhendes Bezugssystem dienen, dem gegenüber die Erdstöße aufgezeichnet werden können. Es ist dann im wesentlichen noch eine Aufgabe entsprechender Vergrößerung, Seismogramme aufzuzeichnen. Da man nicht im voraus weiß, wann ein Erdbeben einsetzt, muß man laufend registrieren; in den von Emil Wiechert konstruierten großen Standseismographen (Wiechert-Pendel mit vielen Tonnen Masse) erfolgt die Aufzeichnung mittels spitzer Metallfedern, die ihre Spur in berußtes Papier kratzen. Mit dieser einfachen, fast kostenfreien Methode wurden jahrzehntelang ohne Unterbrechung Seismogramme aufgezeichnet und so ein unersetzliches Material zur Entschüsselung des Erdinnern gewonnen.
Das zweite Prinzip arbeitet nicht mit großen ruhenden Massen. Für die Erdbebenaufzeichnung ist es wünschenswert, möglichst viele Stationen in verschiedensten Teilen der Welt zu unterhalten, um Seismogramme unterschiedlichster Herddistanz miteinander vergleichen und Laufzeitkurven aufstellen zu können. Aus diesem Grunde richtete Wiechert bereits 1902 auf den damals noch (bis 1918) unter deutscher Verwaltung stehenden Samoa-Inseln ein geophysikalisches Observatorium ein, um auf diese Weise auch Seismogramme gleichsam »vom anderen Ende der Welt« aufnehmen zu können. Wichtig aber war insbesondere die Konstruktion transportabler Seismographen, für die das Prinzip der trägen Massen nicht in dieser ersten Art anwendbar ist. Bei transportablen Registrierapparaturen mußte die Masse zwangsläufig verhältnismäßig klein gehalten werden, und kleine Massen sind der Erschütterung leicht ebenso ausgesetzt wie die bebende Erde, deren Schwingungen man ja messen will.
Aus diesem Dilemma half das Prinzip der Dämpfung, welche die Eigenschwingung des Seismographen so weitgehend ausschaltet, daß brauchbare Seismogramme aufgezeichnet werden konnten.
Die Ergebnisse der Erdbebenregistrierung der Göttinger Erdbebenstation sind in der Reihe »Über Erdbebenwellen« enthalten, somit die Aufzeichnungen der ersten einsatzfähigen modernen Erdbebenwarte der Erde. Noch aber mußte man lernen, Seismogramme »lesen« zu können, die nacheinander erfolgenden Einsätze verschiedener Erdbebenwellen zu erkennen und daraus die Laufzeit zu berechnen, die eine elastische Welle bei ihrem Weg entlang der Erdoberfläche oder durch das Erdinnere benötigt sowie den Weg selbst zu bestimmen, der sich aus »Laufzeitkurven« beim Vergleich von Seismogrammen unterschied-

licher Herddistanz ergibt. Nach Vorarbeiten des Mathematikers Herglotz gelang es Wiechert 1910, ein Verfahren zur Bestimmung der Geschwindigkeitsverteilung elastischer seismischer Wellen im Erdinnern aufgrund von Oberflächenbeobachtungen mittels Seismogrammen anzugeben (Wiechert-Herglotz-Verfahren, eine der klassischen Methoden der Geophysik). Damit war der Weg endgültig frei für eine Exploration des Erdinnern mit Hilfe von Erdbebenwellen. Was so zu Beginn dieses Jahrhunderts aus rein wissenschaftlichem Interesse begann, erhielt jedoch mit der Genfer Kernwaffen-Konferenz auch eine unerwartete Aktualität auf militärischem Gebiet infolge der Möglichkeit, unterirdische Atomexplosionen in für Kontrollorgane selbst nicht zugänglichen Gebieten zu orten und zu messen. Seit 1958 wird daher ein seismologisches Beobachtungsnetz zur Überwachung unterirdischer Kernversuche erprobt und eingerichtet.

Mit der Konstruktion tragbarer Seismographen wurde die Seismik räumlich unabhängig von den großen stationären Wiechert-Pendeln in den wenigen seismischen Observatorien. Es lag nahe, die Seismik auch für praktische Aufgaben der Lagerstättenerschließung einzusetzen, etwa wo es darum ging, die Lagerungsverhältnisse der Gesteine von der Erdoberfläche aus zu bestimmen.

Problematisch war dabei allerdings, daß man zwecks Aufzeichnung von Seismogrammen auf natürliche Erdbeben warten mußte. Und in vielen Teilen der Erde sind Erdbeben äußerst seltene Naturerscheinungen.

Nach dem Ersten Weltkrieg beschäftigte sich der deutsche Bergingenieur Ludger Mintrop (1880–1956) mit der Frage, inwieweit sich auch künstliche Erschütterungen in ähnlicher Weise auswerten lassen wie natürliche Erdbeben. Anfangs experimentierte er im Göttinger Geophysikalischen Institut mit einer 4-t-Stahlkugel von etwa einem Meter Durchmesser, die er von einem ca. 15 m hohen Dreibeinmast auf die Erde fallen ließ, um künstliche Erschütterungen des Erdbodens zu erzeugen. Solche Stahlkugeln wurden in der Industrie zum Zerkleinern von Schrott benutzt, und die Mintropsche Kugel war von der Firma Krupp in Essen für wissenschaftliche Zwecke gestiftet worden.

Allerdings waren die auf diese Weise erzeugten Erschütterungen nicht energiereich genug, um ausreichend tief in den Erdboden einzudringen. Der rettende Gedanke kam wenig später, zugleich der eigentliche Beginn der angewandten Geophysik als eine der wichtigsten Hilfswissenschaften der Lagerstättenexploration, vor allem auf Erdöl und Erdgas: Man mußte die erforderlichen künstlichen Erschütterungen nicht auf mechanischem Wege, sondern mittels Sprengungen erzeugen. Dies war die Geburtsstunde der Sprengseismik, ohne die zahllose bedeutende Erdölvorkommen der Erde nicht oder doch nur mit weit größeren Fehlinvestitionen von Bohrungen hätten erschlossen werden können. Üblicherweise wird die Sprengladung in Bohrungen (oder im Wasser von Seen oder Flachmeeren) gezündet; der weitere große Vorteil dieser Methode beruht darauf, daß die Sprengzeit sehr genau bestimmt werden kann, indem man die Zuleitung zu einem elektrischen Zeitgeber durch die Sprengung im Herd selbst unterbrechen läßt. Die Laufzeiten sind also sehr genau zu bestimmen, und die Ausbreitung der seismischen Wellen wird mit ganzen Reihen von Erschütterungsmessern, heute in der Regel Geophonen (nach dem Prinzip eines Mikrophons) elektrisch und zentral registriert. Während in geringer Herddistanz die Oberflächenwellen als erste eintreffen, werden sie von einer bestimmten Herdentfernung an zunehmend von solchen Wellen überholt, die ihren Weg durch das Erdinnere genommen haben. Da die Ausbreitungsgeschwindigkeit elastischer Wellen von der Gesteinsdichte abhängig ist, und weil die Dichte zum Erdinnern hin normalerweise zunimmt, sind von einem bestimmten Abstand an Wellen im Vorteil, die zwar den Umweg über tiefere Schichten genommen, aber den Vorzug höherer Fortpflanzungsgeschwindigkeit innerhalb dieser tieferen Schichten genossen haben.

Allerdings wird man sich dabei wohl fragen, weshalb derartige Raumwellen aus dem Erdinnern überhaupt wieder an die Erdoberfläche gelangen, anstatt sich allseitig in die Tiefe auszubreiten, bis ihre Anregungsenergie verbraucht ist. Tatsächlich geht auch ein nicht unwesentlicher Teil des anfänglichen Impulses auf diese Weise der Registrierung an der Erdoberfläche verloren, und wenn das Erdinnere völlig homogen aufgebaut wäre, gelangte schwerlich in geringerem Herdabstand ein Teil der Raumwellen wieder an die Oberfläche, es sei denn bei extremer Freilassungsenergie in großer Herddistanz nahe den Antipoden. Das Erdinnere ist jedoch durchaus inhomogen zusammengesetzt; man beobachtet einen steten Wechsel lockerer und schallharter Gesteinsmassen, zum Teil getrennt durch markante Schichtflächen, also Unstetigkeitsflächen des geophysikalischen Verhaltens. Solche Unstetigkeitsflächen (oder -zonen) sind befähigt, seismische Wellen zu reflektieren (Reflexionsseismik), wie eine Spiegeloberfläche Lichtwellen zurückwirft, oder nach einigem Weg parallel zur Unstetigkeitsfläche zurückzubeugen (Refraktionsseismik). Während die Reflexionsseismik die reflektierten Wellen in geringerem Herdabstand auswertet, arbeitet die Refraktionsseismik mit gebrochenen Wellen in größerer Herddistanz. Je nach der speziellen geologischen Aufgabenstellung haben sich beide Verfahren in der angewandten Geophysik gut bewährt. Mit dem Refraktionsverfahren sind in den Jahren vor und während des Zweiten Weltkrieges in Deutschland und Nordamerika wichtige Erdölfelder entdeckt worden (etwa die Vorkommen im Emsland im Bereich des niedersächsisch-holländischen Grenzgebietes), während sich nach dem Zweiten Weltkrieg mehr und mehr das Reflexionsverfahren zur Lagerstättenexploration durchsetzte. Heute wäre ohne angewandte Geophysik (und insbesondere die Sprengseismik) moderne Lagerstättenerschließung von Kohlenwasserstoffen praktisch undenkbar. Wenn man sich vergegenwärtigt, welche Werte mit Hilfe dieser Methoden der angewandten Geophysik rund um die Erde erschlossen wurden, so sind die Aufwendungen für die geowissenschaftliche Forschung, selbst im Rahmen der Finanzierung von Großprojekten der geophysikalischen Jahre, der Schwerpunktprogramme und Sonderforschungsbereiche der Deutschen Forschungsgemeinschaft und der Universitätsinstitute, vergleichsweise bescheiden. Nur Bruchteile eines Prozentes der erzielten Gewinne sind bestenfalls zur Unterstützung weiterer Forschungsarbeiten in die Forschungseinrichtungen zurückgeflossen.

Allerdings kam der Forschung dabei der Zufall nicht unerheblich zu Hilfe: Nach dem Ende des Zweiten Weltkrieges waren an mehreren Stellen des ehemaligen Reichsgebietes umfangreiche Munitionslager und Befestigungsanlagen zurückgeblieben, die auf Veranlassung der Besatzungsmächte zerstört werden mußten. Es war eine geniale Idee, aus dieser an sich rein destruktiven Tätigkeit noch positive Ergebnisse für die geophysikalische Forschung zu erzielen. So wurden etwa die Haslachsprengung im Schwarzwald oder die Helgolandsprengung gleichzeitig zu geophysikalischen Großversuchen; am 18. 4. 1947 wurden Unterseeboot-Bunker und Befestigungsbauten im Süden Helgolands mit 4000 t Munition gesprengt. Die Registrierung der seismischen Wellen mittels 24 Feldstationen auf drei Profilen in nordöstlicher, süd-

östlicher und südlicher Richtung ergab erstmals Kunde von der Tiefenerstreckung der Erdkruste im norddeutschen Raum, als man die Krusten-Mantelgrenze hier mit 26 km Tiefe ermitteln konnte.
Im Zeitalter der unterirdischen Kernwaffenversuche dienten auch derartige primär militärische Aufgaben nebenbei der geophysikalischen Erforschung des Erdinnern, wie die Kernexplosion »Gnome« am 10. 12. 1961 in der Wüste von New Mexiko oder »Sedan« am 6. 7. 1962 in Nevada, wobei Kernsprengstoffe von der Sprengkraft von 100 000 t TNT (Trinitrotoluol = herkömmlicher Sprengmittel) in 200 m Tiefe gezündet wurden und einen Krater von rund hundert Metern Tiefe aufrissen.
Bei derartig hohen Freilassungsenergien kann man Refraktionswellen von Unstetigkeitsflächen in großer Tiefe noch in weiter Herddistanz aufzeichnen. Zusammen mit den Ergebnissen natürlicher, besonders energiereicher Erdbeben (wie Chile am 22. 5. 1960 oder Alaska 1964) ergab sich ein mehr und mehr detailliertes Bild von der Tiefenlage bedeutender Unstetigkeitszonen im tiefen Erdinnern.
Während bei Sprengungen die Erzeugung großer Freilassungsenergien und damit seismischer Impulse unmittelbar verständlich ist, fragt man sich selbstverständlich seit über hundert Jahren, wie es zur Ansammlung und plötzlichen Auslösung großer Spannungen im Erdinnern als Ursache natürlicher Erdbeben kommen kann. Die Antwort auf diese Frage fand der amerikanische Geophysiker H. F. Reid 1906 bei der Auswertung des kalifornischen Bebens, das zum Brande San Franziskos geführt hatte. Die Stadt liegt in unmittelbarer Nähe einer bedeutenden Störungszone der Erdkruste, die zwei unterschiedlich bewegte Teile dieser Kruste voneinander trennt: Während ein schmaler Küstenstreifen mit dem angrenzenden Pazifik relativ nach Nordwesten wandert, verschiebt sich der östlich anschließende Teil des nordamerikanischen Kontinents langsam relativ nach Südosten. Die Störungslinie selbst, die beide Krustenschollen trennt (San-Andreas-Rift), läßt sich mit ihren zahlreichen Begleitbrüchen auf über 1200 km Länge von der Grenze Mexikos zwischen San Diego und Salton Sea im Süden bis nahe an die Grenze zum Staat Oregon im Norden Kaliforniens verfolgen. Schon in den Jahren 1857, 1865 und 1868 war es an verschiedenen Stellen des ausgedehnten Störungssystems zu bedeutenden Erdstößen gekommen. Aus dem lateralen Versatz gleichaltriger Schichten des unteren Miozän bis oberen Oligozän beiderseits der San-An-

dreas-Störung zwischen Salton Sea und Taft (Big Pine) ergibt sich ein langfristiger Mittelwert der Horizontalverschiebung von rund 300 km in 16 Millionen Jahren, also im Mittel 1 bis 2 cm pro Jahr.

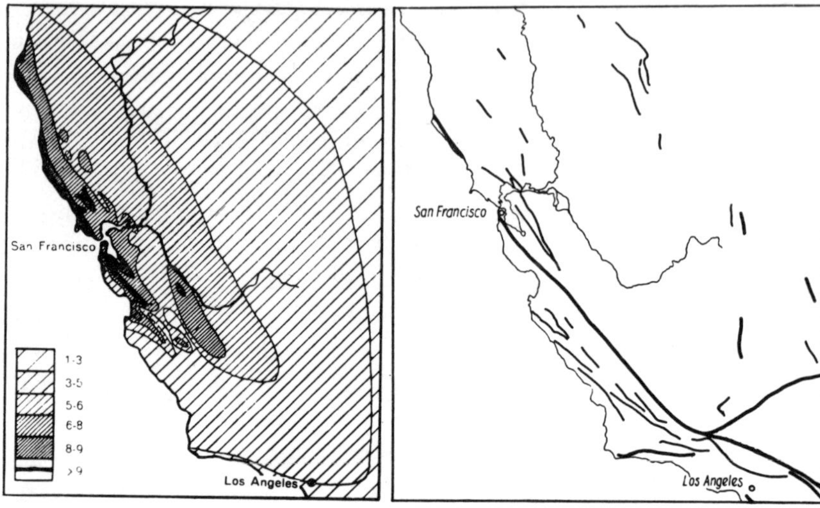

Seismotektonische Karten von Kalifornien.
Links: Isoseistenkarte des Bebens von 1906 mit den Graden der Schütterstärke.
Rechts: Die San Andreas-Störung und ihre Begleitbrüche. (nach B. Gutenberg)

Normalerweise vollzieht sich diese Verschiebung quasi stetig, in Millimeterbeträgen, ohne daß es dabei zur Auslösung von Erdbeben kommen würde. Straßen, Grundstücksgrenzen, Wasser-, Erdöl- und Erdgasleitungen jedoch, welche die Störungszone queren, können dabei im Laufe der Jahre um beträchtliche Beträge verbogen bzw. verschoben werden. Sind jedoch die Gesteine beiderseits der Störungsfläche besonders widerstandsfähig, so wird jeweils ein Teil der Bewegung zurückgehalten, in Form elastischer Spannungsanteile quasi gespeichert. Dies ist allerdings nur so lange möglich, bis die Widerstandsfähigkeit der Gesteine gegen Bruch überschritten ist; in diesem Falle lösen sich die elastischen Spannungen im Gestein plötzlich und ruckartig in Form eines Erdbebens aus. Von der Bruchfläche selbst wird der Erdbebenimpuls in Gestalt elastischer Wellen an das umgebende Nebengestein abgegeben, und die Störungsfläche holt die zuvor verzögerten Horizontalverschiebungsbeträge durch schlagartigen Versatz um Dezimeter und mehr nach. Als Elastic-rebound-Theorie ist diese Vorstellung

H. F. Reids in die Geowissenschaften eingegangen. Auch in vielen anderen Teilen der Erde, in Japan, den Philippinen, Neu Seeland, Chile, dem Iran oder in Nordanatolien sind Erdbeben bevorzugt an bedeutende derartige Horizontalverschiebungen der Erdkruste gebunden.

Je größer die betreffende Horizontalstörung in der Erdkruste, und je widerstandsfähiger die davon betroffenen Gesteine, desto höher sind auch die Erdbebenenergien, die auf derartigen Verwerfungen gespeichert und nach dem Elastic-rebound-Prinzip ruckartig freigesetzt werden können, und desto größer sind auch die ausgelösten Verwüstungen, die man bei derartigen Erdbeben gewärtigen muß. Man hat daher bereits erwogen, die Ansammlung besonders starker Spannungen auf großen Bruchflächen dadurch zu verhindern, daß man diese Störungsflächen durch Einpressen von Wasser aus Tiefbohrungen gleichsam »schmiert«, also deren Reibungswiderstand herabsetzt. Tatsächlich beobachtet man bei derartigen Einpressungen (etwa am Rande von Erdölfeldern zwecks Vermehrung des Ölzuflusses zu den Produktionssonden durch gesteigerten Randwasserdruck) hin und wieder eine Auslösung kleinerer Erdstöße. Man könnte also mit einiger Aussicht auf Erfolg große Erdbebenkatastrophen vermeiden, indem man künstlich hervorgerufene Erdstöße geringerer Freilassungsenergie in kleinerem, zeitlichem Abstand in Kauf nimmt. Diese Methode hat aber nicht unbeträchtliche juristische Probleme, die bislang noch jeder praktischen Anwendung entgegenstehen: Ein noch so großes Erdbeben stellt lediglich einen Fall »höherer Gewalt« dar, für den niemand verantwortlich gemacht werden kann. Entstehen aber infolge künstlich ausgelöster Erdstöße Schäden, so sind die daran beteiligten Geowissenschaftler und Techniker möglicherweise haftpflichtig, da es sich nicht mehr um höhere Gewalt, sondern beabsichtigten Eingriff in natürliche Bewegungsvorgänge handelt. Kein Mensch kann aber die Verantwortung für derartige mögliche Schäden übernehmen oder gar in größerem Umfange Regreßansprüche befriedigen. So ist die Erdbebensicherung zweifellos heute mehr ein juristisches denn ein geowissenschaftliches Problem. Ähnliche Schwierigkeiten ergeben sich auch bei der Erdbeben- (und Vulkanausbruch-)Vorhersage: Trotz positiver Ansätze zu einem wirksamen Erdbeben-Frühwarndienst (aufgrund von Messungen von Horizontalverschiebungsbeträgen an den Störungslinien, von Porenwasser-Überdruck im Gestein sowie von Spannungs-Akkumulation an den

Verwerfungen) krankt der praktische Einsatz an der Gefahr, daß durch derartige Warndienste ausgelöste Paniken unter der Bevölkerung mehr Schaden anrichten als möglicherweise ein natürliches Erdbeben, und daß für solche Schäden die warnende Institution verantwortlich gemacht werden könnte.

Sind es bei der angewandten Geophysik flacher angeordnete Unstetigkeitsflächen der Außenkruste, die mit Hilfe künstlicher Erschütterungen als Reflexions- oder Refraktionshorizont geortet werden, so liegt das Schwergewicht der Tiefenseismik auf der Ermittlung bedeutender tiefer Unstetigkeitsflächen des Erdinnern, wie der Grenze zwischen Kruste und Mantel oder Mantel und Erdkern. Im Prinzip verhalten sich diese Unstetigkeitsgrenzen mit vergleichsweise rascher Veränderung physikalischer Zustandsgrößen ähnlich wie etwa Schichtgrenzen der Sedimenthülle gegenüber den Verfahren der Sprengseismik; man benötigt lediglich wesentlich höhere Freilassungsenergien, um die erforderlichen Eindringtiefen der elastischen Wellen zu erzielen.

Außer der Krusten-Mantelgrenze kennt man aufgrund seismischer Beobachtungen eine Zone zwischen Oberem und Unterem Mantel in 1000 km Tiefe, die wichtige Grenze zwischen Erdmantel und Erdkern bei 2900 km Tiefe sowie eine Übergangsschicht zwischen Äußerem und Innerem Kern von 4980 bis 5120 km Tiefe. Im Äußeren Mantel werden Fortpflanzungsgeschwindigkeiten für Kompressionswellen von über 8 km/sec erreicht, im Unteren Mantel solche von 11 bis 13,6 km/sec, während an der Kerngrenze die Geschwindigkeit wiederum auf etwa über 8 km/sec zurückspringt, um in der Übergangszone zum Inneren Kern 9,5–10,4, im Inneren Kern selbst 11,1–11,3 km/sec zu erreichen. An der Kern-Mantelgrenze wird ein Dichtesprung der Gesteine von rund 6 auf über 10 gr/cm^3, aber ein Rückgang der Schwere auf Werte unter 1000 Gal angenommen.

Daß die irdische Schmelze, welche den Vulkanismus beliefert, nicht aus dem vermutlich flüssigen Äußeren Kern stammen kann, wurde bereits im vorigen Kapitel ausgeführt. Doch ist der Äußere Kern offenbar wichtig für die Entstehung des erdmagnetischen Feldes: Wegen der zum Erdinnern steigenden Temperatur kann der Erdmagnetismus nicht auf remanenten Gesteinsmagnetismus (ähnlich einem Stabmagneten) zurückgeführt werden; die hierfür kritischen Curie-Temperaturen magnetischer Minerale werden bereits innerhalb der Erdkruste überschritten, und oberhalb dieser Curie-Temperaturen gibt es keinen re-

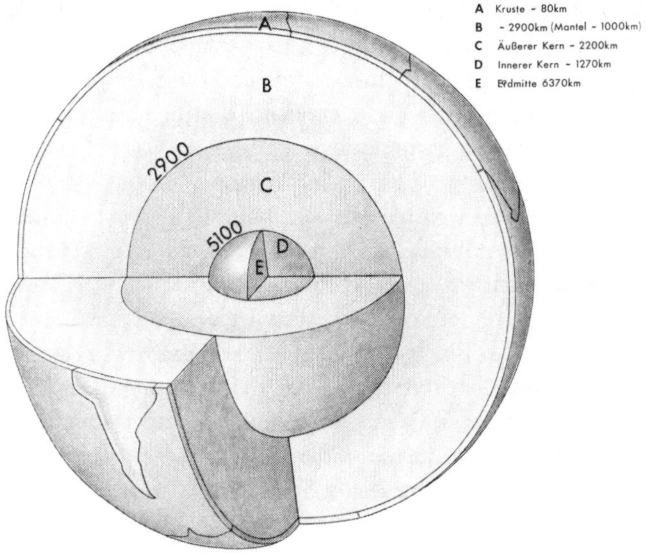

Der Schalenbau des Erdkörpers. Die Dicke der Kruste ist stark übertrieben. (nach J. Bartels)

manenten Magnetismus, ist also eine dauernde Regelung von Elementarmagneten in Gesteinen oder Metallen nicht erhaltungsfähig. Die Elementarmagnete im Gesteins-(Metall-)Verband nehmen unter derartigen Temperaturverhältnissen ungeregelte, statistische Verteilungen an und heben ihre Wirkung damit von selbst auf. Das magnetische Erdfeld kann daher nicht auf remanentem Magnetismus beruhen, sondern muß ständig neu gebildet, induziert werden. Hierfür bietet sich das Dynamo-Prinzip an, das auf einer Eigenbewegung der Kernmassen in einem relativ schwachen, äußeren Feld (durch remanenten Gesteinsmagnetismus in der Oberkruste) beruht. Konvektionsströme im heißen, flüssigen Äußeren Kern mit einer Mindestgeschwindigkeit von 0,05 cm/sec verhalten sich offenbar wie Anker und Wicklungen eines Stromgenerators, der aus rotierender Bewegung elektrischen Strom – und ein Magnetfeld um diesen herum – erzeugt. Ohne den flüssigen Äußeren Kern gäbe es also offenbar kein erdmagnetisches Feld, und dementsprechend keine magnetische Ortung im Gelände.

Für die Ausgestaltung der Erdoberfläche am bedeutsamsten ist allerdings die Krusten-Mantelgrenze, deren unterschiedliche Tiefenlage eine weitgehende Bestätigung des Isostasie-Prinzips ergeben hat. In erster

Annäherung gilt, daß die Untergrenze um so tiefer hinabreicht, je höher die Erdoberfläche emporragt: Unter den Ozeanen werden Fortpflanzungsgeschwindigkeiten von 8 km/sec (für Kompressionswellen) schon in 7–13 Kilometern Tiefe erreicht, das bedeutet, daß hier die Kruste vergleichsweise geringmächtig (dünn) ist. Unter den Kontinenten kann man ab etwa 30 (bis 33) km Tiefe mit den Fortpflanzungsgeschwindigkeiten des Erdmantels rechnen, sofern es sich um Tafelländer handelt. Unter jungen Kettengebirgen wie den Alpen hingegen ist die Erdkruste sichtlich verdickt; in solchen Fällen werden die Fortpflanzungsgeschwindigkeiten des Erdmantels erst bei 50 (bis 70) km Tiefe erzielt, ganz im Sinne der Airyschen Gebirgswurzeln, die einst wegen der geringen Lotabweichung vor den Gebirgen (Anden, Himalaja) gefordert worden waren. Gebirgsbildung ist also zugleich Verdickung der Erdkruste, die zu einem isostatischen Aufsteigen eines Krustenabschnitts zum Hochgebirge führt.

Darüber hinaus hat die Seismik eine neue und begründetere Definition zur Unterscheidung von Kontinenten und Ozeanen geliefert. Entscheidend ist nicht etwa die Wasserbedeckung, sondern der charakteristische Aufbau der Erdkruste, insbesondere die abweichende Krustendicke. In den Kontinenten ist spezifisch leichtes Material aus granitoiden Gesteinen (mit den vorherrschenden Mineralen Quarz oder Kalifeldspat) angereichert; wegen der geringen Dichte und dem vergleichsweise niedrigen Schmelzpunkt dieser Minerale und Gesteine fehlen diese im schwereren und höher temperierten Erdmantel weitestgehend, und die Kontinentaltafeln schwimmen gleichsam auf dem schwereren Substrat des Mantels. Ein kontinentaler Krustenabschnitt kann zwar durch tektonische Absenkung zeitweilig vom Meere überflutet werden; er behält dabei jedoch seinen typisch kontinentalen Krustenaufbau, wird also nicht schon wegen dieser Überflutung zu einem ozeanischen Krustenbereich, und umgekehrt kann zwar ozeanische Kruste unter besonderen Umständen lokal über den Meeresspiegel gehoben werden, doch wird sie damit nicht automatisch zum Teil eines Kontinents, solange sich ihr krustaler Aufbau nicht grundlegend ändert. Für den Geowissenschaftler liegt die Grenze Kontinent/Ozean also nicht beim mehr zufälligen heutigen Küstenverlauf, sondern dort, wo die mächtige kontinentale Kruste in die dünne ozeanische übergeht.

Heimaey (Island), typische Lavafontänen bei dem letzten Vulkanausbruch am 23. Januar 1973.
Derartige Lavafontänen erlauben den Vulkanologen Rückschlüsse auf die chemische Zusammensetzung und auf bestimmte physikalische Eigenschaften der Schmelze. Die Temperatur in den Lavafontänen beträgt bis zu 1120° C.
Die hier zutage tretenden Vulkanite stammen aus dem Erdmantel, also aus Tiefen über 30 km; sie bestehen aus vergleichsweise siliziumdioxidarmen Gesteinen (basisch) mit überwiegend dunklem Mineralbestand. Durch örtliche Störungen der Dichteanordnung der Gesteine mit der Tiefe (z. B. im Bereich untermeerischer Schwellen oder als Folge junger Gebirgsbildung) kann es zur Schmelzbildung kommen, indem die spezfisch zu leichten Mineralkomponenten durch partielle Anatexis aufgeschmolzen und durch Schmelzaufstieg aus dem Gesteinsverband in der Tiefe entfernt werden. Während des Aufstiegs vermindert sich der Druck, welchem die Schmelze ausgesetzt ist; die in der Schmelze gelösten Gase werden frei und vermindern so weiterhin das spezifische Gewicht der Schmelze, wodurch sich der Dichteauftrieb verstärkt. Nicht selten erfolgt eine Entgasung so rasch, daß es zu explosionsartigen Eruptionen kommt, wie auch am 23. Januar 1973 auf der Insel Heimaey.

(Siehe Kapitel: Die irdische Schmelze)

Foto: Mats Wibe Lund jr., Reykjavik, Island

8. Die geborstenen Kontinentalschollen

Im Jahre 1836 stand ein Mann auf den Ausläufern des Schweizer Juras bei Basel und blickte nach Norden in die Rheinebene hinaus, die sich zu seinen Füßen mit einer durchschnittlichen Breite von 40 km und einer Länge von rund 300 km in nordsüdlicher Richtung erstreckte. Die Ebene selbst wird beidseitig von bedeutenden Erhebungen flankiert, dem Pfälzer Wald und den Vogesen im Westen sowie dem Odenwald und Schwarzwald im Osten; bis zu rund 1000 m überragt der Schwarzwald die Rheinebene (Feldberg 1493 m). Steil brechen die oberrheinischen Randberge zur Rheinebene hin ab, während sie an den beiden von der Rheinebene abgekehrten Flanken kaum merklich und ohne scharfe Grenze in das anschließende Hügelland übergehen. Während die Rheinebene selbst von jungen Lockerablagerungen des Rheins und seiner Zuflüsse aufgeschottert ist, treten in den begleitenden Randgebirgen weit ältere Gesteine zutage: Gneise (Sediment- oder Renchgneise, entstanden durch partielle Aufschmelzung hochmetamorpher Sedimente), Granite, Schiefer mit Versteinerungen des Unterkarbons, Konglomerate, verfestigt aus ehemaligen Schottern des Jungpaläozoikums (Erdaltertums). Mit genialem Weitblick erfaßt jener Beschauer aus der ersten Hälfte des vorigen Jahrhunderts die geologische Situation: Die Rheinebene zwischen Basel und Frankfurt am Main stellt einen Fremdkörper zwischen den geologisch so ähnlich gebauten Höhen der Vogesen und des Schwarzwaldes, der Wein- und der Bergstraße dar. Dieses langgestreckte und vergleichsweise schmale Krustenstück mußte in die Tiefe gesunken sein, während die Randhöhen an beiden Flanken aufstiegen. Nur so war es zu verstehen, daß in der Rheinebene junge Flußschotter abgelagert wurden, während die flankierenden Höhen starker Erosion, Abtragung unter Einwirkung der Atmosphärilien, unterlagen. Die markanten Steilanstiege, die beiderseits der Rheinebene aus der Rheintalniederung zu den Höhen der Randberge emporführen, waren nicht beliebig von der Abtragung

gestaltet worden; hier hatte die Erosion offenbar Störungslinien herausmodelliert, an welchen sich die Absenkung der Rheintalscholle gegenüber den flankierenden Randgebirgen vollzog.
Noch fünf Jahre hindurch überdenkt jener Mann die Bedeutung und Konsequenz seiner Vision vom Einbruch der Oberrheinebene, ehe er sie im Jahre 1841 veröffentlicht. Es ist der bedeutende französische Geologe Elie de Beaumont, der Begründer der Kontraktionstheorie des Erdballs. Offenbar ist dieser Einbruch eine unmittelbare Folge jener Abkühlungskontraktion der Erde, die im vorigen Jahrhundert (und bis in die Mitte unseres Jahrhunderts hinein) anerkannte wissenschaftliche Lehrmeinung war. In der alten deutschen Bergmannssprache war seit langem der Begriff »Graben« für eine zwischen gehobenen Flanken eingesunkene langgestreckte Steifenscholle gebräuchlich, und I. L. Jordan hatte diesen Begriff 1803 auch in die geologische Literatur übernommen. Das Oberrheintal war demnach ein solcher Graben, wenn auch einer von bis dahin unbekannten Ausmaßen. Es sollte in den Folgejahren zum Prototyp eines Grabens schlechthin werden.

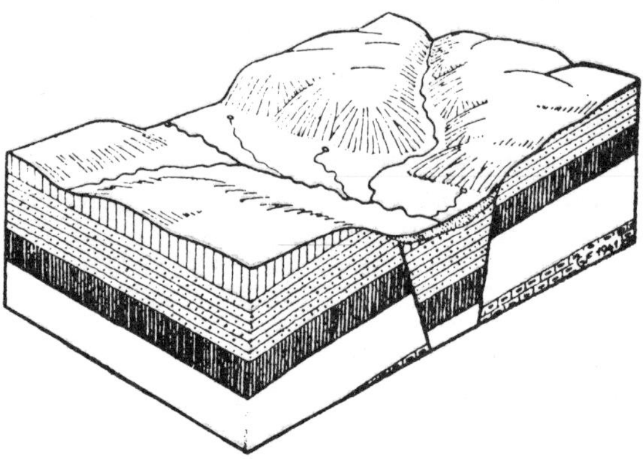

Graben = eine eingesunkene Streifenscholle zwischen gehobenen Flanken.

Noch aber war der Bildungsmechanismus weitgehend unbekannt. Waren die Flanken des Grabens, also die Höhen des Pfälzer- und Odenwaldes, der Vogesen und des Schwarzwaldes auseinandergewichen, so daß der Oberrheingraben »wie der Schlußstein eines Gewölbes« um einen Betrag von bis zu über 4000 m einsinken konnte? So erreicht die Mächtigkeit der Füllgesteine des Grabens in dessen nördli-

chem Abschnitt 3350 m, ein Betrag, dem noch der orographische Höhenunterschied zwischen Rheintalebene und den flankierenden Randbergen hinzuzurechnen ist.
In der Zeit der starren Gültigkeit der Kontraktionshypothese schien die Vorstellung von einer aktiven Krustendehnung nach Art eines Auseinanderweichens der Oberrheinischen Randgebirge nur schlecht in das Konzept von einer allgemeinen Schrumpfung der Erde zu passen. Der deutsche Geologe Wilhelm Salomon-Calvi (1868–1941), als langjähriger Leiter des Geologischen Institutes der Universität Heidelberg eng mit der Frage nach dem Bau des Oberrheingrabens befaßt, entwickelte daher die Vorstellung von der Grabenbildung durch Gegeneinanderbewegung der Grabenschultern: Nicht ein Auseinanderweichen, sondern im Gegenteil eine durch Kontraktion der Erde bedingte Annäherung von Schwarzwald und Vogesen, von Wein- und Bergstraße führte danach zu einem in die Tiefe Pressen der Grabenscholle. Tatsächlich läßt sich eine solche Bewegung auch mittels Holzblöcken veranschaulichen, die man zusammenschiebt, wobei ein keilförmig sich nach unten verbreiterndes Mittelstück nach unten gepreßt wird, während die beiden sich nähernden Randschollen hochgedrückt werden.
Die Entscheidung über den Mechanismus der Grabenbildung am Beispiel des Oberrheintales, ob durch Auseinanderweichen oder Zusammenpressung der Randgebirge, blieb so lange offen, bis man sichereren Einblick über die Tiefenfortsetzung der Grabenrandverwerfungen erhielt. Ein »Schlußstein im Gewölbe« wird von nach unten konvergierenden Grenzflächen flankiert; nach der Theorie der Grabenbildung durch Dehnung mußten die Randstörungen zur Rheintalebene hin geneigt sein, also unter diese einfallen. Bei der Grabenbildung durch seitliche Kompression wird das nach unten herausgepreßte Krustenstück von nach außen geneigten Störungsflächen begrenzt; danach müßten die Randstörungen des Oberrheingrabens beiderseits jeweils unter die Randgebirge abtauchen.
Wie aber ließ sich feststellen, ob die Randspalten des Oberrheintales nach außen oder nach innen geneigt waren, da ihre Ausbisse übertage stark durch die Erosion überformt und daher wenig aussagekräftig waren? Da kam den Geologen die Gunst des Eisenbahnbaues zu Hilfe: Beim Ausbau des Lorettobergtunnels an der Bahnlinie Heidelberg–Neckargmünd wurde die Randstörung des Odenwaldes mit ihren Begleitbrüchen angefahren. Anordnung und Neigungswinkel der

Störungen sprachen eindeutig für den Dehnungscharakter der Randbrüche des Oberrheingrabens. Unter dem Eindruck dieser Aufschlüsse (sowie Geländebeobachtungen an vielen Grabenstrukturen in anderen Teilen Europas und der Erde) kam der deutsche Geologe Hans Cloos (1885–1951) in seiner Schrift über »Hebung–Spaltung–Vulkanismus« (Beihefte zur Geologischen Rundschau) 1939 unter Einbeziehung der Gedankengänge Elie de Beaumonts zur Vorstellung einer gewaltigen, Vogesen und Schwarzwald, Pfälzer- und Odenwald umspannenden Aufwölbung der Erdkruste, deren Gewölbescheitel in Gestalt des Oberrheingrabens einsank. In ähnlicher Weise habe sich beispielsweise auch der bedeutende Graben des Roten Meeres im Gewölbescheitel des weitspannig aufgewölbten Nubisch-Arabischen Schildes im Grenzbereich von Nordostafrika und dem Vorderen Orient eingesenkt. Hans Cloos konnte seine Grabenbildung durch Krustendehnung infolge Aufwölbung auch im geologischen Experiment veranschaulichen: Mittels weichplastischer Tonmassen, deren Unterlage gedehnt wurde, gelang es, erstaunlich naturgetreue Grabenmodelle zu erzeugen, welche wesentlich daran Anteil hatten, daß sich die Vorstellung von der Grabenbildung durch seitliche Dehnung der Kruste – ganz im Gegensatz zum Konzept der Kontraktionstheorie – in der geowissenschaftlichen Meinungswelt vergleichsweise rasch durchsetzte.

Dennoch erhoben sich auch Gegenstimmen gegen das Cloossche Grabenmodell vom Scheiteleinbruch im Gewölbe. E. Wölk wies 1940 darauf hin, daß Aufwölbung allein kaum die erforderliche tektonische Leistung der Grabenbildung aufzubringen in der Lage sei, und hielt an der Vorstellung eines Einbruchgrabens fest, dessen Genese Wölk mit Einbrüchen (Pingen) über aufgelassenen Grubenbauen verglich: Offenbar mußte unterhalb der Grabenzone Material der tieferen Kruste oder des Mantels weggeführt worden sein, um einen derartigen Graben-Einbruch hervorzurufen. Gleichzeitig wies W. E. Petrascheck nach, daß das Modell einer Grabenbildung infolge Aufwölbung schon deshalb keine allgemeingültige Lösung des Problems sein konnte, weil derartige Aufwölbungen der Grabenschultern, wie man sie am Oberrheingraben beobachtet, keineswegs bei allen übrigen Gräben – ja nicht einmal bei der Mehrzahl – festzustellen sind: Ein Teil der irdischen Grabenzonen ist einfach in flachliegende Kontinentalschollen eingebrochen, während andere sogar innerhalb ausgesprochener Einmuldungen verlaufen. Dieses Argument gilt auch noch heute gegenüber neueren Vorstellungen von der Entstehung des Oberrheingrabens. So hat J. H. Illies 1972 eine geophysikalisch nachgewiesene Aufwölbung des Untergrundes (in Form eines Kissens aus vermutlich aufgestiegenem Mantelmaterial mit Scheitelpunkt in 24 km Tiefe und Fortpflanzungsgeschwindigkeiten der Kompressionswellen von 7,6–7,7 km/sec) mit der Abgleithypothese von Krustenschollen verbunden: Während die Vogesenscholle nach Westen, die Schwarzwaldscholle nach Osten von diesem flach aufgewölbten subkrustalen Kissen abgleitet, entsteht zwischen beiden eine Dehnungszone mit einem lateralen Zerrungsbetrag von 4,8 km senkrecht zur Grabenachse, welcher die eigentliche Absenkung des Oberrheingrabens verursacht. So einfach diese Modellvorstellung auch ist, läßt sie sich nicht generell für die Grabenbildung anwenden, da schon in der nördlichen und südlichen Fortsetzung des Oberrheingrabens als Teil eines weit ausgedehnteren Großgrabensystems der Erde keine allgemeine kissenförmige Aufwölbung der Grabenschultern festzustellen ist. Eine allgemeingültige Grabenbildungshypothese darf nicht allein von einem Teilstück einer solchen Großgrabenzone ausgehen, sondern sollte möglichst dem gesamten System, ja allen Großgrabenzonen der Erde gerecht werden. Von großer Wichtigkeit ist jedoch die Feststellung, daß die Tektonik des Oberrheingebietes mit jährlichen vertikalen Bewegungsraten von 0,7 mm und seismischer Aktivität bis in die Gegenwart hinein andauert. Soweit heute aufgrund von Tiefbohrungen und geophysikalischen Beobachtungen Sicherheit über die Lage und Orientierung der Verwerfungen im Oberrheingebiet vorliegt, ist offenbar die Mehrzahl der inneren und äußeren Grabenstörungen jeweils zur Grabenachse geneigt (also im Osten in westlicher, im Westen in östlicher Richtung) beziehungsweise besteht aus Dehnungsbrüchen (Abschiebungen). Eine aktive Krustendehnung quer zur Längsachse des Grabens ist also offenbar recht gut belegt.

Schwieriger verständlich (und mit dieser neueren Vorstellung kaum erklärbar) sind horizontale Bewegungsspuren (Striemungen) auf den Randstörungen und Begleitbrüchen des Oberrheingrabens, wie sie F. Röhrer bereits zur Zeit des Ersten Weltkrieges vielfach nachweisen konnte. Demnach haben sich auf den Verwerfungen des Oberrheingebietes nicht nur Bewegungen senkrecht zur Grabenachse, sondern auch solche parallel zu den Störungen – also Horizontalbewegungen – abgespielt. Diese brauchen allerdings nicht sehr stark gewesen zu sein;

so sind offenbar geophysikalische Tiefenstrukturen quer zur Grabenachse an den Randstörungen nicht wesentlich versetzt. Immerhin hat 1934 Gerhard Richter (-Bernburg) den Gedanken erwogen, ob nicht längs der rheinischen Großgrabenzone Westeuropa gegenüber Mittel- und Osteuropa um einen gewissen Betrag in südwestlicher Richtung (parallel zur Längserstreckung des Grabens) verschoben sei: Nach dieser Vorstellung trennt das rheinische Großgrabensystem zwei Teile der Erdkruste mit unterschiedlicher horizontaler Bewegungstendenz, wobei die Scholle östlich des Grabensystems relativ nach Nordosten, diejenige westlich davon relativ nach Südwesten wandert. Andererseits ist an der Einsenkung der Grabenscholle gegenüber den Randgebirgen nicht zu zweifeln.

Wenn diese Vertikalbewegungen noch heute geodätisch mit Beträgen bis zu 0,7 mm feststellbar sind und die Absenkung nach Auskunft der Füllsedimente im Grabeninnern im Mitteleozän, also vor rund 50 Millionen Jahren begonnen hat, so wäre allerdings eine Eintiefung der Grabenscholle um bis zu 35 km denkbar; der tatsächliche Einsenkungsbetrag bleibt demgegenüber mit meist weniger als 5 km nicht unwesentlich zurück. So ist der aus einer Ausweitung der Grabenstörungen geschätzte Zerrungsbetrag senkrecht zur Graben-Längsachse von 4,8 km von etwa gleicher Größenordnung wie der mittlere Einsenkungsbetrag, was kaum für ein Primat der Vertikal- gegenüber den Horizontalbewegungen – und umgekehrt – spricht.

Immerhin hat die Absenkung der Grabenscholle und die hierdurch ausgelöste Sedimentation auch praktische Bedeutung. So weiß man schon seit 1754 von Erdöl-Austritten bei Pechelbronn im Unterelsaß, die diesem Ort seinen Namen (»Pechbrunnen«) gegeben haben. Auf deutscher Seite kamen in den Jahren vor und nach dem Zweiten Weltkrieg Erdölfelder vor allem im Raum Bruchsal und Landau hinzu.

Nachdem man schon 1869 bei Bohrungen im Oberelsaß erste Salzlagen in Mergelschichten nachweisen konnte, traf 1904 eine Tiefbohrung bei Nonnenbruck nordwestlich Mülhausens überraschend auf Kalivorkommen des Oligozäns (mittleren Tertiärs). Nach der Übernahme dieses Gebietes durch Frankreich am Ende des Ersten Weltkrieges gelang es, Kalisalze auch in Süd-Baden, bei Buggingen zu erschließen.

Recht charakteristisch für einen tektonischen Graben ist das Vorkommen von vulkanischen Bildungen im Oberrheingebiet; als Prototyp kann der Kaiserstuhl gelten, dessen vulkanischer Ursprung bereits

1774 von dem elsässischen Baron von Dietrich erkannt wurde. Die hier noch heute reichlich anstehenden vulkanischen Gesteine gehören allerdings nur zum geringeren Teil oberirdischen Deckenergüssen an, sondern sind in ihrer Hauptmasse dem subvulkanischen Bereich unterirdischer Schmelzkammern zuzuordnen. So liegt heute der tief abgetragene Überrest eines zusammengesetzten Vulkanbaues vor, der im Jungtertiär (Helvet-Torton, das heißt vor rund 10 Millionen) Jahren aktiv war, aber seit dem Pliozän mehr und mehr in die Schotterfüllung des Rheintales eingebettet und von den Lößanwehungen der Eiszeit zugedeckt wurde. Man wird aber wohl davon ausgehen dürfen, daß die Zeit des aktiven Kaiserstuhl-Vulkanismus von gesteigerten tektonischen Bewegungen der Grabenbildung begleitet wurde; es ist ein Zeitabschnitt, in welchem sich die stärkste Absenkung und Sedimentfüllung vom südlichen Grabenabschnitt (mit mächtigem Mitteleozän bis Oberoligozän) in den nördlichen (mit mächtigem Miozän und Pliozän) verlagert hatte.
Nach Süden setzt sich das rheinische Großgrabensystem, um rund 130 km im Bereich Basel–Dijon nach Westen versetzt, in der Rhône-Saône-Bresse-Depression bis zum Mittelmeer westlich Marseille fort. Nach Norden gabelt sich die Grabenzone: Einem nordwestlichen Ausläufer in Gestalt der Niederrheinischen Bucht jenseits der Mittelgebirgsschwelle (Taunus-Hunsrück-Westerwald-Eifel) steht eine nordöstliche Fortsetzung in Form der niederhessisch-südhannoverschen Grabenzone gegenüber. Während sich die nordwestliche Verzweigung, der niederrheinische Grabenbereich, im Jungtertiär und Pleistozän verstärkt eintieft – also gleichzeitig mit dem Oberrheingraben, ist die Anlage der nordöstlichen Fortsetzung älter, mindestens zum Teil bereits mesozoisch (älter als 60 Mill. J.). Über rheinische Brüche im Untergrund des norddeutschen Flachlandes und Schleswig-Holsteins, die zu Salzauftrieb und Bildung von Salzlinien und -stöcken bis in den Raum Flensburg geführt haben, über Kattegat und Skagerrak findet die mitteleuropäische Großgrabenzone Anschluß an den Oslograben, der allerdings überwiegend jungpaläozoisch ist (also dem jüngeren Erdaltertum angehört). So entsteht insgesamt das Bild eines langgestreckten, aus teilweise seitlich versetzten nordsüd-gerichteten Teilstücken bestehenden Großgrabensystems, für welches der deutsche Geologe Hans Stille (1876–1966) den Namen Mittelmeer-Mjösazone (nach der jeweiligen südlichen und nördlichen Endigung) einführte.

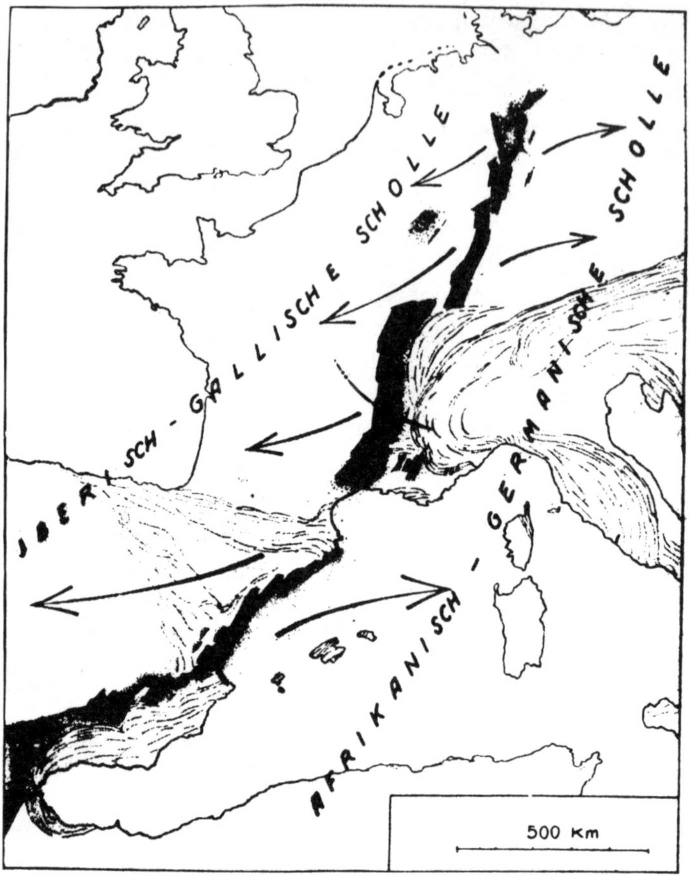

Das rheinische Großgrabensystem in Westeuropa. (nach G. Richter)

Parallel zu diesem rheinischen Großgrabensystem entwickeln sich seit dem Jungpaläozoikum und bis in die Oberkreide hinein weitere Senkungs- und Grabenzonen in Osteuropa, vom Neißegraben in den Sudeten bis in die Heilig-Kreuz-Region des polnischen Mittelgebirges. Aber auch abseits der eigentlichen Gräben findet man in weiter Verbreitung »rheinische« Brüche mit Nordnordost-Westsüdwest-Erstrekkung; zu weiteren ausgeprägten Nordsüdgräben kam es während des Jungtertiärs im Bereich des südfranzösischen Massif Central westlich des Rôhnetales zwischen Lyon und Nîmes. Ganz Mitteleuropa mit den angrenzenden Kontinentalschollen ist also von einem mehr oder

minder engmaschigen Netz nordsüdgestreckter tektonischer Brüche durchzogen, die zwar verschiedentlich unterschiedliches Alter, aber auffallend gleichbleibende Richtung aufweisen.
Senkrecht zu diesem rheinischen Bruch- und Grabensystem verläuft eine weitere Schar mehr oder weniger engständiger Brüche und Gräben. Auch dieses zweite Bruchsystem Europas ist seit langem geologisch bekannt. Nach dem russischen Geologen Karpinski (wohl wie der gleichnamige Dichter polnischer Abstammung), der schon im vorigen Jahrhundert bedeutende Bruchlinien mit Westnordwest-Ostsüdost-Erstreckung bis weit nach Osteuropa hinein verfolgt hatte, sprach man zeitweilig von Karpinski-Linien. Da auch die Harznordrandstörung diesem System angehört, führte Hans Stille den in diesem Jahrhundert zumindest in Mitteleuropa gebräuchlicheren Namen »herzynischer« Brüche ein. Zu ihnen zählen die Randstörungen der Sudeten und des Riesengebirges, die Elbtallinie, die Begrenzungen des Flechtinger Höhenzuges, Wiehengebirgs- und Osning-Abbruch, zahlreiche Verwerfungen in südniedersächsisch-thüringisch-nordhessischen Bruchschollenland, die Randstörungen des Thüringer Waldes, der Bayrische Pfahl mit seinen Begleitbrüchen im Bayrischen Wald, Störungszonen in der fränkischen Trias und im Jura des fränkischen Bruchschollenlandes, Rand- und Staffelbrüche der Niederrheinischen Bucht, die Randverwerfungen des Fildergrabens bei Stuttgart und zahlreiche weitere Brüche der Südwestdeutschen Großscholle. Adolf von Koenen sah in diesem Bruchsystem das Ergebnis eines weitgespannten Bruchfaltungsvorganges mit Haupteinengungsrichtung von Nordnordost nach Südsüdwest (1884–1893), der zwar echte Falten nur in untergeordnetem Maße (nämlich an den Störungen vereinzelt) hervorgebracht habe, aber das außeralpine Europa in einen Bruchschollenbau mit Wechsel von schmalen, horstartigen Sätteln und langgestreckten muldenartigen Gräben umgewandelt hat.
Tatsächlich herrscht an den herzynischen Brüchen – im Gegensatz zu den Dehnungsformen des rheinischen Grabensystems – Einengung der Kruste vor. Auch von Koenens Schüler Hans Stille übernimmt diese Vorstellung von der herzynischen Einengungstektonik und bezeichnet sie als saxonische Faltung (Bruchfaltung im Gegensatz zu alpinotypem Faltenbau, 1913). Er macht jedoch keinen grundsätzlichen Unterschied zwischen herzynischen und rheinischen Brüchen und führt beide im wesentlichen auf seitliche Einengung zurück, bis Franz Lotze auch für

das saxonische Bruchschollenland Südniedersachsens 1930 den eindeutigen Dehnungscharakter feststellt: 1948 unterscheidet Lotze zwischen rheinischen Dehnungs- und herzynischen Einengungsformen, wobei allerdings an herzynischen Brüchen hin und wieder auch Krustendehnung zu beobachten ist. Einengung und Dehnung der Kruste sollen sich dabei zeitlich abwechseln. Dennoch bleibt festzuhalten, daß bei den rheinischen (Nordnordost-Südsüdwest-Störungen) die Krustendehnung, bei den herzynischen (Westnordwest-Ostsüdost-)Brüchen Krustenverkürzung überwiegt. Daß das Bild im einzelnen recht kompliziert erscheint, ist auf sekundäre Bewegungen an den Störungslinien – wie Rutschungsvorgänge oder Schollenkippungen – zurückzuführen.
So bietet Europa keineswegs das Bild einer zusammenhängenden, ungestörten Kontinentaltafel, sondern weit eher einer in viele Teile, kleine und kleinste Bruchschollen geborstenen Platte. Zwar haben sich die einzelnen Teilstücke nicht wesentlich voneinander entfernt oder gegeneinander verschoben. Aber auf Druck reagiert dieses Schollenmosaik noch einigermaßen im Zusammenhang, mit Ausweichen von Teilschollen, die empor- oder in die Tiefe gedrückt werden. Eine Zugfestigkeit über die Bruchlinien hinweg existiert hingegen offensichtlich nicht; auf Zug reagieren die Bruchschollen durch Aufreißen von Grabensystemen und Dehnungsbrüchen. Man kann derartigen Kontinentaltafeln also allenfalls eine gewisse Druck-, jedoch praktisch keinerlei Zugfestigkeit im großen zubilligen, selbst wenn es im Labor an Gesteinsprobekörpern gelingt, Druck- oder Zugfestigkeitswerte im Experiment zu ermitteln. Die Kontinente bestehen also überwiegend aus einem Bruchschollenmosaik, nicht aus einheitlichen, zusammenhängenden Platten, selbst wenn die Störungslinien stellenweise durch junge Sedimentation überdeckt und dadurch kaschiert sind.
Von bedeutenden Bruchsystemen anderer Kontinente seien die nordanatolische Horizontalverwerfung Kleinasiens, die ostafrikanischen Bruch- und Grabenzonen (Jordangraben, Rotes Meer, Arfar-Depression, Wonji-Verwerfungszone im Hochland Äthiopiens, Rudolfsee und Nord-Turkana-Depression in Kenia, Albertsee in Uganda, Tanganjika- und Njassasee an den Grenzen Tansanias), die San-Andreas-Bruchzone Kaliforniens oder das Chilenische Längstal genannt, das sich mit über 1000 km Länge von Santiago im Norden bis südlich Puerto Montt erstreckt. Immer wieder sind vulkanische Erscheinungen und Erdbeben an derartige Bruchsysteme gebunden.

9. Krustenbewegung und geologische Zeit

Bis in das vorige Jahrhundert hinein galt der biblische Bericht der Genesis mehr als nur als sagenartige Überlieferung, es war gleichsam verbindliche wissenschaftliche Wahrheit. Wollte man wissen, wann die Erde entstanden war, so genügte eine möglichst genaue Auswertung der in der Bibel niedergelegten Zeitangaben. »Und Adam war hundert und dreißig Jahre alt, und zeugete einen Sohn, der seinem Bilde ähnlich war, und hieß ihn Seth; und lebte darnach achthundert Jahre, und zeugete Söhne und Töchter, daß sein ganzes Alter ward neunhundert und dreißig Jahre, und starb. Seth war hundert und fünf Jahre alt, und zeugete Enos; und lebte darnach achthundert und sieben Jahre, und zeugete Söhne und Töchter; daß sein ganzes Alter ward neunhundert und zwölf Jahre, und starb. Enos war neunzig Jahre alt und zeugete Kenan; und lebte darnach achthundert und fünfzehn Jahre, und zeugete Söhne und Töchter; daß sein ganzes Alter ward neunhundert und fünf Jahre, und starb ...«, so lautet im 1. Buch Mose im Auszug das Geschlechtsregister der Patriarchen von Adam bis auf Noah (5. Kap.). Man mußte nur die einzelnen Lebensdaten addieren, um auf das Jahr 4004 v. Chr. als Datum für die Schaffung der Welt zu kommen. Der erste, der sich offenbar dieser Arbeit unterzog, war der britische Theologe James Ussher (1581–1656), Professor der Theologie zu Dublin, Erzbischof von Armagh und Primas von Irland. Einer seiner Schüler vervollkommnete die Rechnung und datierte nach den Angaben der Heiligen Schrift die Schaffung der Welt auf den 23. Oktober des Jahres 4004 v. Chr., morgens 9 Uhr. Noch Johann Wolfgang von Goethe hielt 6000 Jahre Erdgeschichte für durchaus ausreichend. Für die Geowissenschaftler des vorigen Jahrhunderts brachte diese allgemein anerkannte, kurze zeitliche Fixierung der Erdgeschichte zunächst beträchtliche und nur bei Annahme mehrfacher Katastrophen überwindliche Schwierigkeiten.

Der eigentliche Begründer der Lehre von den zahlreichen Katastrophen als Ursachen plötzlicher Veränderungen der Erde aber war der bedeutende Naturforscher und Zoologe Georges Baron de Cuvier, geboren 1769 in Montbéliard, dem damaligen Mömpelgard, einer kleinen, zur Freigrafschaft Burgund (Franche-Comté) zählenden Grafschaft. Diese war im Jahre 1397 durch Heirat an das Haus Württemberg gekommen und blieb bis 1792 in Personalunion mit dem südwestdeutschen herzoglichen Hause. Dies war zweifellos für beide Seiten von gewissem Vorteil: So konnte der wegen seiner selbstherrlichen Regierungsweise, wegen der Ermordung Hans von Huttens, der Eroberung der Freien Reichsstadt Reutlingen und anderer Delikte in die Reichsacht erklärte und seines Landes vertriebene Herzog Ulrich von Württemberg (1487–1550) vorübergehend in seinem nicht dem Reich zugehörigen Landesteil Mömpelgard Zuflucht finden. Und als Herzog Karl Eugen (1728–1793) die nach ihm benannte und durch ihren berühmten Zögling Friedrich Schiller bekannte Hohe Karlsschule in Stuttgart gegründet hatte, stand diese Ausbildungsstätte auch begabten Landeskindern aus den linksrheinischen Besitzungen (auf Kosten des Herzogs) zur Verfügung. So wurde der junge Georg Küfer aus Mömpelgard 1784, elf Jahre nach Friedrich Schiller, Schüler dieser ersten Stuttgarter Universität, bis er sich als Hauslehrer in der Normandie verdingte. Sein späterer Weg führte ihn nach Paris, wo er sich unter dem Namen George Cuvier als Naturforscher, Zoologe, Begründer der Fakultät der Wissenschaften und Staatsrat einen Namen machte. Napoleon der Erste, der seine Heimat im Frieden von Lunéville 1801 endgültig Frankreich angliederte, erhob ihn in den Adelsstand. Seine bedeutendste wissenschaftliche Leistung aber war wohl die Begründung der vergleichenden Anatomie und die systematische Aufsammlung fossiler Knochenreste aus den verschiedenen Schichten des Pariser Beckens, die ihn auf den Gedanken einer mehrfachen Vernichtung und Neuschöpfung des Lebens auf der Erde brachte.

In den übereinanderfolgenden tertiären (erdneuzeitlichen) Ablagerungen des Pariser Beckens fanden sich immer neue Überreste ausgestorbener vorzeitlicher Tiere, die offenbar mehr oder weniger schlagartig auftraten und wieder verschwanden; mit einer einzigen Schöpfung und Sintflut war diese Abfolge kaum zu erklären. Es mußte ganze Serien von Überflutungen gegeben haben, die das immer wieder neu entstandene Leben vernichtet hatten. Zahlreiche Katastrophen schienen die fossilen Befunde am besten zu erklären; als Kataklysmentheorie ist

Cuviers Vorstellung in die geowissenschaftliche Literatur eingegangen.

Nach Cuviers Tod im Jahre 1832 griff Elie de Beaumont diesen Gedankengang auf und brachte die Katastrophen in Verbindung mit plötzlichen Gebirgsbildungsvorgängen in der Erdkruste, bedingt durch die Abkühlungskontraktion des Erdinnern. Bis um die Mitte dieses Jahrhunderts hat sich die Kataklysmentheorie in der Tektonik gehalten, selbst nachdem man längst genauere Kenntnis über die enorme Zeitdauer der Erdgeschichte gewonnen und mit Charles Darwin (1859) plausible Vorstellungen von der Entstehung und Umbildung biologischer Arten gewonnen hatte. Allzu eindrucksvoll war das katastrophale Geschehen der endogenen Dynamik, der Erdbeben und Vulkanausbrüche, als daß man sich leichterdings dem Gedanken kataklysmenartiger Gebirgsbildungsakte entziehen konnte. Seither stehen in der Tektonik, der Wissenschaft von der Umgestaltung der Erdkruste, Vorstellungen von episodischen, katastrophalen Revolutionen der Krustengestalt mit solchen einer mehr stetigen Evolution (im Sinne etwa der biologischen Entwicklung auf der Erde) in Widerstreit. Während man heute – abweichend von Cuviers Gedankenwelt – in der Biologie im wesentlichen mit einer stetigen Evolution der Arten rechnet, wohingegen Vererbungssprünge (Mutationen) mit nur einem unter einer Million Vererbungsfällen stark zurücktreten, hält die Diskussion um Kontinuität oder Episodizität der tektonischen Krustenveränderung bis heute an. Daß diese Frage lange Zeit hindurch nicht eindeutig beantwortet werden konnte, war gleich dreifach bedingt: Zunächst bedurfte es einer detaillierten erdgeschichtlichen Zeitmessung, die weit über die Zeitangaben der Bibel hinausging, ja sogar in zeitlichen Dimensionen dachte, die noch zu Beginn des vorigen Jahrhunderts als völlig unvorstellbar galten.

Zum zweiten benötigte man eine brauchbare Methode zur zeitlichen Einstufung tektonischer Bewegungen, also von endogenen Veränderungen der Erdkruste in die erdgeschichtliche Zeitskala.

Und drittens mußte man die tektonischen Vorgänge selbst besser unterscheiden lernen, also etwa alpinotype Faltung von Bruchtektonik, Hebungsvorgänge infolge von Dichteauftrieb von isostatischer Hebung zuvor gefalteter Geosynklinalräume und vieles andere mehr.

Der erste Schritt war die Verbesserung der geologischen Zeitskala. Hatte der Zoologe und Anatom Cuvier die geologischen Schichten des

Pariser Beckens noch nach fossilen Überresten ausgestorbener biologischer Arten durchsucht, so wurden für den Geologen (Stratigraphen) in den ersten Jahrzehnten des vorigen Jahrhunderts die in geologischen Schichtfolgen eingeschlossenen »Versteinerungen« mehr und mehr zu fossilen Zeitmarken, nachdem der englische Geologe W. Smith (1761–1839) als erster das Grundprinzip der Biostratigraphie erkannt hatte: Im Laufe der erdgeschichtlichen Zeit verändern sich die biologischen Arten, deren versteinerte Überreste in den Schichten enthalten sind, mehr oder minder langsam in charakteristischer Weise. So kann man einzelne Schichten mit charakteristischem Fossilinhalt unterscheiden und über große Strecken hin verfolgen. Ist der unmittelbare Schichtzusammenhang unterbrochen, so ermöglicht der Vergleich von Schichtfolgen des einen Gebietes mit denjenigen eines anderen aufgrund der eingeschlossenen Versteinerungen die relative Alterseinstufung. Jeweils die ältesten Schichtglieder sind an der Basis der Schichtfolge, die jüngeren darüber anzutreffen. Findet man Versteinerungen einer charakteristischen Art oder Artengemeinschaft einmal nahe der Basis, ein andermal in der Mitte der betreffenden Schichtfolge, so beginnt die sedimentäre Überlieferung der ersten Schichtserie entsprechend später als im zweiten Falle. Durch ständigen Vergleich der Schichten und ihres Versteinerungsinhaltes gelangte W. Smith schließlich zu einer Standardabfolge mesozoischer Ablagerungen Englands, die ihm den Ehrentitel »Schichten-Smith« eintrug.

Nach einschneidenden Veränderungen in der fossilen Artenwelt gelangte man zur Gliederung der Erdgeschichte in Erdneuzeit (Neozoikum), Mittelalter (Mesozoikum) und Erdaltertum (Paläozoikum) sowie in eine versteinerungsfreie Vorzeit (Azoikum, Präkambrium). Weniger schwerwiegende Faunenänderungen ergaben die Grenzen zwischen den einzelnen »Formationen« oder deren Unterteilungen (Abteilung). Nach und nach erkannte man, welche Versteinerungen Zeitmarken darstellen (»Leitfossilien) und welche ausgesprochene Durchläufer sind. Innerhalb eines knappen Jahrhunderts gelang es, eine vollständige Abfolge der Leitfossilien und damit eine relative biostratigraphische Zeitskala der Erdgeschichte aufzustellen.

Für Europa zeigt sich nun, daß in einem von Schottland nach Norwegen und Schweden reichenden Gürtel überwiegend Gesteine des Altpaläozoikums gefaltet sind. Nach dem alten lateinischen Namen für Schottland (Caledonia) heißt dieser Gürtel noch heute derjenige der

Kaledonischen Gebirgsbildung. Die letzten Schichten, die hier noch einer Faltung ausgesetzt waren, gehören dem Unterdevon an (der dritt- bzw. viertältesten Formation des Paläozoikums).
In den Mittelgebirgen Mitteleuropas (Harz, Rheinisches Schiefergebirge, Thüringer Wald, Böhmische Masse), im französischen Massif Central, in der Bretagne und Normandie waren weithin Gesteine auch des jüngeren Paläozoikums (Unter-, ja sogar Oberkarbon als zweitjüngste Formation des Paläozoikums) noch in die Faltung einbezogen. Nach einem bei Tacitus erwähnten Volksstamm, der zu Beginn unserer Zeitrechnung im Raume Hof (Fichtelgebirge) ansässig war, wird diese jungpaläozoische Faltung als variskische Gebirgsbildung bezeichnet.

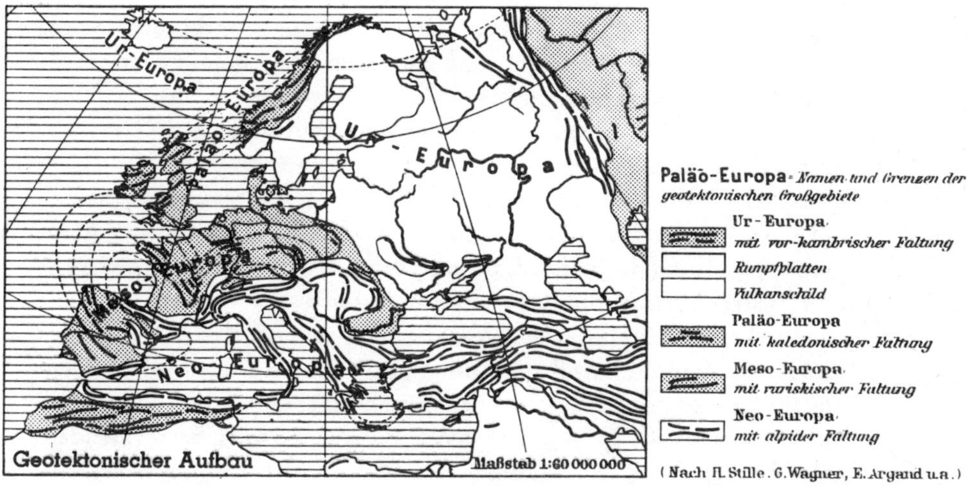

Die tektonische Gliederung Europas. (nach H. Stille)

In den Alpen (und den meisten übrigen Gebirgen des Mittelmeerraumes) hingegen waren auch noch Gesteine der Erdneuzeit mit in die Faltung einbezogen; hier konnte sich die Gebirgsbildung also erst im Tertiär (der älteren Formation des Neozoikums) vollendet haben. Als Alpidische Gebirgsbildung wird diese jüngste nachhaltige Krustenveränderung Europas der Variskischen im Jungpaläozoikum und der Kaledonischen im Altpaläozoikum gegenübergestellt.
Allerdings ergibt die Biostratigraphie nur relative Altersangaben, das heißt, man kann aus dem Versteinerungsinhalt und der stratigraphischen Abfolge nur auf »älter« oder »jünger« schließen. Genaue Jahres-

angaben wurden erst möglich, als man die Gesetze des radioaktiven Zerfalles erkannt und auf Minerale und Gesteine anzuwenden gelernt hatte. Kurz vor dem Zweiten Weltkrieg machte Otto Hahn (1879 bis 1968) den Vorschlag, mit Hilfe natürlicher, in Gesteinen eingebetteter radioaktiver Substanzen und deren Zerfallsprodukte eine »absolute«, physikalische Altersdatierung in die Stratigraphie einzuführen. Daraus entwickelte sich in den Folgejahren eine immer ausgefeiltere Methodik der radiogenen Altersbestimmung, die uns erstmalig exakte Vorstellungen von der immensen Dauer der Erdgeschichte vermittelt hat. Dennoch ist die Biostratigraphie als wenig aufwendige, in Sedimenten fast universell anwendbare Feldmethode keineswegs hinfällig geworden; vielmehr wurde die bereits bestehende biostratigraphische Zeitskala mit Hilfe der radiogenen Altersdatierung geeicht und damit exakter gemacht. Als kleinste noch abtrennbare Zeiteinheit der Erdgeschichte gilt jedoch noch immer ein Zeitraum von einer Million Jahre, gleichsam einer Sekunde im Laufe der unermeßlich langen Geschichte der Erde.

Während sich die Gebirgsbildung offenbar im Altpaläozoikum auf den äußersten Norden Europas, im Jungpaläozoikum auf die Mitte und im Neozoikum auf den Süden Europas konzentrierte, galt das Mesozoikum unseres Kontinents in der zweiten Hälfte des vorigen Jahrhunderts als frei von tektonischen Umgestaltungen der Erdkruste.

Bis Hans Stille kurz vor der Jahrhundertwende als Doktorarbeit einen Abschnitt des südniedersächsischen Berglandes (am Südrand des Ith und Westrand der Hilsmulde) geologisch kartierte: Überraschenderweise stellte er hier ein sedimentäres Übergreifen von Gesteinen der Unterkreide (der jüngsten Formation des Mesozoikums) über wenig ältere Serien des Jura fest, dic jedoch eindeutig von vorkretazischen Verwerfungen durchzogen waren. Ehe das Kreidemeer diesen Teil Südniedersachsens wiedereroberte und seine Ablagerungen transgressiv (übergreifend) zum Absatz brachte, mußte das Gebiet von Brüchen durchzogen, herausgehoben und teilweise abgetragen worden sein. Die Brüche selbst waren mit Hilfe der Unterkreide-Transgression zeitlich recht genau einzustufen: Sie mußten nämlich nach den Juragesteinen, jedoch vor der Transgression der Unterkreide entstanden sein. Damit war in doppelter Hinsicht wesentliches Neuland gewonnen: Einmal hatte Stille die Methode der zeitlichen Einstufung von tektonischen Schichtstörungen mittels Transgressionen gefunden, zum andern

Hypothetische Momentaufnahme der Erde zur Zeit der Unterkreide (vor ca. 120 Millionen Jahren).
Nach der Wegenerschen Kontinentalverschiebungs-Theorie bildeten unter anderem die Südkontinente Südamerika und Afrika eine zusammenhängende Landmasse, der sogenannte Gondwanablock (benannt nach Gond, dem größten drawidischen Volksstamm in Indien). Der beide Kontinente trennende Wassergraben wäre mit seinen geologischen und geophysikalischen Merkmalen dem heutigen Roten Meer-Bruchsystem vergleichbar.
Während der permokarbonen Vereisung (vor etwa 280 Millionen Jahren) bedeckte eine gemeinsame Eiskappe die Südteile beider Kontinente.

(Siehe Kapitel: Wenn Kontinente wandern)

Farbgrafik: Jörg Kühn

konnte er den Nachweis erbringen, daß es auch eindeutig mesozoische Bewegungen der Erdkruste Mitteleuropas gab. Als saxonische Faltung ist diese mesozoische Gebirgsbildung in die Literatur eingegangen; stratigraphisch datierbare kurzfristige Bewegungsvorgänge bezeichnete Stille als tektonische Phasen, und die Bewegungen am Ende der Juraformation vor Beginn der Kreidetransgression nannte er (jung)kimmerische Phase. Seinem Doktorvater Adolf von Koenen jedoch waren diese mesozoischen Krustenbewegungen nicht geheuer, zumal sie in keiner Weise in das damalige Konzept von den Faltungen Europas paßten. In der Veröffentlichung seiner Dissertation mußte Stille daher die Unterkreide-Transgression als Schichtenstörung eintragen, womit der gesamte Bruchschollenbau auch als jüngere Erscheinung, als eine Auswirkung neozoischer Tektonik erklärbar wurde. Und auch in den ersten Auflagen der amtlichen geologischen Spezialkarte des Ith-Hilsgebietes findet sich noch die irrtümliche Darstellung der transgressiven Überlagerung als Verwerfung.
Immerhin hat sich Stille recht schnell über die Bevormundung durch seinen Göttinger Lehrer hinweggesetzt und ein ganzes System mesozoischer Gebirgsbildungsphasen entwickelt, das auch Mitteleuropa betraf. Die zeitliche Einstufung von Krustenbewegungen rings um die Erde wurde zu seiner eigentlichen Lebensaufgabe, und die Geologie dankt Hans Stille eine beträchtliche Sammlung gut zeitlich fixierter Phasen in verschiedenen Teilen der Erde.
Mit der Ausarbeitung der Lehre von den gebirgsbildenden Phasen durch Hans Stille und seine Schüler schien zunächst die Frage nach Episodizität oder Kontinuität in der Umgestaltung der Erdkruste eindeutig im Sinne der Episodizität beantwortet zu sein. Gebirgsbildungen waren demnach an vergleichsweise kurzfristige, weltweite Bewegungsakte gebunden. Jede dieser Phasen wurde zeitlich möglichst genau eingestuft, erhielt ihren Namen nach geographischen Begriffen aus denjenigen Gebieten, in welchen die betreffende Phase zuerst erkannt, besonders ausgeprägt oder gut zeitlich einzuordnen war. So entstand ein Katalog gebirgsbildender Vorgänge, der eine überraschende Zunahme der phasengebundenen tektonischen Aktivität in Annäherung an die geologische Gegenwart erkennen ließ.
Aber war diese Zunahme nicht nur durch die genauere Kenntnis und vollständigere Überlieferung der Erdgeschichte in den jüngsten Zeitabschnitten bedingt? Auch erhob sich Kritik an der um die Mitte dieses

Jahrhunderts nach und nach einsetzende Phasen-Inflation, die mehr und mehr zu dem Eindruck führte, daß fast pausenlos in irgend einem Teil der Erde tektonische Bewegungen ablaufen.
Verfechter der Kontinuität tektonischer Bewegungsabläufe konnten darüber hinaus Beispiele anführen, daß – etwa an den Flanken von Salzstöcken – mehr stetige Verformungen nachweisbar waren. Und an manchen Stellen der Erde griffen diskordante Schichtfolgen so langsam über zuvor gefaltete oder von Bruchtektonik betroffene Krustenareale über, daß die Phasenzuordnung nach dem Transgressions-(Diskordanz-)Prinzip von Ort zu Ort ganz unterschiedliche Ergebnisse zeitigte.
Die beste Methode wäre selbstverständlich, gebirgsbildende Bewegungen der Erdkruste in der Gegenwart selbst unmittelbar zu beobachten, um festzustellen, ob es sich um mehr stetige oder episodische Ereignisse handelt. Für den Oberrheingraben sind tatsächlich in der Gegenwart Vertikalbewegungen bis zu 0,7 mm pro Jahr geodätisch beobachtet worden. Aber derart geringe Krustenbewegungen sind nur mittels vergleichsweise hohem Meßaufwand, nämlich Wiederholungsmessungen von Feinnivellements, nachweisbar, und es bleibt nur die Möglichkeit, festzustellen, daß der gemessene Betrag der Krustenbewegung zwischen jeweils zwei derartiger Messungen eingestuft werden kann. Ob er nun tatsächlich ruckartig erreicht oder auf stetige Bewegungen während der gesamten zur Verfügung stehenden Zeitspanne zurückzuführen ist, läßt sich auf diese Weise nicht beweisen.
Hinzu kommt die Frage, was man denn überhaupt unter »gebirgsbildenden« Phasen im Sinne Stilles zu verstehen habe. Man ist sich heute im allgemeinen klar darüber, daß im Zuge einer einzigen derartigen Phase noch kein Gebirge im allgemeinen Wortsinn entsteht, sondern daß etwa der Bau der Alpen einer Mehrzahl solcher Phasen seine Existenz verdankt. Außerdem wird meist zu allgemein von Krustenbewegungen gesprochen, ohne daß man Bruchtektonik, Falten- oder Deckenbau, Auftriebstektonik infolge inverser Dichteschichtung, isostatische Hebung oder oberflächennahe Rutschungsvorgänge infolge gravitativer Freigleitung unterscheidet.
Prinzipiell aber muß man sich fragen, ob nicht schon durch die angewandte Methode der Diskordanz-Stratigraphie bei tektonischen Bewegungen der Eindruck der Episodizität geweckt wird, respektive überwiegend nur episodische tektonische Vorgänge berücksichtigt werden,

während sich die mehr kontinuierlichen Bewegungsabläufe etwa in mächtigen Sedimentschichten verstecken. Frisch sedimentierte Lockergesteine – etwa eines geosynklinalen Senkungsraumes – besitzen anfangs ein so hohes Porenvolumen, daß sie um beträchtliche Beträge seitlich zusammengedrückt (kompaktiert) werden können, wenn ein einengender gebirgsbildender Druck auf sie einwirkt, ohne daß es überhaupt zu Faltungen oder Schichtverschiebungen kommt. Lediglich die laterale Kompaktion (also die Schließung zuvor offener Porenräume) nimmt mit dem Schichtalter, also von oben nach unten innerhalb der Schichtenfolge rasch zu, und wenn schließlich der zur Verfügung stehende Porenraum (bei frisch abgelagerten Tonen 60–80 %, bei Sanden 40–50 %) weitgehend tektonisch verdichtet ist, setzt langsam und ohne nennenswerte Diskordanz eine Schichtverbiegung und Faltung ein. Derartige fast kontinuierliche Vorgänge sind mit Hilfe des Diskordanz-Prinzips überhaupt nicht zu erfassen, sondern lassen sich nur bei sehr genauer Kenntnis vom Aufbau der Füllung geosynklinaler Senkungströge feststellen.

Die Diskordanz-Stratigraphie der orogenen Phasen erfaßt demnach offenbar prinzipiell vorwiegend episodische Bewegungsabläufe und ist daher zur Entscheidung der gestellten Frage ungeeignet. Sie gleicht damit in gewisser Weise der Seismik, die ja auch lediglich die spontanen Vorgänge der Erdstöße, nicht aber die stetigen Bewegungsanteile an Störungslinien (wie etwa der San-Andreas-Rift Kaliforniens) erfaßt. Von dieser weiß man, daß nur ein Teil des gesamten Versetzungsbetrages bei plötzlichen Erdstößen erzielt wird, während ein weiterer, nicht zu unterschätzender Anteil fast stetig abläuft.

Konzentriert man sich aber auf solche Krustenbewegungen, die tatsächlich letztlich zur Entstehung eines Faltengebirges führen (Orogenese), so erhebt sich die Schwierigkeit, bei fast unmeßbar kleinen Bewegungsbeträgen festzustellen, wo denn überhaupt heute auf der Erde Gebirge entstehen. Hierzu werden im vierten Teil noch einige praktische Hinweise gegeben.

Da die jungen Gebirgsgürtel der Erde zugleich auch aktive Erdbebenzonen darstellen, wird man wohl davon ausgehen können, daß ein Anteil der gebirgsbildenden Bewegungen spontan, also ruckweise verläuft. Das schließt nicht aus, daß ein anderer Teil auf mehr stetige, kontinuierliche Vorgänge zurückgeht. Kontinuität der Bewegung ist vor allem für das tiefere Erdinnere anzunehmen, da Erdbeben als Äußerungen spontaner Tektonik nur bis maximal etwa 700 km hinabreichen (mit einer auffälligen Unterbrechung im Herdtiefenschnitt zwischen 300 und 600 km, einer wohl auf gesteigerte Plastizität der dortigen Mantelgesteine zurückzuführenden Lücke). Wenn die tektonischen Bewegungen nicht gänzlich auf Kruste und obersten Mantel beschränkt sind, wogegen zumindest der Tiefgang der seismischen Herdtiefenschnitte spricht, so muß der Bewegungsablauf in größerer Tiefe nahezu stetig erfolgen.

Schließlich wäre noch die Frage zu erörtern, weshalb man Krustenbewegungen nicht einfach mittels physikalischer (radiogener) Altersdatierungen zeitlich fixiert. So bedeutsam diese Methode für die exakte Eichung der biostratigraphischen Zeitskala auch ist, bei Gebirgsbildungsvorgängen lassen sich nur die thermischen Vorgänge – nämlich Konzentration des irdischen Wärmestromes – radiogen datieren, wie sie zu Regionalmetamorphose, partieller Aufschmelzung und Granitaufstieg führen. Wegen der dabei beobachteten zahlreichen »Mischalter«, infolge Überlagerung von Alterswerten reliktischer Altbestände und neugebildeter Partien im Gestein, erhält man mit dieser Methode ein vielfach recht umfangreiches Zeitspektrum für die Gebirgsbildung, das jedoch möglicherweise dennoch der Wahrheit durchaus nahekommen kann.

10. Wenn Kontinente wandern

Üblicherweise gelten die Kontinente als jeweils an Ort und Stelle fixierte, ortsfeste Teile der Erdkruste. Weder durch den Augenschein noch durch noch so genaue geodätische Ortsmessungen ist es in historischer Zeit gelungen, Hinweise auf eine Verlagerung der Kontinentaltafeln zu erlangen. Dennoch ist die Vorstellung vom Wandern der Kontinente schon sehr alt: Bereits Francis Bacon (1561–1626), Viscount von Saint Albans und Lord von Verulam, unter Jakob I. zum Lord-Kanzler und Peer des Reiches ernannt, gleich bedeutend als königlicher Berater und bahnbrechender Geist auf dem Gebiet wissenschaftlicher Forschung, entwickelte 1620 in seinem »novum organon scientiarum« (2 Bände) die Vorstellung von einem Wandern der Kontinente, allerdings ohne größeren Nachhall in der gelehrten Welt zu finden. Das Problem war zu diesem frühen Zeitpunkt noch in keiner Weise aktuell.

1668 griff P. Placet nochmals diesen Gedanken auf, jedoch mit ähnlich negativem Erfolg. Da sich Kontinentalbewegungen nicht nachweisen ließen, mußte diese Hypothese eine rein theoretische Spekulation bleiben. Im Jahre 1855 schloß Antonio Snider aus der auffälligen Übereinstimmung der Küstenlinien beiderseits des Atlantischen Ozeans, insbesondere von Afrika und Südamerika sowie aus der Übereinstimmung jungpaläozoischer Pflanzenversteinerungen (Karbonfloren) der Alten und der Neuen Welt auf einen ursprünglichen Zusammenhang der Kontinente östlich und westlich des Atlantiks. Auch Sniders Gedankengänge blieben, trotz inzwischen verbesserter Begründung, praktisch ohne jede Auswirkung auf die Wissenschaften seiner Zeit. Noch war die geowissenschaftliche Entwicklung nicht reif für so weitgespannte Ideen, wie sie die Verlagerung ganzer Kontinente im Laufe der Erdgeschichte darstellt.

Auch Alexander von Humboldt (1769–1859) zeigte sich schon beeindruckt von den Übereinstimmungen der Küstenlinien beiderseits des

Atlantischen Ozeans, ohne allerdings weitergehende Schlüsse aus dieser Kongruenz zu ziehen. Erst als sich die Deckenlehre um die Jahrhundertwende durchzusetzen und man mehr und mehr mit einem Ferntransport krustaler Tafeln zu rechnen begann, war die Zeit für Betrachtungen im Sinne der Kontinentaldrift reif: So läßt W. H. Pickering 1907 Amerika um die Breite des Atlantischen Ozeans von Europa abdriften, während F. B. Taylor 1910 mit einer Trennung von Alter und Neuer Welt durch eine Südverlagerung der Kontinente unter dem Einfluß von Tidenkräften rechnet, die von einem zur Kreidezeit von der Erde eingefangenen Mond bewirkt werden.
Ein Jahr später kommt dem deutschen Geophysiker Alfred Wegener (1880–1930), der als akademischer Lehrer in Hamburg und Graz wirkte und durch seine Grönland-Durchquerung 1912/13 und seinen Forschertod im grönländischen Inlandeis 1930 berühmt wurde, bei der Betrachtung der parallelen Küstenkonturen beiderseits des Südatlantiks die Idee einer Verschiebung der Kontinente, die er erstmals am 6. Januar 1912 im Rahmen eines Vortrages vor der Geologischen Vereinigung publizierte. Zu diesem Zeitpunkt waren ihm die schon zuvor veröffentlichten ähnlichen Gedankengänge unbekannt, da diese in der wissenschaftlichen Welt ohne Nachhall geblieben waren. Auch von einer Arbeit Howard B. Bakers, unter dem Titel »The origin of Continental forms« zwischen 1912 und 1914 erschienen, erfuhr Wegener selbst nichts, obwohl darin ähnliche Vorstellungen für den einstigen Zusammenhang Südamerikas und Afrikas entwickelt wurden, wie sie Wegener selbst geäußert hat. In der letzten von Alfred Wegener selbst durchgesehenen Auflage seines Buches »Die Entstehung der Kontinente und Ozeane« (Braunschweig 1929) nennt er als Vorläufer außer den bereits Aufgeführten W. L. Green, der 1857 von »Segmenten der Erdkruste« sprach, »die auf dem flüssigen Kern schwimmen«, H. Wettstein, der 1880 in einem Buch »neben vielen Ungereimtheiten doch auch Ahnungen von großen Relativverschiebungen der Kontinente« veröffentlicht hat, Löffelholz von Colberg (1886), D. Kreichgauer (1926), welche mit einer Drehung der gesamten Erdkruste relativ zum unterlagernden Mantel rechnen, ohne daß dabei allerdings eine Relativverlagerung der einzelnen Kontinente erfolgen soll, R. Mantovani, der 1909 »in einem kurzen Artikel Ideen über Kontinentverschiebungen geäußert und durch Kärtchen erläutert« hat sowie W. Franklin Coxworthy, der »in einem nach 1890 erschienenen Buch die Hypothese

ausgesprochen haben soll, die heutigen Kontinente seien die zerrissenen Teile einer ehemals zusammenhängenden Masse«.

Wir haben hier versucht, die Zahl der Wissenschaftler aus dreihundert Jahren möglichst vollständig aufzuführen, die sich aus verschiedenen Gedankengängen heraus mit der Möglichkeit einer Kontinentaldrift befaßt haben. Dieser Rückblick zeigt, daß noch so geniale Gedankengänge nicht zum Zuge kommen, solange eine Mehrheit der Wissenschaftler nicht dafür aufnahmefähig ist, daß aber im Augenblick, da die Zeit gleichsam reif dafür geworden ist, ein und derselbe Gedankenblitz zugleich in mehreren Köpfen zündet. Wem von all' den Genannten die Ehre eines Begründers der Kontinentalverschiebungstheorie zukommt, ist eine mehr akademische als praktische Frage. Sir Francis Bacon wird man, obwohl er der erste in dieser historischen Reihenfolge ist, kaum als Urheber unserer modernen Vorstellungen von Kontinentaldrift ansehen können, da seiner nebenbei geäußerten Vermutung von der Ortsverlagerung der festen Erde jegliche geowissenschaftliche Begründung fehlt, und sein genialer Einfall ohne jede Auswirkung auf andere Gelehrte seiner oder späterer Zeit blieb.

Die beste wissenschaftliche Begründung hat zweifellos Alfred Wegener geliefert, und er war es auch, der zwei Jahrzehnte hindurch seine Anschauung gegen alle Anfeindungen vertreten und mit dem Forschertod im grönländischen Inlandeis besiegelt hat. Es erscheint daher nicht unbillig, wenn sich in Wissenschaft und Öffentlichkeit die Theorie von den driftenden Kontinenten untrennbar mit dem Namen Alfred Wegeners verbunden hat.

Auch Wegeners Vorstellungen sind der wissenschaftlichen Entwicklung noch um mehrere Jahrzehnte voraus; so erntet er im allgemeinen (neben vereinzelter begeisterter Zustimmung) unter Geowissenschaftlern Skepsis oder gar strikte Ablehnung. Bevor wir jedoch auf die Schwierigkeiten eingehen, die einem Verständnis der Kontinentalverschiebung entgegenstehen und -standen, müssen wir kurz darlegen, was zu Beginn unseres Jahrhunderts fast zwingend für einen ehemaligen kontinentalen Zusammenhang, insbesondere der Süderde, sprach.

Zwischen 1872 und 1876 arbeiten in Indien H. B. Medlicott und O. Feistmantel über festländische Ablagerungen des Jungpaläozoikums der Provinzen Madya-Pradesch und Satpura. Dabei stoßen sie überraschenderweise auf eindeutige Vereisungsspuren einer Eiszeit, die während der beiden jüngsten Formationen (Karbon und Perm) des

Erdaltertums – vor rund 180 Millionen Jahren – den zentralen und nördlichen Teil des indischen Subkontinents betroffen haben muß. Als »permokarbone« Vereisung geht diese Eiszeit in die Literatur ein. Außer durch typischen Gletscherschutt mit gekritzten glazialen Geschieben und Gletscherschrammen auf den unterlagernden Felsflächen wird die permokarbone Vereisung insbesondere auch durch eine typische kaltzeitliche Flora gekennzeichnet, die nach den charakteristischen Blattresten eines häufigeren Vertreters der in diesen Schichten enthaltenen Pflanzenversteinerungen als »Glossopteris-Flora« bezeichnet wird.

Permokarbone Vereisung der Süderde. Kreuzschraffur = Inlandvereisung, Schrägschraffur = Steinkohlengürtel, K = Kohlen

Für die Schichtfolgen mit kontinentalen Ablagerungen, mit eiszeitlichen Bildungen und Glossopteris-Floren führen Medlicott und Feistmantel nach einem sagenhaften Volksstamm Zentralindiens den Namen »Gondwanaschichten« ein (zu übertragen etwa im Sinne von Ablagerungen im Lande der »Gond«). Wegen ihrer so grundsätzlich anderen Ausbildung als die gleichaltrigen Bildungen Europas und Nordamerikas beanspruchen diese Gondwanaschichten das besondere Augenmerk der Geologen nicht nur des vorigen Jahrhunderts. Die Tatsache, daß gegen Ende des Erdaltertums bereits eine ähnliche Vereisung

weite Teile der Erde erfaßt hatte, wie sie gegen Ende des vorigen Jahrhunderts gerade für die Nordkontinente aus der jüngsten geologischen Vergangenheit (dem »Pleistozän«) bekannt wurde, war durchaus geeignet, die Vorstellungen von einer allmählichen Abkühlung der Erde in Annäherung an die Gegenwart als Ursache der pleistozänen Eiszeit in Frage zu stellen. Das Jungpaläozoikum Europas und Nordamerikas konnte hingegen nicht durch kaltes Klima gekennzeichnet gewesen sein; im Gegenteil, hier finden sich in dieser Zeit die Überreste ausgedehnter, warmklimatischer Steinkohlensümpfe. Demnach ließen sich hiermit erstmals für eine vorzeitliche Epoche Klimazonen der Erde nachweisen, nur daß die Gebiete mit Vereisungsspuren nicht im Bereich der heutigen Polargebiete, sondern im Gegenteil nahe dem Äquator entdeckt wurden. Folglich war die Klimazonierung im Laufe der Erdgeschichte nicht konstant, sondern erheblichen Veränderungen unterworfen. Dies war die Geburtsstunde der »Paläoklimatologie«, der Wissenschaft vom Klima der Vorzeit und seinen Veränderungen.
In rascher Folge durchmusterte man auch die übrigen Kontinente nach Ablagerungen des Jungpaläozoikums und stieß in faktisch allen Südkontinenten auf typische »Gondwanaschichten«, mit übereinstimmenden kaltzeitlichen Bildungen, mit denselben Faunen und Glossopteris-Floren.
Wie ließ sich diese weite Verbreitung übereinstimmender Bildungen in so weit entfernten Teilen der Süderde – wie etwa Indien, Südafrika, Südamerika und Australien – geologisch erklären? Selbst wenn man mit einer räumlich ausgedehnteren Vereisung der damaligen Süderde rechnen wollte, als es der maximalen Ausdehnung der pleistozänen Eiszeit auf der Norderde entsprach, blieb das Problem der Ausbreitung übereinstimmender Floren und insbesondere Faunen über ozeanische Wasserflächen von Tausenden von Kilometern Breite hinweg. Konnte man wirklich annehmen, daß die jungpaläozoische Tier- und Pflanzenwelt sich ohne Schwierigkeiten über alle trennenden Ozeane hinweg ausbreiten konnte?
Eduard Suess, der in seiner umfassenden Gesamtschau über »Das Antlitz der Erde« (Prag und Leipzig 1885 bis Wien 1909) das geologische Wissen seiner Zeit in einer nicht wieder erreichten Vollständigkeit zusammenfaßt, kommt zu dem Ergebnis, daß einst offenbar »Brückenkontinente« die verschiedenen Verbreitungsgebiete der Gondwanaschichten verbunden haben müssen, einer Ausbreitung der Floren und

Faunen den Weg bereitend. Zusammen mit diesen Brückenkontinenten, die er sich später in den Ozeanen versunken denkt, faßt Eduard Suess alle Südkontinente zu einem gemeinsamen jungpaläozoischen »Gondwanablock« zusammen. Erst im Mesozoikum soll dieser riesige Gondwanakontinent in seine heutigen Teilstücke zerlegt worden sein, indem die Brückenkontinente unter den trennenden Ozeanen versanken.

In den ersten Jahren dieses Jahrhunderts befuhr Otto Hecker mit Pendelapparaten zu Schiff die Weltmeere (1901–1905), um festzustellen, ob die Schwerkraft im Bereich der Ozeane geringer als auf den Kontinenten sei. Schließlich reicht im ozeanischen Milieu Meerwasser (mit einer Dichte um 1 g/cm^3) weithin rund 5000 m hinab, während auf den Kontinenten in diesem gesamten Tiefenbereich Gesteine mit Dichten zwischen 2,67 und 3,2 auftreten. Das errechnete Massendefizit der Ozeane war so groß, daß es sich durchaus auf die Pendelschwingungen der Heckerschen Apparaturen hätte auswirken müssen.

Das Meßergebnis im Bereich der drei großen Ozeane aber war außerordentlich überraschend: Die Pendel zeigten dieselbe Schwingungsdauer wie auf den Kontinenten, also keine nennenswert verminderte Schwerkraft infolge Massendefizits. Folglich mußte die im Bereich der Wassertiefe aus der Differenz Wasser/Gestein errechnete Massenminderung durch überschwere Gesteine unterhalb des Ozeanbodens ausgeglichen sein, das heißt, das Isostasieprinzip galt offensichtlich auch für den ozeanischen Bereich. Die Ozeanböden mußten grundsätzlich anders aufgebaut sein als die Kontinentalschollen und bestanden daher sicher nicht aus einfach abgesunkener Kontinentalmaterie. Eine Absenkung von Brückenkontinenten im Sinne von Eduard Suess entsprach also nicht den Meßergebnissen.

Wenn sich aber eine Absenkung derartiger Brückenkontinente mit einiger Sicherheit ausschließen ließ, so lag der Gedanke nahe, daß die Südkontinente zum Zeitpunkt des Jungpaläozoikums noch unmittelbar aneinander hingen, was einer ungehinderten Ausbreitung von Floren und Faunen Vorschub leistete und die Fläche der permokarbonen Vereisungsspuren auf ein mit dem der pleistozänen Eiszeit durchaus vergleichbares Maß reduzierte. Geophysikalisch und paläoklimatisch ergab die Kontinentaldrift überraschend einfache und plausible Erklärungen für sonst schwer deutbare Erscheinungen. Insbesondere der Paläoklimatologie blieb Alfred Wegener stets eng verbunden: Gemeinsam mit seinem Schwiegervater, dem Meteorologen und Klimatologen

Koeppen, schrieb er »Das Klima der Vorzeit«, die erste Darstellung einer paläoklimatischen Erdgeschichte auf der Grundlage der Kontinentaldrift.

Besonders eng wurde Wegeners Vorstellung jedoch, vor dem Hintergrund der zahlreichen damaligen Gebirgsbildungshypothesen, mit der Entstehung der Faltengebirgsgürtel der Erde diskutiert. Die nach Wegener nach Westen abdriftende Neue Welt ließ wie eine Bugwelle die Gebirgsketten der Anden und der Kordillerenregion des westlichen Nordamerikas entstehen, und eine Gegeneinanderbewegung Eurasiens und Afrikas ließ dazwischen den mediterranen Gebirgsgürtel emporwölben. Hatten nicht schon alpine Geologen wie Rudolf Staub und Leopold Kober aus der Abwicklung des alpidischen Deckenbaues auf beträchtliche Verlagerungen kontinentaler Krusten, insbesondere ein aktives Vorrücken des afrikanischen Kontinents gegenüber Europa geschlossen? Mit der Wegenerschen Kontinentalverschiebungstheorie war plötzlich der Weg frei selbst für Deckenüberschiebungen der Größenordnung von Hunderten von Kilometern. Nach dieser Vorstellung war es die Eigenbewegung der Kontinentaltafeln, welche in den mobilen Nahtstellen zwischen den Kontinenten sowie an deren Schelfrändern Faltungen sowie Deckenbau erzeugte.

Bei genauerer Überlegung ergäbe sich allerdings hieraus eine allseitige Bewegung der Kontinente auf den Pazifischen Ozean zu, der ja bekanntlich rings vom zirkumpazifischen Gebirgsgürtel umgeben ist. Eine einfache Westdrift reichte allenfalls zur Auffaltung der Gebirge am Westrand beider Amerikas; für Ostasien und Australien hingegen verlangt diese Vorstellung vielmehr nach einer Ostdrift, für den antarktischen Kontinent nach einer Nord- und für Ostsibirien–Alaska nach einer Südbewegung. Noch schwieriger sind die Differentialbewegungen der Anrainerkontinente beiderseits des mediterranen Faltengebirgsgürtels. Hier herrschen infolge der zahlreichen Gebirgsbögen und Richtungsänderungen im Generalstreichen (in der Haupt-Längserstrekkung) der Gebirge so unterschiedliche Spannungsrichtungen vor, daß diese im einzelnen nur schwer auf eine einheitliche Bewegung ganzer Kontinentaltafeln zurückgeführt werden können. Am eindrucksvollsten ist vielleicht noch das sich Hineinbohren des indischen Subkontinents in die innerasiatische Festlandsmasse, was zur Aufwölbung des Daches der Welt im Himalaja geführt haben könnte. Aber schon hinter den stark nach Süden vorrückenden Faltensträngen der Indonesischen

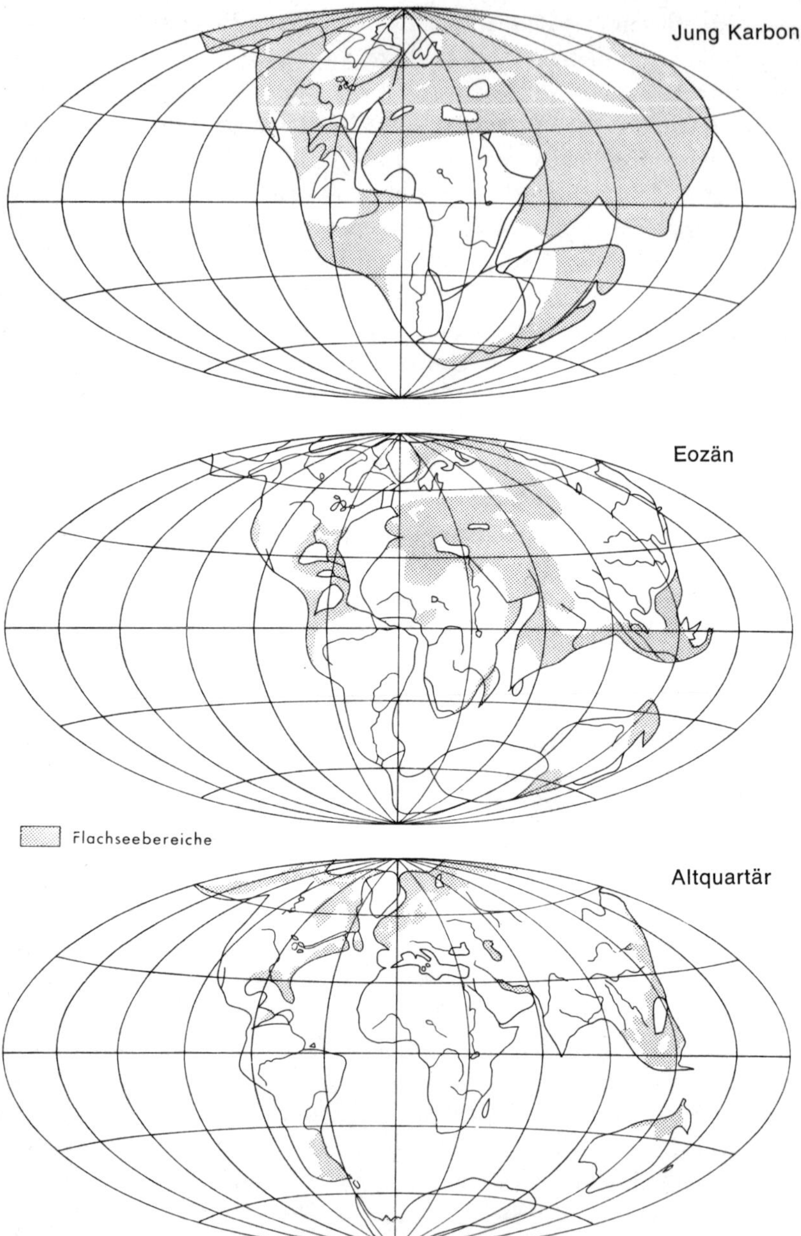

Die Kontinentalverschiebung. (nach A. Wegener)

Inselwelt fehlt eigentlich eine schiebende Kontinentalmasse; vielmehr lösen sich diese Inselketten mehr und mehr vom asiatischen Festland ab und scheinen ihren eigenen Weg zu gehen: Mit welcher Kontinentalbewegung sollte man etwa so komplizierte Bogenformen der Inselketten, wie sie im Timor-Cerambogen des östlichen Indonesischen Archipels vorliegen, verständlich machen? Und fehlt nicht auch hinter dem kontinentalfernen Inselbogen der Marianen jede Kontinentaltafel, die eine Schubbewegung in Richtung zum Pazifik auslösen könnte?

Zweifellos ist der Gebirgsbau der Kettengebirgsgürtel der Erde viel zu kompliziert, um ihn mit einer einheitlichen Bewegung driftender Kontinente erklären zu wollen. Sofern der Antrieb überhaupt in den Kontinentalblöcken selbst zu suchen war, mußten Kräfte gefunden werden, die in verschiedenen Teilen der Erde ganz unterschiedlich wirkten, indem sie einen Kontinent nach Westen, andere nach Norden oder Süden, wieder andere nach Osten bewegten.

Es war insbesondere diese Schwierigkeit des Bewegungsantriebes, die einer allgemeinen Anerkennung der Wegenerschen Kontinentalverschiebungstheorie im Wege standen. Zwar konnte Wegener eine ganze Reihe möglicher Bewegungsursachen aufzählen und diskutieren, doch schien keine der angegebenen Möglichkeiten recht befriedigend. Polfluchtkraft (infolge Massenverlagerung von den abgeplatteten Polen weg in Richtung zur äquatorialen Aufwölbung des Erdkörpers) und Gezeitenreibung (infolge Abbremsung der Erdrotation durch die Masenanziehung von Mond und Sonne auf Hydro- und Lithosphäre der Erde) mußten auf alle Kontinente im gleichen Sinne wirken, ergaben also nicht das komplizierte Bild der irdischen Gebirgsgürtel. Eine Polverlagerung war zwar geeignet, Verschiebungen der Klimazonen im Laufe der Erdgeschichte verständlich zu machen und, sofern sie einer Verlagerung der Rotationsachse der Erde entsprach. Polfluchtkraft oder Gezeitenreibung in veränderter Richtung auf die Kontinente einwirken zu lassen, doch betraf auch diese Richtungsänderung der Driftbewegung alle Kontinente mehr oder minder gleichsinnig. Ähnliches gilt auch für die Präzession der Erdachse: Infolge von Gravitationskräften des Mondes und der Sonne steht die gegenüber der Erdbahnebene (Ekliptik) geneigte Erdachse unter einer aufrichtenden Wirkung und bewegt sich daher auf einer Kegelfläche um den Pol der Ekliptik. Auch hieraus ergeben sich wechselnde Einflüsse von Polflucht und Ge-

zeitenreibung, die aber ebenfalls wiederum alle Kontinente gleichsinnig betreffen.
Zentripetale Kontinentalbewegungen in Richtung zum Zentrum des Pazifischen Ozeans – zur Erklärung des auffälligen zirkumpazifischen Gebirgsgürtels – sind etwa kaum mit Hilfe solcher extraterrestrischer Einflüsse verständlich. Und enge Bogenkonturen, wie bespielsweise der Westalpenbogen mit einem Krümmungsradius von nur rund hundert Kilometern, der Karpatenbogen mit rund 200 km Krümmungsradius oder der Gibraltarbogen (Betische Kordillere Südspaniens und Atlas-Orogen Nordafrikas miteinander verbindend) mit etwas über hundert Kilometer Krümmungsradius, sind kaum durch eine einheitliche Vorwärtsbewegung gewaltig ausgedehnter Kontinentalmassen mit mehreren tausend Kilometern Durchmesser erklärbar.
So bleibt eigentlich nur die Annahme eines Antriebes aus dem Erdinnern selbst, und hierfür hatten der Tiroler Landesgeologe Otto Ampferer (1906) und der österreichische Geophysiker R. Schwinner in Graz (1920) – im Gegensatz zur damals noch weithin herrschenden Vorstellung von einer Abkühlungskontraktion des Erdballs – ganz neue Ideen entwickelt: Man wußte inzwischen, daß die Erde über den radioaktiven Zerfall bestimmter natürlicher Gesteinskomponenten oder über Phasenumwandlungen im tiefen Erdinnern selbst aktiv Wärme produzieren und nach außen abgeben kann; man konnte daher annehmen, daß das Erdinnere in stetigen, langsamen Konvektionsbewegungen je nach Wärmezustand auf- bzw. absteigt, also eine Konvektion auf thermischer Basis vollführt. Als Unterströmungstheorie hatte O. Ampferer die Idee von der Fließbewegung des Mantels eingeführt, welcher die Erdkruste im Sinne einer Reibungskoppelung an der Basis mehr passiv folgt. Der Antrieb zu gebirgsbildenden Krustenbewegungen war demnach nicht in der Kruste – also auch nicht in den Kontinentaltafeln selbst –, sondern im unterlagernden Substrat des Mantels, in der Mantelkonvektion zu suchen. Und R. Schwinner führte erstmals diese konvektive Unterströmung auf thermische Konvektion des tiefen Erdinnern zurück.
Damit war ein durchaus sinnvoller Antrieb sowohl für den Gebirgsbau als auch für die Kontinentaldrift gefunden. Doch blieb die Mantelkonvektion bis heute so umstritten, daß Alfred Wegener bis zu seinem frühen Tod auf der Grönlandexpedition des Jahres 1930, mit welcher er den unmittelbaren Beweis für eine Westverlagerung Grönlands von

Europa weg erbringen wollte, nicht wagte, Konvektionsströmungen als Antriebsursache mehr als nur zu diskutieren.
Auch die weitere, relativ einfache Möglichkeit, nämlich Kontinentaltafeln wie Gleitfalten und -decken von ausgedehnten Aufwölbungen des Erdmantels durch gravitative Kräfte abgleiten zu lassen, kam Alfred Wegener noch nicht in den Sinn; vermutlich dürften ihm die hierfür erforderlichen »Geotumore« zu groß erschienen sein, und die Oszillationshypothese E. Haarmanns wurde erst in seinem Todesjahr 1930 veröffentlicht. Als Mega-Undationen (Groß-Aufwölbungen) hat der holländische Geologe R. W. van Bemmelen 1964 derartige weitgespannte Hebungsgebiete der Mantelunterlage als Ursache gravitativer Freigleitung kontinentalen Ausmaßes eingeführt. Inzwischen hatte die Weltraumtechnik durch das Instrument der Satelliten-Geodäsie ganz neue Gesichtspunkte in die Geowissenschaften eingeführt: Aus der unterschiedlichen Einwirkung von Massenkonzentrationen in Kruste und oberem Mantel auf die Flugbahn der Satelliten ergab sich die Möglichkeit, die Erdgestalt besser als je zuvor zu ermitteln und Abweichungen vom idealen Erdellipsoid festzustellen. Zwar steht bis heute der direkte Nachweis von Kontinentalverlagerungen aus – die Meßgenauigkeit, mit welcher isolierte Punkte der Erdoberfläche geortet werden können, liegt bei etwa 10 m, und die Kontinentaldrift erreicht höchstens Zentimeterbeträge pro Jahr – aber wenn ein solcher Nachweis einmal gelingen sollte, dann vermutlich am ehesten mit Hilfe der Satelliten-Geodäsie, also mit der Raumfahrttechnik.

Dritter Teil

Die ozeanische Kruste

Während die Festländer der geowissenschaftlichen Forschung unmittelbar zugänglich sind, fehlten Methoden und damit Voraussetzungen zur Erforschung der Ozeanböden und ihres Untergrundes bis weit in dieses Jahrhundert hinein weitestgehend. Die Morphologie des Meeresbodens war vor 1925 so gut wie unbekannt; zwar arbeitete man in der Schiffahrt seit alters her mit Lotungen, aber diese mußten mit der Hand durchgeführt werden, waren in tieferen Gewässern äußerst zeitraubend und für die Seefahrt dann unwesentlich, wenn man genügend Wasser unter dem Kiel hatte. So füllten sich die Seekarten nur in unmittelbarer Küstennähe, bei Flachwasser und Untiefen mit Lotungsergebnissen. Küstenferne Lotungen in den ozeanischen Becken blieben Einzelwerte ohne große Aussagekraft hinsichtlich der Gestaltung der Ozeanböden. So herrschte lange Zeit die Ansicht vor, der Meeresboden in den Weiten ozeanischer Räume sei infolge junger Sedimentation weithin flach und nahezu eben; nennenswerte Unebenheiten waren auch mit dem Handlot schwer zu erfassen.
Allerdings hatten zu Beginn dieses Jahrhunderts die Pendelmessungen von O. Hecker ergeben, daß die ozeanische Kruste grundsätzlich anders aufgebaut sein mußte als die kontinentale. Und diese ozeanische Kruste stellte 71 % der Erdoberfläche, gegenüber den nur 29 % kontinentaler Kruste ein Areal von so beträchtlicher Ausdehnung, daß alle zuvor aufgrund der Erforschung der Festlandsräume gewonnenen geowissenschaftlichen Vorstellungen zwangsläufig Stückwerk bleiben mußten. Die Entscheidung über globale Thesen zur Erdkrustengestaltung mußte von der Meereskunde, von der marinen Geologie und Geophysik kommen. Nur nach Füllung der »blauen Flecke« auf der Erdkarte mit detaillierten Forschungsergebnissen konnte man hoffen, eine Gesamtbilanz des krustalen Aufbaues der Erde und seiner Genese zu erzielen. So war es fast selbstverständlich, daß neue Impulse und Ansätze für eine globale Geotektonik neuerdings von der marinen

Geologie und Geophysik ausgingen, als die erste Durchmusterung der ozeanischen Räume um die Mitte dieses Jahrhunderts annähernd abgeschlossen war. Die bei dieser Durchmusterung erbrachte wissenschaftliche Leistung ist beträchtlich, wenn man sich vergegenwärtigt, daß bis dahin nur ein gutes Fünftel der Erdoberfläche annähernd bekannt war; ein gut zweieinhalbmal größeres Areal war vordem so gut wie unbekannt (wenn man von der Tatsache absah, daß es sich um meerwasserbedeckte Flächen handelte) und mußte mit allen Einzelheiten der Topographie, der Gesteinszusammensetzung und der geophysikalischen Daten erforscht werden. Daß die Wissenschaft dabei Impulse und nicht unerhebliche Zuschüsse von der öffentlichen Hand erhielt, die in den Jahren nach dem Zweiten Weltkrieg sich von dieser Forschungstätigkeit Ansätze zur Erschließung neuer Lagerstätten auf dem Meeresgrunde versprach und außerdem im Zeitalter des kalten Krieges gegnerische Aktivitäten auf den Weltmeeren fürchtete, sei nicht verschwiegen. Immerhin sind wesentliche Forschungsprogramme auch durchaus im Zeichen Internationaler Zusammenarbeit gestartet worden.
War die kontinentale Geowissenschaft im vorigen und zu Beginn dieses Jahrhunderts stark von Persönlichkeiten aus Europa geprägt, so sind an der Erforschung der ozeanischen Räume vorrangig Wissenschaftler aus der Neuen Welt beteiligt. Europa erholte sich in den entscheidenden Jahrzehnten nach dem Zweiten Weltkrieg von den Wunden, die jene militärische Auseinandersetzung gerissen hatte. Für große Aufwendungen zur Erforschung ferner Meeresräume (oder auch des interplanetarischen Raumes im Rahmen der Weltraumfahrt) standen weder ausreichend Mittel noch Persönlichkeiten zur Verfügung. Ein nicht unbeträchtlicher Teil europäischer Wissenschaftler war, den besseren Arbeitsmöglichkeiten folgend, in die Neue Welt übersiedelt. So werden die Vorstellungen der globalen Geotektonik nachhaltig von der marinen Geologie und Geophysik Nordamerikas geprägt.
Als Konzept der globalen »Plattentektonik« gelangten diese Vorstellungen in den letzten Jahren nach Europa, nicht selten mit dem Anspruch, alle Probleme des Krustenbaues der Erde weitgehend lösen zu können. Dabei sollte man jedoch nicht vergessen, daß wir heute eigentlich erst in der Anfangsphase einer umfassenden Kenntnis ozeanischer wie kontinentaler Räume der Erdoberfläche stehen und daß zwar eine globale Geotektonik keineswegs allein von der Kenntnis der 29 % kontinentaler Kruste her möglich erscheint, daß andererseits aber auch

die einseitige Betonung der ozeanischen Räume als Schlüssel für globale Vorstellungen wenig sinnvoll ist. Aussicht auf dauernden Erfolg kann nur eine Synthese bringen, die beiden Teilen, sowohl den Festlandsräumen als auch den ozeanischen Krustenfeldern gleichermaßen gerecht wird.

Die Erfordernisse der immer weiter fortschreitenden Spezialisierung auch in den Geowissenschaften haben es leider mit sich gebracht, daß marine Geologen und Geophysiker oft nicht hinlänglich über den Forschungsstand der kontinentalen Geologie (und umgekehrt) unterrichtet sind. So neigt jeder dazu, sein eigenes Forschungsfeld als besonders entscheidend zu betrachten und andere Arbeitsgebiete zu generalisieren oder zu vernachlässigen. Man darf dabei auch nicht übersehen, daß die immer wachsende Flut von wissenschaftlichen Publikationen kaum noch zu überblicken ist und heute bereits die Schwierigkeit mit sich bringt, daß nicht selten eine ausreichende gegenseitige Information zwischen den geowissenschaftlichen Teildisziplinen fehlt. Je mehr man im Detail weiß, desto schwieriger wird es, globale Thesen aufzustellen. Immer unübersichtlicher wird die Fülle der jedes Jahr neu hinzukommenden Forschungsergebnisse. Für globale Synthesen ist vielfach die Schwierigkeit mehr darin zu suchen, daß wir zuviel wissen, als daß noch ausgedehnte Lücken bestehen. Die vordringlichste Aufgabe der kommenden Jahre besteht wohl darin, nicht beliebig neues Wissen aufzuhäufen, das immer schwerer korrelierbar wird, sondern nach Synthesen zu streben, die dann gezielt mittels weiterer Forschungen geprüft und notwendigenfalls korrigiert werden. Eine derartige Synthese ist auch die globale Plattentektonik.

1. Gebirge unter Wasser

Geologisch gesehen ist Grönland ein Teil des nordamerikanischen Kontinents, aufgebaut aus ähnlichen präkambrischen Gesteinen wie der westlich – jenseits der Davisstraße und Baffin-Bai – angrenzende Kanadische Schild. Politisch gehört die 2 175 600 km² große Insel noch immer zu Dänemark, ein historisches Relikt aus der Zeit der Kalmarer Union (1389 bzw. 1397–1523), der Verbindung von Dänemark, Norwegen und Schweden. Ursprünglich wurde Grönland von Isländern aus Norwegen entdeckt und besiedelt; es blieb daher politisch in engem Kontakt mit der norwegischen Krone. Als jedoch die Kalmarer Union zerbrach, blieb das wirtschaftlich unbedeutende Grönland mit seinen heute rund 33 000 Bewohnern unter dänischer Herrschaft. Annähernd 90 % der Insel sind von Gletschereis bedeckt – nach dem antarktischen Inlandeis die größte zusammenhängende Eisfläche der Erde. Der Festgesteinssockel tritt nur in den Randgebirgen Grönlands unmittelbar zutage; das Innere der Insel bildet demgegenüber eine flachschüsselförmige, weitgespannte Mulde, die praktisch zur Gänze mit Eis gefüllt ist. Die größte dabei feststellbare Eisdicke beträgt über 3000 m.

Aber dieses Eis ist nicht völlig in Ruhe; unter seinem eigenen Gewicht fließt es gleichsam auseinander, zusammengehalten im wesentlichen durch die Randgebirge der Insel, die ein allseitiges Ausfließen des grönländischen Inlandeises verhindern. So wirkt die Insel wie eine umgestülpte Schüssel mit hohen Rändern, im Innern hoch angefüllt mit Gletschereis. Nur dort, wo schmale Kerben die Randgebirge durchsetzen, kann das Eis in Gestalt schmaler Gletscherzungen aus dem zentralen Inlandeisgebiet bis zur Küste vordringen. Dies ist insbesondere im Fjordgebiet der Westflanke Grönlands der Fall: Hier werden mit 10 bis 30 m pro Tag die höchsten Bewegungsgeschwindigkeiten für Gletschereis auf der Erde gemessen. Die gewaltige Masse des zentralen Inlandeises preßt die westgrönländischen Talgletscher gleichsam wie durch schmale Düsen dem nahegelegenen Meere zu. Umgekehrt nahmen seit jeher Grönlandexpeditionen diesen Weg über die westlichen Talgletscher zum zentralen Inlandeis, so auch die letzte Expedition Alfred Wegeners 1930, welche die größte Eismächtigkeit in Station Eismitte geophysikalisch mit 3400 m bestimmte.

Wo die Talgletscher die Küste der Baffin-Bai erreichen, brechen sie mit steilen Kanten zum Meere hin ab. Das spezifisch leichtere Gletschereis schwimmt im Meerwasser auf, oder genauer gesagt, an der Küste schiebt sich das schwerere Meerwasser unter die Gletscherzunge und spaltet nach und nach Hunderte von Metern hohe Scheiben von dem stets rasch nachrückenden Gletscher ab, die mit gewaltigem Getöse in das Wasser stürzen und beträchtliche Flutwellen auslösen, bis sie ihr stabiles Schwimmgleichgewicht erreicht haben.

Der von der Davisstraße über die Labradorsee nach Süden ziehende kalte Labradorstrom führt die an der Westküste Grönlands durch »Kalben« der Talgletscher entstandenen Eisberge weit nach Süden, wo sie sich im langsam wärmer werdenden Wasser des Nordwest-Atlantiks nach und nach auflösen.

Immerhin bedrohen sie hier noch die nördlichen Routen des Seeverkehrs von Europa nach Nordamerika. Dabei ist zu bedenken, daß entsprechend dem Tauchgleichgewicht von Eis und Meerwasser nur etwa ein Neuntel des Eisberges oberhalb der Wasserfläche emporragt; der weit größere Anteil des Eisberges dehnt sich mit teilweise bizarren und im einzelnen schwer erkennbaren Formen unterhalb der Wasserlinie aus.

Bedauerlicherweise ist es gerade die nördlichste, kürzeste Verbindung der Nordkontinente im stark befahrenen Nordatlantikverkehr, die in kalten Perioden besonders stark unter der Gefahr der Eisdrift zu leiden hat. Und immer wieder kam es durch Kollision mit Eisbergen zu schweren Schiffshavarien. Die wohl spektakulärste derartige Schiffskatastrophe ereignete sich am 15. 4. 1912, als der 47 000 Bruttoregistertonnen große britische Schnelldampfer Titanic auf der Nordatlantikroute mit einem Eisberg kollidierte und mit über 1500 Menschen in den eisigen Fluten des winterlichen Meeres versank. Es war die Jungfernfahrt dieses mit allem modernen Komfort ausgestatteten Flaggschiffs der White Star Line; Schiffsführung und Reederei war daran gelegen, das Blaue Band für die schnellste Überquerung des Nordatlantiks zu erringen, und daher scheute man trotz weit in

südlicher Position gesichteter Eisberge nicht, die kürzere und daher günstigere Nordroute zu befahren. Das Schiff galt dank seiner modernen Konstruktion und Unterteilung des Rumpfes mit zahlreichen Schotts als praktisch unsinkbar, solange nicht der größere Teil der untereinander hermetisch abschließbaren Zellen im Schiffsleib geflutet wurden. Was die Konstrukteure jedoch nicht vorhergesehen hatten, war die zunächst harmlos aussehende Kollision mit einer zackigen Ausbuchtung am Rande eines Eisberges unterhalb der Wasserlinie, die auf fast ganze Länge die Schiffshaut aufriß. Bei der an Bord ausbrechenden Panik wurden die Schotts der noch verbleibenden Zellen nicht rechtzeitig geschlossen, so daß kein ausreichender Auftrieb mehr gegeben war. Schiff und Passagiere waren verloren.
Für die an hohe Menschenverluste noch nicht gewöhnte Bevölkerung vor dem Ersten Weltkrieg war die Titanic-Katastrophe ein gewaltiger Schock. Für die Technik hingegen gab sie eine nicht zu unterschätzende Anregung: Unter dem Eindruck dieser See-Katastrophe entwickelte der deutsche Physiker Alexander Behm (1880–1952) das Echolot, mit welchem man in Zukunft ohne mühsame Handlotungen Wassertiefen bestimmen und den horizontalen Abstand zu Hindernissen ermitteln konnte. Mit Hilfe des Echolots war es aber auch mit einem Schlage möglich, Auskunft über die Topographie des Meeresbodens zu erhalten. Das 1913 erfundene Echolot, ein elektroakustisches Sende- und Empfangsgerät zur Entfernungsmessung zwischen Schiff und schallreflektierenden Objekten (Meeresgrund, Riffe, Eisberge, entgegenkommende Fahrzeuge, Fischschwärme und anderes mehr), wäre aus der modernen Seefahrt nicht mehr hinwegzudenken. Gemessen wird dabei die Laufzeit bestimmter ausgesendeter Schallimpulse (auch im Ultra- und Hyperschallwellenbereich); da die Ausbreitungsgeschwindigkeit innerhalb des betreffenden Mediums (Meerwasser) bekannt ist, ergibt die halbierte Laufzeit ein Maß für die Entfernung. Als Sender dient ein elektrisch angeregter Schwingungserzeuger; die reflektierten Schallwellen des Echos werden im Empfänger abermals in elektrische Spannungsschwankungen umgewandelt und in Form von Lichtblitzen (Echometer) oder Diagrammen (Echograph) aufgezeichnet.
Im unmittelbar folgenden Ersten Weltkrieg erfuhr das Echolot seine technische Vervollkommnung. So stand damit ein vorzüglich geeignetes Instrument zur Exploration des Meeresgrundes zur Verfügung, mit dessen Einsatz auch im Tiefwasserbereich der Ozeane rasch und ohne

großen Aufwand zusammenhängende Lotprofile gewonnen werden konnten, die erstmals Auskunft über die wirkliche Gestalt des Meeresgrundes gaben.
Zunächst aber blieb die meereskundliche Forschung wegen des Ersten Weltkrieges und seiner Folgen auf Jahre hinaus stark behindert. Erst mit dem Bau und Einsatz des deutschen Forschungsschiffes Meteor (des ersten dieses Namens) begann in den Jahren 1925–1927 eine äußerst fruchtbare Periode der ozeanographischen Forschung: Bei der Meteorexpedition dieser Jahre in den Südatlantik stellte sich überraschenderweise heraus, daß der Ozeanboden keineswegs gleichmäßig flach und eben ist, sondern daß sich mitten im Atlantik, etwa beiderseits gleich weit von den Küsten Afrikas und Südamerikas entfernt, ein gewaltiges untermeerisches »Gebirge« erhebt – die Mittelatlantische Schwelle – das mit seiner Gipfelhöhe von 4000 bis 5000 m über den angrenzenden Tiefseebecken und einer Basisbreite zwischen 500 und 1000 km durchaus den Vergleich mit Hochgebirgen auf den Kontinentaltafeln aufnehmen konnte.
Von der Mittelatlantischen Schwelle zweigen beiderseits weitere untermeerische Rücken ab, wie die Rio-Grande-Schwelle in Richtung auf Rio de Janeiro, der Walfischrücken in Richtung auf das nördliche Südwestafrika oder die Guinea-Schwelle in Richtung zur Niger-Mündung. Zwischen diesen untermeerischen Rücken hingegen breiteten sich ausgedehnte Tiefseebecken aus; so das Guinea-Becken (mit 5212 m maximaler Wassertiefe), das Angola-Becken (mit 6013 m Tiefe), das Kap-Becken (5457 m), das Brasilianische Becken mit 6022 und das Argentinische Becken mit 6212 m maximaler Tiefe. Diese Schwellen- und Beckengliederung des Südatlantiks schien die Felderteilung Hoch-Afrikas in analoger Weise in den ozeanischen Bereich hinein fortzusetzen; da die Gliederung des afrikanischen Kontinents in kristalline Schildgebiete und zwischengeschaltete Gebirgsbildungszonen schon sehr alt, nämlich präkambrisch ist (etwa 550 Millionen Jahre vor der Gegenwart), glaubte der deutsche Geologe Hans Cloos zunächst, auf ein ebenso hohes Alter auch der Felderteilung des Südatlantiks schließen zu müssen; bei dieser Annahme schloß sich aber jede Art von Kontinentalverschiebung in nach-präkambrischer Zeit von selbst aus. Dieses Argument hat in Europa (und insbesondere in Deutschland) nicht unwesentlich dazu beigetragen, daß die Gedankengänge Alfred Wegeners für drei Jahrzehnte so gut wie ganz ad acta gelegt wurden.

Ein bisher unbekanntes Gebirge unter Wasser – mitten im Südatlantik? Dieses Ergebnis der ersten deutschen Meteorexpedition leitete praktisch das moderne Zeitalter mariner Geologie und Geophysik ein. Alle weiteren Gedankengänge über globale Geotektonik mußten mit dieser neuen Erkenntnis rechnen, die von der kontinentalen Geologie zuvor nicht zu erhalten war. Handelte es sich um einen weiteren, bisher unbekannten Kettengebirgsgürtel außer dem mediterranen und dem zirkumpazifischen? Oder welche andere Deutung sollte man der Mittelatlantischen Schwelle geben – war sie vielleicht ein bei der Westdrift der Neuen Welt auf halbem Wege zurückgelassenes streifenförmiges Stück kontinentaler Kruste?

Zunächst einmal hätte man sich über die weitere Fortsetzung dieser untermeerischen Erhebung Klarheit verschaffen müssen. Aber die zu Ende der zwanziger Jahre ausbrechende Weltwirtschaftskrise und ihre Folgen in Deutschland, die dort mittelbar zur Machtergreifung forschungsfeindlicher Kräfte führten, der Zweite Weltkrieg und seine Folgen sowie die Aufwendungen für den Wiederaufbau Europas machten raumgreifende Forschungsfahrten von Deutschland aus für fast vier Jahrzehnte unmöglich. Als im Jahre 1964 endlich das zweite deutsche Forschungsschiff mit dem traditionsreichen Namen »Meteor« einsatzfähig war, da waren die entscheidenden ozeanographischen Erkundungen über die Fortsetzung der untermeerischen ozeanischen Schwellen bereits von Forschungsschiffen anderer Nationen durchgeführt worden. Deutschland hatte im wahrsten Sinne des Wortes »den Anschluß verpaßt«. Die Mittelatlantische Schwelle, wichtigstes Forschungsobjekt der ersten Meteor, und ihre geowissenschaftliche Deutung rückten aus dem Gesichtskreis deutscher Forschung, die sich notgedrungen für lange Zeit wieder mehr mit lokalen, kontinental-europäischen Fragen beschäftigen mußte.

Dabei geht man nicht fehl in der Feststellung, daß gerade die Mittelatlantische Schwelle zum wichtigsten Ansatzpunkt globaler Geodynamik wurde. Alle künftigen tektonischen Thesen über den Bau der gesamten Erdkruste drehten sich letztlich um die Deutung dieser wichtigen untermeerischen Bauform. Es ist heute keine sinnvolle Deutung globaler Krustengestaltung denkbar, die nicht das Problem einer Erklärung derartiger untermeerischer »Gebirge« einbezieht. So steht also das neue Bild der Erde und damit praktisch die folgenden Kapitel des dritten Teils quasi unter der Überschrift »wie läßt sich die Bildung der untermeerischen Schwellen verstehen und in ein Gesamtbild vom Bau der Erdkruste einbeziehen?«

Da die deutsche ozeanographische Forschung für Jahrzehnte nahezu ausfiel, traten Forschungsschiffe anderer Nationen – insbesondere der Großmächte USA und UdSSR – an ihre Stelle. Die Fortführung der Exploration im Nordatlantik übernahm vier Jahre nach dem Ende der ersten Meteorfahrt das amerikanische Forschungsschiff »Atlantis«, das in den Jahren 1931 bis 1959 unzählige Überquerungen des zentralen und nördlichen Atlantiks durchführte und auch das Nordamerikanische Becken (bis 6995 m Wassertiefe) mit seinen flacheren Ausläufern im Norden (Neufundland-) und Süden (Guayana-Becken) westlich der Mittelatlantischen Schwelle erforschte. Die Mittelatlantische Schwelle konnte in nördlicher Richtung bis zur Breite Neufundlands nachgewiesen werden.

Die weitere nördliche Fortsetzung ergab sich im wesentlichen erst infolge der internationalen Aktivitäten der im Polarfront-Programm 1958 des Internationalen Geophysikalischen Jahres zusammengeschlossenen Forschungsschiffe unter Beteiligung Dänemarks, Deutschlands, Frankreichs, Großbritanniens, Islands, Kanadas sowie insbesondere Norwegens und der Sowjetunion. Bis weit in das europäische Polarmeer hinaus gelang es, die Mittelatlantische Schwelle zu verfolgen und als beherrschendes Bauelement des zentralen Atlantischen Ozeans auch in diesem nördlichen Abschnitt zu erkennen.

Noch aber war die südliche Fortsetzung der Mittelatlantischen Schwelle weitgehend unbekannt. Waren untermeerische Gebirge nur ein Kennzeichen des Atlantiks, oder ließen sie sich auch im Indik und Pazifik nachweisen? Und welchen Verlauf nahmen sie dort?

In den Jahren 1959–1965 war die Zeit für eine umfassende Erkundung des Indischen Ozeans gekommen; unter internationaler Beteiligung lief die Indic-Ocean-Expedition mit einem dichten Netz von Schiffskursen in diesem Teil der Erde – insbesondere auch abseits der üblichen Schiffsrouten – ab. Dabei zeigte sich, daß die Mittelatlantische Schwelle auch eine südliche Fortsetzung besaß; im atlantisch-indischen Rücken biegt sie südlich um Afrika – halbwegs zwischen dem Kap der Guten Hoffnung und dem antarktischen Kontinent – nach Osten um und mündet in den westlichen indischen Rücken, südöstlich von Afrika, ein. Mitten im Indik stößt dieser westliche indische Rücken auf die zentralindische Schwelle, deren nördliche

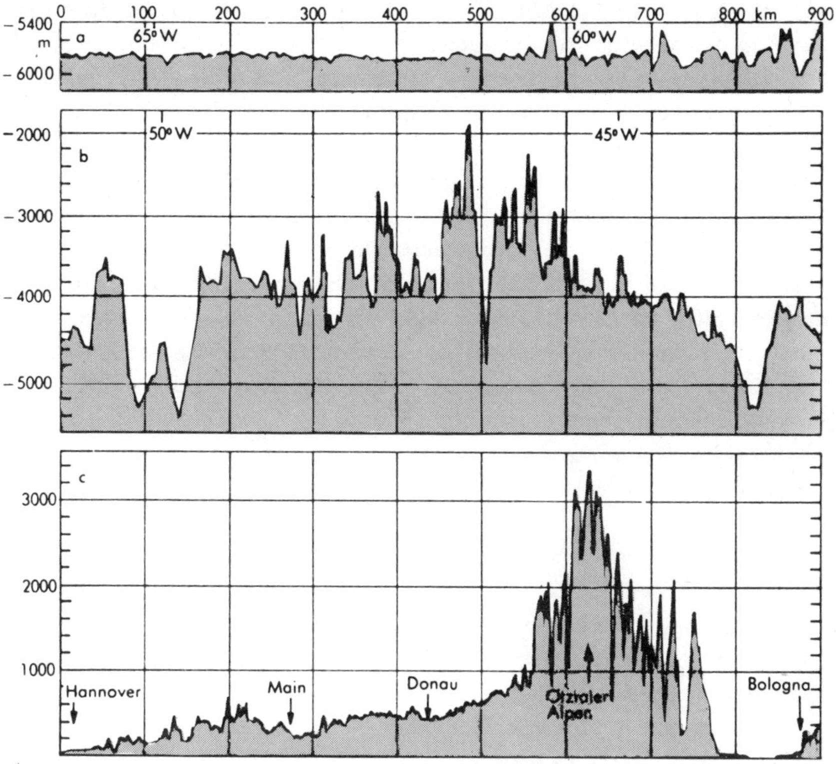

Relief der Erdoberfläche: Atlantik und Westeuropa. (nach G. Dietrich)
b) Echolotprofil durch den Mittelatlantischen Rücken,
c) Profil durch Mitteleuropa von Hannover bis Bologna.

Fortsetzung (arabisch-indischer Rücken) in Richtung auf die arabische Halbinsel, beziehungsweise den Golf von Aden, zieht. Die Scharung des westlichen mit dem zentralen indischen Rücken liegt knapp südlich vom Äquator, östlich von Madagaskar und Maskarenen sowie südlich (bzw. südsüdwestlich) der Südspitze des Indischen Subkontinents. Von dieser Kreuzungsstelle aus setzt sich der zentralindische Rücken als indisch-antarktische Schwelle nach Südost, halbwegs zwischen Australien und Antarktika, fort. Südlich von Neuseeland tritt sie am Kreuzungspunkt mit der Maquarieschwelle, einem Teilstück des zirkumpazifischen Gebirgsbildungsgürtels, in den Südpazifik ein.

Die moderne ozeanographische Erforschung des Pazifischen Ozeans während des internationalen Norpac-(Northern Pacific-)Programms 1955 wurde im wesentlichen von japanischen und US-amerikanischen Forschungsschiffen getragen. Hier entdeckte man keine mittelozeanische Schwelle, wohl aber ein ost-west-verlaufendes System bedeutender Bruchlinien des Meeresbodens im Ostpazifik. Als Mendocinostufe, Pioneer-, Murry-, Molokai-, Clarion- und Clippertonstufe ist dieses Bruchliniensystem in die Literatur eingegangen. Sprunghöhen (Verwerfungsbeträge zu beiden Seiten der Störungslinien) von tausend Metern und mehr sind an diesen ostpazifischen Brüchen keine Seltenheit. Die Entdeckung dieser Bruchstufen des Ostatlantiks war ebenso überraschend wie drei Jahrzehnte zuvor diejenige der Mittelatlantischen Schwelle im Südatlantik, da keine dieser bis über 4000 km langen Bruchstufen auf dem angrenzenden nordamerikanischen Kontinent in Erscheinung tritt. Erneut erhoben sich schwerwiegende Fragen der Genese und Deutung solcher offenbar junger Brüche am Meeresgrunde, deren jugendliches geologisches Alter schon daran abzulesen war, daß ihr vertikaler Verwerfungsbetrag nicht durch Sedimentation und Massenverlagerung am Meeresboden ausgeglichen war. Handelte es sich um Vertikal- oder gar um Horizontalverschiebungen, war der tektonische Versatz eventuell noch größer als die am Meeresboden sicht- und lotbare Wassertiefendifferenz beiderseits der Bruchstufen, und wie war das Verhältnis dieser Bruchlinien zu den Verwerfungen der geborstenen Kontinentaltafeln? Fragen über Fragen, die zweifellos die marine Geologie und Geophysik – nunmehr vor allem in Nordamerika – ganz wesentlich mit neuen Impulsen versahen.

Die Fortsetzung des Systems der untermeerischen Schwellen hingegen wurde im Südpazifik aufgefunden; als süd- und schließlich ostpazifischer Rücken durchzieht diese Fortsetzung das Seegebiet westlich von Südamerika, knapp 3000 km vor und nahezu parallel zur chilenisch-peruanischen Küste. Nach mehreren östlichen Abzweigungen (Chilenische Schwelle, Sala-y-Gomez-Rücken, Carnegie- und Cocos-Schwelle) wird das Albatros-Plateau westlich von der Mittelamerikanischen Landbrücke erreicht, von wo aus die nördliche Endigung des ostpazifischen Rückens in nördlicher Richtung zum Golf von Kalifornien zieht.

Mit dem Nachweis eines zusammenhängenden Systems untermeerischer Schwellen inmitten der Ozeane, den sogenannten mid-ocean-ridges, war um 1960 ein nahezu weltweites, den Atlantik, Indik, Süd- sowie Ostpazifik umspannendes Gebilde ozeanischer Erhebungen entdeckt worden, das mit seiner Höhen- und Breitenentwicklung sowie seiner Gesamtlänge von annähernd 72 000 Kilometern den kontinentalen Gebirgsgürteln keineswegs nachstand. Dieses System der Mittelozeanischen Schwellen war der kontinentalen Geologie zuvor völlig unbekannt gewesen und brachte einen wesentlich neuen Aspekt in die Diskussion um globale Krustenveränderungen hinein. Handelte es sich dabei um einen dritten, diesmal ozeanischen Gebirgsbildungsgürtel? Oder war der Bau dieser Schwellen grundsätzlich anders zu sehen als derjenige kontinentaler Gebirge? Erschwerend kam naturgemäß für die Erforschung hinzu, daß diese untermeerischen Schwellen kaum irgendwo direkt geologischen Untersuchungen zugänglich waren. Wo sich derartige Schwellenbereiche unmittelbar bis über den Meeresspiegel erhoben, wie bei der Insel Jan Mayen im europäischen Nordmeer, auf Island, westlich der Azoren (Corvo und Flores), dem St. Peter- und St. Pauls-Felsen im zentralen Atlantik, den Inseln Ascension, Tristan da Cunha, Bouver im Südatlantik und Edward im Süd-Indik, handelte es sich offensichtlich um vulkanische Bildungen. Nun sind zwar auch bei kontinentalen Gebirgsbildungsgürteln vulkanische Bildungen nicht unwesentlich beteiligt; sie treten dort jedoch bei weitem hinter den Massen gefalteter, überschobener oder von Bruchtektonik betroffener sedimentärer Gesteinsserien zurück. Die untermeerischen Schwellen schienen demgegenüber fast ausschließlich aus Vulkaniten aufgebaut zu sein, was sich auch an Hand vereinzelter, von Meeresboden im Bereich der Schwellen gedredgter Gesteinsproben zu bestätigen schien. Diese Feststellung sprach dafür, daß die Mittelozeanischen Schwellen nicht nach dem Bauprinzip kontinentaler Faltengebirge, sondern auf eigene Weise entstanden waren.

Immerhin bewies das System der ostpazifischen Bruchstufen, daß auch die ozeanische Kruste, ähnlich wie die kontinentale, geborsten war, aus zahlreichen mehr oder weniger schmalen Schollenteilen zusammengesetzt wurde. Manche dieser Störungslinien hatten offensichtlich der vulkanischen Schmelze aus dem tieferen Erdinnern als Aufstiegswege gedient; insbesondere der zentrale und nordwestliche Pazifische Ozean wies eine große Zahl von auffällig reihenweise angeordneten Vulkankegeln und untermeerischen Vulkankuppen (sea-mounts) auf, deren lineare Anordnung kaum anders als durch Aufsitzen auf gemeinsamen

Förderspalten zu erklären war. Besonders schöne Beispiele liefert der Imperator-Rücken, der von der Kamtschatka-Halbinsel Ostasiens in südlicher Richtung auf 3000 km Länge zu verfolgen ist und von einem guten Dutzend Vulkaninseln und -kuppen aufgebaut wird, ebenso die westnordwest-ostsüdost-gerichtete Linie der Hawaii-Inseln von ähnlicher Länge, mit gut zwei Dutzend größeren Vulkaninseln und -kuppen vom südlichen Ende des Imperator-Rückens bis zur Hauptinsel Hawaii (mit dem noch tätigen Vulkanismus) reichend, die mittelpazifische Kuppenreihe, die Linie der »Line islands« südlich von Hawaii oder die Ketten der Tuamotuinseln unter dem Äquator.

Aber auch das System der Mittelozeanischen Schwellen wird offenbar immer wieder von Bruchlinien gequert, welche die einzelnen Teilstücke der Schwellen jeweils um mehr oder minder große Beträge seitlich gegeneinander versetzen. Waren diese Bruchlinien als Horizontalstörungen aufzufassen, die jünger als das mittelozeanische Schwellensystem sein mußten, da sie ja dieses offenbar zerlegten und gegeneinander verschoben? Oder waren sie gleichzeitig mit dem Schwellensystem entstanden, was ein Andauern der tektonischen Aktivität im Bereich der Schwellen noch bis in die Gegenwart hinein wahrscheinlich machte?

Der Hohenzollerngraben ist ein Musterbeispiel einer noch anhaltenden lokalen Zerrungstektonik. Ein ganzes Schichtpaket der sonst ebenmäßigen Schichten sackt in den Untergrund.
Grabenbildungen werden häufig von verstärkter Erdbebentätigkeit begleitet, wie sie im Bereich der Schwäbischen Alb noch heute auftritt, und diese Landschaft zum erdbebenreichsten Gebiet Deutschlands macht.
Die einzelnen Schichten sind aufgrund von Leitfossilien (Stratigraphie) zeitlich gut einzuordnen.

weiß:	Weißer Jura 200 Meter, an andern Stellen der Schwäbischen Alb bis zu 480 Meter	Jura-Formation Alter: 135–190 Millionen Jahre
dunkelbraun:	Brauner Jura 200 Meter	
schwarz:	Schwarzer Jura 100 Meter	
grün:	Keuper 300 Meter	Trias-Formation Alter: 190–225 Millionen Jahre
rot:	Muschelkalk 300 Meter	
orange:	Buntsandstein 100 Meter	

braun: Grundgebirge (Granit und Gneis), das zum Beispiel in Schwarzwald und Vogesen herausgehoben offen zutage tritt.

(Siehe Kapitel: Wenn Kontinente wandern)

Farbgrafik: Jörg Kühn

2. Insel der Gletscher, Vulkane und heißen Quellen

Mit Hilfe des Echolots hatte in den zurückliegenden 50 Jahren die moderne ozeanographische Forschung ein zusammenhängendes, weltweites System mittelozeanischer Schwellen, gleich Gebirgen unter Wasser, entdeckt. Hierdurch erhielten die Ozeane ihr durchaus eigenes Gepräge. Nicht nur die Kontinente konnten in den Kettengebirgsgürteln mehr oder minder aktive, junge Zonen der Erdkrustengestaltung aufweisen, auch die ozeanische Kruste war tektonisch gegliedert in Becken und Schwellen, über deren geodynamischen Sinn allerdings noch weitgehend Unklarheit herrschte.

Mit den geologischen Methoden kontinentaler Geowissenschaften war bei der Erforschung des Systems der mittelozeanischen Rücken wenig auszurichten; sie lagen ja weithin völlig unter Wasser und erreichten die Wasseroberfläche meist nur in Gestalt isolierter Vulkankegel. So blieb diese Forschungstätigkeit ganz überwiegend den Ozeanographen sowie Geophysikern vorbehalten, die ohne direkten Kontakt mit den Gesteinen der Schwellen aufgrund physikalischer Meßergebnisse zu Schiff von der Wasseroberfläche aus Anhaltspunkte über den eigentlichen Aufbau dieser Schwellen zu erlangen suchten.

Es ist daher nicht erstaunlich, daß die wesentlichen Ergebnisse der letzten Jahrzehnte über den Bau der untermeerischen Ketten von der marinen Geophysik geliefert wurden, und daß deren wissenschaftliche Bearbeiter auch den wichtigsten Anteil an der Deutung der neugefundenen Strukturen hatten. Bei dem vorwiegenden Einsatz nordamerikanischer Forschungsschiffe in den entscheidenden Jahren zwischen der ersten Meteorfahrt und dem Abschluß der großen internationalen ozeanographischen Programme (Norpac, Indic Ocean) 1965 wird durchaus verständlich, daß sich der Schwerpunkt geowissenschaftlicher Forschung auf dem Gebiet der Exploration der ozeanischen Krustenräume nach Nordamerika verlagert hatte; war das Zeitalter der kontinentalen Geologie und Geophysik weitgehend von europäischen

Wissenschaftlern geprägt, welche auch die großen grundlegenden Gedankengänge über die Erdkrustengestaltung des vorigen und der ersten Hälfte dieses Jahrhunderts entwickelten, kamen die neuen, überwiegend von der marinen Geologie und Geophysik ausgehenden Ideen über »new global tectonics« aus der Neuen Welt (insbesondere USA und Kanada) nach Europa. Die Alte Welt, einst lange Zeit führend in der wissenschaftlichen Forschung, hatte sich für Jahrzehnte aus eigenem Verschulden, durch die Folgen und unmittelbaren Auswirkungen zweier Weltkriege, selbst um die Vormachtstellung im Konzert der internationalen Naturwissenschaften gebracht. Der ungeheure Aderlaß der Kriege und der Abwanderung, die ständig ungenügende finanzielle und personelle Ausstattung der Forschungsinstitutionen, die Überlastung mit reinen Unterrichtsfunktionen bei explosiv steigenden Studentenzahlen und die letztlich wirkungslose Überlastung unserer Universitäten mit immer neuen Reformmodellen führten in Europa und insbesondere in Deutschland zu einem eklatanten Rückgang an grundlegenden wissenschaftlichen Ideen. Diesen unerwünschten Nebeneffekt hat wohl kaum jemand bedacht, als der Schrei nach Universitätsreformen über die längst am Rande ihrer Arbeitsfähigkeit angelangten, in vielfacher Hinsicht zugleich überforderten deutschen Hochschulen hereinbrach. Man kann sich kaum gleichzeitig sowohl mit wissenschaftlichen Überlegungen als auch mit Hochschulpolitik befassen; und die Zeit, die unsere zum Teil hochqualifizierten Forscher wöchentlich oder bald gar täglich in Sitzungen der akademischen Selbstverwaltungsorgane manchmal bis tief in die Nacht hinein zubringen, geht von ihrer freien Zeit für die Forschung ab. Man krempelt nicht ungestraft ein altes Universitätsmodell um, das zwar zugegebenermaßen dem immer stärker werdenden Zustrom junger, vielfach politisch engagierter Studenten wegen mangelhafter staatlicher Ausstattung nicht mehr hinlänglich gewachsen war, ohne nennenswerte Einbrüche in der Forschungsaktivität in Kauf nehmen zu müssen. Es ist ein schwerwiegender Irrtum unserer Tage, daß Universitäten nur als Ausbildungsstätten für akademische Berufe zu betrachten und einseitig die Aufwendungen lediglich nach steigenden Studentenzahlen zu verteilen seien. Universitäten sind darüber hinaus wichtige Forschungsstätten, gleichsam Gedankenfabriken, in welchen die Zukunft programmiert werden sollte. Unterbleibt diese Forschungsleistung, weil die Wissenschaftler einseitig mit Lehr- und Verwaltungsaufgaben überlastet werden, so wirkt sich dies zwangsläufig in einem Rückgang der Forschungstätigkeit und damit in einer sträflichen Vernachlässigung der Zukunftsplanung aus, die uns einmal teuer zu stehen kommen kann: Was nicht im eigenen Lande in den wissenschaftlichen Forschungsstätten gedacht und entwickelt wird, muß später einmal teuer in Form ausländischer Patente eingekauft werden. Und da sich in der Wissenschaft Versäumnisse der Gegenwart stärker als in anderen öffentlichen Bereichen auf die Zukunft auswirken (die Ausbildung leistungsfähigen Nachwuchses dauert in der Regel ein Jahrzehnt und mehr, und ein Leistungsabfall pflanzt sich von Generation zu Generation unaufhaltsam fort), wächst in Fachkreisen die Besorgnis, ob wir nicht gegenwärtig in Deutschland dabei sind, unsere eigene Zukunft zu verspielen.

Die ozeanographische Forschung bringt zwar vielfach nicht unmittelbar wirtschaftlich etwas ein. Bei der allgemeinen Interdependenz aller Forschungsrichtungen ist man jedoch gezwungen, auch auf diesem Gebiet entsprechende Anstrengungen zu unternehmen, um ein allgemein hohes wissenschaftliches Niveau aufrechtzuerhalten. Und daß die Ozeanographie zu den traditionellen Arbeitsgebieten deutscher Forscher gehört, steht nicht erst seit der Meteorfahrt 1925–1927 außer Frage.

Sieht man von den wenigen isolierten Vulkankegeln ab, die an manchen Stellen der mittelozeanischen Schwellen den Meeresspiegel überragen, so existiert nur ein größeres zusammenhängendes Teilstück aus dem gesamten System dieser untermeerischen Rücken, das für geologische Arbeit zu Lande unmittelbar zugänglich ist und über den Bau derartiger Schwellen und ihre Gesteinszusammensetzung direkt Auskunft zu geben vermag, nämlich die Insel Island im Nordatlantik. Hier erstreckt sich der Mittelatlantische Rücken aus dem Raum westlich der Azoren über die Inseln Flores und Corvo, über die Chaucer und Faraday-Kuppen und den Reykjanes-Rücken zur Südwestküste Islands im Bereich der Westmänner-Inseln. Island selbst bildet also ein nicht unwesentliches Teilstück aus dem weltumspannenden System mittelozeanischer Schwellen. Da dieses sonst fast immer unter mehr oder minder hoher Wasserbedeckung verborgen ist und sich daher dem direkten geologischen Einblick entzieht, ist der Feldgeologe bei seiner Arbeit auf eine derartige Aufragung über Wasser besonders angewiesen. Die übrigen Teilstücke der untermeerischen Schwellen hingegen

sind zwangsläufig Arbeitsfeld für ozeanographische und geophysikalische Untersuchungen zu Schiff.
Auch im Europäischen Nordmeer ist die Fortsetzung der Mittelatlantischen Schwelle nachzuweisen; von der Nordostküste Islands im Raum Husavik, Tjörnes Halbinsel und Axarfjördur verläuft sie zur norwegischen Vulkaninsel Jan Mayen, über Mona- und Nansen-Rükken an der Westküste Spitzbergens vorbei ins Nordpolarmeer, zwischen Fram- und Eurasia-Becken zur Laptew-See zwischen den Neusibirischen Inseln und der Taimyr-Halbinsel vor dem nordasiatischen Festland bis etwa in den Bereich des Lenadeltas, ohne daß hier allerdings im Bereich der Lenamündung Anzeichen für eine festländische Fortsetzung zu finden wären. Der Laptew-Schelf vor der Lenamündung verhüllt also die nördliche Endigung der Mittelatlantischen Schwelle und stellt damit den einen Endpunkt des Systems der mittelozeanischen Rücken dar; ein weiterer ist im Bereich des Golfes von Aden, ein dritter in der Ausmündung des Golfes von Kalifornien zu suchen.
So interessant diese Endpunkte jeweils für die Deutung der mittelozeanischen Rücken, ihre Genese sowie ihren Kontakt mit kontinentalen Krustenarealen sind, so wenig läßt sich an diesen Stellen de facto erkennen. Die Schwellen verschwinden gleichsam spurlos im Schelfrandsockel der Kontinente, ohne daß eine nur entfernt vergleichbare kontinentale Fortsetzung dieser »Gebirge unter Wasser« festzustellen wäre. Zwar steht der Golf von Aden in unmittelbarem Zusammenhang mit dem Graben des Roten Meeres, was auf eine genetische Verknüpfung von mittelozeanischen Schwellen und kontinentalen Dehnungsformen in Gestalt von Großgrabenzonen hindeuten könnte. Aber schon beim Golf von Kalifornien ist keine vergleichbare Großgrabenstruktur belegt, und das Lenatal entspricht in keiner Weise einem Großgrabenbruch, sondern folgt der Vorlandsenke des Werchojanskgebirges, mit großräumig bogenförmigem Verlauf. Wir können also nur festhalten, daß die Endigungen der mittelozeanischen Schwellen an den Kontinentalrändern einmal in eine kontinentale Bruch- und Grabenzone, ein andermal mit annähernd parallelem, streichendem Verlauf in ein Teilstück des zirkumpazifischen Gebirgsgürtels und zum dritten in die Vorlandsenke vor einem alten, frühmesozoisch-jungpaläozoischen Gebirgsbogen einmünden, ohne daß diese Einmündungsstellen selbst geologisch allzu aussagkräftig wären. Man muß sich die

geologische Information also aus dem Bereich der ozeanischen Kruste selbst holen, da sie am Rande der Kontinente nicht zu erhalten ist.
Ein weiterer, für den Zusammenhang mittelozeanischer Schwellen mit kontinentalen Gebirgsgürteln (nämlich dem zirkumpazifischen) äußerst wichtiger Punkt liegt im Seegebiet südlich von Neuseeland; hier handelt es sich um einen Kreuzungspunkt des Südpazifisch-Indischen Rückens mit dem zirkumpazifischen Gürtel, genauer gesagt mit seinem durch die Macquarieschwelle (mit den Inseln Judge and Clerk, Macquarie, Bishop and Clerk) sowie die Balleny-Inseln (Young, Buckle und Sturge) gekennzeichneten Verbindungsstück zwischen der Südinsel Neuseelands und der pazifischen Antarktis. Leider verbirgt sich auch dieses für das Verständnis mittelozeanischer Schwellen und ihr Verhältnis zu kontinentalen Gebirgsgürteln außerordentlich wichtige Querungsgebiet unter tausend Meter Wasserbedeckung und mehr. Man wird allerdings gerade diesen Kreuzungspunkt bei künftigen ozeanographischen Forschungsvorhaben besonders im Auge behalten müssen, wenn auch heute hier noch wenig Beobachtungen vorliegen, die nennenswerte Aussagen ermöglichten.
So sind wir also zunächst weitgehend auf die geologischen Beobachtungen auf Island angewiesen. Die 102 828 km^2 große Insel ist mit 177 000 Einwohnern äußerst dünn besiedelt (nur wenig mehr als ein Einwohner je Quadratkilometer), wobei noch fast die Hälfte aller Bewohner in der Hauptstadt Reykjavik konzentriert ist.
Island stellt nicht nur eine besondere touristische Attraktion für Weltenbummler aller Art dar, sondern ist zweifellos eines der geologisch interessantesten Gebiete der Erde. Die Insel wird zu annähernd 99 % aus vulkanischen Lava- und Tuffgesteinen aufgebaut, also aus erkalteter vulkanischer Schmelze in Form von Lavaströmen und Deckenergüssen sowie aus vulkanischen Auswurfmassen, Aschen, Bomben und Lapilli, verfestigt zu vulkanischem Tuff. Der Rest besteht aus einem meist nur dünnen Schleier von Staub-, Sand- und Schuttsedimenten, die zwar vom Wind, von Flüssen oder Gletschern transportiert und abgelagert wurden, aber ursprünglich ebenfalls im wesentlichen aus der Abtragung vulkanischer Bildungen hervorgegangen sind. Auch die stellenweise zwischen Lavadecken eingeschalteten Süßwasserablagerungen mit Pflanzenversteinerungen des Tertiärs sind letztlich auf Umlagerungen vulkanischer Verwitterungsprodukte zurückzuführen.

So bestätigt Island also das bereits von den isolierten Vulkankegeln im Bereich der mittelozeanischen Schwellen erhaltene Bild, wonach sich diese letztlich im wesentlichen aus vulkanischem Baumaterial zusammensetzen. Es sind offenbar vulkanische Gebirge unter Wasser.
Und auch die seismische Aktivität hat Island mit der übrigen Mittelatlantischen Schwelle gemeinsam: Nach der Welt-Erdbebenkarte des Earthquake Information Center in Washington aus dem Jahre 1970 (mit allen wichtigen Erdbebenherden der Dekade 1960–1970 bis in eine Herdtiefe von 70 km) läuft die seismisch aktive Zone der Mittelatlantischen Schwelle, in völliger Übereinstimmung mit dem Verlauf der Topographie des Meeresgrundes, aus dem Raum westlich der Azoren über den Reykjanesrücken in südwestlich-nordöstlicher Richtung quer über Island hinweg und findet ihre nördliche Fortsetzung im Europäischen Nordmeer über Jan Mayen sowie die Mona- und Nansen-Schwelle westlich von Spitzbergen. Die bis zu zehn jungen, in historischer Zeit oder gar bis in die Gegenwart hinein aktiven Vulkane Islands runden das Bild einer noch heute aktiven Zone der Erdkruste ab. Die wichtigsten Erdbeben Islands in den Jahren 1784, 1896 sowie 1910–1970 sind einerseits auf den Südwesten der Insel – zwischen der Keflavik-Halbinsel südwestlich von Reykjavik und dem Vulkan Hekla – sowie andererseits auf das Seegebiet nördlich Islands – zwischen Skagafjördur und der kleinen Insel Grimsey – konzentriert. Die Hekla, der wohl bedeutendste isländische Vulkan, wurde seit der Landnahme durch norwegische Einwanderer im neunten Jahrhundert durch insgesamt fünfzehn Ausbrüche bekannt: Der schwerste erfolgte im Jahre 1104, als die Vulkanaschen in nördlicher Richtung über die gesamte Insel bis zur Nordküste getragen wurden, ein weiterer im Jahre 1845 mit Aschenwurf in östlicher sowie 1947–1948 mit Aschenwurf in südlicher Richtung. Der letzte große Ausbruch fand im Mai 1970 statt, wobei die Krater der Gipfelregion der Hekla ruhig blieben, während je vier Eruptionsspalten mit mehreren Förderstellen an den Flanken des Vulkans tätig waren. Nach einer explosiven Rauchwolke, die 16 000 m Höhe erreichte, wurden Massen von Asche und Bimsstein ausgeschleudert und vom Wind in nördliche Richtung verfrachtet. Diese vulkanischen Lockerprodukte gingen glücklicherweise fast überall auf unbewohntem Gebiet nieder, mit Ausnahme eines nur drei Tage vorher eingeweihten Kraftwerkes. Größerer Schaden war nur dort zu verzeichnen, wo der Aschenfall Weideland betraf;

der hohe Fluor-Gehalt der Aschen führte zu einer nachhaltigen Fluorvergiftung von Weidetieren, der 1500 Mutterschafe und 600 Lämmer zum Opfer gefallen sein sollen. Außer Aschen und Bimsstein wurde auch Lava gefördert, die mit einer Fördermenge von 0,2 Kubikkilometern eine gesamte Fläche von rund 18,5 km² überdeckte. Es handelt sich um Blocklavaströme und Schweißschlackenbänke, das heißt um ausgeschleuderte, noch heiße Lavatropfen, die am Grunde zu unregelmäßigen Massen bankartig zusammensintern, weil ihre hohe Temperatur selbst nach dem Passieren der Flugbahn beim Auswurf noch ausreicht, die einzelnen Lavatropfen miteinander zu verschweißen. Sprengkrater und Spalteneruptionen kennzeichnen die Ausbruchstellen der vulkanischen Aktivität der Hekla des Jahres 1970 an den Flanken des Vulkans.

Ein vorgeschichtlicher Hekla-Ausbruch übertraf die historisch bekannten bezüglich der Ausdehnung des Aschenfalles bei weitem: Der zugehörige Aschen-(Tephra-)Fächer bedeckt mehr als die Hälfte der gesamten Insel und umfaßt den zentralen und nordöstlichen Teil. Er wird randlich überdeckt vom Tephrafächer des Oraefi-Ausbruchs 1362 und dem Askja-Aschenfächer des Jahres 1875, vulkanischen Bildungen zweier bedeutenderer ostisländischer Vulkane.

Einen eigenartigen Kontrast zu den tätigen Vulkanen bilden die zahlreichen Gletscher der Insel, von denen der Vatnajökull, der Hofs- und Langjökull Zentralislands und der Myrdalsjökull Südislands durch besondere Flächenausdehnung hervortreten. Vulkanische Wärme führt zeitweise zum Schmelzen beträchtlicher Mengen von Gletschereis, was zu verheerenden Flutwellen der Gewässer Islands (»Gletscherlauf«) führen kann.

Aber nicht nur das isländische Festland zeichnet sich durch vulkanische Aktivität aus; am 15. November 1963 bildete sich durch anhaltende submarine Vulkantätigkeit etwa 30 km vor der isländischen Südwestküste überraschend eine neue Vulkaninsel, die nach dem sagenhaften Riesen Surtur der isländischen Mythologie den Namen Surtsey erhielt. Dieser Vulkankegel baute sich in etwa anderthalb Jahren aus einer Wassertiefe von rund 130 m bis zu einer Gipfelhöhe von 150 m über der Wasseroberfläche auf. Explosive Aktivität infolge Kontamination von Schmelze und Meerwasser wurde, nachdem sich einmal der Aschenwall hoch genug über den Meeresspiegel aufgestapelt hatte und so dem Meere den Zutritt zu Krater und Schlot verwehrte, von einem mehr ruhigen Lava-Ausfluß (neben Dauertätigkeit mit Dampf-, Aschen- und Bombenauswurf) abgelöst. Wo die glutflüssigen Lavaströme das Meer erreichten, überzog sich die noch flüssige Lava rasch mit einer dünnen, glasigen Abkühlungshaut, die jedoch infolge nachdrängender Lava immer wieder in Gestalt kleiner, eckiger Glaspartikel zerfiel und von der Brandung abgespült wurde, woraus eine schwarze Schicht glasiger Gesteinstrümmer (»Hyaloklastite«) entstand, wie man sie auch von anderen, zum Teil vorgeschichtlichen Vulkanausbrüchen in Meeresnähe kennt. Neben Surtsey entstand wenig später nach Ausbruch dieser neuen Vulkaninsel noch eine zweite, kleinere, und im Januar 1973 wurde plötzlich ein als erloschen geltender Vulkan auf der Hauptinsel der Vestmannaeyjar-Gruppe im Süden Islands, (Heimaey) aktiv: Der aus einer kilometerlangen Spalte mit Lavafontänen ausfließende Lavastrom bedrohte Stadt und Hafen dieser Insel, einen bedeutenden Stützpunkt der isländischen Fischereiflotte.

Die dritte Attraktion Islands – neben Gletschern und Vulkanen – stellen die heißen Quellen (darunter vereinzelt auch Springquellen oder Geysire) dar. Auch sie sind zum wesentlichen Teil eine Äußerung des Vulkanismus, zumindest stammt die Wärme aus vulkanischen Herden, während das von ihr aufgeheizte Wasser dem oberflächennahen Wasserkreislauf von Niederschlag, Versickerung und Grundwasseraustritt entstammt. Wird Quellwasser lediglich durch vulkanische Dämpfe erhitzt, so entstehen heiße Quellen, von denen Island eine ungewöhnlich große Zahl aufweist. Kommt es in den Aufstiegsröhren bedeutender Quellen in Abhängigkeit vom Luftdruck zu rhythmischen Siedeerscheinungen in der Tiefe [beim großen Geysir nach den Berechnungen des deutschen Chemikers Robert Wilhelm Bunsen (1811 bis 1899) in 12,5 m Tiefe], so wird die über diesem Siedebereich stehende Wassersäule schlagartig emporgeschleudert, und der nächste Ausbruch kann erst erfolgen, nachdem das nachfließende Wasser im kritischen Tiefenbereich wieder durch vulkanische Gase bis zum Siedepunkt erhitzt wurde. Dieser Vorgang kann sich im Abstand von Stunden wiederholen, wie es bei Geysiren der Fall ist. Greifen die in den vulkanischen Gasen enthaltenen chemischen Beimengungen in wässeriger Lösung das Nebengestein der Quellen an, indem sie es zu einem grauen Tonbrei zersetzen, so bilden sich Schlammvulkane aus, bei welchen aufsteigende Gasblasen den zähen Tonschlamm in Bewegung halten. Alle diese Erscheinungen gehen also letztlich auf die in Island

gesteigerte Erdwärme zurück.
Hochtemperaturquellen (über 100 ° C), meist in Form von Dampfquellen (Fumarolen) oder heißen Schwefelquellen (Solfataren), junger tätiger Vulkanismus und seismische Aktivität sind nicht wahllos über ganz Island verteilt, sondern an bestimmte Aktivitätszonen gebunden; eine solche durchzieht die Insel von Südwest nach Nordost, gabelt sich nach Südwesten in zwei Äste und hat wegen ihrer zahllosen Spalten und Brüche den Namen zentralisländische Grabenzone erhalten. Eine weitere junge Aktivzone verläuft in ostwestlicher Richtung auf die Westspitze der Insel zu (Snaefellsnes).
Die zentralisländische Grabenzone stellt den Verlauf der Querung Islands durch die Medianlinie des Mittelatlantischen Rückens dar; man darf hier also annehmen, ähnliche tektonische Bauformen wie im zentralen Bereich mittelozeanischer Schwellen vor sich zu haben. Während Island außerhalb dieser Grabenzone überwiegend von Plateaubasaltdecken des älteren Tertiär aufgebaut wird (Tholeyite, Olivinbasalte und porphyrische Basalte von mehr als 5 km Dicke reichen vom Eozän bis zum Mio-/Pliozän, sind also ca. 50 bis 60 Millionen Jahre alt, älteste physikalische Altersbestimmungen aufgrund radiogener Kalium/Argon-Datierungen ergaben etwa 20 Millionen Jahre vor der Gegenwart), konzentriert sich seit dem Jungtertiär bzw. Altquartär der Vulkanismus mehr und mehr auf die zentralisländische Grabenzone. Außer Lavaströmen und -decken finden sich zahlreiche lavaerfüllte Gänge und Spalten, die auf eine anhaltende Dehnung im Bereich der Bruch- und Grabenzone hindeuten. Auf einem 37 km langen Querprofil senkrecht zur Grabenzone stellten G. Bodvarssen und G. P. L. Walker 450, auf einem anderen Parallelprofil von 53 km Länge 1000 Gänge mit Dehnungsbeträgen von 2,3 bzw. 3 km quer zur Bruch- und Grabenzone fest. So sprechen also alle geologischen Beobachtungen auf Island für eine langfristige Dehnung der ozeanischen Kruste inmitten des Nordatlantiks, die irdischer Schmelze aus dem Erdmantel ausgezeichnete Aufstiegswege öffnet und so zu den charakteristischen isländischen Vulkanerscheinungen einschließlich der heißen Quellen führt. Und dieser Vorgang scheint auf Island schon seit dem älteren Tertiär, seit 20–50 Millionen Jahren anzudauern, und noch heute kein Ende gefunden zu haben.
Eine Bestätigung dieser Annahme erbrachten unmittelbar Messungen quer zu zentralisländischen Spaltensystemen durch den deutschen Geo-

däten Bernauer im Rahmen der deutschen Island-Expedition des Jahres 1938, als er ein Auseinanderweichen der Erdkruste an diesen Spaltensystemen um bis zu 3,6 mm pro Jahr feststellen konnte. Damit wurde erstmals die Vermutung erhärtet, daß das System der mittelozeanischen Schwellen auf eine Aufspaltung der Erdkruste und entsprechende Anhäufung vulkanischer Massen bis zur Höhe von »Gebirgen unter Wasser« zurückzuführen ist.

3. Die fossilen Magnete

Von den insgesamt rund 72 000 km Länge des mittelozeanischen Schwellensystems sind auf Island nur rund 360 km – also etwa 0,5 % – unmittelbar der Beobachtung durch den Geologen, Geophysiker oder Geodäten zugänglich. Die übrigen 99,5 % können nur durch indirekte Beobachtungs- und Meßmethoden von der Wasseroberfläche aus erforscht werden. Zunächst mußte man mit Hilfe des Echolots das Relief des Meeresbodens ermitteln. Weitere Methoden stellte die Geophysik zur Verfügung; dabei beruht eine wesentliche Gruppe von geophysikalischen Meßmethoden auf den Erscheinungen des Erdmagnetismus, also der Wirksamkeit des natürlichen Magnetfeldes der Erde.

So richten sich frei drehbare Magnetnadeln auf einen gemeinsamen, allerdings mit den Jahren sich langsam verlagernden Punkt in der Nähe des nördlichen Rotationspoles der Erde ein (Magnetpol, sein Abstand vom Rotationspol als Durchstichspunkt der Erdachse durch die Erdoberfläche bedingt die »Mißweisung« der Magnetnadeln, das heißt die Abweichung der magnetischen Nordrichtung von geographisch Nord des Rotationspoles). Statt Magnetnadeln kann man auch natürliche magnetische Minerale und Gesteine – wie das Eisensulfid Magnetkies (FeS) oder das Eisenoxid Magnetit (Fe_3O_4) verwenden; so kannte man schon im alten China sowie in der mittelalterlichen Seefahrt Magnetsteine, die bei bedecktem Himmel und abseits der sicheren Küsten die Orientierung ermöglichten.

Der erste, der sich wissenschaftlich mit den Erscheinungen des Erdmagnetismus befaßte, war der englische Mediziner William Gilbert (1544–1603), Leibarzt der Königin Elisabeth und einer der ersten Naturforscher im modernen Sinn des Wortes. In seinem 1600 erschienenen Werk »De magnete« berichtet er über die bis dahin gesammelten Beobachtungen über Magnete und ihre Wirkungen und beschreibt auch eigene Experimente an einer Kugel aus »Magnetstein«. Diese Experimente gleichen vielfach den tatsächlichen Erscheinungen des Erdmagnetismus, woraus Gilbert den Schluß ableitet, daß die Erde selbst ein Magnet sei. Daß es in der Forschungsgeschichte vergleichsweise so lange gedauert hat, bis sich Wissenschaftler dem Fragenkomplex des Magnetismus zuwandten, hängt nicht allein mit dem späten Einsetzen naturwissenschaftlicher Beobachtungen zusammen. Entscheidend kam wohl hinzu, daß der Mensch über kein natürliches Sinnesorgan verfügt, welches ihn für Magnetfelder empfindlich machen würde. Ob ein Magnetfeld um uns her existiert, können wir also nicht schon im unbewaffneten Zustand fühlen, sondern nur mit Hilfe besonderer Instrumente – wie etwa einem Kompaß oder einem Magnetometer – feststellen. Selbst wenn man Menschen sehr hohen Magnetfeldstärken aussetzt, ist keine Einwirkung auf deren Organe zu beobachten. Es scheint jedoch wahrscheinlich, daß sich gewisse Zugvögel nach dem Erdmagnetfeld orientieren.

Der Erdmagnetismus ist der typische Fall einer Naturerscheinung, deren sich der Mensch schon seit Jahrhunderten oder gar Jahrtausenden bedient, ohne zu wissen, wie sie zustande kommt. Tatsächlich bestehen auch heute noch über die Ursache des magnetischen Erdfeldes lediglich gewisse wahrscheinliche Vermutungen, aber noch keineswegs allgemein anerkannte wissenschaftliche Gewißheit. Die von Gilbert ausgesprochene Vermutung, die Erde bestände insgesamt aus einem großen, kugelförmigen »Magnetstein«, läßt sich relativ leicht widerlegen: Magnetsteine verlieren nämlich bei Temperaturen von einigen hundert Grad Celsius ihren permanenten (Dauer-)Magnetismus, sie sind oberhalb eines kritischen Temperaturwertes (Curie-Temperatur) also genauso wenig magnetisch wie gewöhnliche Steine, etwa aus Quarz oder Silikaten. Da infolge der »geothermischen Tiefenstufe«, der Temperaturzunahme zum Erdinnern hin um etwa je 1 °C auf je 30 m Tiefe, die Temperaturen im Erdinnern rasch über die Curie-Temperatur der üblichen permanent-magnetischen Minerale ansteigen, kann das relativ starke magnetische Erdfeld keineswegs auf derartigem permanentem Gesteinsmagnetismus beruhen, sondern muß praktisch ständig im Erdinnern neu gebildet werden.

Kein geringerer als der namhafte Physiker Albert Einstein (1879–1955) fühlte sich, wie er in einem Gespräch mit dem amerikanischen Geophysiker B. Gutenberg äußerte, vom Fehlen einer zwingenden physikalischen Erklärung für die Existenz eines magnetischen

Erdfeldes äußerst beunruhigt, mußte er doch mit gewissen Unverträglichkeiten zwischen den mutmaßlichen Ursachen des magnetischen Erdfeldes und den allgemein anerkannten Gesetzen der Elektrodynamik rechnen.

Seit dem Raumfahrt-Zeitalter wissen wir, daß weder unser Erdtrabant Mond noch die beiden Nachbarplaneten Mars und Venus über ein demjenigen der Erde vergleichbares Magnetfeld verfügen. Hingegen hat die Radioastronomie ergeben, daß der Planet Jupiter über ein 50 000mal stärkeres Magnetfeld als die Erde verfügt. Es ist also keineswegs selbstverständlich, daß Himmelskörper Magnetfelder besitzen. Immerhin spielen aber Magnetfelder im Innern selbstleuchtender Sterne wie im interstellaren Raum eine wichtige Rolle, und erst in den letzten zwanzig Jahren klärten sich die Vorstellungen von der Konstellation des Magnetfeldes im erdnahen interplanetarischen Raum: Während man noch vor etwa zwanzig Jahren annehmen konnte, die Lage der magnetischen Feldlinien um die Erdkugel herum gliche derjenigen um einen Stabmagneten, also mit nahezu kreisförmig-kugelschalenförmigem Verlauf von Pol zu Pol, ergab die Satellitentechnik ein weit komplizierteres Bild von der »Magnetosphäre«. Durch eine von der Sonne ausgehende Korpuskularstrahlung aus geladenen Teilchen solarer Materie (Sonnenwind aus Protonen und Elektronen) wird die Magnetosphäre der Erde sehr wesentlich verformt; die Obergrenze der Magnetosphäre zum interplanetarischen Raum (Magnetopause) reicht auf der zur Sonne hin gerichteten Seite weit höher hinauf als auf der Schattenseite; in Form einer Schockwelle ist die Magnetosphäre von der sonnenexponierten Seite weg und in Richtung auf die Schattenseite gedrückt, so daß die einst vermuteten kreisförmig-kugelschaligen Kraftlinien stark verformt und zu einseitig zusammengepreßten Ellipsoiden entartet sind.

Das an der Erdoberfläche meßbare Magnetfeld läßt sich zerlegen in einen äußeren und einen inneren Anteil: Der äußere rührt von variablen elektrischen Strömen außerhalb der Erde, also im Bereich der Ionosphäre (hohen Atmosphäre) und der Magnetosphäre her und wird unter anderem durch den täglichen Gang der Sonne sowie durch die von der Sonne ausgehenden Wirkungen (solar-terrestrische Einflüsse) allgemein bewirkt. Bei den hohen Temperaturen im Sonneninnern liegt die Materie dort in Form eines besonderen Aggregatzustandes, physikalisch gesprochen als sogenanntes Plasma vor, bei welchem chemische

Verbindungen und Elemente in ihre Elementarbestandteile (Protonen, Elektronen, Neutronen, Heliumkerne) zerlegt sind. Ein nicht unwesentlicher Teil dieser Plasma-Bestandteile liegt in Form von elektrischen Ladungsträgern vor und läßt turbulente Bewegung erkennen. Bewegte Ladungen aber haben als elektrische Ströme die Eigenschaft, Magnetfelder aufzubauen. Je mehr bewegte Ladung, desto stärker das erzeugte Magnetfeld; am Außenrand der Sonne geht jedoch ein geringer Anteil von Plasma-Teilchen (Protonen und Elektronen) als solarer Wind in den interplanetarischen Raum über. Auch diese Ladungsträger erzeugen auf ihrem Weg zur Erde und zu den übrigen Planeten des Sonnensystems Magnetfelder. Von den Kraftlinien des erdmagnetischen Innenfeldes werden diese Ladungsträger eingefangen und zu den Polen hin abgelenkt; da dort die magnetischen Kraftlinien (-flächen) vergleichsweise steil gegenüber der Erdoberfläche geneigt sind, können hier die geladenen Partikel tiefer in die Ionosphäre eindringen und bei außergewöhnlicher Teilchendichte Leuchterscheinungen in Gestalt des Polarlichtes hervorrufen. Die hohe Teilchendichte in der Magneto- und Ionosphäre macht sich bis zur Erdoberfläche durch besonders hohe magnetische Feldstärken, als sogenannter magnetischer Sturm bemerkbar, der üblicherweise durch Sonnen-Eruptionen ausgelöst wird.
Die Ablenkung der Ladungsträger im Erdmagnetfeld erreicht über dem magnetischen Äquator ihr Maximum, daher sind hier auch die variablen elektrischen Ströme in der Ionosphäre am stärksten, wofür man den Begriff eines elektrischen Strahlstromes (electrojet) eingeführt hat. Die solar bedingte Teilchendichte in der Ionosphäre ist naturgemäß vom Gang der Sonne um die Erde abhängig (genauer gesagt von der Erdrotation) und daher am Tage höher als nachts, wobei um die Mittagszeit Spitzenwerte erzielt werden. Hinzu kommt noch der Einfluß der Tidenwirkung auf die Atmosphäre (Ebbe und Flut), der ebenfalls ein Ansteigen der Stromstärken und äußeren Anteile des Magnetfeldes in charakteristischen Rhythmen bewirkt. Dabei spielt allerdings auch der Mond eine wesentliche Rolle; neben den sonnen-tägigen Variationen als typisch solaren Einflüssen kann man daher auch noch einen Mond-Einfluß (lunare oder mond-tägige Variation) feststellen. Allerdings erreichen die lunaren Variationen nur etwa ein Zehntel der Schwankungsbreite der solaren. Beide, solare wie lunare Einflüsse, machen sich nur am Tage bemerkbar, was sich im Falle der solaren aus der Abhängigkeit vom Sonnenstand leicht verstehen läßt, aber bei den

lunaren zunächst komplizierter zu deuten scheint; es ist aber offenbar die am Tage allgemein erhöhte Leitfähigkeit der Ionosphäre, welche die vergleichsweise geringen lunaren Einflüsse noch erkennbar werden läßt, während des Nachts diese Leitfähigkeit der hohen Atmosphäre einfach nicht ausreicht.

Das erdmagnetische Innenfeld umfaßt in erster Linie einen konstanten Hauptanteil (Permanentfeld), langfristige Schwankungen als sogenannte Säkularvariationen sowie die Feldeinflüsse der durch äußere Variationen im Erdinnern induzierten Ströme. In erster Annäherung entspricht das erdmagnetische Permanentfeld einem Dipolfeld, wie es ein im Erdmittelpunkt angebrachter starker Magnet mit leichter Neigung gegenüber der Erdachse hervorbringen würde. Diese geringe Neigung macht sich in Form einer Abweichung der Magnetpole von den geographischen Polen der Erdrotation bemerkbar; gegenwärtig liegt der magnetische Nord-Pol (der sich physikalisch wie ein Süd-Pol verhält, da er ja die Nordseiten der Magnetnadeln anzieht) bei 78,6° N und 70,1° W, der magnetische Süd-Pol (physikalisch aus gleichen Gründen ein Nord-Pol) bei 78,6° S und 109,9° W.

Diesem Dipolfeld überlagert sich nun ein von Ort zu Ort je nach Beschaffenheit der Gesteine des Untergrundes wechselndes Permanentfeld aus unterschiedlicher Stärke und Richtung der Dauermagnetisierung von magnetischen Mineralen und Gesteinen. Eine Meßstation unmittelbar über einem Magnetitvorkommen, wie etwa über der ukrainischen Eisenerzlagerstätte von Krivoi-Rog, zeigt völlig abweichende Werte, verglichen mit einer zweiten über nicht magnetisch ausgerichteten, jungen Schwemmlandbildungen. Wie man derartige Lagerstätten als »magnetische Anomalien« orten und damit erschließen kann, so stören sie selbstverständlich die magnetische Beobachtung äußerer und innerer Variationen nicht selten so erheblich, daß praktisch nur das Permanentfeld in Erscheinung tritt.

Wie man aufgrund von Langzeitbeobachtungen in besonderen Magnet-Observatorien weiß (Carl Friedrich Gauß, 1777–1855), die selbstverständlich frei von allen magnetischen Metallteilen sein müssen (also etwa Türbeschläge etc. aus Messing statt aus Eisen), ist auch das Permanentfeld nicht absolut konstant, sondern in Jahrhunderten nach Richtung und Stärke veränderlich. Man spricht dabei von Säkularvariationen. So betrug im Jahre 1830, als Carl Friedrich Gauß seine grundlegenden Beobachtungen des erdmagnetischen Feldes machte, die

Abweichung zwischen magnetisch und geographisch Nord (Deklination) in Göttingen fast 20° in westlicher Richtung; heute sind es nur noch etwa 3°, und die Linie ohne Deklination (Agone), die noch am Ende des Zweiten Weltkrieges durch Königsberg (Ostpreußen) lief, hat inzwischen bereits Berlin erreicht und rückt jährlich um etwa 20 km nach Westen weiter.

Diese Westdrift (Westverlagerung) der magnetischen Säkularvariation ist ein charakteristisches Merkmal, das kaum anders als durch eine entsprechende Verlagerung tiefer Bereiche des Erdinnern zu erklären ist, in welchen das erdmagnetische Innenfeld erzeugt wird.

Von der Westdrift der magnetischen Säkularvariation zu unterscheiden ist die stetige Verlagerung der Magnetpole. Die oben genannten Längen- und Breitenangaben gelten also nur für einen vergleichsweise kurzen Zeitraum der Gegenwart. So befand sich der magnetische Nordpol zu Beginn dieses Jahrhunderts in der Nähe der Nordkanadischen Insel Boothia Felix, hat sich aber seither um über 600 km davon entfernt.

Offenbar ist also weder der Dipolanteil noch derjenige der Säkularvariationen des erdmagnetischen Innenfeldes lagekonstant. Die Erklärung hierfür ist prinzipiell in den Ursachen für die Entstehung des Erdmagnetfeldes selbst zu suchen. Daß permanenter Gesteinsmagnetismus ausscheidet, ist bereits bei der Besprechung der Curie-Temperaturen und der geothermischen Tiefenstufe festgestellt worden. Naheliegend ist die Annahme, daß auch das erdmagnetische Innenfeld durch elektrische Ströme verursacht wird, die durch bewegte Ladungen, ähnlich wie in einem Strom-Generator, ein Magnetfeld um sich her aufbauen. Aus der Symmetrie des Innenfeldes läßt sich dann in gewisser Weise auf die Orientierung dieses irdischen Magnet-Generators schließen. Außerdem benötigt man mindestens zwei gegeneinander (rotierend) bewegte Teile, die Ständer und Anker (bzw. Wicklungen) eines Generators entsprechen. Die erforderliche Drehung liefert die Erdrotation; allerdings müssen sich bestimmte Teile des Erdinnern abweichend voneinander bewegen. Hierzu genügt eine konvektive Bewegung im äußeren Erdkern mit einer Geschwindigkeit von etwa 0,05 cm/sek, relativ zur Drehung der leicht permanent magnetischen Erdkruste. Der flüssige äußere Kern mit seiner Thermokonvektion entspricht also dem Anker mit seinen Wicklungen bei einem Generator, die Erdkruste mit ihrem vergleichsweise geringen Dauermagnetismus

Surtsey, benannt nach dem Feuerriesen Surtur.
Durch anhaltende submarine Tätigkeit begann am 15. November 1963 eine neue Vulkaninsel aus dem Meer zu wachsen, ca. 30 km vor der isländischen Südwestküste. Am 14. November entdeckte die Besatzung eines Fischerbootes eine Dampfwolke im Meer. Eine Stunde später konnte man bereits eine 60 Meter hohe Aschensäule beobachten. Nach einigen weiteren Stunden war die Eruptionssäule schon 3500 Meter hoch und stieg im Laufe des Tages auf 6000 Meter; nun konnte man dieses Naturphänomen sogar im weit entfernten Reykjavik sehen. Einen Monat später ragte die neue Insel bereits 100 Meter aus dem Meer und im Laufe von 1 ½ Jahren erreichte der Vulkankegel eine Höhe von ca. 170 Metern über N.N.
Zunächst beobachtete man eine intermittierende Explosivtätigkeit infolge Wasserzutritts zur Krateröffnung. Nachdem sich aber der Aschenwall hoch genug über dem Meeresspiegel erhob, ging der Vulkan in Dauertätigkeit mit Dampf-Aschen- und Bomben-Förderung über. Vier Monate nach der ersten Beobachtung erfolgte der erste Lavaausfluß, wobei die Explosionstätigkeit zur Ruhe kam. Die Lava floß mit einer Geschwindigkeit von ca. 20 Metern pro Sekunde ins Meer. Durch Zusammenwirken von glühender Lava und kaltem Meerwasser entstand im Brandungsbereich ein Sediment aus grobem, schwarzen, glasigen Sand (Hyaloklastite).
Etwa fünf Jahre hielt die Vulkantätigkeit an. Inzwischen beginnen in der Aschenwüste bereits die ersten Pflanzen zu wachsen, vor allem Meer-Senf (Cakile edentula).

(Siehe Kapitel: Insel der Gletscher, Vulkane und heißen Quellen)

Foto: Mats Wibe Lund jr., Reykjavik, Island

dem Ständer des Generators. Genau wie beim Generator genügt ein anfangs geringes Magnetfeld im Ständer, das sich später jedoch infolge Selbstinduktion rasch verstärkt und so die an der Erdoberfläche festgestellten magnetischen Feldstärken erreicht. Die Rotationsachse des irdischen »Ankers«, also des äußeren Kernes, scheint gegenüber der Erdachse um den Betrag der Mißweisung (Deklination) geneigt und außerdem noch leicht veränderlich zu sein. Starke Veränderungen scheiden wegen der dabei auftretenden erheblichen Rückstellkräfte aus.
Das hier dargestellte Prinzip der Induktion des Erdmagnetfeldes ähnlich einem Strom-Generator mit Selbstinduktion erklärt, weshalb ein Himmelskörper mit Schalenbau, differentieller Rotation im Innern und flüssigem Kern in konvektiver Bewegung ein Magnetfeld aufbaut, selbst wenn die Temperaturen in seinem Innern über den Curie-Punkt permanent-magnetisierbarer Materie hinausgehen und der Gehalt an permanent-magnetischen Mineralen und Gesteinen in seiner äußeren, kühl-temperierten Schale nicht zur Erklärung der beobachtbaren Feldstärken ausreicht. Planeten und Trabanten ohne entsprechendem Schalenbau und flüssigem Kern können daher auch kein (über dasjenige permanent-magnetisierbarer Materie hinausgehendes) Feld besitzen (wie etwa Mars, Venus oder Mond).
Aus dem Generator-Induktions-Prinzip ergibt sich aber auch die hohe Rotationssymmetrie des Erdfeldes, die in erster Annäherung diejenige eines Dipolfeldes widerspiegelt. Wenn die Erde auch in der erdgeschichtlichen Vergangenheit ein Magnetfeld besessen hat – und dies ist heute bereits gesichert – so muß auch dieses frühere Erdmagnetfeld in erster Annäherung ein Dipolfeld gewesen sein, wenn seine Genese der des heutigen entsprach. Und da der Induktionsvorgang offenbar eng mit der Erddrehung in Zusammenhang steht, ist auch für das Erdmagnetfeld vergangener geologischer Zeiträume anzunehmen, daß seine magnetischen Pole stets in der Nähe der Rotationspole gelegen haben dürften.
Bisher war im wesentlichen davon die Rede, wie sich das an der Erdoberfläche beobachtbare Magnetfeld zusammensetzt und wie es vermutlich erzeugt wird. Für die praktische Beobachtung wichtig ist aber das Vorhandensein einer Meßmethode und die Vereinbarung von Maßeinheiten für die magnetische Feldstärke. Nach dem dänischen Physiker Hans Christian Oersted (1777–1851), welcher als erster die Ablenkung einer Magnetnadel durch elektrischen Strom beobachtete

und damit den Zusammenhang von Magnetismus und Elektrizität entdeckte, heißt die Einheit der magnetischen Feldstärke Oersted (abgekürzt Oe); 1 Oe (entsprechend 79,577 Ampere/Meter) ist die Wirkung, mit der sich zwei ungleiche Pole definitionsgemäßer Elementarmagnete anziehen, zwei gleiche hingegen abstoßen. Für die Praxis hat sich aber der hunderttausendfache Wert als Maßeinheit für die magnetische Feldstärke unter der Bezeichnung »Gamma« eingebürgert, weil man bei den üblichen Feldstärken sonst bei allen Messungen unpraktikabel hohe Zahlen erhalten würde.
Als Meßgeräte dienen sogenannte Magnetometer, Hochpräzisionsinstrumente mit besonderer mechanischer, thermischer und elektrischer Empfindlichkeit. Zur Ermittlung von Lagerstätten magnetischer Minerale (Magnetit, Magnetkies und anderer mehr) hat sich beispielsweise das handliche, transportable Torsionsmagnetometer bewährt, mit welchem der vertikale Anteil der Feldstärke (die Vertikalintensität) durch wechselnde Drehung eines kleinen magnetischen Blättchens aus der Horizontalen gemessen werden kann. Wegen des äußeren Anteiles des Magnetfeldes sollten die Messungen unter laufender Beobachtung eines zweiten, stationären Instruments durchgeführt werden; außerdem ist auf weitgehende Temperaturkonstanz zu achten.

Außer Erzlagerstätten können auch Hartgesteinsvorkommen – etwa von Basalt (der stets mehr oder minder viel Magnetit enthält) erfaßt werden. So ist die Methode magnetischer Messungen ein wichtiger Bestandteil geophysikalischer Exploration geworden. Der stark überwiegende Anteil des Dipolfeldes am erdmagnetischen Gesamtfeld ist nicht nur in der Lage, frei schwingend aufgehängte Magnetnadeln »einzuordnen«, er vermag auch bei der Gesteinsbildung natürliche Minerale mit permanenter (Dauer-)Magnetisierung entsprechend einzuregeln. Dies kann beispielsweise in Sedimenten geschehen, die unter Wasser abgelagert werden, oder auch in vulkanischen Schmelzen, deren Magnetitgehalt früher kristallisiert als die noch längere Zeit schmelzflüssigen Silikatkomponenten. So finden sich die magnetischen Minerale in Gesteinen nicht selten in einer übereinstimmenden Orientierung, die man im Labor, in günstigen Fällen wenigstens annäherungsweise auch schon im Gelände, bestimmen kann. In höheren nördlichen (Island) und südlichen Breiten läßt sich die Richtung des permanenten Gesteinsmagnetismus schon mit dem Geologenkompaß feststellen; für genauere

Messungen sind allerdings orientierte Proben und empfindliche Laborgeräte erforderlich.
Die im Gestein eingeschlossenen orientierten magnetischen Minerale geben also, gleichsam wie im Gestein eingefrorene Magnetnadeln, die Richtung des Erdmagnetfeldes zum Zeitpunkt der Gesteinsbildung an. Aus der Ermittlung der permanenten Magnetisierung unterschiedlich alter Gesteinsproben läßt sich somit die Richtung des magnetischen Erdfeldes während der Erdgeschichte rekonstruieren. Unter der Bezeichnung »Paläomagnetismus« hat diese Methode in der Geowissenschaft der letzten Jahrzehnte steigende Bedeutung erlangt.
Die erste bedeutende Feststellung der paläomagnetischen Methode der Geophysik war, daß das Erdmagnetfeld keineswegs über geologische Zeiten hinweg konstant war, sondern nachhaltige Veränderungen während der Erdgeschichte aufweist; zunächst ergab sich aus diesen Veränderungen des Erdmagnetfeldes der Schluß auf Polwanderungen des magnetischen (und, aufgrund des engen Zusammenhanges von Erddrehung und Generatorprinzip, wohl auch des geographischen) Poles.
Als jedoch um 1960 herum genügend Meßresultate verschieden alter Gesteine aus fast allen Kontinenten vorlagen, ergab sich ein überraschendes Bild: Wie eine Zusammenstellung der amerikanischen Geophysiker R. R. Doell und A. Cox 1961 zeigte, waren die Polverlagerungen nach paläomagnetischen Messungen nicht für alle Proben gleichen Alters übereinstimmend, sondern je nach den einzelnen Kontinenten verschieden. Nordamerika zeigte andere Werte als Eurasien, und für Australien ergab sich noch eine weitere, selbständige Polverlagerungskurve. Was aber das Erstaunlichste war, durch eine Drehung um etwa 30° konnte man die Nordamerikanische mit der Europäischen Kurve der Polverlagerung zur Deckung bringen. Daraus schlossen Doell und Cox auf eine entgegengesetzte Kontinentalverlagerung seit dem Erdmittelalter.
Mit dieser paläomagnetischen Beobachtung bekam die alte, damals weitgehend aufgegebene Idee der Kontinentalverschiebung schlagartig eine ungeahnte Aktualität; der Paläomagnetismus als neue Methode der geophysikalischen Gesteinsuntersuchung leitete somit vor knapp anderthalb Jahrzehnten ein neues Zeitalter der Kontinentaldrift-Vorstellungen in Geophysik und Geologie ein.
Plötzlich ergab sich ein neuer, von den bisherigen Beobachtungen un-

abhängiger Gesichtspunkt für die Verlagerung ganzer Kontinente, und seither gehört die Kontinentaldrift zum festen Bestandteil globaler tektonischer Synthesen.
Die fossilen Magnete der im Gestein fein verteilten permanentmagnetischen Minerale gestatteten nicht nur, die Orientierung erdmagnetischer Felder der geologischen Vergangenheit zu rekonstruieren oder lagerstättenkundlich interessante Vorkommen von Erzen oder Hartgesteinen auszukundschaften; mit ihrer Hilfe ließ sich auch die relative Lageveränderung von Kontinent zu Kontinent bestimmen.

4. Das zerrissene Magnetband

Das magnetische Verhalten natürlicher Minerale und Gesteine wurde in neuerer Zeit vor allem auch von japanischen Forschern untersucht; genannt sei etwa das grundlegende Werk von T. Nagata über »rock magnetism« (2. Auflage, Tokyo 1961). Weitaus der größte Teil der Erdkruste besteht aus Silikaten. Davon sind Quarz und Feldspat schwach diamagnetisch, das heißt, sie zeigen sehr geringe negative magnetische Suszeptibilität. Olivin, Pyroxen oder Biotit hingegen sind paramagnetisch mit ebenso geringer, aber positiver magnetischer Suszeptibilität. Für die Praxis des Gesteinsmagnetismus und für paläomagnetische Messungen scheiden alle diese Minerale wegen der geringfügigen Suszeptibilität (»magnetische Aufnahmebereitschaft«) aus. Diese ist eine jeweils durch den Kristall-Feinbau bedingte magnetische Materialkonstante.

Sehr viel stärkere Magnetisierung zeigen die sogenannten ferromagnetischen Stoffe, zu denen etwa Eisen, Nickel, Kobalt oder das häufige Mineral Magnetit zählen. Bei ihnen erfahren mikroskopisch kleine Bereiche des Kristallgitters unter der Einwirkung eines äußeren Magnetfeldes ausreichender Stärke eine gleichgerichtete Orientierung; allerdings ist die effektive Magnetisierung der angelegten Feldstärke nicht proportional, sondern ist auch von der Vorbehandlung des Materials, insbesondere von dessen Temperaturgang abhängig. Oberhalb des Curie-Punktes sinkt die Magnetisierung praktisch auf den Null-Punkt ab, und ferromagnetische Stoffe verhalten sich oberhalb dieser kritischen Temperatur wie paramagnetische mit geringfügiger magnetischer Suszeptibilität.

In der Nähe des Curie-Punktes allerdings ist die magnetische Suszeptibilität ferromagnetischer Stoffe besonders hoch, während sie mit fallender Temperatur und Entfernung vom Curie-Punkt stark abnimmt. Hierdurch wird die einmal nahe dem Curie-Punkt erzeugte Magnetisierung gleichsam »eingefroren«; man spricht von Thermoremanenz (temperaturbedingter Dauermagnetisierung). Bei der Abkühlung irdischer Schmelzen unter Curie-Temperatur ist wegen der weiten Verbreitung vor allem des Magnetits in aller Regel Thermoremanenz ferromagnetischer Stoffe beteiligt, die zu einer Konservierung und Aufzeichnung fossiler magnetischer Richtungen in vulkanischen Gesteinen führt.

Die zweite Möglichkeit zur Konservierung paläomagnetischer Daten stellt die Sedimentationsremanenz dar, die durch die Einbettung und Verfestigung meist mariner Sedimente mit ferromagnetischem Mineralinhalt zustande kommt. Hier besitzen die ferromagnetischen Komponenten schon seit ihrer Entstehung eine vergleichsweise hohe Magnetisierung. Unter der Einwirkung des äußeren Magnetfeldes werden jedoch die einzelnen Minerale bei der Ablagerung in die jeweilige Richtung der magnetischen Kraftlinien des Erdfeldes gedreht und diagenetisch (durch Verfestigung des Gesteins) in ihrer Lage fixiert. Auch bei solchen Gesteinen kann man nachträglich die Richtung der Kraftlinien des magnetischen Erdfeldes zum Zeitpunkt der Gesteinsbildung rekonstruieren.

Neben der wichtigen Gruppe der ferromagnetischen Stoffe gibt es noch antiferromagnetische, bei welchen benachbarte (mikroskopische) magnetische Bezirke nicht gleichgerichtet, sondern entgegengesetzt magnetisiert werden; hierdurch hebt sich die Magnetisierung der einzelnen Bezirke bei der Betrachtung der Gesamt-Magnetisierung gegenseitig auf. Typische Vertreter hierfür sind etwa Manganoxid (MnO) oder Kupferoxid (CuO). Die Gesamt-Suszeptibilität ist bei ihnen nicht höher als bei paramagnetischen Stoffen, weshalb sie für paläomagnetische Untersuchungen ebenfalls ausscheiden.

Schließlich sei wegen seiner hohen technischen Bedeutung in der Elektrotechnik noch der Ferrimagnetismus genannt. Zu den Ferriten (Antennenbau und viele andere Anwendungsbereiche) zählen Metalloxide von Nickel, Kobalt, Kupfer und Eisen in Verbindung mit einer Fe_2O_3-Gruppe. Bei Ferriten sind benachbarte magnetische Mikrobezirke zwar auch antiferromagnetisch entgegengesetzt ausgerichtet, aber jeweils eine Richtung wird durch Komponenten mit verstärkter magnetischer Suszeptibilität verkörpert, während die Gegenrichtung nur von Bezirken mit schwacher Magnetisierung vertreten wird. So resultiert insgesamt durchaus noch ein meßbares, ausreichend starkes magnetisches Moment.

Der Paläomagnetismus ist in erster Linie auf natürliche ferromagnetische Minerale angewiesen, deren Orientierung durch Thermoremanenz bei der Abkühlung von Laven oder durch Sedimentationsremanenz bei der Einbettung magnetisierter Partikel während der Ablagerung von Gesteinen bedingt ist (meist unter Wasser, teilweise aber auch bei der Bildung festländischer Sandsteine). Gemessen wird – in der Regel an orientiert entnommenen Gesteinsproben in geophysikalischen Labors – die remanente Magnetisierungsrichtung im Gestein, und zwar mit den beiden Werten der Deklination (Abweichung von geographisch Nord) und Inklination (Neigung gegenüber der Horizontalen), oder aber mit tragbaren Magnetometern im Gelände die Vertikal- und Horizontalintensität des magnetischen Erdfeldes.
Während die Deklination unmittelbar die Richtung zum Magnetpol angibt, ändert sich die Inklination der magnetischen Feldlinien kontinuierlich vom Äquator (mit horizontaler Lage der Kraftlinien) zu den Polen (mit vertikaler Orientierung der magnetischen Feldlinien); aus paläomagnetischen Inklinationsmessungen kann man daher auf den einstigen Pol-Abstand schließen. Dies spielt beispielsweise bei der Rekonstruktion der Anordnung von Klimazonen der erdgeschichtlichen Vergangenheit eine wichtige Rolle (Paläoklimatologie).
Über die Erneuerung der Kontinentalverschiebungstheorie unter dem Einfluß paläomagnetischer Messungen wurde bereits gesprochen. Aber auch innerhalb der Kontinente ergaben sich aus paläomagnetischen Messungen wichtige Hinweise auf Krustenverlagerungen mehr oder minder großen Ausmaßes. So vergleicht man beispielsweise thermoremanente Stoffe enthaltende Gesteine gleichen Alters aus Gebieten beiderseits eines jungen Kettengebirges und stellt dabei nicht unwesentliche Abweichungen fest, die auf Krustenverkürzungen und Seitenverschiebungen bei der Gebirgsbildung hinweisen. Solche Untersuchungen sind beispielsweise an jungpaläozoischen Vulkaniten der Rotliegend-Abteilung der Perm-Formation in Europa nördlich und südlich der Alpen angestellt worden. Auch Vulkanite und Sandsteine der Trias (älteste Formation des Erdmittelalters) sind für solche Vergleiche geeignet.
In der ersten Freude über die neue paläomagnetische Untersuchungsmethode wurden dabei nicht selten Beobachtungsergebnisse veröffentlicht, die auf geradezu horrende (und zum Teil einander widersprechende) Krustenverschiebungen um Tausende von Kilometern

hinzudeuten schienen. So sollten die Südalpen in kurz nacheinander publizierten Arbeiten einmal aus dem vorderasiatischen Raum, ein andermal aus dem äußersten Westen Nordafrikas abgeleitet werden, während eine dritte Arbeitsrichtung für einen wesentlich geringeren Transportweg (unter 500 km) sprach.

Man muß bei derartigen frühen paläomagnetischen Meßresultaten berücksichtigen, daß nicht alle Meßergebnisse direkt und undiskutiert übernommen werden dürfen. Einmal sinkt die Thermoremanenz natürlicher Gesteine im Laufe der Zeit nicht unerheblich ab (nach T. Nagata um rund 40 % während eines Zeitraumes von 100 000 Jahren), so daß das resultierende Meßergebnis bei älteren Gesteinen möglicherweise durch eine spätere magnetische Überprägung verfälscht werden kann. Eine solche nachträgliche magnetische Beeinflussung ist aber auch auf chemischem Wege denkbar, durch eine sogenannte chemisch-remanente Magnetisierung, wie sie beispielsweise bei metamorpher Umkristallisation unter Bildung neuer Mineralkomponenten oder bei der Verwitterung, insbesondere bei der Oxidation ferromagnetischer Minerale unter Einwirkung eines neuen äußeren Erdfeldes vor sich gehen kann. Nicht jede paläomagnetische Messung ist daher gleich brauchbar; inzwischen hat sich eingebürgert, wirklich nur starke thermoremanente oder sedimentationsremanente Magnetisierungsrichtungen auszuwerten. Man erhält sie, indem man die Proben zuvor einem magnetischen »Reinigungsprozeß« unterzieht; nachträgliche schwächere magnetische Überprägungen werden dadurch gelöscht, indem man die Proben einer längeren Behandlung in einem magnetischen Wechselfeld aussetzt, sie also hinlänglich »abmagnetisiert«, so daß schließlich nur die harte, primäre Thermo- oder Sedimentationsremanenz übrigbleibt und eingemessen werden kann.

Kaum war diese Schwierigkeit überwunden, ergab sich eine neue. Schon seit den ersten paläomagnetischen Messungen an Basalten (jungvulkanischen Erdgußgesteinen aus dem Erdmantel) machte man die überraschende Beobachtung, daß etwa die Hälfte aller Meßresultate eine umgekehrte Magnetisierungsrichtung aufwiesen, bei welcher der im hohen Norden gelegene Magnetpol nicht – wie heute – einem magnetischen Südpol, sondern auch magnetisch einem Nordpol entsprach. Wenn Magnetfeld-Umkehr eine so häufige Sache war, so mußte man sich zwangsläufig fragen, waren dann überhaupt noch irgendwelche sicheren paläomagnetischen Aussagen möglich?

Zunächst einmal galt es festzustellen, ob die Feldumkehr einer tatsächlichen Änderung des Erdmagnetfeldes während der geologischen Vergangenheit entsprach oder etwa durch Vorgänge im Gestein selbst hervorgerufen wurde. Von L. E. F. Néel stammt die Deutung (1951), daß es sich bei derartigen Beobachtungen normaler und inverser Magnetisierung nicht um die Folgen einer äußeren Änderung des magnetischen Erdfeldes im Sinne einer Polumkehr, sondern vielmehr um die Erscheinung einer »Selbstumkehr« im Gestein handelt: Enthält nämlich die Ausgangsschmelze zwei magnetisierbare Substanzen mit unterschiedlichem Curie-Punkt nebeneinander, so richtet sich zwar die Anordnung der zuerst den Curie-Punkt unterschreitenden nach dem äußeren Feld, erzeugt jedoch gleichzeitig ein entgegengesetztes Innenfeld (das wesentlich stärker als das äußere sein kann), nach welchem sich nun die zweite Substanz bei der Abkühlung unter Curie-Temperatur richtet. Tatsächlich konnte T. Nagata an natürlichen Bimssteinen Japans (vom Mt. Haruna 1953) Selbstumkehr nachweisen, und andere zur Selbstumkehr befähigte Substanzen ließen sich im Labor synthetisch herstellen. Bei natürlichen Gesteinen mit ferrimagnetischen Mineralkomponenten ist Selbstumkehr durchaus verständlich, etwa wenn sich zunächst Titanomagnetit thermoremanent nach dem äußeren Erdfeld magnetisieren läßt, aber seine Magnetisierung schlechter bewahrt als der aus alpha-Hämatit entstehende Maghemit mit umgekehrter Magnetisierungsrichtung.

Schließlich wäre auch noch daran zu denken, daß bei einer mehrfachen Übereinanderlagerung vulkanischer Deckenergüsse jeweils der nächsthöhere, jüngere bei seiner Magnetisierung nicht von einem relativ schwachen äußeren Erdfeld, sondern dem vergleichsweise stärkeren lokalen Feld der unmittelbar unterlagernden Vulkanitdecke beeinflußt wird; Thermoremanenz kann nämlich zu höheren Feldstärken führen, als sie dem verursachenden äußeren Feld zukommen.

So führte man zunächst die festgestellten inversen Magnetisierungen auf Selbstumkehr im Gestein oder lokale Beeinflussung aus der Nachbarschaft zurück, bis sich um die Mitte der sechziger Jahre der unmittelbare Nachweis für magnetische Feldumpolung erbringen ließ. Indem man paläomagnetische Gesteinsproben aus fast allen Kontinenten gleichzeitig nach ihrer Polarität und ihrem physikalischen (radiogenen) Alter untersuchte, ergab sich eine typische Zeitfolge normaler und inverser Epochen des Erdmagnetfeldes, zunächst für die letzten vier

Millionen Jahre der Erdgeschichte (nach Versuchsergebnissen der amerikanischen Geophysiker A. Cox, G. B. Dalrymple und R. R. Doell). Die einzelnen unterscheidbaren Epochen dieser magnetischen Zeitskala der Erdgeschichte wurden nach berühmten Erforschern des Erdmagnetismus benannt: So nach dem französischen Physiker Bernard Brunhes (1867–1910) der Zeitraum normaler Magnetisierungsrichtung während der letzten 800 000 Jahre, nach dem japanischen Physiker Motonori Matuyama ein Zeitraum umgekehrter Feldrichtung zwischen 0,8 und etwa 2,3 Millionen Jahren, nach C. F. Gauß der Zeitraum normaler Magnetisierung zwischen 2,3 und 3,3 Millionen Jahren vor der Gegenwart sowie nach J. Gilbert der Zeitraum umgekehrter Feldrichtung vor 3,3 (bis ca. 4,3) Millionen Jahren. Die Gilbert-Epoche hat auch verschiedentlich die Bezeichnung Hospers-Epoche erhalten.

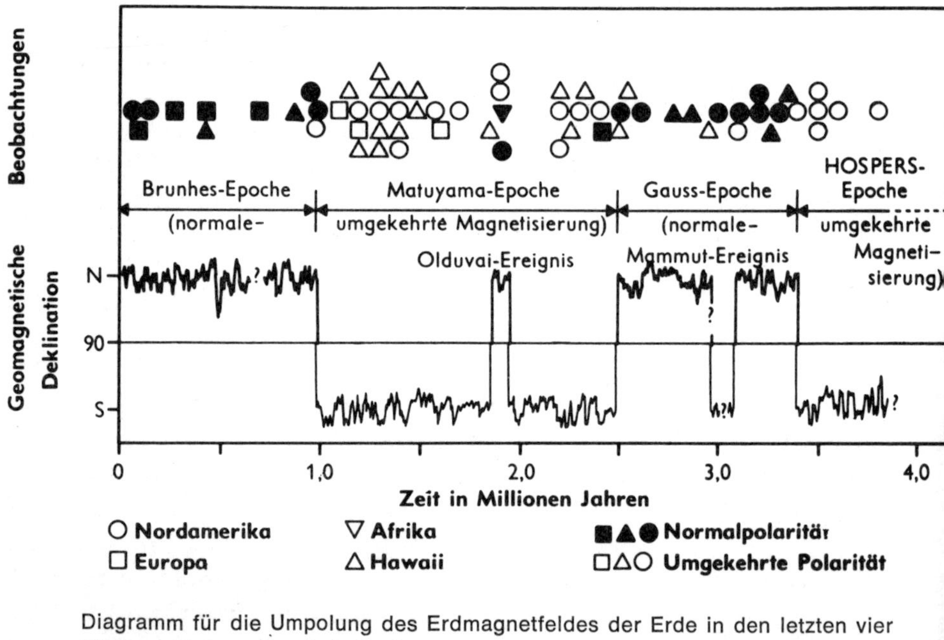

Diagramm für die Umpolung des Erdmagnetfeldes der Erde in den letzten vier Millionen Jahren. (nach A. Cox)

Zwischen die Zeitpunkte anhaltender Feldumkehr schalten sich noch vergleichsweise kurzfristige »magnetische Ereignisse« ein, so während der Matuyama-Epoche die kurzen »normalmagnetischen« Unterbrechungen der Jaramillo- (nach einer Lokalität in New Mexiko, ca. 1 Million Jahre vor der Gegenwart), der Gilsa- (ca. 1,5 Mill. Jahre) und der Olduvai-Phase (nach einer Lokalität in Tansania, ca. 2 Mill. Jahre vor der Gegenwart), sowie während der Gauß-Epoche das Kaena- (nach einer Lokalität auf Hawaii, ca. 2,7 Mill. Jahre) oder das Mammoth-Ereignis nach einer Lokalität in Kalifornien, ca. 3 Mill. Jahre vor der Gegenwart).

An isländischen Basaltdecken des Jungtertiärs konnten Tr. Einarsson, M. G. Rutten, H. Wensink und I. McDougall zeitlich noch vor Beginn der Gilbert- (Hospers) Epoche drei Abfolgen mit normaler, inverser und abermals normaler Feldrichtung (N_1, R_1 und N_2) nachweisen.

Wie die Feldumkehr (Umpolung) des Erdmagnetfeldes zustande kommt, ist genauso, wie die Ursache des magnetischen Erdfeldes, noch völlig ungewiß. Wir wissen also nicht, weshalb die Erde plötzlich aus ihrem magnetischen Nord- einen Südpol (und umgekehrt) macht; sicher ist nur, daß ein nach dem elektrodynamischen Generator-Induktionsprinzip erzeugtes Feld mit bestimmtem Vorzeichen in gleicher Weise auch mit umgekehrtem Vorzeichen entstehen kann. Nach dem heute meist vertretenen Prinzip für die Ursachen des Erdmagnetfeldes ist also nicht nur ein normal, sondern auch ein invers gepoltes Dipolfeld als Hauptkomponente des erdmagnetischen Innenfeldes verständlich. Da man nicht von einer generellen Änderung der Rotationsrichtung der Gesamterde ausgehen kann, sind Änderungen in der Strömungsrichtung der Konvektion im flüssigen Außenkern am wahrscheinlichsten.

Während man sich zunächst noch gegen die Anerkennung der Umpolung in magnetischen Epochen und Ereignissen sträubte, ergab sich bei Messungen an mehrere Meter langen Tiefseebohrkernen vom Grunde des Ozeans, vor allem aus dem Bereich der Antarktis, eine überzeugende Bestätigung. Bei der relativ geringen Sedimentationsrate der Ozeane genügen hier mehrere Meter lange Bodenproben, um die Abfolge normaler und inverser Magnetisierungsrichtung übereinander auch im Tiefseesediment auf Grund magnetischer Sedimentationsremanenz nachzuweisen (Opdyke, Glass, Hays und Foster 1966). Der paläomagnetische »Kalender« bewährte sich also auch – völlig unabhängig von den kontinentalen Beobachtungen – bei Sedimenten vom Ozeanboden.

Am überraschendsten aber waren paläomagnetische Messungen zu

Schiff beiderseits der mittelozeanischen Rücken, die seit 1965 in allen drei großen Ozeanen durchgeführt wurden. Wegen der räumlichen Ausbreitung magnetischer Kraftlinien ist es nicht unbedingt erforderlich, direkt mit dem untersuchten Gestein in Kontakt zu treten; magnetische Beobachtungen (etwa zur Exploration von Bodenschätzen) lassen sich in erster Annäherung auch schon aus der Luft oder von der Meeresoberfläche aus durchführen.

Daher eignen sich magnetische Messungen besonders gut als Methode der Ozeanographie, der marinen Geophysik und Geologie. Fast gleichzeitig entdeckten 1963/67 die amerikanischen Geophysiker Pitman und Heirtzler einerseits und die britischen Geophysiker Frederick J. Vine und D. H. Matthews streifenartige Felder normaler und inverser Magnetisierungsrichtung beiderseits und parallel zu mittelozeanischen Rücken: Die Streifen sind spiegelsymmetrisch zur Kammlinie der Schwellen angeordnet und stimmen beiderseits in Breite und Magnetisierungs-Intensität überraschend gut spiegelbildlich miteinander überein, wobei der innerste Streifen normale Polarität aufweist, während sich beiderseitig sodann zahllose weitere Streifen mit jeweils abwechselnder, inverser und normaler Feldrichtung anschließen.

Auch diese Streifengliederung des Meeresbodens beiderseits der mittelozeanischen Rücken mußte mit der Umpolung des erdmagnetischen Feldes in Zusammenhang stehen; während aber in den Tiefbohrkernen vom Meeresgrunde und bei den isländischen Basaltdecken normale und inverse Magnetisierungsrichtungen in wechselnder Folge übereinander liegen, stehen hier offenbar entsprechende, abwechselnde Zonen normaler und inverser Magnetisierungsrichtung jeweils steil nebeneinander.

Bei Lavadecken und bei Tiefseesedimentation ist durchaus verständlich, daß die Abfolge, dem Grundprinzip der Stratigraphie entsprechend, von unten nach oben jünger wird. Auch der paläomagnetische Kalender findet hier seine systematische Abfolge von unten nach oben, also vom stratigraphisch »Liegenden« zum »Hangenden« im alten bergmännischen Sinn.

Wie aber sollte man sich das seitliche Nebeneinander von Streifen der Feldumkehr erklären, wie es beiderseits der mittelozeanischen Schwellen angetroffen wurde, noch dazu in spiegelsymmetrischer Anordnung?

Nun sind Basaltdecken nicht die einzige Art, wie irdische Schmelze bei vulkanischen Ereignissen aufdringt, beziehungsweise an der Erdoberfläche ausfließt. In weiter Verbreitung gibt es daneben mehr oder minder steilstehende, von Lava erfüllte Spalten, sogenannte Gänge. Diese stimmen zwar mit den gleichaltrigen Deckenergüssen hinsichtlich ihrer Magnetisierungsrichtung überein, doch werden sie jeweils beidseitig von steilen Begrenzungsflächen gegenüber dem Nebengestein abgegrenzt. Der Gedanke lag nahe, das steile Nebeneinander von Krustenstreifen mit Feldumkehr beiderseits der mittelozeanischen Rücken, statt auf flach liegende Deckenergüsse, auf steil stehende Spaltenintrusionen vulkanischer Schmelze mit ausreichendem Magnetitgehalt zurückzuführen.

Weshalb aber dann die überraschende Spiegelsymmetrie in diesem Gangmuster? Konnte man annehmen, daß jeweils gleichzeitig zwei Gänge, noch dazu mit gleichem Abstand zur Kammlinie der untermeerischen Schwellen aufgedrungen sind, wobei dieser Abstand offenbar in Annäherung an die geologische Gegenwart nach und nach abnahm?

Eine überraschend einfache, fast geniale Lösung dieses Problems fand der britische Geophysiker Frederick J. Vine 1966: Wenn man annahm, daß die mittelatlantischen Rücken jeweils in der Mitte ihrer Kammlinie spaltenartig aufreißen und damit der Schmelze aus dem Untergrund eine Aufstiegsmöglichkeit bieten, erhält diese steile Spaltenintrusion bei der Abkühlung der Schmelze unter den Curie-Punkt das zum Zeitpunkt dieser Abkühlung herrschende Magnetfeld thermoremanent aufgeprägt. Dies ist der Fall zuletzt beim innersten, zentralen und normal magnetisierten Streifen entlang der Kammlinie der untermeerischen Schwellen. Reißt nun diese Spaltenintrusion nach einiger Zeit abermals entlang ihrer Mittellinie auf, so wandern die beiden entstehenden halben Teilstücke um ein Stück nach beiden Richtungen von der Mittellinie der Schwelle ab, um neuer Schmelze aus dem Untergrund Raum zum Aufdringen in Form einer noch jüngeren, inneren Spaltenintrusion zu bieten.

Fand zwischen der ersten und der zweiten zentralen Spaltenintrusion eine Umpolung des Erdmagnetfeldes statt, so wird die neu intrudierte innerste Spaltenfüllung bei Abkühlung unter Curie-Punkt entsprechend der nunmehr herrschenden Feldrichtung invers magnetisiert. Nach einiger Zeit – die naturgemäß in geologischen Dimensionen zu denken ist – sowie abermaliger Feldumkehr reißt die mittelozeanische

Schwelle abermals längs ihrer Mittellinie auf, und irdische Schmelze füllt gangartig die entstehende Medianspalte. Abermals teilt sich die ältere Spaltenintrusion in etwa zwei analoge, spiegelsymmetrische Hälften, die beidseitig von der Mittellinie der Schwelle abrücken. Wiederholt sich dieser Prozeß im Laufe der Erdgeschichte wieder und wieder, wobei laufende Feldumkehrungen für eine ständige Umpolung des äußeren Erdmagnetfeldes sorgen, so ergibt sich schließlich ein Bild steil nebeneinander stehender, jeweils in der Mitte geteilter Vulkanspalten, deren eine Hälfte jeweils in der einen, deren andere in der entgegengesetzten Richtung von der Kammlinie der mittelozeanischen Rücken hinwegwandern, bis schließlich große Teile des Ozeanbodens

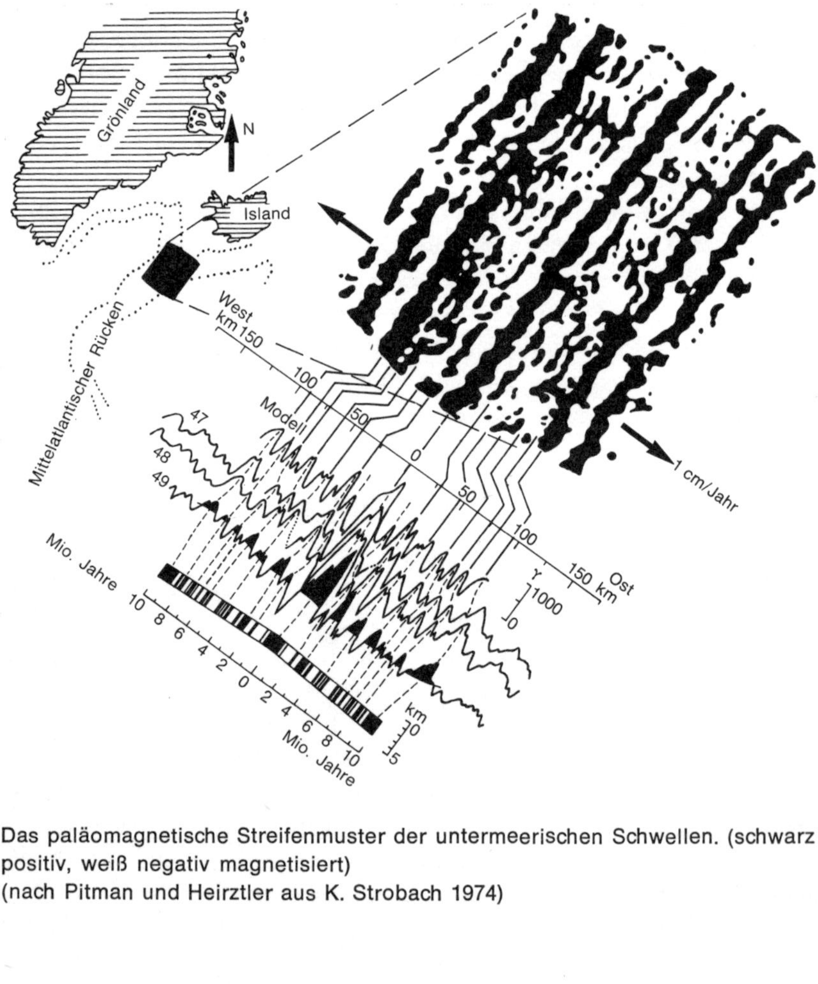

Das paläomagnetische Streifenmuster der untermeerischen Schwellen. (schwarz positiv, weiß negativ magnetisiert)
(nach Pitman und Heirztler aus K. Strobach 1974)

beiderseits der Schwellen von Streifen abwechselnder normaler und inverser Magnetisierungsrichtung aufgebaut werden. Die spiegelsymmetrische Anordnung des paläomagnetischen Streifenmusters ist so durchaus verständlich.
Man kann diesen Vorgang vergleichen mit einem Magnetband, das jeweils in der Mitte geteilt wird und nach beiden Seiten auseinandergezogen ist, nachdem zuvor in zeitlichem Wechsel normale und inverse Magnetisierungsrichtungen aufgeprägt wurden. Mit diesem Prinzip des »zerrissenen Magnetbandes« läßt sich das paläomagnetische Meßergebnis im Bereich ozeanischer Kruste beiderseits der mittelozeanischen Rücken sinnvoll erklären, wenn man auch zugeben muß, daß es sich zunächst nur um eine theoretische Deutung handeln kann. Da der paläomagnetische Kalender zeitlich geeicht ist, nämlich durch Vergleich mit den radioaktiven Altersdatierungen der Festländer, lassen sich sogar Angaben über die Öffnungsgeschwindigkeit im Bereich der mittelozeanischen Spaltensysteme machen: Sie schwanken von 1–2 cm für den Atlantik, bis zu 6–12 cm für den Südpazifik. Mit diesen paläomagnetischen Ergebnissen erhielt die Vorstellung von einer langfristigen und bis heute anhaltenden Öffnung der Ozeane einen starken Auftrieb.

5. Die Öffnung der Ozeane

Wie wir gesehen haben, brachte die neue wissenschaftliche Methode des Paläomagnetismus eine Erneuerung der Kontinentaldrift-Hypothese. Paläomagnetische Untersuchungen in allen Teilen der Erde sind seit den fünfziger Jahren dieses Jahrhunderts ein umfangreiches Forschungsvorhaben, das von Wissenschaftlern vieler Nationen getragen wird. Genannt seien in England P. M. S. Blackett mit seinen Schülern von der Universität London und S. K. Runcorn mit seinen Mitarbeitern an der Universität von New Castle upon Tyne, in Frankreich E. Thellier von der Universität Paris sowie L. Néel von der Universität Grenoble, in Japan vor allem T. Nagata und seine Mitarbeiter von der Universität Tokyo.

Dabei waren aber auch noch andere geowissenschaftliche Methoden beteiligt. Trotz der weitgehenden Ablehnung, welche die Thesen Alfred Wegeners in den Jahren insbesondere nach 1930 erfahren haben, hielt der südafrikanische Geologe Alexander du Toit nach wie vor mit guten Argumenten an den Gedankengängen Wegeners fest, insbesondere in seinem 1937 erschienenen Werk »Our wandering continents«, und die beiden deutschen Geologen R. Maack in Südamerika und Henno Martin in Südwestafrika konnten die auffällige Parallelität der geologischen Entwicklung dieser beiden Anrainerländer des Südatlantiks besser denn je herausarbeiten; von Reinhard Maack stammt die zusammenfassende Darstellung seiner Forschungsergebnisse in dem Buch »Kontinentaldrift und Geologie des südatlantischen Ozeans« (Berlin 1969). Während man geologischerseits zwischen 1930 und 1960 die Kontinentaldrift – insbesondere in Europa und Nordamerika – praktisch ganz aufgegeben hatte – der japanische Geophysiker Seiya Uyeda, Professor am Institut für Erdbebenforschung der Universität Tokyo spricht rückblickend davon, daß »la majorité de géophysiciens avait pratiquement cessé d'en débattre, et le monde scientifique l'avait relégué au rang de science – fiction pour

Die Eldgjá-Spalte auf Island ist die wohl größte Vulkanspalte der Erde. Sie erstreckt sich ca. 30 km in Nordost-Südwest-Richtung, ist ca. 140 Meter tief und bis zu 600 Metern breit.

Neben der im Nordosten parallel verlaufenden Laki-Spalte stellt sie die vermutliche Fortsetzung des Mittelatlantischen Grabensystems dar. Dieses Lineament wurde 2000 Jahre vor der Jetztzeit in Form des Eldgjá-Grabens geprägt, bedingt durch anhaltende Dehnung seit mindestens 60 Millionen Jahren. An der Entstehung sind hauptsächlich grabenartige Einbrüche beteiligt, zum andern aber auch vulkanisch bedingte Ausräumungsvorgänge. Dabei muß man sich die Lavaförderung am Boden des Grabens vorstellen, wohl in Form von Lavafontänen.

Die bis über 100 Meter hohen, meist bewachsenen Grabenflanken bestehen im wesentlichen aus basaltischem und hyaloklastischem Material. Die darüber hinaus noch vorkommenden Tillite sind Zeugen der jungen Vereisung. Die oberste, mehrere Meter mächtige Deckschicht wird von einer Folge grober, olivin-basaltischer Wurf- und Schweißschlacken gebildet, die von der Lavafontänen-Tätigkeit der Eldgjá-Eruption herrühren.

(Siehe Kapitel: Insel der Gletscher, Vulkane und heißen Quellen)

Foto: Hans-Ernst Weitzel, Hamburg

entfants« – ging die vergleichende geologische Feldarbeit auf den Südkontinenten im Sinne Wegeners und du Toits weiter. Es stellte sich heraus, daß die jungpräkambrischen Strukturlinien beiderseits des Südatlantiks gut übereinstimmen; während ein wesentlicher Teil dieser Strukturlinien sowohl in Südafrika wie in Südamerika weitgehend parallel zur Küste verlaufen und damit für eine Trennung der Südkontinente in der Streichrichtung derartiger jungpräkambrischer Gebirgsstrukturen sprachen, konnte man auch für zahlreiche, quer zur Küstenlinie verlaufende präkambrische Gebirgsgürtel jeweils entsprechende Fortsetzungen auf dem Gegenkontinent nachweisen, so etwa für die Damariden Südwestafrikas (benannt nach dem Volksstamm der Berg-Damaras), für den Kuanza-Scheitel Angolas oder das Birrimien-System westlich der Niger-Mündung. Auch charakteristische Kristallingesteine des Präkambriums fanden sich zu beiden Seiten des Südatlantiks in parallelen Gürteln, wie etwa die Charnockite (Hyperthen-Quarz-Feldspat-Gneise) der brasilianischen Küstenländer und nördlich der Kongo-Mündung.
Die festländischen Ablagerungen des Jungpaläozoikums mit den Spuren der permokarbonen Vereisung stimmen in Anordnung und Ausbildung weithin überein, und es ließ sich zeigen, daß die Eisbewegung in Südamerika von Osten, also aus dem heutigen Meeresgebiet kam, das sicher ursprünglich nicht als Eiszentrum in Frage gekommen sein kann. Im Gegenteil, vom Eis mitgeführte Geschiebe aus charakteristischen Gesteinen erhärteten die Vermutung, daß das Gletschereis Südamerikas teilweise einst aus dem unmittelbar angrenzenden Südwestafrika gekommen war. In bituminösen Schiefern gleichaltriger Ablagerungen Südafrikas (White band) und Südamerikas (Irati-Schiefer Brasiliens und Paraguays, Melo-Formation Uruguays) fanden sich engverwandte Faunen, insbesondere der Gattung Mesosaurus (etwa die Art Mesosaurus tenuidens, kleiner Reptilien des Jungpaläozoikums) sowie übereinstimmend Sumpf- und See-Ablagerungen mit Glossopteris-Floren. Zur Obertrias-Zeit dehnen sich im südamerikanischen Paraná-Becken (Botucatú) und in Südafrika (Stormberg) vergleichbare Wüstengürtel mit äolischen (windtransportierten) Sandablagerungen, während sich die Jura-Zeit und untere Kreide beiderseits des Südatlantiks durch den ebenfalls vergleichbaren Vulkanismus des Paraná-Trapps Südamerikas und der Stormberg-Serie des Kaokofeldes von Südwestafrika auszeichnet.

Richtungen des Eisflusses im südlichen Afrika und im Paraná-Becken Südamerikas.

Besonders gewichtig war die Feststellung des deutschen Paläontologen K. Krömmelbein (1965/66), daß die Bahia-Serie des Reconcavo- und Tucano-Beckens von Nordostbrasilien und zeitlich entsprechende Gesteine der Wende Jura/Kreide aus dem Kongo-Küstenbecken Gabuns Süßwasser-Ostrakoden (mikroskopisch kleine krebsartige Zweischaler) mit zahlreichen völlig übereinstimmenden Arten enthalten, die kaum über einen offenen Ozean heutiger Breite hinweg gelangt sein konnten; das bedeutet, daß offenbar zu diesem Zeitpunkt Südamerika noch mit Afrika zusammenhing. Erst von der mittleren Kreide an scheint nach den Untersuchungen Reinhard Maacks und anderer der Südatlantik aufgebrochen zu sein, und zwar möglicherweise anfangs nach Art einer grabenähnlichen Spalte, die sich sodann in den folgenden hundert Millionen Jahren bis zur Breite des heutigen Ozeans erweitert hat. Für die knapp sechstausend Kilometer heutiger Breite stehen danach gut hundert Millionen Jahre Entwicklungs-Zeitraum zur Verfügung; geht man von einer langfristig gleichmäßigen Öffnungsgeschwindigkeit aus, so erhält man einen erdgeschichtlichen Mittelwert der Öffnungsgeschwindigkeit von 5–6 cm pro Jahr.

Vergleicht man damit den aus dem paläomagnetischen Streifenmuster normaler und inverser Magnetisierung und dem Umpolungskalender des Erdmagnetfeldes gewonnenen Betrag von rund 2 cm pro Jahr beiderseits der Mittelatlantischen Schwelle in den letzten Millionen von Jahren, so muß offenbar die Öffnungsgeschwindigkeit in der früheren erdgeschichtlichen Vergangenheit, etwa im jüngeren Mesozoikum und älteren Tertiär, wesentlich höher gewesen sein.

Eine weitere wesentliche Stützung der Vorstellung vom Auseinanderweichen der Südkontinente beiderseits des Südatlantiks ergab sich aus radiogenen Altersbestimmungen kristalliner Gesteine Westafrikas und Nordost-Südamerikas. Hier, im Bereich des einspringenden Winkels des afrikanischen Kontinents mit dem Golf von Guinea, in welchen sich die Nordostecke Südamerikas auffällig gut einpassen läßt, ergaben die physikalischen Altersdatierungen von beiden Kontinenten erstaunlich gute Übereinstimmungen. Rückt man Südamerika und Afrika im Sinne Wegeners und du Toits zusammen, so stimmen die hohen physikalischen Alter (mit mehr als 2 Milliarden Jahren) des Westafrikanischen Schildes räumlich mit gleich hohen Altern des Guayana-Schildes aus dem nördlichen Südamerika überein; nach Osten folgt ein Gürtel jüngerer Alterswerte, eine Zone der sogenannten panafrikanischen Gebirgsbildung um 550 bis 450 Millionen Jahre, während dem abermals sehr alten São-Luis-Präkambrium der äußersten Nordostecke Brasiliens abermals ähnlich hohe Alter der Elfenbeinküste gegenüberliegen. Der panafrikanische Dahome-Gürtel Afrikas setzt sich im Cariri-Gürtel Nordost-Brasiliens fort, und selbst die wesentlich jüngeren, nämlich jungpaläozoischen Faltenzüge der Sierra de la Ventana, der Sierra de Tandill und der Precordillera Argentiniens finden ihre östliche Fortsetzung in den Kap-Falten Südafrikas, in den Swarte und Cedar Bergen.

Sir E. Bullard und seine Mitarbeiter von der Universität Cambridge stellten mit Hilfe elektronischer Datenverarbeitung die beste »Paßform« Südafrikas und Südamerikas fest und kamen zu einer besonders guten Übereinstimmung, weniger für die heutige Küstenlinie, sondern für die 2000-m-Isobathe am jeweiligen beiderseitigen Schelfrand des Südatlantiks. Für die radioaktiven Altersdatierungen beider Südkontinente waren insbesondere auch die Arbeiten von P. Hurley vom Massachusetts Institute of Technology (MIT), veröffentlicht unter anderem in »Science« 1967, von besonderer Bedeutung. Patrick M.

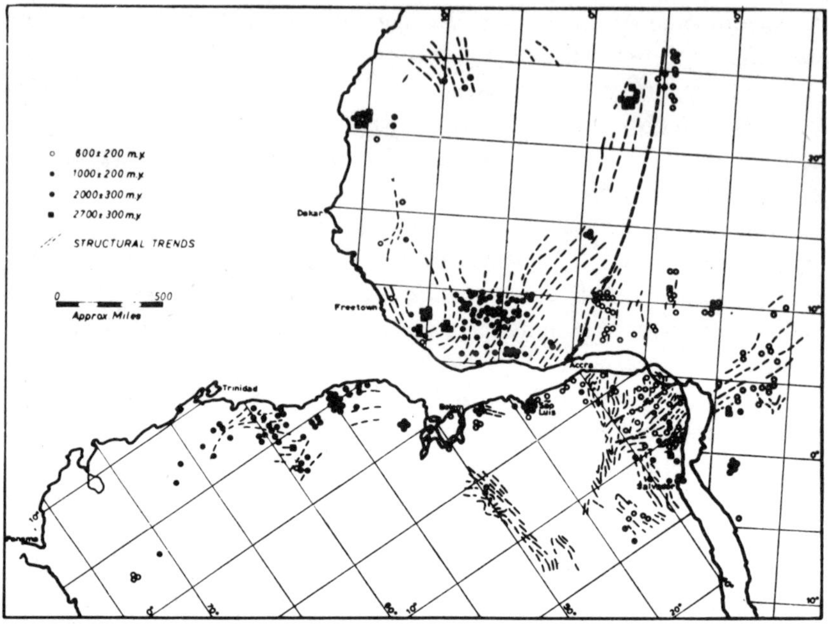

Übereinstimmungen der physikalischen Altersdatierungen in Afrika und Südamerika.

Hurley konnte sich bei seinen Arbeiten am MIT auf eine enge Zusammenarbeit mit Kollegen in Südamerika und Afrika stützen.
Aber auch der ozeanische Bereich zwischen der Alten und der Neuen Welt lieferte interessante Hinweise auf eine kontinuierliche Öffnung des Atlantiks: Wie der kanadische Geowissenschaftler J. Tuzo Wilson nachwies, werden die Inseln beiderseits des mittelozeanischen Rückens erdgeschichtlich um so älter, je weiter sie von der Mittelatlantischen Schwelle räumlich entfernt sind. Quer zur Mittelatlantischen Schwelle verlaufende Rücken sind offenbar so zu deuten, daß hier besonders ausgeprägte vulkanische Förderschlote im Bereich der Mittelatlantischen Schwelle lagen, deren vermehrte Förderprodukte beim Auseinanderrücken der Kontinente fiederförmig angeordnete Querrücken auftürmten. Tatsächlich sind auch diese Querschwellen annähernd symmetrisch zur Mittelatlantischen Schwelle angeordnet; so entspricht etwa dem Walfischrücken in Nordostrichtung der Rio Grande – Rücken in Nordwestrichtung, der Sierra-Leone-Schwelle auf der einen

Seite die Kuppenreihe zwischen dem St. Peter- und Paul-Felsen und der Amazonas-Mündung.
Rückt man die Südkontinente nach den Berechnungen von Sir E. Bullard längs der 2000-m-Tiefenlinie als bester Paßform zusammen, so ergeben sich lediglich an zwei Stellen kleinere Überschneidungen: Die eine liegt im Bereich der Niger-Mündung und wird durch die zweifellos ganz jungen Ablagerungen des Niger-Deltas verursacht, die andere erstreckt sich im Bereich des Walfisch-Rückens, der offenbar ebenfalls eine vergleichsweise junge Bildung ist.
Um 1960 war die ozeanographische Tiefsee-Kartierung und damit die Topographie der Ozeanböden so weit geklärt, daß Übersichts-Darstellungen aller drei großen Ozeane herausgebracht werden konnten; besonders eindrucksvolle Schaubilder stammen von dem amerikanischen Geophysiker Bruce C. Heezen und Maria Tharp. Letztere erkannte bei der Auswertung zahlreicher Bathygramme aus dem Scheitelbereich mittelozeanischer Schwellen, daß in die Kammlinie derartiger Rücken nicht selten grabenartige Schollen in der Längserstreckung der Schwellen eingesunken sind, die kaum anders als nach Art von Dehnungsgräben durch Ausweitung des Meeresbodens zu erklären waren. Solche Dehnungsgräben heißen im englischen Sprachbereich »rift-valleys«; die »rift«-Zonen der mittelozeanischen Rücken galten damit als weiteres Indiz für eine aktive Öffnung der Ozeane, die offenbar wegen ihrer frischen topographischen Formen als geologisch junge Erscheinungen angesprochen werden mußten. Unter »rifting« versteht man damit eine Krustendehnung unter Öffnung von Spalten senkrecht zur Öffnungsrichtung, wobei nicht selten Streifenschollen grabenartig einsinken, wenn sie beiderseits von Dehnungsbrüchen (Störungen des Schichtverbandes nach Art einer sogenannten Abschiebung mit Neigung der Störungsfläche in Richtung zur abgesunkenen Scholle) flankiert werden.
So zeigte die Topographie der untermeerischen Schwellen, die Parallelität der geologischen Entwicklung beiderseits des Südatlantiks, das wachsende Alter der Inseln beiderseits der mittelozeanischen Rücken sowie das paläomagnetische Streifenmuster beiderseits dieser Rücken übereinstimmend ein und dasselbe Bild, nämlich Anzeichen für eine Öffnung der Ozeane, speziell in den rift-Zonen der mittelozeanischen Schwellen. Wie aber sollte man sich eine derartige Ausdehnung des Ozeanbodens vorstellen? Schon bei der Diskussion der Wegenerschen

Kontinentalverschiebungstheorie war der Mechanismus der Bewegungen ungeklärt geblieben und bot den Gegnern dieser These Ansatzpunkte zu heftiger Kritik. Als sich nun aus den paläomagnetischen und geologischen Beobachtungen im Bereich der Ozeane und benachbarten Kontinente immer deutlicher eine Bestätigung der Wegenerschen Vorstellungen von Kontinentalbewegungen ergab, erhob sich aufs neue die Diskussion um den möglichen Bewegungsantrieb.

Schon im Jahre 1906 hatte der Tiroler Landesgeologe Otto Ampferer (1875–1947) in einer ausführlichen Kritik der damals gängigen Thesen über Gebirgsbildung Faltung und Deckenbau nicht auf eine Schrumpfung des Erdballs, sondern auf »Unterströmungen« unterhalb der Erdkruste zurückgeführt, das heißt auf langsame und stetig strömende Bewegungen im Substrat der tiefen Kruste, die lediglich passiv von derartigen Strömungsvorgängen mitgeführt wird, statt selbst aktiv zu driften. Die weiträumige Übertragung von einengenden Spannungen in der Erdkruste aufgrund der Abkühlungskontraktion des Erdinnern schien O. Ampferer wegen der vergleichsweise geringen Druckfestigkeit der Gesteinshülle wenig geeignet, die auffällige Konzentration der Faltungsvorgänge in schmalen Gebirgsbildungsgürteln zu erklären. Der Antrieb der Gebirgsbildung war offenbar nicht in der Kruste selbst, sondern im darunter folgenden Mantel zu suchen, der möglicherweise in langsam strömender Bewegung ist.

Der Grazer Geophysiker R. Schwinner führte 1920 diese »Unterströmung« auf eine thermische Konvektion des Erdmantels zurück, das heißt auf die Wärmeabgabe des tiefen Erdinnern, das in wärmer temperierten Regionen langsam aufsteigt, nahe der Erdoberfläche seinen Wärmeinhalt abgibt und nach entsprechender Abkühlung wiederum absinkt, um sich in der Tiefe erneut aufzuheizen.

Der französische Physiker H. Bénard hat derartige konvektive Bewegung in flüssigen Medien untersucht, um die Bedingungen zu ermitteln, unter denen Konvektion möglich ist. Dabei stellte er fest, daß sich bei thermischer Konvektion auf- und absteigende Bewegungsäste nach Art eines zellenförmigen Musters anordnen, das nach seinem Entdecker den Namen »Bénard-Zellen« erhalten hat. Bénards Arbeitsergebnisse fanden ihre theoretische Untermauerung im Jahre 1916 durch den englischen Physiker Baron John William Strutt Rayleigh (1842 bis 1919), Professor in Cambridge, Präsident der Royal Society und Nobelpreisträger des Jahres 1904. Nach dieser Theorie ist konvektive

Bewegung in Flüssigkeiten nur möglich, wenn eine Materialkonstante des Mediums, die sogenannte Rayleigh-Zahl (eine dimensionslose Zahl, welche die Flüssigkeit charakterisiert), einen bestimmten kritischen Wert übersteigt.

Wie wir bereits gesehen haben, verhält sich der Erdmantel bis in Tiefen von 2900 m bei der Ausbreitung elastischer seismischer Wellen wie ein fester Körper, das heißt, er erlaubt auch die Fortpflanzung von Transversalschwingungen. Um die Vorstellung der Mantelkonvektion aufrechtzuerhalten, entwickelte Arthur Holmes 1928 als Professor an der Universität Edinburgh die These, daß der Erdmantel kurzfristigen Bewegungen (wie etwa Erdbebenwellen) gegenüber zwar sich wie ein fester Körper verhalte, aber innerhalb geologischer Zeiträume gewisse Eigenschaften von Flüssigkeiten oder plastischen Massen aufweise. Man spricht von »säkularer Plastizität« im festen Zustand, die sich nur in sehr langen Zeiträumen als unendlich langsame plastische Bewegung äußert. Nach den Vorstellungen von Arthur Holmes steigt in der Mitte der Ozeane heißes Mantelmaterial empor und fließt nahe der Erdkruste zur Seite hin ab, wobei die Erdkruste in zwei entgegengesetzten Richtungen auseinandergerissen und verdriftet wird; danach ist also die Öffnung der Ozeane eine oberflächennahe Erscheinung der Mantelkonvektion, angetrieben durch die Wärmeabgabe des Erdinnern.

Da bis 1961 über die physikalischen Eigenschaften des Erdmantels nichts Genaueres bekannt war, blieb die Vorstellung Arthur Holmes' praktisch unwidersprochen und wurde von H. Hess, Professor an der Universität von Princeton, sowie R. S. Dietz vom U. S. Naval Oceanographic Office als Deutung des Mechanismus der Öffnung der Ozeane übernommen. Robert S. Dietz fand auch den neuen Namen »sea-floor spreading« (oder »ocean-floor spreading«), unter welchem die Gedankengänge von der Öffnung der Ozeane im letzten Jahrzehnt weltberühmt wurden.

Neuerdings hat man allerdings den Versuch unternommen, Rayleigh-Zahlen für die Mantelmaterie zu berechnen. Dabei stellte sich heraus, daß die unter gewissen Voraussetzungen hierfür gewonnenen Zahlen des Erdmantels höher als der kritische Wert sind, oberhalb dessen eine thermische Konvektion nach der Theorie J. W. S. Rayleighs für Flüssigkeiten praktisch möglich ist. Dennoch gilt die Vorstellung der thermischen Konvektion im Mantel im Sinne von Schwinner und Holmes als nicht mehr aktuell, ohne daß allerdings wesentlich bessere

anderweitige Ansätze entwickelt worden wären.
Wie das paläomagnetische Streifenmuster beiderseits der mittelozeanischen Schwellen und die frischen Formen der Topographie im Scheitelbereich der Rücken schließen lassen, scheint die Öffnung der Ozeane bis in die Gegenwart hinein anzudauern. Offenbar ist die Dehnung der ozeanischen Kruste ein Ausdruck aktueller Geodynamik. Die von Heezen und Tharp veröffentlichten Darstellungen des ozeanischen Meeresbodens der großen Ozeane lassen jedoch eine mehrfache deutliche Gliederung der mittelozeanischen Schwellen in unzählige Teilstücke erkennen, die jeweils von Querstörungen voneinander getrennt und seitlich gegeneinander versetzt sind. Diese Querstörungen müßten demnach noch jünger als die mittelozeanischen Schwellen selbst sein, und letztere wären danach als fossile, das heißt als Formen der Vorzeit anzusprechen.
Wie V. Vacquier und seine Mitarbeiter als erste erkannten, betraf der seitliche Versatz nicht nur die mittelozeanischen Schwellen, sondern auch das beiderseitige paläomagnetische Streifenmuster, das offensichtlich im gleichen Sinne verschoben war wie die Rücken. Und, wie der amerikanische Geophysiker L. Sykes vom meereskundlichen Observatorium Lamont-Doherty aufgrund seismischer Beobachtungen nachweisen konnte (1967), waren die Erdbebenherde im Bereich der mittelozeanischen Rücken einerseits auf die Scheitelgräben in der Kammlinie der Schwellen, andererseits auf die Querstörungen konzentriert. Die Querstörungen stellten demnach offensichtlich, wie die Kammlinien der Schwellen selbst, aktive Zonen irdischer Dynamik dar. Die Bewegungen auf den Querstörungen konnten also insgesamt nicht jünger als die Öffnung der »rift-Zonen« der Schwellen sein, obwohl sie diese (und die gesamten mittelozeanischen Rücken einschließlich der anschließenden paläomagnetischen Streifenmuster) gegeneinander verschoben.
Hieraus ergab sich zunächst ein scheinbar unlöslicher Widerspruch. Nach herkömmlichen Vorstellungen der Tektonik sind Brüche stets jünger als die von ihnen gequerten Bauformen, und der jüngste Bruch ist offenbar derjenige, der von keinen anderweitigen Störungslinien mehr gequert und versetzt wird. Waren die Querstörungen der mittelozeanischen Schwellen noch heute aktiv, so konnten es die »rift-Zonen« der Rücken nicht gleichzeitig sein, da diese ja von den Querstörungen versetzt wurden und demnach älter sein mußten.
Die Lösung dieses geologischen Rätsels fand der kanadische Geo-

loge J. Tuzo Wilson 1965. Danach sind die Querstörungen der mittelozeanischen Schwellen keine üblichen Horizontalverschiebungen der Erdkruste, sondern entstehen gleichzeitig mit dem Aufreißen der untermeerischen »rift-Zonen« nach einem tektonischen Schema, das von Tuzo Wilson den Namen »transform faults« erhalten hat. Zwar sind auch hierbei die Kammlinien beziehungsweise Scheitelgräben der Schwellen längs der Störungslinien seitlich gegeneinander versetzt. Während aber bei den üblichen Horizontalverschiebungen die gesamte Erdkruste auf der einen Flanke der Störungslinie in der einen Richtung, auf der gegenüberliegenden entgegengesetzt bewegt wird, bleibt bei »transform faults« die Relativbewegung der beiden Störungsflanken auf den Abschnitt der Störungslinie zwischen zwei benachbarten, seitlich versetzten »rift-Zonen« beschränkt. Statt eines geradlinig durchlaufenden Scheitelgrabens öffnet sich dieser in zwei primär seitlich versetzten Teilstücken (oder gleich in einer Vielzahl gegeneinander versetzter Teilbereiche), und jeweils zwischen zwei benachbarten Teilstücken muß eine »transform fault« den seitlichen Versatz des Dehnungsbereiches gewährleisten. Abseits des eigentlichen Versatzgebietes ist die Bewegungsrichtung und -geschwindigkeit benachbarter ozeanischer Krustenschollen gleichsinnig; daher klingen die Querstörungen der mittelozeanischen Schwellen abseits der eigentlichen Schwellenregion auch ab und verlieren sich in den Weiten der ozeanischen Bekken. Zwischen den versetzten »rift-Zonen« ist die Relativbewegungsrichtung der »transform faults« umgekehrt wie bei üblichen Horizontalverschiebungen. Während sonst der Relativbewegungssinn direkt aus dem Versatz der Krustenstrukturen ablesbar ist, gilt für »transform faults« zwischen zwei versetzten »rift-Zonen«, daß wir uns beiderseits der Störungslinie jeweils auf entgegengesetzten Flanken mittelozeanischer Rücken befinden, die natürlich auch entgegengesetzt driften. Daher die Umkehr des Relativbewegungssinnes bei dieser neuen Störungsart.

Mit der Deutung der Querstörungen untermeerischer Rücken als »transform faults« gelang es Tuzo Wilson, einem nachhaltigen Einwand gegen die (junge) Öffnung der Ozeane den Boden zu entziehen und dem »sea-floor spreading« im Sinne von Robert S. Dietz zahlreiche neue Anhänger zu gewinnen.

6. Dehnt sich die Erde aus?

Wenn sich die Öffnung der Ozeane als ein junger, ja bis in die Gegenwart hinein andauernder Vorgang der Geodynamik aus zahlreichen geologischen und geophysikalischen Beobachtungen im Bereich der Ozeane und angrenzenden Kontinentalschollen ablesen ließ, und wenn diese junge Dehnung der ozeanischen Kruste große Teile der insgesamt 71 % umfassenden ozeanischen Erdoberfläche betraf, so lag der Gedanke nahe, in dieser Öffnung unmittelbar einen Hinweis auf die Expansion des Erdballs zu sehen. In wenig mehr als 100 Millionen Jahren hatten sich offenbar ozeanweite Spalten zwischen den Kontinenten geöffnet, und diese Dehnung des Ozeanbodens längst der mittelozeanischen Kruste scheint nach paläomagnetischen und seismischen Beobachtungen mit einer Geschwindigkeit von 1–6 cm pro Jahr bis heute anzudauern. Nahm man die Dehnungsbrüche und Großgrabenzonen der Kontinente mit ähnlicher Dehnungstendenz hinzu, so konnte man wohl auf eine generelle Ausdehnung des Erdkörpers zur Erklärung aller dieser Phänomene schließen. So erhielt im Zeichen der geowissenschaftlichen Erforschung der Meeresräume auch die Expansionshypothese des Erdkörpers neue Impulse, die bereits vor vier Jahrzehnten als »Krustensprengungshypothese« von O. C. Hilgenberg als Kontrast zur damals noch weitgehend anerkannten Abkühlungskontraktion in die geologische Literatur eingeführt worden war. Neben Hilgenberg hat auch J. Keindl in so früher Zeit Gedankengänge einer Expansion der Erde vertreten.

In der Geologie hatte die Expansionshypothese stets nur wenige Anhänger; zu offensichtlich waren die Spuren krustaler Einengung vor allem in den Faltengebirgen. Doch blieb die Expansion der Erde und deren mögliche Ursachen seit den 50er Jahren dieses Jahrhunderts bei Physikern und Geophysikern im Gespräch. 1957 führte der ungarische Geophysiker L. Egyed eine Ausdehnung der Erde auf eine Expansion des instabilen, unter überhöhtem Druck stehenden Erdkerns zurück.

G. J. F. MacDonald und L. Knopoff zogen 1958 zur Erklärung der Expansion Phasenänderungen der Materie des Erdinnern heran. Nach H. C. Urey (1952) vollzieht sich eine fortschreitende Differentiation von Kruste und Mantel, die möglicherweise zu einer Vergrößerung des Erdradius führt. Mit zunehmender Kenntnis der Dehnung der Meeresräume häufen sich die Vertreter der Erdexpansion; so denkt A. E. Beck 1960 an einen stetigen Verlust der Erde an Schwerepotential-Energie im Laufe der Erdgeschichte (die Energie des Schwerepotentials ist umgekehrt proportional zum Erdradius), M. A. Cook und A. J. Eardley rechnen 1961 mit einer thermischen Expansion des Erdinnern, und Hilgenberg hält gar 1963 eine Zunahme der Erdmasse und Erddichte für möglich, die zur Krustensprengung führt.

So ist also auch der Gedanke der Erdexpansion in der Geowissenschaft schon lange konzipiert worden, ehe man aus der Vorstellung von der Öffnung der Ozeane nähere Hinweise auf eine großräumige Dehnung der Erdkruste erhalten hatte.

Aber erst mit dem deutschen Physiker Pascual Jordan (1964/1966) wurde die Theorie von der Expansion der Erde in einen näheren Kontext mit neueren physikalischen Vorstellungen von einer generellen Expansion des Universums gestellt; Pascual Jordan führt die Expansion des Kosmos und damit auch des Erdballs auf die erstmals von dem englischen Physiker P. A. M. Dirac 1937 geäußerte Vermutung von einer langsamen aber stetigen Abnahme der Gravitationskonstante zurück.

Unter Gravitationskonstante versteht man in der Physik eine ursprünglich unveränderlich gedachte Naturgröße der Massenanziehung, die zwischen zwei homogenen Kügelchen von je 1 g Masse im Abstand von 1 cm herrscht. Der ungarische Physiker Loránd Baron Eötvös (1848–1919) hat diese Gravitationskonstante mit hoher Genauigkeit bestimmt und ihre Unabhängigkeit von Temperatur und Material der Kugeln nachgewiesen.

Selbst neueste sehr genaue Bestimmungen der Gravitationskonstante durch den englischen Physiker R. H. Dicke (1960–1965) ergaben keinen experimentellen Nachweis für eine zeitliche Veränderung dieser Naturgröße.

Dennoch blieb Diracs Gedankengang im Gespräch, zumal man in der Zwischenzeit auch die auffällige Rotverschiebung der Spektrallinien sehr weit entfernter astronomischer Objekte – wenn auch nicht völlig

unwidersprochen – im Sinne eines Doppler-Effektes deutete und durch eine generelle Expansion des Kosmos zu erklären suchte. Der Doppler-Effekt führt beispielsweise im Straßenverkehr dazu, daß die Hup-Töne eines sich rasch nähernden Fahrzeuges zu hoch, eines sich rasch entfernenden aber zu niedrig erscheinen: Durch die Relativbewegung des Fahrzeugs als Schallquelle ändert sich somit auch die Wellenlänge für den Beobachter je nach der Bewegungsrichtung, also Abstandsvergrößerung oder -verminderung. Zeigten die Spektrallinien eine Verschiebung zu größeren Wellenlängen, also in Richtung zum roten Pol des Spektrums, so entsprach diese Tatsache im Sinne des Doppler-Effektes einer (raschen) Abstandsvergrößerung der aussendenden Himmelskörper. So dachte man sich den gesamten Kosmos – ausgehend von einem sogenannten »Urknall« – in rascher allgemeiner Expansion begriffen. Die Expansion der Erde wäre in diesem Bilde lediglich ein schmaler Ausschnitt dieser allgemeinen Expansion.
Mit Dirac und Jordan wäre eine solche Expansion des Weltalls einschließlich der Erde auf eine stetige Abnahme der Gravitationskonstante zurückzuführen, also auf eine ständige Minderung der gegenseitigen Massenanziehung der Himmelskörper und der Materie-Bestandteile des Erdinnern. Die Abnahme der Gravitationskonstante ist allerdings dabei so minimal, daß sie sich nicht kurzfristig im Labor nachweisen läßt, sondern lediglich bei astronomisch großen Entfernungen oder geologisch langen Zeiträumen. Da der Nachweis an Hand der Rotverschiebung von Spektrallinien weit entfernter astronomischer Körper bereits gelungen schien, lag der Gedanke nahe, auch den zweiten möglichen Weg der Bestätigung zu gehen, nämlich denjenigen über die geologisch langen Zeiträume.
Pascual Jordans Buch »Die Expansion der Erde« (Braunschweig 1966) hat es sich zur Aufgabe gestellt, zu prüfen, inwieweit geologische Beobachtungen aus der fernen erdgeschichtlichen Vergangenheit in Übereinstimmung (oder Widerspruch) zur Vorstellung einer generellen Abnahme der Gravitationskonstante stehen. Nach verschiedentlicher Umdeutung geologischer Phänomene und ihrer Ursachen kommt er zu dem Resultat, daß die erdgeschichtliche Überlieferung durchaus mit der Annahme einer Verminderung der Massenanziehung in Einklang stehe, wobei ihm allerdings die überwiegende Zahl der Geologen nicht zu folgen bereit sind.
Der Ausgangspunkt für die Überlegungen P. A. M. Diracs zur lang-

fristigen zeitlichen Abnahme der Gravitationskonstante mutet allerdings zunächst wie eine Zahlenspielerei an: Dirac sieht einen Zusammenhang zwischen dem Verhältnis von elektrostatischer Abstoßung und Massenanziehung zwischen zwei Protonen einerseits und dem Weltalter andererseits, wenn man dieses in »elementaren Zeiteinheiten« ausdrückt, in welchen das Licht die Weglänge vom Durchmesser eines Elektrons zurücklegt. Für die genannte Verhältniszahl sowie für das 1937 geschätzte Weltalter ergab sich nach Dirac ein übereinstimmender Wert in der Größenordnung von 10^{35} – einer Eins mit 35 Nullen dahinter, also einer unvorstellbar großen Zahl – und Dirac wollte nicht an bloßen Zufall bei derartiger Übereinstimmung glauben. Waren elektrostatische Kraftwirkung, Gravitation und Weltalter jedoch durch diese Übereinstimmung gesetzmäßig miteinander verbunden, so mußte die Gravitationskonstante mit dem Weltalter abnehmen. Eine zweite Möglichkeit, die Verhältniszahl von elektrostatischer Abstoßung übereinstimmender Ladungen und Massenanziehung dem Weltalter anzupassen, hat der in den Vereinigten Staaten lebende russische Kernphysiker G. Gamow (1968) erwogen: Statt einer Abnahme der Gravitationskonstante kann nämlich auch eine entsprechende langsame zeitliche Zunahme der Elementarladung mit zunehmendem Weltalter zum selben Ergebnis, nämlich einer zahlenmäßigen Übereinstimmung führen. In diesem Falle kann man die Gravitationskonstante unverändert beibehalten; die Elementarladung wächst im selben Maße wie das Weltalter, und damit naturgemäß auch die elektrostatische Kraftwirkung zwischen geladenen Kernteilchen. Doch hat Gamow seine Vorstellung von der langfristig veränderlichen Elementarladung selbst an Hand von Feinstrukturbeobachtungen von Spektrallinien entfernter astronomischer Körper selbst wieder revidiert; diese Feinstrukturen entsprachen nicht dem Bild, das bei wachsender Elementarladung zu erwarten gewesen wäre.

Es schien daher sinnvoller, eine zeitliche Abnahme der Gravitationskonstanten anzunehmen, obgleich man heute allerdings sagen muß, daß das Weltalter eine insgesamt noch recht unbekannte Größe darstellt und keineswegs mehr dem von Dirac 1937 angenommenen Betrag entspricht; seither sind unsere Altersvorstellungen für die Entstehung des Kosmos von rund 2–3 Milliarden Jahren auf 5–10 Milliarden Jahre angewachsen, und damit ist eigentlich auch die wesentliche Voraussetzung für Diracs Überlegungen hinfällig geworden.

Immerhin bot eine allmähliche Abnahme der Massenanziehung eine plausible Erklärung für die Rotverschiebung der Spektrallinien ferner Himmelskörper, und auch eine Expansion der Erde schien zunächst glaubhaft, schließen sich doch die Kontinente zu einer gemeinsamen, die gesamte Erdkugel umschließenden Sial-Hülle zusammen, wenn man die Öffnung der Ozeane (als erdgeschichtlich jungen Vorgang) rückgängig macht: In diesem Falle wäre der Erdradius allerdings annähernd nur halb so groß wie heute, und als Zeitpunkt für den Beginn der Öffnung des Atlantiks ist die untere bis mittlere Kreidezeit vor rund 120 Millionen Jahren anzunehmen.

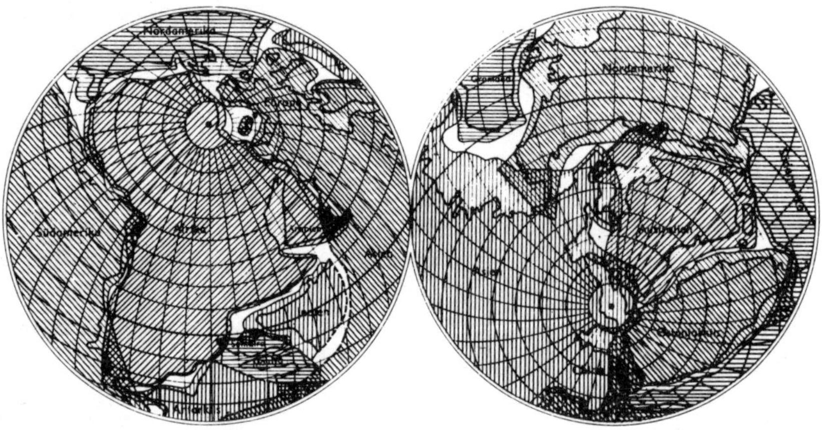

Hypothetische Lage der Kontinente vor Jahrmillionen bei nur halb so großem Erdradius.

Konnte man davon ausgehen, daß vor rund 120 Millionen Jahren der Erdradius nur die Hälfte des heutigen betrug und die Erdoberfläche noch von einer zusammenhängenden Kontinentalkruste – ohne Unterbrechung durch dünnere ozeanische Krustenareale – bedeckt war?

Schon kurz nach Bekanntwerden der Diracschen Hypothese hat der amerikanische Kernphysiker E. Teller auf einen wichtigen Umstand hingewiesen, der nicht geeignet war, ernstlich eine derart rasche Abnahme der Gravitationskonstante zu erwägen.

Die Massenanziehung ist nämlich nicht nur von Einfluß auf Erdradius und Durchmesser des Kosmos, sondern auch auf den Abstand der

Himmelskörper untereinander, insbesondere den Abstand von Sonne und Erde. War die Gravitationskonstante einst wesentlich höher als heute, so mußte der Sonnenabstand früher in weiter zurückliegenden Epochen der Erdgeschichte auch wesentlich geringer gewesen sein als heute. Das bedeutet jedoch eine damals nennenswert stärkere Sonneneinstrahlung und damit ein wesentlich wärmeres Erdklima. Aber auch die solare Wärmeproduktion selbst ist unmittelbar von der Gravitationskonstante abhängig; für die Wasserstoff-Kernfusion im Sonneninnern gilt, daß sie mit der 7. Potenz der Gravitationskonstante wächst. Schon verschwindend geringe Änderungen der Gravitationskonstante wirken sich damit beträchtlich auf die Erzeugung und Abstrahlung von Sonnenenergie aus; aufgrund einer überschlagsmäßigen Berechnung müßten, wie sich E. Teller humoristisch ausdrückt, die Meere der frühen erdgeschichtlichen Vergangenheit »zum Kochen gekommen sein«, wenn damals aufgrund erhöhter Massenanziehung die solare Energieerzeugung derart verstärkt gewesen sein sollte.

Eine Abnahme der Gravitationskonstante in erdgeschichtlicher Zeit bedeutet also, daß das Erdklima in früher geologischer Vergangenheit wesentlich wärmer als heute gewesen sein müßte und dann in Annäherung an die geologische Gegenwart praktisch ständig kühler geworden wäre. Über das Erdklima der erdgeschichtlichen Vergangenheit unterrichtet uns die Paläoklimatologie, die Wissenschaft vom Klima der Vorzeit, als Teilgebiet der allgemeinen und historischen Geologie. Sie analysiert die geologischen Bildungen zurückliegender geologischer Epochen im Hinblick auf die während der Ablagerung der Gesteine herrschenden klimatischen Verhältnisse, auf etwaige Vereisungsspuren, auf Wüstenbildungen, auf Wassertemperaturen der Weltmeere oder Anzeichen tropischen oder subtropischen Klimas. Gletscher und Inlandeismassen polieren den Untergrund bei ihrem langsamen Vorrükken, hinterlassen Rundhöcker und Gletscherschrammen, Moränenablagerungen von Gletscherschutt und gekritzte Geschiebe. In Wüstengebieten kann sich der Wind voll auswirken und Sandmassen zu Dünen auftürmen; die charakteristische Dünenschichtung mit geneigten Schrägschichtungsblättern läßt nicht nur auf die ursprüngliche Windrichtung, sondern auch auf vergleichsweise trockene Klimaverhältnisse schließen (wenn es sich nicht nur um eng begrenzte Küstendünen handelt). Über Meerwassertemperaturen der erdgeschichtlichen Vergangenheit informieren uns beispielsweise Ausfällungen von chemischen

Sedimenten (Kalke, Salze) oder die Sauerstoffisotopen-Zusammensetzung kalkschaliger Meeresversteinerungen (etwa Muschelschalen von Inoceramen aus dem Kreidemeer, Belemniten-Rostren als Teile des Innenskeletts bestimmter Tintenfischarten aus Jura und Kreide und anderes mehr). An Hand von Pflanzenversteinerungen und deren typischem Formenschatz kann man unter Umständen auf Trockenheit oder Feuchtigkeit, auf hohe oder niedrige Temperatur der ehemaligen Standorte schließen. So ist die Paläoklimatologie mit zum wichtigsten Kriterium für langfristige Veränderungen der klimatischen Verhältnisse auf der Erde und damit zugleich zu einer Testmöglichkeit für die Frage nach einer Abnahme der Gravitationskonstante in erdgeschichtlicher Zeit geworden.

Wie stimmen nun die paläoklimatologischen Erkenntnisse der Geologen zur Vorstellung von einer langfristigen Abnahme der Massenanziehung? Hat die Gravitationskonstante in geologischen Zeiträumen abgenommen, so muß das Erdklima im Laufe der Erdgeschichte praktisch ständig kühler geworden sein. Von einer heißen präkambrischen Urzeit über warmklimatisches Paläo- und Mesozoikum müßte die klimatische Entwicklung zu gemäßigten und kühlen Verhältnissen im Tertiär und Quartär geführt haben. Auf den ersten Blick scheint auch die pleistozäne Eiszeit durchaus in dieses Bild zu passen; hat man sie doch einst schon als Hinweis auf die Abkühlung des Erdinnern und die damit verbundene Kontraktion des Erdballs gewertet.

Es ist aber offenbar seit dem Ende der pleistozönen Eiszeit vor annähernd 2 Millionen Jahren sichtlich wärmer auf der Erde geworden. Und die pleistozäne Eiszeit der jüngsten erdgeschichtlichen Vergangenheit ist keineswegs die erste dieser ausgedehnten Kaltzeiten mit Vereisung weit über die Polkappen hinaus. Wir haben bereits im letzten Kapitel des zweiten Teils von der Kaltzeit des Jungpaläozoikums, der sogenannten permokarbonen Vereisung Indiens und der Südkontinente gesprochen, die ein wichtiges Kriterium für Wegeners Kontinentaldrift darstellte. Doch kennt man bedeutende Vereisungsspuren auf der Erde auch noch aus weit älteren Epochen der Erdgeschichte. Vor allem Südafrika hat in weiter Verbreitung Hinweise auf präkambrische Eiszeiten geliefert, so etwa den Witwatersrand-Tillit (verfestigter Geschiebelehm als Gletscherschuttbildung) mit einem radiometrisch bestimmten Alter von 2,5 Milliarden Jahren, den Transvaal-Tillit (2 Milliarden Jahre alt) und die jungpräkambrischen Ver-

Der Strokkrur-Geysir (isl. Strokkr = Butterfaß) in Haukaladur auf Island ist der zur Zeit wohl lebhafteste Geysir. Seine Heißwasserförderung erfolgt in Abständen von wenigen Minuten mit Fördermengen von durchschnittlich mehreren Zehnerkubikmetern je Ausbruch.
Die Tätigkeit der Geysire in Vulkangebieten ist bedingt durch den schnell ansteigenden Wärmegradienten mit zunehmender Tiefe, wodurch versickerndes Oberflächen- und Grundwasser zum Sieden gebracht wird.
Nach *Bunsen* wird das Wasser, das in Spalten versickert, unten in der Tiefe durch vulkanische Wärme aufgeheizt. Dabei liegt der Siedepunkt in tieferen Partien höher als 100° C (z. B. bei ca. 20 m Tiefe 127° C), da ja eine erhebliche Wassersäule darüber lastet, und Druck erhöht den Siedepunkt. Bei beginnender Siedetätigkeit erfolgt eine Entgasung des überhitzten Wassers, es kommt zur plötzlichen Druckentlastung, der Siedepunkt wird überschritten, das Tiefenwasser wird umgewandelt in Dampf, welcher die noch darüber befindliche Wassersäule eruptiv in die Luft schleudert. Grundwasser und erneut zurückfließendes Oberflächenwasser bedingen die sich wiederholende Tätigkeit des Geysirs.
Geysire, heiße Quellen und Solfataren werden auf Island als Energiespender zur Heizung von Wohnungen, Gewächshäusern, Freibädern etc. genutzt.

(Siehe Kapitel: Insel der Gletscher, Vulkane und heißen Quellen)

Foto: Mats Wibe Lund jr., Reykjavik, Island

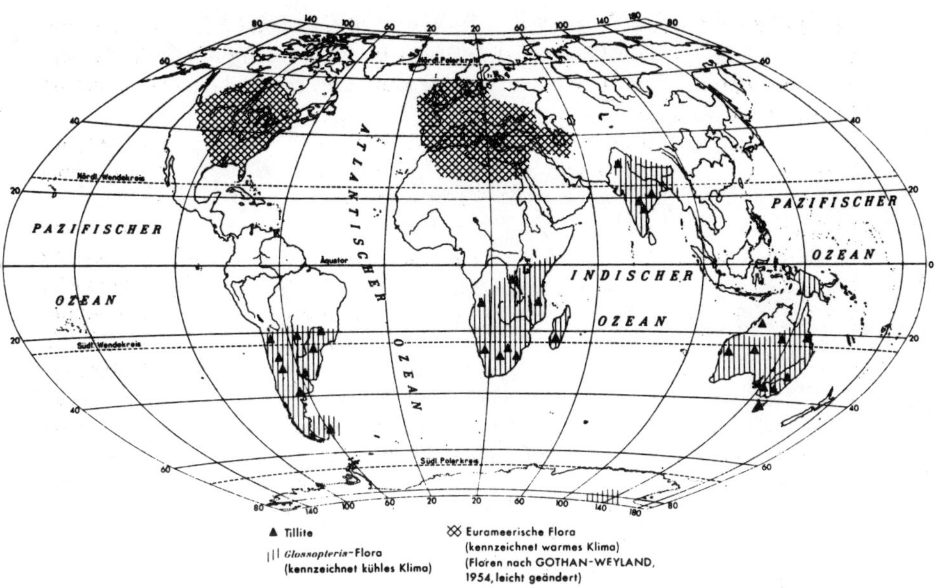

Paläogeographische Karte für die Wende Karbon-Perm. (nach M. Schwarzbach)

eisungsspuren (Kundelungu-, Otavi-, Blaubeker-, Buschmannsklippe-, Numees und Weißer Nossob-Tillit) mit 600 bis 550 Millionen Jahren Alter.

Zwischen die Schichtfolgen mit Vereisungsspuren sind hin und wieder marine Ablagerungen und warmklimatische Sedimente eingeschaltet, zum Zeichen, daß nicht das gesamte Präkambrium eiszeitlich war, sondern aus einem mehrfachen Wechsel von Kalt- und Warmzeiten bestand. Seit über 2,5 Milliarden Jahren gehören also Eiszeiten mit entsprechend kühlem Erdklima zum üblichen Bild des irdischen Klimaablaufes; es gibt keine generelle Temperaturabnahme (oder -zunahme) im Laufe der Erdgeschichte, sondern einen ständigen Wechsel von kühlerem und wärmerem Klima.

Diese Feststellung ist so gravierend, daß sie den physikalischen Gedankengängen von einer langfristigen (raschen) Abnahme der Gravitationskonstante innerhalb dieser Zeiträume praktisch den Boden entzogen hat. Pascual Jordan versucht zwar in seinem Buch über »die Expansion der Erde«, die »permokarbone« Eiszeit klimatisch umzudeuten und als Folge starker Bewölkung in den Äquatorialgebieten der

Erde darzustellen, doch sind die jungpaläozoischen Vereisungsspuren nicht auf den Äquatorgürtel beschränkt, sondern von Indien bis zum Antarktischen Kontinent verbreitet, und aus dem gleichen Zeitraum besitzen wir genügend Hinweise auf starke Sonneneinstrahlung, die zur Bildung typischer Eindampfungs- und Wüstensedimente geführt hat. Und die mehrfachen präkambrischen Eiszeiten haben so deutliche Spuren hinterlassen, daß sie einfach nicht hinwegzudiskutieren sind.

Ein weiterer gewichtiger Einwand gegen die (rasche) Erdexpansion ergibt sich aus der Wasserfüllung der Ozeane. Verkürzt man den Erdradius so weit, daß sich die Kontinente zu einer gemeinsamen, den gesamten Erdball umschließenden Außenschale zusammenfügen, so ist praktisch kein Raum für die gewaltigen Wassermassen der ozeanischen Becken mehr gegeben; diese würden die Erdoberfläche im Mittel über 3000 m hoch bedecken. Es könnte also vor mehr als 120 Millionen Jahren keine Festländer gegeben haben; doch besitzen wir aus dem Erdaltertum und Präkambrium genügend eindeutig festländische Ablagerungen, um diesen Schluß zu widerlegen. So sind ja gerade die festländischen Gondwana-Bildungen mit den Vereisungsspuren charakteristische Gesteinsserien Indiens und der Südkontinente aus dem Jungpaläozoikum (also aus dem Zeitraum noch vor der Öffnung der Ozeane), in Nord- und Zentralasien dehnt sich während des älteren Mesozoikums der Angara-Kontinent mit festländischen Ablagerungen (und darin eingeschlossenen Kohlelagern), und die Unterkreide Gabuns und des Staates Bahia in Nordostbrasilien birgt eindeutige Süßwasser-Ostrakoden in sonst festländischen Gesteinsserien.

Das Wasser der Weltmeere müßte also schon während der Öffnung der Ozeane (und gleichsinnig mit dieser) neu gebildet worden sein, was bei rund 1,4 Milliarden Kubikkilometern Meerwasser kaum möglich erscheint, oder es könnte im Laufe der jüngeren Erdgeschichte praktisch nur Regressionen, also ein Zurückweichen der Meere von den Kontinentaltafeln und eine Sammlung des Wassers in den neu entstehenden Tiefen der Ozeane gegeben haben. Die zahlreichen Meerestransgressionen, Epochen aktiven Vorrückens der Küstenlinien in Richtung auf die Festländer, aus dem jüngeren Mesozoikum (vor allem zu Beginn der Oberkreide) sprechen jedoch eindeutig dagegen.

Stand einst die Kontraktionstheorie vor der unlösbaren Aufgabe, offensichtliche Dehnungserscheinungen der Erdkruste (wie Großgrabenzonen und Dehnungsbrüche) wegzudiskutieren oder umzudeuten, so steht nunmehr die Expansionstheorie vor dem umgekehrten Problem einer Erklärung für offensichtliche Einengungsformen in den Falten- und Deckengebirgsgürteln. Heinz Haber (»Unser blauer Planet« 1965), M. Matschinski (1953) und Pascual Jordan (1966) glaubten hierfür ein einfaches Rezept gefunden zu haben. Läßt man nämlich keine Dehnung der Kontinentaltafeln selbst zu, so nimmt deren Krümmung mit wachsendem Erdball ab, und es bilden sich örtlich »Quetschfalten«. Faltengebirge sind aber nicht einfach quetschfaltenartige Aufwölbungen kontinentaler Kruste, sondern haben ihre typische Entwicklung aus geosynklinalen Meeresräumen, die gegen diese zu einfache Erklärung spricht. Zudem ist nicht einzusehen, weshalb sich nicht auch die kontinentale Kruste der allgemeinen Erdexpansion anschließen soll; in diesem Falle wird die Quetschfaltenbildung durch Dehnung der Kruste verhindert. Die ostafrikanische Bruch- und Grabenzone legt immerhin nahe, daß auch kontinentale Kruste auf Dehnung durch Zerbrechen reagiert, und die Krümmungsabnahme der Kontinentaltafeln seit Beginn der Ozeanöffnung reicht (mit nur einigen Prozent) nicht aus, um die starke Einengung in den Kettengebirgen und ihre enge räumliche Konzentration hinlänglich zu erklären. Schließlich wird der Einengungsbetrag der Alpen auf annähernd 65 bis 75 % geschätzt, das heißt, das heutige Gebirge stellt nur noch ein Viertel bis ein Drittel des ursprünglichen Ablagerungsraumes der alpinen Decken dar.

Abschließend sei noch ein letztes, aber keineswegs weniger gewichtiges Argument gegen jede (rasche) Expansion der Erde um nennenswerte Beträge in erdgeschichtlicher Zeit angeführt: Konzentriert man nämlich die Masse der heutigen Erde auf einen vorzeitlichen Himmelskörper mit nur halbem (oder drei Viertel) Radius, so ändern sich alle Druck- und Temperaturbedingungen im Innern dieses vorzeitlichen Planeten nachhaltig. Alle Arten metamorpher, plutonischer und vulkanischer Gesteins- und Schmelzbildung müßten in diesem Falle anders verlaufen als bei heutigem Erdradius. Die erdgeschichtlichen Überlieferungen der letzten rund drei Milliarden Jahre, die einigermaßen gut geologisch überblickt werden können, zeigen keinerlei grundlegende Änderung des endogenen tektonischen sowie magmatischen Geschehens im Erdinnern. Diese geologischen Tatsachen stehen mit einer nennenswerten Erdexpansion nicht in Einklang.

Aus den zahlreichen angegebenen Gründen muß man also wohl eine Erdexpansion und nennenswerte Abnahme der Gravitationskonstante in erdgeschichtlicher Zeit ablehnen. K. M. Creer und A. Holmes (1965) rechnen daher nur noch mit einer verschwindend geringen Abnahme der Gravitationskonstante ohne sichtbare geologische Auswirkungen.

7. Die versinkende Erdkruste

Wenn sich die Erde aber innerhalb erdgeschichtlicher Epochen nicht ausgedehnt hat, wir also mit einem annähernd konstanten Erdradius rechnen müssen, so ist eine Öffnung der Ozeane nur möglich, wenn die im Scheitelbereich der mittelozeanischen Schwellen neu gebildete Kruste an anderen Stellen der Erde wieder abgebaut wird. Einer Öffnung der Ozeane muß also ein gleichsinniger Abbau irdischer Kruste in anderen Teilen der Erde gegenüberstehen. Das »sea-floor spreading« muß also durch ein »Earth's crust removing« gleichsam kompensiert werden. Das Ausmaß der Öffnung der Ozeane ergibt damit zugleich ein Maß für den gleichzeitigen Krustenabbau; da es verständlicherweise schwieriger ist, abzuschätzen, was im Laufe der jüngeren Erdgeschichte durch Krustenabbau verschwunden ist, während die neu entstandenen Teile ozeanischer Kruste offen zutage liegen, ist eine Abschätzung der Öffnungsbeträge ozeanischer Krustenareale gleichzeitig von großer Bedeutung für das mutmaßliche Ausmaß des Erdkrustenabbaues.

Die gegenwärtigen Flächen der Ozeane betragen für den Atlantik rund 106, für den Indik 75 und für den Pazifik 180 Millionen Quadratkilometer. Hiervon sind nach dem »sea-floor spreading«-Konzept innerhalb der letzten rund 120 Millionen Jahre nahezu der gesamte Atlantik, der größte Teil des Indik (Indien, Australien, Afrika und Antarktika müssen offenbar zum Zeitpunkt der jungpaläozoischen Vereisung noch unmittelbar zusammengehangen haben) sowie mindestens der halbe Pazifik neu entstanden. Daraus resultiert ein Gesamt-Flächenbetrag der Ozeanöffnung innerhalb 120 Millionen Jahren von schätzungsweise 260 Millionen Quadratkilometern. Die Gesamtlänge aller mittelozeanischen Schwellen (als aktive Dehnungszonen der Erdkruste und Bildungsbereiche neuer ozeanischer Kruste) beträgt etwa 72 000 km. Daraus errechnet sich ein langfristiger jährlicher Mittelwert der Krustendehnung und Öffnung der Ozeane zwischen 3 und 4 cm –

rein rechnerisch 3,6 cm – auf die streichende Länge aller mittelozeanischer Schwellen, ein Betrag, der erstaunlich gut zu den paläomagnetischen Beobachtungen sowie zu den Messungen der Deutschen Island-Expedition 1938 über die Öffnungsgeschwindigkeit an den Spaltensystemen der mittelisländischen Bruch- und Grabenzone paßt.
Nun stehen dieser Gesamtlänge der mittelozeanischen Schwellen offenbar auch Zonen des Krustenabbaues gegenüber, die von vergleichbarer Größenordnung und Intensität der Krustenverkürzung sein sollten. In diesen Bereichen des Krustenabbaues müssen demnach in rund 120 Millionen Jahren Erdgeschichte rund 260 Millionen Quadratkilometer Erdkruste verschwinden, um einer analogen Öffnung der Ozeane Raum zu schaffen. Daß dies mit vergleichbarer Geschwindigkeit und auf ähnlich breiter Front wie die Öffnung der Ozeane längs der mittelozeanischen Schwellen vor sich gehen sollte, liegt auf der Hand.
Es ist daher der Schluß naheliegend, als derartige Zonen des krustalen Abbaues die Gebirgsbildungsgürtel der Erde anzusehen: Verfügen sie doch insgesamt über eine erstaunlich ähnliche Gesamtlänge von nahezu 72 000 km, längs derer also im langjährigen Mittelwert jährlich zwischen 3 und 4 cm Krustenverkürzung erfolgen sollte.
Tatsächlich scheinen wesentliche tektonische Ereignisse an mittelozeanischen Schwellen und Gebirgsbildungsgürteln korreliert abzulaufen: So zeigen Erdkarten der Erdbebentätigkeit eine deutliche Konzentration der Erdbebenherde auf die Gebirgsbildungsgürtel einerseits, auf die mittelozeanischen Schwellen andererseits.
Man kann außerdem darauf hinweisen, daß sich die Verkürzung der Alpen im Querschnitt der Ostalpengeosynkline seit der unteren Kreidezeit in guter zeitlicher Übereinstimmung zum Beginn der Öffnung des zentralen Atlantischen Ozeans im Querschnitt Gabun-Bahia befindet; und beiden Ereignissen gehen markante vulkanische Eruptionen voraus, welche die neuen geodynamischen Bewegungen anzukündigen scheinen, nämlich die Plateau-Ergüsse der Drakensberge von Südafrika einerseits sowie der Geosynklinal-Vulkanismus der Penninischen Alpengeosynkline mit seiner Ophiolith-Förderung andererseits, die in beiden Fällen der Jurazeit zuzuordnen sind.
Für einen Abbau ozeanischer Kruste besonders geeignet erscheinen insbesondere die Inselbögen am Rande des Pazifischen Ozeans, die sich mit ähnlichem Aufbau in einer zusammenhängenden Kette girlandenförmiger Inselzüge von Alaska aus über Aleuten, Kurilen, Japan,

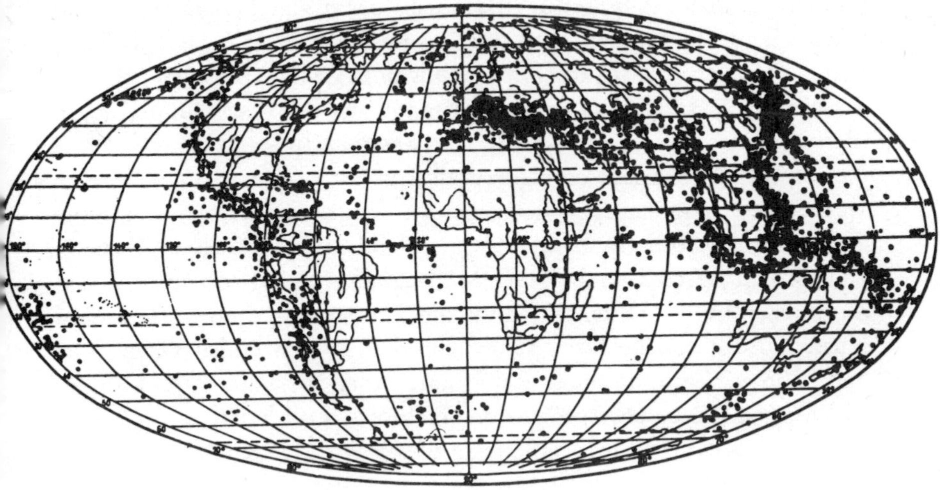

Erdbebenkarte der Erde. (nach E. F. Bellamy)

Riukiu-Inseln, Philippinen bzw. Marianen und Karolinen, über Melanesien, Salomonen, Neue Hebriden und Fidschi-Inseln, Tonga- und Kermadec-Rücken bis nach Neuseeland erstrecken.

Den Inselbögen in Richtung zum offenen Pazifik jeweils vorgelagert findet sich stets ein Tiefseegraben, also ein schmaler, streifenförmiger Abschnitt besonders großer Wassertiefe, die im einzelnen bis über 11 000 m erreichen kann. So beobachtet man im Bereich dieser pazifischen Inselbögen die stärksten Niveau-Unterschiede, die man überhaupt gegenwärtig für die Oberfläche der Lithosphäre kennt: Der Höhenunterschied zwischen Inselketten und vorgelagertem Tiefseeboden im Bereich dieser Grabenzonen beträgt nicht selten über 10 km, also wesentlich mehr als der Höhenunterschied zwischen den höchsten Gipfeln des Himalaja und ihrem Vorland. Man kann daher wohl annehmen, daß diese anormale Tiefenlage des Ozeanbodens unmittelbar vor den Inselketten mit einem Hinabtauchen ozeanischer Kruste unter die Inselbögen in Zusammenhang steht. Allerdings umgürten derartige Inselbögen nicht den gesamten Pazifik, sondern nur dessen Nord- und Westseite. Im Osten, längs der Küsten der Neuen Welt, fehlen sie. Doch findet man hier immerhin auf lange Erstreckung Tiefseegräben ähnlich denjenigen vor nord- oder westpazifischen Inselbögen; genannt seien (von Norden nach Süden) der Kalifornische

Graben vor der Halbinsel der Baja California, der Mexikanisch-Mittelamerikanische Graben (von der Ausmündung des Golfes von Kalifornien bis Costa Rica), der Peru- sowie der Atacama-Graben (vor der Westküste Südamerikas zwischen Ecuador und der Insel Chiloe). Auch hier scheint jeweils ozeanische Kruste anormal tief und unter die angrenzende kontinentale Tafel abzutauchen.

In diesem Zusammenhang erscheint es sehr interessant, daß weder die großen ostpazifischen Bruchstufen (Mendocino, Pioneer, Murray, Clarion, Clipperton, Galapagos, Marquesas) eine Fortsetzung auf den anschließenden Kontinenten, noch die Faltenstränge der chilenischen Küstenkordillere eine Fortsetzung auf dem angrenzenden Ozean finden: Wie W. Zeil 1964 ausgeführt hat, enden die Faltenachsen dieses chilenischen Küstengebirges abrupt mit nordwestlicher Richtung längs der heutigen Küste, ohne daß sie in dieser Form ursprünglich geprägt sein konnten. Man muß füglich annehmen, daß die Küstenkordillere ursprünglich noch nicht an der heutigen Küstenlinie zu Ende ging, sondern eine streichende Fortsetzung in Richtung der Faltenstränge aufs offene Meer hinaus besaß, die heute praktisch wie abgeschnitten ist. Die Kontinentaltafeln der Neuen Welt erscheinen somit längs ihrer Westküste gleichsam »amputiert«, offenbar ein unmittelbarer Ausdruck des Krustenabbaues im Bereich der vorgelagerten Tiefseegräben. Diesem Krustenabbau ist dabei anscheinend nicht nur ozeanische, sondern zumindest randlich auch kontinentale Kruste zum Opfer gefallen.

Die amputierten Teile der Kontinentaltafeln der Neuen Welt sowie die Fortsetzung der ostpazifischen Ozeankruste sind offenbar unter den Kontinenten Nord- und Südamerikas zu suchen, wo sie zu der hier ungewöhnlichen Krustendicke im Bereich der südamerikanischen Anden sowie der Kordillerenregion Nordamerikas beitragen. Die an der Nahtstelle im Untergrund verschwundenen Krustenstücke gelangen unter den Kontinenten offenbar in zunehmende Erdtiefen, wo ihr Mineralbestand teilweise wegen der ansteigenden Temperaturen nicht mehr beständig ist; außer regionaler Gesteinsumwandlung muß man mit teilweiser Aufschmelzung rechnen, und tatsächlich umgibt ein nahezu geschlossener Vulkangürtel den Pazifischen Ozean, offenbar zum Zeichen, daß hier überall abgebaute und in die Tiefe gesunkene Krustenteile der Umwandlung und teilweisen Aufschmelzung unterliegen. Der zirkumpazifische Vulkangürtel (mit den höchsten Vulkanen der Erde in den Chilenischen Hochanden, mit den Vulkanen Mittelamerikas und Mexikos, mit dem jungen und teilweise bereits erloschenen Vulkanismus der Kordillerenregion im Westen Nordamerikas und Alaskas sowie mit den zahllosen Vulkaninseln der Nord- und Westpazifischen Inselgirlanden) wird also offenbar aus dem Abbau krustaler Schollen gespeist, die randlich unter Kontinentaltafeln und Inselbögen verschwunden sind. Diese Vulkanzone liegt, vom offenen Pazifik aus betrachtet, jeweils hinter der Zone der Tiefseegräben, also nicht längs der eigentlichen Nahtstelle des Krustenabbaues, sondern erst in dem zur Erreichung entsprechend hoher Temperaturen benötigten Abstand.

Eine wesentliche Stütze findet diese Vorstellung vom Krustenabbau längs der Inselbögen und zirkumpazifischen Kontinentalränder an seismischen Beobachtungen. Trägt man nämlich die Herdtiefen von Erdbeben in einem Schnitt senkrecht zum Außenrand des Pazifiks als Funktion ihrer Entfernung vom offenen Ozean ab, so stellt man eine fortschreitende Zunahme der Tiefenlage fest. Die Bebenherde scheinen alle gleichsam auf Flächen angeordnet zu sein, die vom Ozean in Richtung auf die umgebenden Kontinente abtauchen. Der japanische Geophysiker Seiya Uyeda hat 1972 einen Tiefenlinienplan der Erdbebenherde für die Japanischen Inseln veröffentlicht, wonach die Zone der Flachherdbeben zwischen dem Japan-Tiefseegraben und der Küstenregion der Inseln zu suchen ist, während Herdtiefen von ca. 50 km etwa der Längsachse der Inseln entsprechen. Kontinentwärts, also in Richtung auf die Japansee zwischen den Inseln und dem Asiatischen Festland, folgen nacheinander Herdtiefenlinien von 150, 250, 350 und 450 km. Mit der 450-km-Tiefenlinie ist das nordkoreanisch-sowjetische Küstengebiet um Wladiwostok erreicht. Anläßlich der chilenischen Bebenserie vom August 1965 bis September 1968 konnte der chilenische Geophysiker T. Santo zeigen, daß die Herdtiefen zwischen 20° und 25° südlicher Breite ziemlich gleichmäßig bis zu einer Entfernung um 700 km von der Küste des Pazifiks von unter 50 auf über 300 km zunehmen. Darauf folgt eine erdbebenfreie Tiefenzone zwischen 350 und 550 km im Abstand zwischen 650 und 800 km von der Küste. Erst in einer Entfernung von 800 bis 900 km vom Pazifikrand treten dann nochmals Tiefherdbeben mit Herden zwischen 500 und 600 km unterhalb der Erdoberfläche auf. Im Zwischenbereich ist offenbar der obere Mantel so beweglich, daß es nicht zur Ansammlung elastischer seismischer Spannungen kommt. Die Zone der Tiefherdbeben liegt nicht mehr im Bereich der ozeanwärts gerichteten chilenischen, sondern der kontinentalen argentinischen Abdachung der Hochanden sowie in deren östlichem Vorland. Als erster hat H. Benioff 1951 auf die zunehmende Herdtiefe mit wachsender Entfernung vom Pazifik aufmerksam gemacht und diese Erscheinung auf eine Überschiebung der kontinentalen über die vorgelagerte ozeanische Kruste zurückgeführt. Die Erdbebenenergie sammelt sich nach dieser Vorstellung also auf kontinentwärts geneigten Überschiebungsflächen an, längs derer sich kontinentale über ozeanische Kruste schiebt. Nach H. Benioff werden daher solche Zonen zunehmender Herdtiefe rings um den Pazifik (sowie vereinzelt auch in anderen Teilen der Erde) als Benioff-Zonen bezeichnet. Im Herdtiefenschnitt fallen diese Benioff-Zonen mit einem Neigungswinkel zwischen 15° und 25° in Richtung zum angrenzenden Kontinent ein; man schließt daraus, daß die ozeanische Kruste auch mit

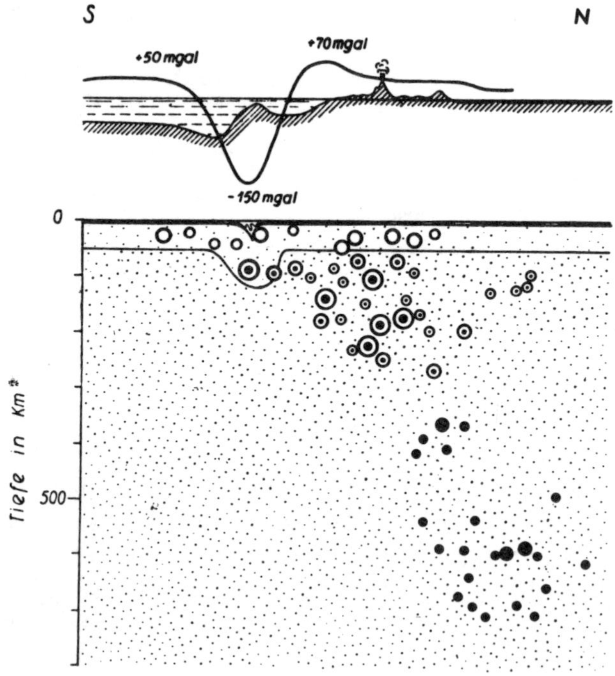

Kontinentwärts gerichtete Zunahme der Herdtiefe von Erdbeben (Benioff-Zonen) und Krusteneinmuldung (down-buckling). (nach Vening-Meinesz und H. Benioff)

einem entsprechenden Neigungswinkel unter der kontinentalen verschwindet.

Aus der paläomagnetisch datierten Öffnungsgeschwindigkeit längs der mittelozeanischen Schwellen hat man auch auf eine analoge Absinkgeschwindigkeit ozeanischer Kruste am pazifischen Außenrand von 2–6 cm pro Jahr geschlossen und angesichts der Schwierigkeiten einer wirksamen Beseitigung von Atommüll allen Ernstes die Frage ventiliert, ob man derartige gefährliche Rückstände nicht in den Nahtstellen des zirkumpazifischen Außenrandes versenken soll, wo sie dem ozeanischen Krustenabbau erfaßt und unter die angrenzenden Kontinentalschollen verfrachtet werden. Ohne hier ausführlicher darauf einzugehen, soll jedoch gesagt werden, daß dieses Verfahren nicht sehr sinnvoll erscheint. Wie wir nämlich im vierten Teil noch zu besprechen haben werden, sind Ausmaß und Richtung des krustalen Abbaus keineswegs schon so weit gesichert, daß man sie als Grundlage für Experimente mit gefährlichen Abfallprodukten wählen dürfte.

Neben den seismischen Beobachtungen und dem Vulkanismus der zirkumpazifischen Randgebiete sei hier noch auf weitere geophysikalische Messungen eingegangen, die zwar bereits teilweise schon länger zurückliegen, jedoch ihre Erklärung erst mit zunehmender Kenntnis vom Bau der Meeresgebiete erfahren haben. Im Jahre 1920 gelang es dem holländischen Geophysiker F. A. Vening-Meinesz, im Seegebiet des damaligen Niederländisch-Indien (heute Indonesien) vom Unterseeboot aus Schweremessungen durchzuführen. Während die Pendelversuche O. Heckers zu Beginn dieses Jahrhunderts eine weitgehende isostatische Kompensation der ozeanischen Becken im Vergleich mit den Kontinentaltafeln ergeben hatten, stellt nun Vening-Meinesz in schmalen, langgestreckten Zonen südlich bzw. östlich des Indonesischen Inselbogens nachhaltige Störungen des Gravitationsfeldes der Erde fest: Jeweils dem Inselbogen vorgelagert findet sich eine markante Unterschwere-Zone, innerhalb welcher Gesteinsmassen fehlen respektive durch Gesteine geringerer Dichte ersetzt sein müssen.

Der Meeresboden ist also nicht überall völlig isostatisch kompensiert, sondern zeigt in unmittelbarer Nähe der Inselbögen nennenswerte Abweichungen der Massenverteilung. Diese Tatsache ist nur so zu erklären, daß offenbar derartige Inselbögen des Westpazifiks und Nord-Indiks noch gegenwärtig so tektonisch aktiv sind, daß die Zeit nicht für eine isostatische Kompensation ausgereicht hat, oder daß diese

isostatische Kompensation durch andauernde Bewegungen der Gegenwart ständig wieder gestört wird.
Vening-Meinesz erklärte das von ihm erstmals gefundene Schweredefizit vor indonesischen Inselbögen durch eine tiefe Einmuldung relativ leichter Krustengesteine in die spezifisch schwerere Mantelmaterie und nannte dieses Prinzip der Krusten-Einmuldung »down-buckling«. In den »down-buckling«-Zonen sah er Bereiche künftiger Gebirgsbildung, das heißt Zonen, die später einmal in geologischer Zukunft infolge ihres Dichteauftriebs (wegen der zur Zeit hier herrschenden Unterschwere) als Gebirge oder zumindest als Inselkette aufsteigen werden. Gravimetrie ist damit offenbar eine wirksame Methode zur Erkennung tektonisch gestörter Krustenareale mit Ansatz zu künftiger Gebirgsbildung. Inzwischen hat man auch vor anderen Inselbögen des randpazifischen Gürtels Störungen des Schwerefeldes der Erde, nämlich ähnliche Unterschwerezonen, festgestellt; so vor den Japanischen oder den Riukiu-Inseln.
In Japan verläuft die Achse der negativen Schwereanomalie etwa halbwegs zwischen dem Japan-Tiefseegraben und der Längsachse der Japanischen Inseln; sie fällt also keineswegs etwa mit dem Tiefseegraben zusammen, wo sie durch die großen Wassertiefen und den hier am Meeresgrunde feststellbaren Fehlbestand an Massen erklärbar wäre. Aber auch eine Übereinstimmung mit dem Inselbogen scheidet aus, wo man die Anomalien durch vergleichsweise leichte »Wurzelzonen« dieser Inseln deuten könnte.
Die Schwereanomalien vor den Inselbögen sind also Zonen ohne isostatische Kompensation und ohne Erklärungsmöglichkeit aus einem »fertigen« Zustand der Geodynamik; innerhalb solcher Regionen muß man zweifellos mit jungen, gegenwärtigen oder zukünftigen Bewegungen der Erdkruste rechnen. Im Sinne der Öffnung der Ozeane und des Abbaues ozeanischer Kruste ergibt sich die Unterschwere jeweils an den Nahtstellen, wo die ozeanische unter die kontinentale Kruste abtaucht. Dabei wird die ozeanische Kruste unter die kontinentale gezogen bzw. von dieser relativ (längs flach geneigter Benioff-Flächen) überschoben. Da sich diese Überschiebung respektive Unterfahrung nicht auf eine einzige Überschiebungsfläche beschränkt, sondern auf einer ganzen Schar mehr oder minder paralleler Bewegungsflächen abspielt, ergibt der Herdtiefenschnitt das Bild einer mehr oder minder breiten Benioff-Zone. Die Dicke dieser Zone beträgt in Chile nach den

Beobachtungen von T. Santo etwa 80 km, also mehr als die durchschnittliche Mächtigkeit eines gesamten Gebirges einschließlich seiner Airy-Wurzel. Man wird annehmen dürfen, daß sich innerhalb dieser mächtigen Zone zahlreiche Überschiebungsbahnen als Deckengrenzen übereinander finden. So erklärt sich sinnvoll das mehrfache Übereinander zahlreicher Decken in alpinotypen Faltengebirgen, die ja mit den Inselbögen Indonesiens und des zirkumpazifischen Gebirgsgürtels in engem, streichendem Zusammenhang stehen.

Generell läßt sich feststellen, daß Tiefherdbeben mit einer Herdlage zwischen 200 und 700 km offensichtlich an die Zonen des Krustenabbaues unter den Gebirgsbildungsgürteln (bzw. kontinentwärts von diesen) gebunden sind. Bei einer Herdtiefe von etwa 100 km konzentriert sich in den Chilenischen Anden der rückwärtige Vulkanismus, der durch den Krustenabbau gespeist wird. Im Falle der Japanischen Inseln liegt die für den Vulkanismus kritische Herdtiefe flacher, nämlich schon um 150 km. Dies ist zweifellos von der jeweiligen Aufheizungsgeschwindigkeit beim Abtauchen der Krustenmaterie abhängig. Die aus dem Abbau der Kruste geförderte Schmelze entspricht in ihrer chemischen und Mineral-Zusammensetzung nicht etwa dem krustalen Ausgangsmaterial, sondern stellt ein Produkt differentieller – also teilweiser und fraktionierter – Aufschmelzung (Anatexis) dar, das jeweils nach Druck- und Temperaturbedingungen sowie Ausgangsmaterial in bestimmten Grenzen veränderlich ist. Dabei muß noch berücksichtigt werden, wieviel kontinentales Krustenmaterial bei der Amputation der Kontinentaltafeln mit in die Tiefe geführt wird; entsprechend ihres geologischen Aufbaues und ihrer analogen Entwicklung zum Chinesisch-Koreanischen Kristallin gehören die Japanischen Inseln – ähnlich wie der gesamte Indonesische Archipel – zur asiatischen Kontinentalmasse, und nicht zum pazifischen Krustenareal.

Für den Bereich der Japanischen Inseln hat der japanische Geophysiker K. Wadati vom Meteorologischen Zentral-Observatorium Tokyo bereits 1935, also lange vor H. Benioff vom California Institute of Technology, die Zunahme der Herdtiefen in Richtung zum asiatischen Festland erkannt. Sein japanischer Kollege Seiya Uyeda führt auch hier diese Erscheinung auf ein Abtauchen ozeanischer unter kontinentale Kruste zurück.

Eng mit den Erscheinungen des zirkumpazifischen Vulkangürtels, der rund 90 % aller tätigen Vulkane der Erde umfaßt, ist die auffällige Verteilung des irdischen Wärmeflusses im Bereich der Inselbögen verbunden. Während sich die Vulkane Japans nach A. Sugimura von der Universität Tokyo an einen seismischen Herdtiefenbereich zwischen 130 und 150 km halten, konnten die japanischen Geophysiker T. Watanabe, M. Yasui und S. Uyeda feststellen, daß der Wärmefluß im Bereich des Pazifik vor den Japanischen Inseln sichtlich geringer ist als zwischen dem Inselbogen und dem asiatischen Festland; während man ozeanwärts Werte unter 2 microcal/cm²sec mißt, zeichnet sich die Japansee zwischen Japan und Korea durch Meßergebnisse über 2 microcal/cm²sec aus. Unter den Japanischen Inseln konnten H. Kanamori und seine Mitarbeiter von der Universität Tokyo (1968) und T. Utsu von der Universität Hokkaido (1972) eine kontinentwärts geneigte. Zone hoher seismischer Geschwindigkeit, geringer Intensitätsminderung und offenbar kühler Temperatur nachweisen, die von Massen geringer seismischer Geschwindigkeit, starker Intensitätsminderung und offenbar gesteigerter Temperatur überlagert wird. Diese kühltemperierte Zone dürfte wohl der unter wärmere kontinentale Massen abtauchenden ozeanischen Kruste entsprechen. Daraus ergibt sich ein Bild, wonach ozeanwärts ein Gürtel mit niedrigen Temperaturen, aber vergleichsweise hohen Drucken vorliegt, dem sich kontinentwärts umgekehrt eine Zone niedrigen Druckes, aber hoher Temperaturen anschließt. Diese Feststellung erklärt nun auch die schon von A. Miyashiro 1961 festgestellten charakteristischen Metamorphosezonen Japans, die jeweils aus einem ozeanseitigen Hochdruck-Niedrigtemperaturgürtel und einem kontinentwärts folgenden Hochtemperatur-Niedrigdruckgürtel als »paired belts« aufgebaut sind.

Auch für die Kermadec-Tonga-Region des Südwestpazifiks kamen J. Oliver und B. Isacks 1967 unabhängig von den japanischen Kollegen zu einer ähnlichen Vorstellung, wonach vom offenen Ozean weg eine kühltemperierte Zone abtauchender Krustenmaterie unter den Kermadec- und den Tonga-Rücken einfällt.

Weshalb allerdings der Wärmefluß kontinentwärts hinter den Inselbögen sichtlich ansteigt, ist bisher noch nicht hinreichend erklärt.

8. Transportbänder am Meeresgrund

Nach den neuen Vorstellungen von der ozeanischen Geodynamik sind also offenbar zwei wesentliche Grundformen irdischer Großstrukturen zu unterscheiden: Zum ersten das System der mittelozeanischen Schwellen als Dehnungsbereiche ozeanischer Kruste: Hier weicht längs der »rift«-Zonen in der Kammlinie dieser Rücken die Erdkruste langsam aber stetig auseinander, und die dabei entstehenden Spalten und Hohlräume werden durch aufdringende Schmelze aus dem Erdmantel gefüllt und damit gleichsam verheilt. So entsteht hier ständig neue Kruste, jedoch nicht als Folge einer laufenden Expansion des Erdballs. Daher muß diesen Zonen der aktiven Krustenneubildung auch ein vergleichbar weltweites System von Strukturen gegenüberstehen, in welchen ein entsprechender Krustenabbau erfolgt. Dem ozeanischen »rift«-System entsprechen auf den Kontinenten in gewisser Weise die Großgrabenzonen mit Dehnungstendenz der kontinentalen Kruste; zumindest im Raume des Golfes von Aden scheint das System der mittelozeanischen Schwellen über den Carlsbergrücken und die Arfar-Depression Ostafrikas mit dem ostafrikanischen Bruch- und Grabensystem in Verbindung zu stehen. Mittelozeanische Schwellen und kontinentale Großgrabenzonen bilden demnach zusammen das sogenannte »world rift system« krustaler Dehnung.

Das zweite erdumspannende System irdischer Großstrukturen wird durch Krustenabbau gekennzeichnet: Hier sinkt »gealterte« Erdkruste längs flach geneigter seismischer Herdflächen (Benioff-Zonen) in die Tiefe, was zur Übereinanderstapelung ozeanischer und kontinentaler Krustenanteile und damit zu örtlich ungewöhnlicher Krustenverdikkung (wie etwa unter den Südamerikanischen Anden) führt. Die Musterform des Krustenabbaues sind die Inselbögen mit kontinentwärts zunehmender Herdtiefe der Erdbeben, mit vulkanischer Aktivität infolge partieller fraktionierter Aufschmelzung abgesunkener Krustenteile sowie mit ozeanseitig niedrigem, kontinentwärts hohem Wärme-

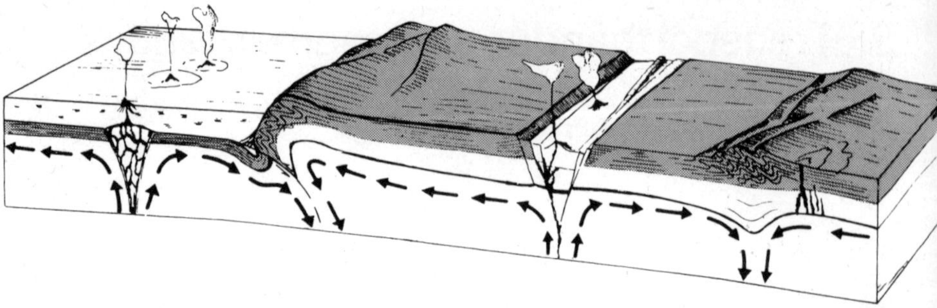

Von links: Krustenneubildung an ozeanischen Schwellen; sodann Absinken „gealterter“ Erdkruste längs kontinentwärts geneigten Subduktionszonen (Benioff-Zonen), Bildung von Tiefseegräben und (infolge Übereinanderstapelung) starke Krustenverdickungen. Bildmitte: kontinentale Dehnungszone mit Bruch- und Grabentektonik nebst zugehörigem Vulkanismus. Rechts: Kontinentaler Krustenbereich mit zentraler Orogenzone. (Faltung des Oberbaues, Verdickung der Wurzelzone) Die Pfeile zeigen die Bewegungsrichtung von Konvektionsströmen im Erdmantel als Ursache der tektonischen Vorgänge in der Erdkruste.
(nach H. G. Wunderlich)

fluß aus dem Erdinnern. Den Inselbögen (und der Westseite beider Amerikas) vorgelagert finden sich Tiefseegräben, bedingt durch das hier verstärkt einsetzende Abtauchen der ozeanischen Kruste unter die kontinentale, die bis in den Bereich der Inselbögen reicht. Auf ein Andauern der tektonischen Aktivität dieser Zonen weisen nicht nur die zahlreichen Erdbeben dieser Gürtel, sondern auch die gestörten Schwereverhältnisse im Bereich der Inselbögen hin. Ein isostatisches Gleichgewicht ist hier noch nicht erreicht, sei es, daß hierzu bislang die Zeit gefehlt hat oder daß dieses Gleichgewicht unterdes ständig erneut gestört wird.
Am Außenrand des Pazifiks stehen die Inselbögen der Westseite über den Aleutenbogen mit der Kordillerenregion der westlichen Vereinigten Staaten sowie den Nordantillenbogen mit den Südamerikanischen Anden in Verbindung. Die Indonesischen Inselbögen münden über die Andamanen und die Gebirge Birmas in den Himalaja und damit in den mediterranen Gebirgsgürtel ein. Inselbögen sind also die randozeanische Sonderform kontinentaler Kettengebirge. Auch für diese muß man daher aus Analogiegründen auf Einengungstendenz mit nachhaltigem Krustenabbau schließen. Während bei kontinentalen Erdbeben außerhalb der jungen Kettengebirgsgürtel Herdtiefen von weniger als 20 km beobachtet werden (etwa bei kontinentalen Grabenstrukturen

Auf Heimaey, der Hauptinsel der Westmänner-Gruppe südlich Islands, begann am 23. Januar 1973 der als erloschen geltende Vulkan Helgafell mit erneuter Tätigkeit. Starker Aschenfall bedrohte die Stadt Vestmannaeyjar, deren fünftausend Einwohner in aller Eile evakuiert werden mußten. Nur das günstige Drehen des Windes verhinderte eine Katastrophe, ähnlich der, die damals das alte Pompeji vernichtet hatte. Die glühende Lava floß zum Glück nach Osten ins Meer ab.

Die erneute vulkanische Aktivität des Helgafells begann mit einer explosionsartigen Eruption, bedingt durch schnell freiwerdende Gase, wodurch eine Erdspalte von 1600 Meter Länge aufriß, aus der in 15 Lavafontänen irdische Schmelze gefördert wurde.

Im Juli 1973 ging die starke vulkanische Aktivität zurück, und die Einwohner konnten nach und nach auf ihre Insel zurückkehren.

(Siehe Kapitel: Insel der Gletscher, Vulkane und heißen Quellen)

Foto: Mats Wibe Lund jr., Reykjavik, Island

oder Horizontalverwerfungen) reicht die Herdtiefe im Bereich der mittelozeanischen Schwellen bis etwa 80 km, bei den Inselbögen und Kontinentalrandgebirgen vom Typ der Anden bis über 300, ja nach einem gewissen Hiatus sogar bis annähernd 700 km hinab. Die hier abtauchende kühltemperierte Kruste bedingt eine Verminderung des Rektristallisationsvermögens der Gesteine innerhalb der Benioff-Zonen, die daher weniger plastisch, sondern vielmehr rupturell reagieren. Je kühler also die absinkende Kruste, desto tiefer vermag sie noch ohne partielle Aufschmelzung in den Erdmantel abzusinken, und desto länger ist ihr Weg in die Tiefe durch Äußerungen seismischer Energie in Form von Tiefherdbeben zu verfolgen. Das im Bereich der mittelozeanischen Schwellen aus dem Erdmantel aufsteigende hochtemperierte Substrat hingegen bedingt eine vergleichsweise rasche Rekristallisationsbereitschaft der Gesteine, verbunden mit einem beträchtlichen Anteil an irdischer Schmelze in diesen Rift-Bereichen. Zur Ansammlung und abrupten Auslösung elastischer seismischer Spannungen kommt es hier daher nur oberhalb ca. 80 km Herdtiefe; unterhalb dieses Tiefenbereichs herrscht langsame, »säkular«-plastische und fließende Verformung vor. Beide Formen irdischer Großstrukturen, das »world rift system« der mittelozeanischen Schwellen bzw. kontinentalen Großgrabenzonen einerseits und das System der Gebirgsbildungsgürtel und Inselbögen mit Krustenverkürzung und -abbau liegen nun, wie ein Blick auf die Erdkarte zeigt, nicht unmittelbar nebeneinander, sondern stellenweise bis zu zehntausend Kilometer voneinander entfernt. Das geodynamische Grundmodell von der Krustenneubildung im Bereich des Riftsystems sowie der Krustenverkürzungen in den Gebirgsgürteln und Inselbögen mit gegenseitiger Kompensation kann somit nur dann wirksam funktionieren, wenn es zu seinem überregionalen Materialaustausch und -transport zwischen diesen beiden weltweiten Systemen kommt. Erdkrustenteile müssen somit von ihrer Geburtsstätte im Bereich der mittelozeanischen Schwellen zu den Bereichen des Absinkens längs der Inselbögen und Kontinentalrandgebirgen wandern.

Das Kernproblem der neuen globalen Geodynamik besteht daher in der Frage, wie dieser Massenaustausch zwischen Riftsystem und Gebirgsgürteln (bzw. Inselbögen) funktioniert. Deutlich gekennzeichnet sind ja eigentlich nur die mittelozeanischen Schwellen mit ihrer seismischen und vulkanischen Aktivität auf der einen sowie die Gebirgsbildungsgürtel mit vergleichbaren Erscheinungen auf der anderen Seite, wenn naturgemäß auch hierbei gewisse Unterschiede zu beobachten sind: Bebenhäufigkeit und -stärke sind in den Gebirgsgürteln (wegen der hier abtauchenden kühltemperierten Kruste) weit intensiver als im Bereich der mittelozeanischen Schwellen, wo hohe Temperaturen aufdringender Massen eine entsprechende Spannungskonzentration beeinträchtigen. Die Krustenareale zwischen den mittelozeanischen Schwellen und ihren Verzweigungen einerseits sowie den Gebirgsgürteln und Inselbögen andererseits sind fast frei von seismischer Aktivität, und auch der Vulkanismus konzentriert sich auf vereinzelte Punkte. Einigermaßen deutlich erfaßbar sind also eigentlich nur die Umrandungen dieser Krustenareale. Schon im Jahre 1963 hat der kanadische Geologe J. Tuzo Wilson in einer geodynamischen Erdkarte diese Umgrenzungen sowie die mutmaßliche Bewegungsrichtung der Krustenfelder von den mittelozeanischen Schwellen und Riftzonen weg zu den Inselbögen und Gebirgsgürteln dargestellt. Als hauptsächliche Bewegungsrichtung betrachtet er in der Regel den jeweils kürzesten Weg, nämlich senkrecht zu den Riftsystemen und Gebirgsgürteln, also von den Dehnungszonen zu den Bereichen des Krustenabbaues.

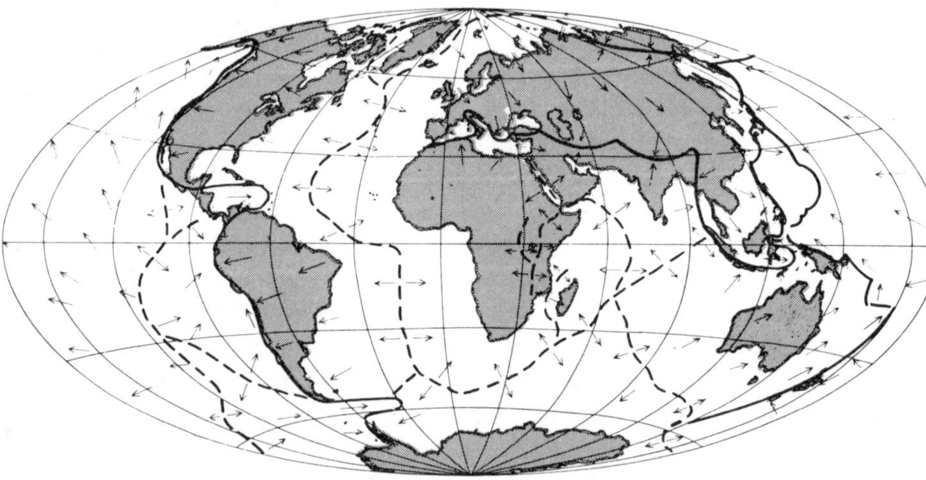

Bewegungstendenz der Erdkruste. Unter dem Einfluß subkrustaler Konvektionsströme bewegt sich die Erdkruste in einzelnen Schollen im Sinne der Pfeilrichtungen. Gestrichelte Linien = Dehnungszonen der Erdkruste mit Großgrabensystemen und untermeerischen Schwellen. Durchgezogene Linien = Gebirgsbildungsgürtel der Erde. (nach Tuzo Wilson)

Problematisch bleibt dabei allerdings, wie der Transportmechanismus selbst vorzustellen sei. Da die theoretisch abgeleiteten Rayleigh-Zahlen für den Erdmantel thermische Konvektion des Erdinnern auszuschließen scheinen, rechnet man neuerdings mehr und mehr mit einem aktiven Gleiten krustaler Schollen auf einem passiven Mantel; man sucht also den Bewegungsantrieb in den Krustenfeldern selbst. Hierfür käme nach den Vorstellungen des holländischen Geologen R. W. van Bemmelen (1964) ein Abgleiten von ausgedehnten Aufwölbungszonen des Mantels (»Mega-Undationen«) in Frage. Da solche Groß-Aufwölbungen jedoch – zumindest in wichtigen Fällen – nicht unmittelbar nachzuweisen sind, denkt man auch an ein randliches Absinken ozeanischer Kruste unter den randpazifischen Inselbögen und Gebirgsgürteln infolge der eigenen Schwere: von den Geburtsstätten längs der mittelozeanischen Schwellen soll die ozeanische Kruste in Richtung auf die Gürtel des Krustenabbaues zunehmend kühler und damit schwerer werden, bis sie schließlich die Dichte der Mantelmaterie überschreitet und damit aktiv im Mantel »versinkt«, die übrigen Areale der ozeanischen Kruste wie eine Schleppe hinter sich herziehend. Gleich kontinuierlichen Transportbändern soll damit die krustale Bewegung von den Riftzonen zu den Inselbögen und Randgebirgen erfolgen.

Aufgrund von seismischen Beobachtungen kamen zahlreiche Geophysiker, unter ihnen D. Anderson vom California Institute of Technology sowie Y. Tsai und K. Aki vom Massachusetts Institute of Technology zum Resultat, daß sich in einer Tiefe von etwa 100 km unterhalb der Erdoberfläche eine Schicht stark reduzierter Ausbreitungsgeschwindigkeit elastischer seismischer Wellen und hoher Dämpfung befindet. Schon 1959 hatte der nordamerikanische Geophysiker und Altmeister der Seismologie, B. Gutenberg vom California Institute of Technology eine solche Niedrig-Geschwindigkeitszone (»low velocity layer«) vorausgesagt. Sie ist erklärbar als Bereich verstärkter Temperatur im Erdinnern, hoher Rekristallisationsbereitschaft und Beweglichkeit der Gesteine, die hier offenbar bis nahe an den Schmelzpunkt erhitzt sind.

Diese Schicht scheint die Hauptbewegungszone zwischen passivem Mantel und bewegten Krustenarealen darzustellen; die oberhalb der »low velocity layer« gelegenen Partien des oberen Mantels und der Kruste scheinen sich demnach gemeinsam an der Materialwanderung von den mittelozeanischen Schwellen zu den Gebirgsgürteln zu beteiligen. Sie sind wiederum kühler temperiert, weisen sich durch höhere Wellenausbreitungsgeschwindigkeiten und geringere Dämpfung der seismischen Impulse aus. Die stark verminderte Reibung in den »low velocity layers« soll ein aktives Gleiten der Lithosphäre auf dem unterliegenden Mantel ermöglichen. Als »hot creep« (Gesteins-Kriechen in heißem Zustand nahe dem Schmelzpunkt) hat E. Orowan den Bewegungszustand in der »low velocity layer« des oberen Mantels bezeichnet. Die Vorstellung von einer darüber liegenden, kühler temperierten und daher festeren Lithosphäre, in Zusammenhang mit den bereits von J. Tuzo Wilson dargestellten Krustenfeldern, führte 1967 fast gleichzeitig mehrere Wissenschaftler in verschiedenen Forschungsstätten der Erde zu einem ähnlichen Modell globaler Geodynamik. So entwickelten nebeneinander Xavier Le Pichon vom meereskundlichen Observatorium Lamont-Doherty, W. J. Morgan von der Princeton-University sowie D. P. Mac Kenzie und R. L. Parker von der Universität Cambridge den Gedanken, daß die obersten 100 km der Erde als Lithosphäre gleichsam aus mehr oder minder starren Platten aufgebaut seien, die sich jeweils von den Bereichen der Krustenproduktion zu denjenigen des Krustenabbaues bewegen. Nach einer Diskussion über »speculations on the consequences and causes of plate motions« (D. P. Mac Kenzie 1969), abgedruckt im Geophysical Journal Oxford, führten J. M. Bird und J. F. Dewey 1970 den Sammelbegriff »plate tectonics« (Plattentektonik, tectonique des plaques) in die geowissenschaftliche Literatur und Fachsprache ein.

Damit war ein Begriff geboren, der wie kaum ein anderer in der neueren Geschichte der Geowissenschaften die Gemüter bewegt und die Vorstellungswelt geprägt hat. Durch Diskussionen anläßlich der Penrose Conference des American Geological Institute 1970, abgedruckt in »Geotimes«, Washington 1970, insbesondere in einem Beitrag von W. R. Dickinson über »The new global tectonics« sowie anläßlich der Jahresversammlung der American Association of Petroleum Geologists in Houston/Texas im März 1971 (abgedruckt im Bulletin dieser Gesellschaft im Februar 1972) hat der Begriff »Plattentektonik« eine so rasche Verbreitung erfahren, daß er schon innerhalb weniger Monate nahezu weltweit von zahlreichen Autoren aufgegriffen wurde, zumal auch schon bald allgemein verständliche Darstellungen dieser neuen globalen Geodynamik erschienen, etwa von Brenda Horsfield und J. Dewey in »Science« Januar 1971.

Die dabei verwendeten Karten der Plattengliederung der Erde gleichen naturgemäß der von J. Tuzo Wilson zuvor dargelegten Felderteilung. Danach besteht die Erdhaut aus einer Reihe mehr oder minder starrer lithosphärischer Tafeln, die verschieblich auf ihrer Unterlage (dem als ruhend gedachten Mantel) aufliegen. Als große Platten gelten die Afrikanische, die Nord- und Südamerikanische, die Antarktische, die Indisch-Australische, die Eurasiatische und die Pazifische. Kleinere Platten (wie die Arabische, die Ägäische, die Karibische, Ostpazifische und Türkische) sind zwischen die großen eingeschaltet.
Die Plattengrenzen lassen sich in drei Kategorien einteilen: Erstens in mittelozeanische Schwellen, längs derer sich neue Kruste bildet, zweitens in Inselbögen mit vorgelagerten Tiefseegräben, wo ozeanische Kruste einer Platte unter meist kontinentaler einer benachbarten verschwindet, sowie drittens in Horizontal- oder Transform-Störungen, wo benachbarte Platten aneinander vorbeigleiten. Die auf derartige Plattengrenzen konzentrierten Erdbeben lassen sich dementsprechend ebenfalls mechanisch in drei Klassen gliedern: Die Beben der ersten Gruppe werden durch Dehnung der Kruste ausgelöst, diejenigen der zweiten gehen auf Krustenverkürzung beziehungsweise auf Unter- und Überschiebung von Plattenrändern zurück, und Beben der dritten Kategorie sind auf seitlichen Versatz der Krustentafeln längs Horizontalstörungen zurückzuführen.
Verglichen mit den Plattenrändern, die sich durch aktiven Vulkanismus, durch Erdbebentätigkeit und ausgeprägtes Relief zu erkennen geben, sind viele Einzelheiten der Platten selbst noch weitgehend unbekannt. Jede Platte wird nach der Theorie an der einen Seite von einem Kruste-produzierenden, auf der anderen Seite von einem Kruste-abbauenden Außenrand begrenzt, wodurch die generelle Bewegungsrichtung der Platte selbst hinlänglich festgelegt ist. Immerhin sind jedoch Bohrungen am Tiefseeboden und geophysikalische Profilaufnahmen in den Weiten ozeanischer Becken auch heute noch ausgesprochen selten. Aus der weithin vergleichsweise ebenen Topographie der Plattenoberfläche und auch der vielfach ungestörten, ebenen Lagerung der Sedimente am Meeresboden, wie sie beispielsweise mit »air gun«-Verfahren (laufende Aussendung seismischer Impulse durch Freisetzung von Preßluft und profilmäßige Aufzeichnung der Reflexionen von Unstetigkeitsflächen im Sediment) festgestellt werden kann, hat man auf weitgehend ungestörten Internbau der Platten geschlossen.

Allerdings werden einige der großen Platten nicht etwa einheitlich aus ozeanischer oder kontinentaler Kruste aufgebaut, sondern umfassen mehr oder minder ausgedehnte Teile von beidem: So setzt sich die Nord- und Südamerikanische Platte nach der Theorie jeweils aus dem Abschnitt ozeanischer Kruste westlich der Mittelatlantischen Schwelle zuzüglich der kontinentalen Kruste der amerikanischen Kontinente östlich der Gebirgsregion der Anden und nordamerikanischen Kordilleren zusammen. Die Plattengrenze im Osten ist ja durch den aktiven Dehnungsrand des mittelozeanischen Rückens, diejenige im Westen durch den kontinentalen Gebirgsgürtel am Ostrand des Pazifiks charakterisiert. Während nämlich der Pazifik rings von einem Gebirgsgürtel mit Krustenabbau umgeben ist, fehlen entsprechende Gebirge oder Inselbögen an den Küsten des Atlantiks (und auch des Indiks mit Ausnahme Indonesiens) weitestgehend; hier kann man also die Plattengrenzen nicht an den Rand des Ozeans legen, sondern muß jeweils große Teile des anschließenden Kontinents mit einbeziehen. So ergibt sich die erstaunliche Tatsache, daß ozeanische Plattenareale mit einem geologischen Alter von weniger als 120 Millionen Jahren und vergleichsweise geringer Krustenmächtigkeit, mit überwiegendem Aufbau aus Vulkaniten und junger Unterschreitung der Curie-Temperaturen, sich im Sinne der Plattentektonik mechanisch ähnlich verhalten wie geologisch sehr alte kontinentale Schilde. Der Brasilianische und der Guyana-Schild im nördlichen Südamerika weist radiometrische Gesteinsalter von nicht selten 2 bis 3 Milliarden Jahre auf, die Erdkruste ist hier etwa dreimal so dick wie auf dem angrenzenden Atlantik, und die Gesteinszusammensetzung entspricht siliziumdioxidreichem Kristallin (statt SiO_2-armen Vulkaniten).

Auch die Indisch-Australische Platte ist recht heterogen teils aus kontinentalen, teils aus ozeanischen Bauelementen zusammengesetzt, und eigentlich nur die Pazifischen Platten bestehen einheitlich aus ozeanischem Krustenmaterial.

Auffällig ist die Armut der Areale abseits der Plattengrenzen an seismischen Herden; man ist geneigt, aus dieser Tatsache heraus auf eine weitgehende Spannungsfreiheit dieser Felder zu schließen.

Grundprinzip der Plattenbewegung im Sinne der neuen globalen Geodynamik ist die Transportrichtung von den Bereichen der Krustendehnung zu den Zonen des Krustenabbaues, also von den mittelozeanischen Schwellen zu den Tiefseegräben vor Inselbögen oder

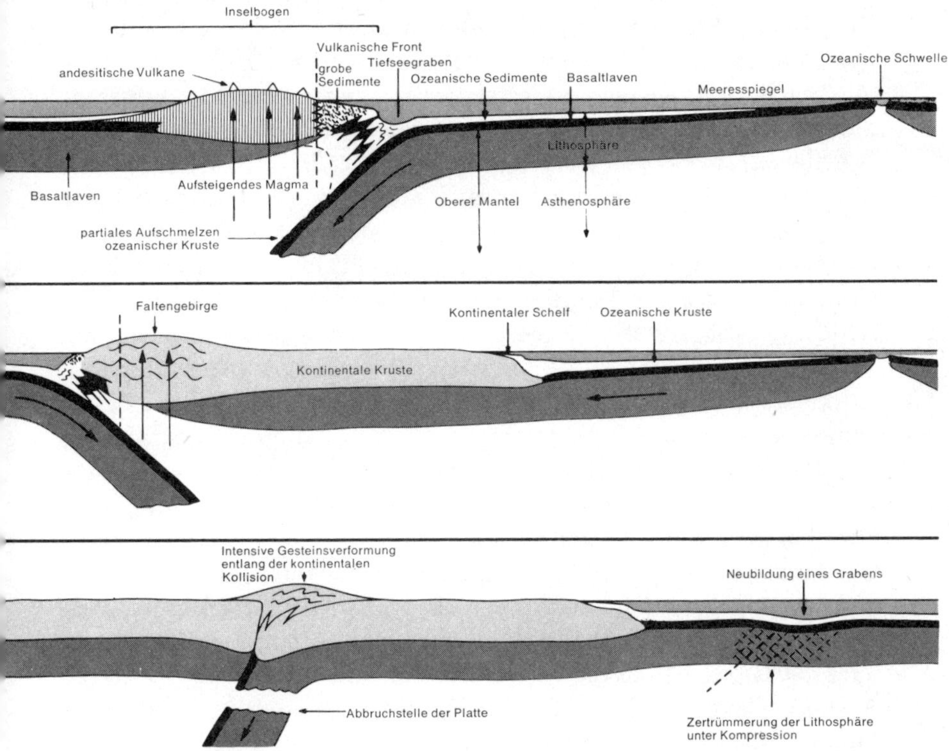

Modell zur Plattentektonik. Aus den Bereichen der Krustendehnung bewegen sich weitgehend starre Lithosphärenplatten zu den Zonen des Krustenabbaues, wo sie längs seismischer Herdflächen (Benioff-Zonen) absinken. Bei Übereinanderstapelung solcher Platten kommt es zu starken Krustenverdickungen (Gebirgen).

Gebirgsgürteln. Wo das paläomagnetische Streifenmuster progressiver Umpolung des Erdmagnetfeldes in erdgeschichtlicher Zeit abseits der mittelozeanischen Schwellen erkennbar ist, gibt es nach der Theorie der Plattentektonik unmittelbar die Bewegung der Krustenfelder – nämlich senkrecht zur Längserstreckung des paläomagnetischen Streifenmusters – an. Aber nicht überall auf den Ozeanen kann man ein derartiges Streifenmuster ozeanischer Kruste feststellen; nur etwa ein knappes Drittel der Weltmeere zeigt eine erfaßbare paläomagnetische Felderteilung. Wo ein entsprechendes Streifenmuster zur Bestimmung

der Bewegungsrichtung fehlt, helfen indes Transform-Störungen, Bruchlinien an Ozeangrunde oder vulkanische Inselketten weiter.
Da man sich den Aufbau des äußersten Erdkörpers aufgrund der seismischen Beobachtungen in Gestalt weitgehend starrer Lithosphärenplatten von 70–100 km Dicke über einer säkularplastischen Schicht (»Asthenosphäre«) von einigen zehn Kilometer Dicke vorstellt, glaubt man für die Bewegung der starren Platten ein von Leonhard Euler (1707–1783) aufgestelltes Theorem anwenden zu können; danach ist die Plattenbewegung kugelschaliger starrer Tafeln auf einem kugelförmigen Körper als Rotation um eine bestimmte Drehachse darzustellen. Obwohl die Winkelgeschwindigkeit dieser Rotationsbewegung dabei mit zunehmendem Abstand vom Rotationspol (oder Austrittspunkt der Drehachse) konstant bleibt, nimmt die tatsächliche Bewegungsweite mit wachsender Entfernung vom Rotationspol gesetzmäßig zu. Unterschiede in der Bewegungsgeschwindigkeit der Platten werden von Le Pichon auf entsprechende Unterschiede im Abstand vom jeweiligen Pol der Plattenrotation zurückgeführt.
Es liegt auf der Hand, daß die Plattenbewegung durch die Transform-Störungen quer zu den mittelozeanischen Schwellen festgelegt ist; nach den Grundsätzen der Plattentektonik ist die Richtung des tektonischen Transports parallel zu diesen Querstörungen der ozeanischen Rücken. Auch für die ostpazifischen Bruchstufen (Mendocino, Pioneer, Murray, Molokai, Clarion, Clipperton, Galapagos, Marquesas-Stufe) wird eine Transportrichtung parallel zu den Stufen – also generell in äquatorparalleler Richtung – angenommen. Man schließt daraus auf eine Plattenbewegung vom ostpazifischen Rücken ostwärts in Richtung auf die Tiefseegräben vor der mittel- und südamerikanischen Küste sowie westwärts über die ganze Breite des Pazifiks bis zu den Inselbögen in der westlichen Umrahmung des Stillen Ozeans.
Allerdings fehlt eine Fortsetzung dieses ostpazifischen Rückens nördlich des Golfes von Kalifornien. Die mittelozeanische Schwelle scheint hier gleichsam unter den nordamerikanischen Kontinent abzutauchen. Tanya Atwater von der Scripps Institution of Oceanography nimmt daher an, daß der nordamerikanische Kontinent bei seinem Vorrücken in Richtung auf den Pazifik diese Schwelle bereits überfahren habe. So fehlen nördlich der Baja California auch begleitende Tiefseegräben vor der nordamerikanischen Küste. Die San Andreas-Störung in der Küstenregion der Vereinigten Staaten zwischen San Diego und dem

Kap Mendocino wird von S. Uyeda als große Transform-Störung aufgefaßt, an welcher der ostpazifische Rücken um etwa 3000 km in nordwestlicher Richtung bis zum Juan-de-Fuca-Rücken vor der Westküste Kanadas versetzt ist.

Der Unterschied im geologischen Aufbau der Andenregion Südamerikas und der Kordillerenküste des Westens von Nordamerika erklärt sich demnach aus der Tatsache, daß dem südamerikanischen Kontinent in ganzer Länge westlich noch eine aktive mittelozeanische Schwelle vorgelagert ist, während sie westlich des nordamerikanischen Festlands mindestens zwischen 25° und 45° nördlicher Breite fehlt, offenbar überfahren vom nordamerikanischen Kontinent selbst.

Aus der Umschließung des Pazifischen Ozeans durch einen fast geschlossenen Gürtel des Krustenabbaues läßt sich folgern, daß der Große Ozean offenbar seit geologischen Zeiträumen mehr und mehr vom Rande her eingeengt wurde, während sich der Atlantik, dessen Küsten frei von aktiven Gebirgsgürteln oder Inselbögen sind (mit Ausnahme der Nord- und Südantillen), in geologischen Zeiträumen auszudehnen scheint. J. Dewey von der Universität Cambridge nimmt an, daß sich die großen Ozeane im Wechsel öffnen und schließen, daß also einstmals wiederum eine Öffnung des Pazifiks auf Kosten des Atlantiks einsetzt, wenn sich der Stille Ozean erst einmal gänzlich geschlossen hat. Dewey selbst sieht dabei einen engen Zusammenhang zwischen Plattentektonik und Faltengebirgsbildung, auf den auch J. Tuzo Wilson in Kanada und John Bird von der New Yorker Staatsuniversität hingewiesen haben.

Für den zentralen Pazifik sollte man aus dem Verlauf der Vulkanreihen vom Typ der Hawaii- oder Line-Inseln eher auf eine Südost-Nordwest-Bewegung schließen. Daß es im Bereich des Krustenabbaues immer wieder zu einem auffällig bogenförmigen Verlauf der Inselketten oder Gebirgsgürtel kommt, erklären F. C. Frank (1968), E. F. M. van der Held (1969) und K. Strobach (1973) unabhängig voneinander aus der Tatsache, daß eine abtauchende sphärische Platte auf der Erdoberfläche eine kreisförmige Biegespur hinterläßt; nach den Berechnungen von K. Strobach beträgt der Radius des Insel-(oder Gebirgs-)Bogens die Hälfte des Neigungswinkels der abtauchenden Lithosphärenplatte.

9. Die Hand am Puls der Geodynamik

Mit der Entdeckung der streifenförmigen paläomagnetischen Anomalien durch Ozeanographen und Geophysiker wie V. Vaquier von Scripps Institution of Oceanography, mit der Deutung dieser Anomalien durch Vine und Matthews im Sinne einer Öffnung der Ozeane, mit dem Nachweis der magnetischen Feldumkehr in Tiefseesedimenten durch N. Opdyke und Mitarbeiter vom Lamont-Observatorium, mit der Verfolgung der mittelozeanischen Rücken durch alle drei Ozeane seit Beginn der fünfziger Jahre, ausgeführt unter Leitung und Beteiligung von M. Ewing und B. Heezen von Lamont und H. Menard von Scripps Institution sowie mit der Datierung der paläomagnetischen »Isochronen« im Bereich der mittelozeanischen Rücken durch J. Heirtzler und Mitarbeiter vom Lamont-Observatorium waren die Voraussetzungen für die Aufstellung einer Theorie der Plattentektonik gegeben, wie sie im vorigen Kapitel dargelegt wurde.

Diese Plattentektonik stellt gleichsam die Quintessenz der ozeanographischen und meeresgeophysikalischen Forschung der letzten zwei Jahrzehnte dar. Den wohl entscheidenden Anteil daran hatten zweifellos amerikanische Forscher aufgrund der hohen Investitionen in die Meeresforschung, die sich die Vereinigten Staaten in den entscheidenden Jahren nach dem Zweiten Weltkrieg geleistet haben. Seit der Abkehr von der Kontraktionstheorie infolge Abkühlung des Erdballs gibt es mit der Plattentektonik erstmals wieder ein einheitliches geodynamisches Konzept zur Erklärung globaler geodynamischer Erscheinungen. Während allerdings die Kontraktionstheorie im wesentlichen nur auf Beobachtungen in kontinentalen Faltengebirgen beruhte, konnte sich die Plattentektonik auf weltweite Forschungsarbeiten in allen großen Ozeanen stützen, deren erste Durchmusterung erst um die Mitte unseres Jahrhunderts abgeschlossen wurde.

Tatsächlich lassen sich mit Hilfe der Plattentektonik manche der Beobachtungsergebnisse der ozeanographischen und geophysikalischen

Forschung deuten und in einen sinnvollen Zusammenhang bringen. Aber der schlüssige Beweis, daß sich die Erdkruste tatsächlich in der geforderten Weise bewegt, ist damit noch keineswegs erbracht. Er muß durch einen anderen, unabhängigen Zweig der Geowissenschaften, nämlich von der Geodäsie, der Vermessungskunde, erarbeitet werden. So wächst dieser Wissenschaft neben ihren zahlreichen praktischen Aufgaben der Landvermessung innerhalb der Ingenieurwissenschaften zunehmend ein neues, rein wissenschaftliches Arbeitsgebiet zu, das jedoch im Rahmen der Geowissenschaften von eminenter Bedeutung zu werden verspricht: Der Nachweis von Krustenbewegungen der Gegenwart, der unmittelbar zur Geodynamik als interner Physik des Erdkörpers führt. Solange die Bewegungen, die im Sinne der globalen Plattentektonik für kontinentale wie ozeanische Krustenschollen gefordert werden, nicht mit geodätischen Messungen direkt nachgewiesen sind, muß auch dieses neue Konzept eine wissenschaftliche Hypothese bleiben. Es ist daher in allgemeinem, naturwissenschaftlichem Interesse, die moderne Geodäsie so zu fördern und weiter zu entwickeln, daß sie in die Lage versetzt wird, als Test für geowissenschaftliche und insbesondere geodynamische Hypothesen zu dienen.

Die Bestimmung von Gestalt und Größenabmessung des Erdkörpers ist seit langem eine wesentliche Aufgabe der Wissenschaftler. In der Antike hielt man erstaunlich lange an der Vorstellung fest, daß die Erde als flache Scheibe aufzufassen sei; selbst die Babylonier, die bereits über erstaunliche astronomische Kenntnisse verfügten, sahen ihre eigene Erde noch als eben und scheibenförmig an. Als erster hat wohl Pythagoras von Samos (ca. 580–500 v. Chr.) die Kugelgestalt der Erde vertreten; dabei spielten zweifellos mehr theoretische Vorstellungen von der Harmonie der Körper und Sphären eine wesentliche Rolle.

Immerhin war damit erstmals ein Fortschritt in der richtigen Richtung gedacht, selbst wenn ein schlüssiger Beweis noch ausstand. Eratosthenes von Kyrene in Libyen (ca. 290–215 v. Chr.), seit 240 v. Chr. Direktor der berühmten Bibliothek von Alexandria und vielseitiger griechischer Gelehrter der hellenistischen Epoche, fand erstmalig eine Methode zur Bestimmung der Erdgröße. Er hatte beobachtet, daß in den Sommermonaten die Sonne genau im Zenith über der ägyptischen Stadt Syene (Assuan), südlich von Alexandria stand, während sie zum selben Zeitpunkt um ein Fünfzigstel des Vollkreises von der Vertikalen abwich, wenn man sie von Alexandria aus beobachtete. Er schloß daraus folgerichtig, daß der Gesamtumfang der Erde fünfzigmal größer sein müßte als der Abstand Alexandria–Syene (heute Assuan). Nachdem der Abstand beider Städte mit Meßketten möglichst genau bestimmt worden war, ergab sich damit eine erste, für das Altertum erstaunlich genaue Ermittlung der Erdgestalt und -größe, durchaus im pythagoräischen Sinne. Eratosthenes wurde damit zum Begründer der Geodäsie als Wissenschaft von der Bestimmung der Erdfigur. Für die Historiker gelangte er noch aus anderem Grunde zu Bedeutung, nämlich durch die Einführung der Jahreszählung nach griechischen Olympiaden, die noch bis nahezu tausend Jahre nach seinem Tode beibehalten wurde.

Für Altertum und Mittelalter wirkte die pythagoräische Vorstellung von der Sphärenharmonie so stark nach, daß an der Kugelgestalt nicht gezweifelt wurde. Erst im Zeitalter der Aufklärung wagte Sir Isaac Newton (1643–1727) in seinen berühmten »Philosophiae naturalis principia mathematica«, aus wiederum mehr theoretischen Erwägungen an die Stelle der harmonischen Kugelgestalt diejenige eines an den Polen abgeplatteten Ellipsoides zu setzen. Immerhin bahnte sich damit eine Erklärung für ein merkwürdiges Phänomen an, das 1672 eine französische Expedition nach Guayana beobachtet hatte: Dort gingen Pendeluhren mit Gewichtsantrieb um 2,5 Minuten pro Tag langsamer als in Paris.

Im Gegensatz zu Sir Isaac Newton vertrat der berühmte französische Astronom italienischer Abkunft Jacques Cassini (1677–1756), Sohn des aus Italien nach Paris eingewanderten Astronomen Giovanni Domenico Cassini (Professor in Bologna und ab 1669 Direktor der Pariser Sternwarte), eine entgegengesetzte Meinung: Nicht an den Polen sei die Erde abgeplattet, sondern im Gegenteil sogar in Nord-Südrichtung ausgelängt. Dieser für die damalige Zeit bedeutungsvolle Gelehrtenstreit, der zudem noch praktische Auswirkungen für die Zeitmessung hatte, wurde 1730 durch die Französische Gesellschaft der Wissenschaften entschieden, und zwar durch Entsendung zweier Expeditionen zur Messung je eines Breitengrades, und zwar einerseits nahe dem Polarkreis, andererseits unter dem Äquator. Von der französischen Gradmessung in Peru (heute Ecuador) unter Bouguer wurde bereits im ersten Kapitel des ersten Buches gesprochen, als es um die Lotablenkung vor Hochgebirgen ging.

Die lappländische Expedition unter Maupertuis kam erst etwas verspätet zu brauchbaren Resultaten, und zwar stellte sie fest, daß ein Meridiangrad im hohen Norden tatsächlich wesentlich länger ist, als es die Vergleichsmessungen in Peru ergeben hatten. Damit war die Streitfrage im Sinne Newtons entschieden, die Erde mußte an den Polen abgeplattet sein: die Verlängerung der Meridiangrade im hohen Norden resultierte aus einer geringeren Krümmung der Erdoberfläche nahe den Polen. Vom großen Philosophen, Schriftsteller und Spötter Voltaire (François Marie Arouet, 1694–1778) wurde Maupertuis in einem doppelsinnigen Wortspiel als »aplatisseur des pôles et des Cassinis« gefeiert.

In erster Annäherung zeigt die Erde also die Gestalt eines Rotationsellipsoides, dessen äquatoriale Halbachse 6 378 160 m beträgt (a), während die Abplattung an den Polen 1/298,25 mißt (a–b/a; wobei b der polaren Halbachse entspricht). Als Erklärung dieses Phänomens gilt die Annahme, daß der Erdkörper nicht fest genug ist, um die aus der Erdrotation erwachsenden Zusatzkräfte zu tragen; ähnlich einem plastischen Gebilde paßt er sich der Drehbewegung unter Abplattung an den Rotationspolen an. Als Referenzellipsoid ist das angegebene Rotationsellipsoid in den wissenschaftlichen Sprachgebrauch eingegangen.

Dieses Referenzellipsoid ist jedoch nur ein stark vereinfachter mathematischer Körper, welcher sich der tatsächlichen Erdgestalt in erster Annäherung anpaßt. Die wirkliche Oberfläche der Festländer (oder auch der Meeresböden) ist viel zu unregelmäßig, als daß man sie mit einer einfachen mathematischen Formel beschreiben könnte; der Versuch einer Ableitung nach Kugelfunktionen, ausgeführt von einem Göttinger Mathematiker in der ersten Hälfte des vorigen Jahrhunderts, erwies sich zwar als prinzipiell möglich, aber auch außerordentlich kompliziert. Als Bezugssystem kann eine derartige Ableitung schon wegen ihres Umfanges nicht dienen. Man unterscheidet daher seit C. F. Gauß (1828) zwischen dem tatsächlichen Erdkörper und dem dieser mathematischen Erdfigur angenäherten Rotationsellipsoid. Der tatsächliche Erdkörper hat seither die Bezeichnung »Geoid« erhalten und wird als eine sogenannte Äquipotentialfläche des Erdschwerefeldes aufgefaßt; bei ruhiger See und Fehlen strömungsbedingter Abweichungen stellt sich die Oberfläche der Weltmeere recht genau im Sinne einer solchen Äquipotentialfläche des Schwerefeldes der Erde ein. Man

denkt sich nun gleichsam die Fortsetzung des Meeresspiegels unter den Festländern hindurch dazu und erhält eine erdumspannende Äquipotentialfläche, also Fläche gleicher Schwere in Meereshöhe, eben das »Geoid«.
Dieses Geoid ist nicht nur abhängig von den Rotationskräften, sondern auch von der Massenverteilung im Erdinnern; Gesteine höherer Dichte erhöhen lokal die Schwerkraft und führen so zu einer Verbiegung der Geoidfläche. So erscheint das Geoid über dichteren Massen gleichsam »eingemuldet«, über spezifisch leichteren »aufgewölbt«. Die Bestimmung der Erdfigur als Geoid ist daher untrennbar mit Schweremessungen (Gravimetrie) verbunden; hier berühren sich daher Geodäsie und Geophysik unmittelbar.
Neben der möglichst genauen Erfassung der Geoidgestalt beruht die Aufgabe der Geodäsie in der Bestimmung räumlicher Koordinaten von Oberflächenpunkten der Erde in einem erdumspannenden Bezugssystem. Hierzu dienen meist die Angaben der geographischen Breite, der geographischen Länge und der ellipsoidischen Höhe, obwohl man natürgemäß – statt sich auf das mittlere Erdellipsoid zu beziehen – auch ein räumliches kartesisches Koordinatensystem aus drei senkrecht aufeinander stehenden Bezugsachsen wählen könnte. Das geographische Bezugssystem mit Längen- und Breitenwinkel besitzt jedoch den Vorteil der unmittelbaren Vergleichbarkeit mit astronomischen Daten, zu welcher sich noch die Höhe über Normalnull (gleich mittleres Springtiden-Niedrigwasser) gesellt.
Welche Beobachtungsverfahren stehen nun der modernen Geodäsie zur Einmessung von Festpunkten der Erdoberfläche zur Verfügung, und welche Genauigkeiten können bei derartigen Messungen erwartet werden?
An erster Stelle seien hier astronomische Bestimmungen der Länge und Breite genannt, obwohl sie einen vergleichsweise großen Meßaufwand erfordern. Ihre Genauigkeit liegt bei Winkelmessungen zwischen 0,3 und 0,03 sec, was einer Unsicherheit des Lagepunktes auf der Erdoberfläche zwischen 1 und 10 m entspricht. Schweremessungen lassen sich mit modernen Gravimetern zwar vergleichsweise rasch und kontinuierlich durchführen; auch als sogenannte »airborne«-Messungen aus der Luft. Schwierigkeiten bedingen dabei aber zum Teil schwer abschätzbare Störmassen im Einflußbereich des Meßpunktes sowie Störbeschleunigungen infolge Eigenbewegung des Meßgerätes, infolge

Erschütterungen, Temperaturschwankungen oder Gezeiteneinflüssen. Die Genauigkeitsgrenze liegt zur Zeit auf dem Festland bei 0,01 bis 0,1 Milligal, zu Schiff bei etwa 1 und im Flugzeug bei 5 bis 10 Milligal.

Bei erdgebundenen geodätischen Messungen mit Theodolit, Nivellierinstrument und neuerdings mit elektronischen oder elektrooptischen Entfernungsmeßgeräten sind bereits erstaunliche Genauigkeiten zu erzielen. Höhenunterschiede bis zu 0,3 mm auf 1000 m lassen sich mit Einzelmessungen von maximal hundert Meter Abstand bestimmen. Die erreichbare Genauigkeit für Winkelmessungen liegt bei Horizontalwinkeln nahe 0,2 sec, bei Zenitwinkeln bei 1 sec, was etwa 0,05 m auf 50 km bzw. 0,1 m auf 20 km entspricht. Raumstrecken können mit 0,05 bis 0,25 m auf 50 km eingemessen werden, wobei die Reichweite der Einzelmessungen maximal 50 bis 60 km, in günstigen Sonderfällen höchstens 100 km beträgt. Derartige auf die Festländer beschränkte Verfahren werden in ihrer Genauigkeit durch die atmosphärischen Unterschiede des Brechungsindex der Luft sowie deren Refraktionskoeffizienten bestimmt und sind daher kaum noch nennenswert zu steigern.

Neuerdings finden in der Geodäsie mehr und mehr extraterrestrische Beobachtungspunkte Anwendung, teils als Hochziel-Ballons (in Höhen zwischen 30 und 40 km), teils als künstliche Erdsatelliten (in Höhen zwischen 1000 und 4000 km). Außerdem steht der Erdmond mit seinem Laserreflektor als Zielpunkt sowie die eine oder andere quasistellare Radioquelle der Radioastronomie (Quasare) als Fixpunkt zur Verfügung. Als Instrumente der Raumfahrt-Geodäsie dienen Laser-Telemeter mit einer gegenwärtigen Genauigkeit von etwa 1 bis 2 m, doch hofft man, die Präzision dieser modernen Geräte in den kommenden Jahren noch bis auf einige Zentimeter steigern zu können. Das Zeitalter der Raumfahrt-Geodäsie begann 1960 mit dem Start des amerikanischen Ballon-Satelliten Echo I, dem 1964 Echo II und 1966 Pageos folgten. Außer diesen drei Ballon-Satelliten als Hochziel-Fixpunkte entsandten die USA noch weitere Geodäsie-Satelliten (1962 Anna, 1964 Beacon B, 1965 Beacon C und Geos A, 1968 Geos B und 1972 Triad), ausgerüstet mit Laserreflektoren, Lichtblitzen, Rundfunksendern und Radarreflektoren. Vier weitere Geodäsie-Satelliten (1966 Diapason, 1967 Diadème I und II sowie 1970 Peole) stammen aus Frankreich.

Mit diesen Geodäsie-Satelliten hat das Raumfahrtzeitalter einen wesentlichen Beitrag zur Kenntnis der Erde und zum Fortschritt der Erdwissenschaften geleistet. Damit wurde eine zuvor ungeahnte Erweiterung der Vermessungsmethoden ermöglicht und eine neue Forschungsrichtung eingeleitet, von der man sich allgemein neue Aufschlüsse über Erdgestalt und Geodynamik erwarten darf.

Die »klassische« Methode der Geodäsie ist die festlandsgebundene Triangulation. Ausgehend von zwei Festpunkten, deren Abstand möglichst genau bestimmt wird (Vermessungsbasis) wird ein dritter Meßpunkt mittels Winkelmessung angepeilt und somit ein Basisdreieck trigonometrisch ermittelt. Liegt dieses Basisdreieck fest, so kann man von je zwei dieser Dreieckspunkte weitere Meßpunkte anvisieren, um trigonometrisch über Winkelbestimmungen neue Vermessungsdreiecke hinzuzufügen. So überdeckt sich nach und nach die gesamte zu vermessende Fläche mit einem mehr oder minder dichten Netz dreiecksförmiger Meßlinien und Punkte. Da sich mit der ursprünglichen apparativen Ausstattung der Geodäten Winkel weit genauer erfassen ließen als Horizontalabstände, beruhte die Triangulation im wesentlichen auf einer Substitution von Längenmessungen durch Winkelmessungen, unter Inkaufnahme umfangreicherer trigonometrischer Rechenarbeit.

In Europa und in einigen früh technisierten überseeischen Gebieten entstanden recht genaue Kartenwerke mit Hilfe dieser Triangulation; auch die französischen Gradmessungen in Peru und Lappland unter Bouguer und Maupertuis sowie die hannoversche Gradmessung unter C. F. Gauß (mit dem Basisdreieck Hoher-Hagen-Brocken-Inselsberg und der Verbindung der Sternwarten Göttingen und Hamburg zwecks Anschluß an astronomische Beobachtungen hoher Genauigkeit) sind mittels Polygonzügen nach der Triangulationsmethode ausgeführt worden.

Im Zeitalter der Luftfahrt trat an die Seite (und vielfach sogar an die Stelle) der Triangulation mehr und mehr die Luftbildmessung, die Photogrammetrie. Dabei werden Luftbilder ausgewertet und zu topographischen Karten umgezeichnet. Die Hauptschwierigkeit bei dieser Methode lag in der maßstabgerechten Entzerrung der Luftbilder, da das Kameraobjektiv die Erdoberfläche ja perspektivisch sieht, das heißt mit entsprechender räumlicher Verkürzung mit zunehmendem Abstand vom Bildmittelpunkt. Durch hochentwickelte Präzisionsinstrumente (Stereoplanigraphen) gelingt es heute indes, Luftbilder bereits mit ver-

TIC OCEAN FLOOR
National Geographic Society
NATIONAL GEOGRAPHIC MAGAZINE
GREENLAND
ICELAND
NORTH
SEA
EURO
CANADIAN SHIELD
RTH
ERICA
KELVIN SEAMOUNT
SOHM ABYSSAL PLAIN
SAHARA
AFRICA
CAPE VERDE ISLANDS
MERICA
AMAZON BASIN
SOUTH AMERICA
FALKLAND PLATEAU

Relief des Atlantischen Meeresbodens. In den zwanziger Jahren dieses Jahrhunderts wurde von der Meteor-Expedition ein untermeerisches Hochgebirge mitten im Atlantik entdeckt. Diese als Mittelatlantische Schwelle bezeichnete Region erhebt sich bis 5000 Meter über den angrenzenden Tiefseebecken und erreicht eine Breite zwischen 500 und 1000 km.
Längs einem median liegenden Störungssystem dringen wiederholt basische Magmen auf. Der sich stetig wiederholende Magmatismus bedingt eine kontinuierliche Öffnung des Atlantiks.
Die Darstellung des Meeresbodens läßt eine deutliche Gliederung der Mittelatlantischen Schwelle in unzählige Teilstücke erkennen, die jeweils von Querstörungen voneinander getrennt und seitlich gegeneinander versetzt sind. Hierbei handelt es sich nicht um die üblichen Horizontalverschiebungen, bei denen die gesamte Erdkruste auf der einen Flanke der Störungslinie in der einen Richtung, auf der gegenüberliegenden entgegengesetzt bewegt wird; sondern man bezeichnet diese Querstörungen als »transform faults«, bei denen ganze Segmentabschnitte scheibenartig gegeneinander versetzt werden.

(Siehe Kapitel: Öffnung der Ozeane)

gleichbarer, wenn nicht sogar höherer Genauigkeit in ebene Kartendarstellungen (einschließlich Höhenschichtlinien) umzuzeichnen, als bei erdgebundener Triangulation. So verfügen heute teilweise spät industrialisierte Länder oft über photogrammetrisch gewonnenes Kartenmaterial höherer Qualität als die früher mit Triangulation vermessenen Gebiete.

Die Raumfahrt brachte zunächst vor allem das Problem der Ortung von Satelliten. Neben dem heutigen modernen Verfahren der Laser-Telemetrie diente hierfür vor allem die astronomische Photographie; in astronomischen Kameras (Baker-Nunn), kombiniert mit Großfeld-Teleskopen, die mit der scheinbaren Sternbewegung (also entgegen der Eigenrotation der Erde) mitgeführt werden, bildet sich der Sternhintergrund in Form von Punkten ab, während sich die Bahn des Satelliten je nach Belichtungsdauer als kürzerer oder längerer Strich darstellt. Man kann auch umgekehrt der Bewegung des Satelliten folgen und die Sternbahnen als Kurven zur Darstellung bringen, wobei jeweils ein Zeitgeber in konstantem Rhythmus für eine Unterbrechung der Belichtung (etwa in Intervallen von 0,3 sec) sorgt. So weiß man später genau, wie sich in Bruchteilen von Sekunden die Stellung des Satelliten vor dem Hintergrund des Sternhimmels verändert hat. Da dieser Sternhintergrund astronomisch recht genau bekannt und eingemessen ist, wird somit auch eine hinlängliche Ortung des Satelliten ermöglicht.

Während die erdgebundenen Methoden der »klassischen« Geodäsie die Grenze ihrer Anwendungsmöglichkeit an den Kontinentalrändern finden, und auch die Hochzieltriangulation unter Einsatz von Geodäsie-Ballons kaum Entfernungen von mehr als 100 km zu überbrücken vermag, gibt uns die Raumfahrt-Geodäsie erstmals Gelegenheit, auch ozeanweite Abstände zu erfassen. Bisher war man für geodätische Vergleiche von Kontinent zu Kontinent im wesentlichen auf astronomische Längen- und Breitenmessungen angewiesen. Heute kann ein in der Ozeanmitte zentrierter Geodäsie-Satellit, mit Umlaufgeschwindigkeit im Orbit entsprechend der Erdrotation, von beiden ozeanischen Küsten aus gleichzeitig eingemessen und insbesondere sein Abstand festgestellt werden. Lassen sich dann noch die Genauigkeiten der Messungen steigern, so sollten noch in diesem Jahrhundert erste Hinweise auf die Eigenbewegungen kontinentaler Kruste, etwa als Test für die Vorstellungen der Plattentektonik, zu erwarten sein.

Allerdings muß gesagt werden, daß bisher aktive Verlagerungen von Teilen der Erdoberfläche über ozeanweite Entfernungen geodätisch nicht nachgewiesen werden konnten. Diese Feststellung besagt allerdings nichts gegen die mögliche Existenz derartiger Bewegungsvorgänge; sie begrenzt allenfalls zunächst die Bewegungsgeschwindigkeiten nach oben durch die derzeitige Genauigkeit geodätischer Meßverfahren. Während für die Laser-Telemetrie gegenwärtig Genauigkeitsgrenzen von 1–2 m angegeben werden, scheint die Öffnung der Ozeane laut paläomagnetischem »Kalender« in der Größenordnung von einigen Zentimetern pro Jahr zu erfolgen. Um mit der heutigen Genauigkeit der Entfernungsmeßgeräte Bewegungen dieser geringen Größenordnung sicher nachweisen zu können, wären Wiederholungsmessungen im Abstand von vielen Jahrzehnten erforderlich. Immerhin bahnt sich jedoch heute schon eine Verbesserung der Meßgenauigkeit um zwei Zehnerpotenzen in den kommenden Jahren an, und damit dürften dann auch die Voraussetzungen gegeben sein, aktive Krustenbewegungen der globalen Geodynamik in kürzerer Zeit mit hinlänglicher Genauigkeit festzustellen.
So steht also zur Zeit der geodätische Test der Plattentektonik noch aus. Damit sind aber gegenwärtig die Möglichkeiten der Geodäsie, einen Beitrag zur Geodynamik zu leisten, noch keineswegs erschöpft. Der zweite Weg besteht in einer möglichst genauen Ermittlung der Erdgestalt. Mit dem Modell »Standard Earth 2« wurde 1970 das derzeit bestmögliche Bild von der großräumigen Form der Erde, genauer gesagt, von den positiven und negativen Abweichungen des Geoids von einem Rotations-Referenzellipsoid mit der Abplattung 1/298,25 vorgelegt. An diesem Modell ist mit örtlichen Höhenabweichungen in der Größenordnung von ± 100 m die jeweilige Lotabweichung bzw. Schwereverteilung, also die Konfiguration der Massenverteilung auf der Erde, ersichtlich. Man kann nun versuchen, dieses Modell der »Standard Earth 2« mit dem Konzept der Plattentektonik zu vergleichen, um festzustellen, inwieweit es mit den Vorstellungen von der globalen Geodynamik der ozeanischen Räume übereinstimmt.
Nach dem Konzept der Plattentektonik reißt die Lithosphäre längs der mittelozeanischen Schwellen, wo sie die jeweils geringste Mächtigkeit besitzt, wieder und wieder auf, verheilt durch Aufdringen von irdischer Schmelze aus dem Erdmantel und bildet sich damit neu. Die im Bereich der mittelozeanischen Schwellen neu gebildeten Lithosphä-

renplatten wandern sodann nach beiden Richtungen ab, wobei sie sich langsam abkühlen und damit schwerer und mächtiger werden, bis sie schließlich am Rande der Kontinente im Erdmantel versinken. Nach diesem Bilde wäre also zu erwarten, daß sich die Gliederung in ozeanische und kontinentale Kruste (sowie in neu gebildete und gealterte Lithosphäre je nach Abstand von den mittelozeanischen Schwellen) im Modell der Massenverteilung des Geoids abbildet.

Ein Vergleich mit der Darstellung des Geoids in der »Standard Earth 2« von 1970 führt jedoch zu dem überraschenden Resultat, daß sich in der tatsächlichen Massenverteilung keinerlei Abhängigkeit vom Verlauf der mittelozeanischen Schwellen, der Kontinentalränder oder der Verbreitung ozeanischer Kruste abbildet. Kontinente wie Ozeane sind teils Massenüberschuß-, teils Massendefizitgebiete. Eine sinnvolle Erklärung hierfür steht gegenwärtig noch aus. Immerhin ist keine Übereinstimmung mit dem Modell der Plattentektonik festzustellen.

10. Wärme aus dem Erdinnern

Wie man versuchen kann, die Modellvorstellung der Plattentektonik mit der Schwereverteilung im Erdinnern zu vergleichen, um Hinweise zur Stützung (oder Widerlegung) dieser These zu erlangen, so bietet sich auch ein Vergleich mit der Wärmeflußverteilung aus dem Erdinnern an: Nach der Plattentektonik sind die Lithosphären-Tafeln im Bereich ihrer Neubildung längs der mittelozeanischen Schwellen am dünnsten und am heißesten, während sie sich zu den Inselbögen und Faltengebirgsketten hin zunehmend abkühlen, wobei sie gleichzeitig mächtiger und schwerer werden, bis sie schließlich im unterlagernden Erdmantel versinken. Steht die Wärmeflußverteilung der Erde in Einklang mit den Vorstellungen der Plattentektonik, so sollte die Erdkruste in der Nähe der mittelozeanischen Schwellen am heißesten sein, sich aber zu den Inselbögen und pazifischen Randgebirgen hin kontinuierlich abkühlen. Mit den Methoden der Wärmeflußmessung, insbesondere am Meeresboden, hat die marine Geophysik ein weiteres wichtiges Arbeitsfeld globaler Geodynamik erschlossen.

Eine erste erdumspannende Darstellung des Wärmeflusses haben W. H. K. Lee und S. Uyeda 1965 aufgrund von rund 1000 Messungen in allen drei großen Ozeanen veröffentlicht. Dabei wurden die gemessenen Werte in einer Ableitung nach Kugelfunktionen bis zur dritten Ordnung wiedergegeben. Danach erscheint der Atlantik mit 0,8 bis 1,4 mikrocal/cm^{2}sec vergleichsweise kühl temperiert; ebenso der Indik mit ebenfalls 0,8 bis 1,4 HFU (= Wärmefluß-Einheiten). Der Pazifik hingegen zeigt ein unterschiedliches Bild: Während der Zentral- und Westpazifik dieselben leicht unternormalen Werte aufweist, zeichnet sich der Südostpazifik durch ein ausgeprägtes Wärmeflußhoch (1,8 bis 2,2 HFU) aus. Als normal können Wärmeflußmengen von 1,5 HFU (heat flow units) gelten.

Demnach sind die Ozeane also offensichtlich keineswegs durchweg durch übernormalen Wärmefluß aus dem Erdinnern ausgezeichnet.

Statt daß sich jeweils die höchsten Wärmeflußmessungen in den zentralen Teilen der Ozeane längs der mittelozeanischen Schwellen tätigen ließen, ergeben sich für Atlantik, Indik, Zentral- und Westpazifik sogar ausgesprochen unternormale Wärmeflußbeträge. Lediglich im Südostpazifik könnte man das dortige Wärmeflußhoch mit dem Südostpazifischen Rücken in Zusammenhang bringen. Dagegen spricht jedoch die generelle Verteilung der Linien gleichen Wärmeflusses auf der Erde: Diese Linien folgen nicht etwa der Längserstreckung der mittelozeanischen Schwellen bzw. verlaufen parallel dazu, indem sie eine kontinuierliche Abnahme des Wärmeflusses am Meeresboden mit wachsendem Abstand von den Schwellen dokumentieren. Im Atlantik und Indik nimmt der Wärmefluß hingegen jeweils von Norden nach Süden ab, im Pazifik hingegen generell von Südosten nach Nordwesten. Die Lage der mittelozeanischen Schwellen kommt in der Wärmeflußverteilung nach Lee und Uyeda also überhaupt nicht zum Ausdruck; auch die Verteilung der Kontinente und Ozeane ist aus der Darstellung des Wärmeflusses allein nicht abzulesen. Kontinentale Kruste ist also nicht generell durch höheren Wärmefluß gekennzeichnet als ozeanische. Ähnlich dem Vorgang der Schwere-Kompensation durch Isostasie scheint es auch eine Art von Wärmeflußkompensation im Erdinnern zu geben. Ebenso überraschend, wie das Fehlen eines Schweredefizits auf den Weltmeeren (trotz der erstaunlichen Wassertiefen an Stelle dichteren Gesteinsmaterials der Kontinentaltafeln), ist auch das Fehlen eines Wärmeflußdefizits auf den Ozeanen, da hier ja bekanntlich die Erdkruste erheblich dünner als auf den Kontinenten ist; die annähernd 30 km dicke kontinentale Kruste ist weithin aus Tiefengesteinen granitischer Zusammensetzung aufgebaut und enthält dabei soviel spaltbares Material, daß allein diese radiogene Wärmeproduktion ausreicht, um den gemessenen mittleren Wärmefluß von 1,5 HFU hinlänglich zu erklären. Die dünne ozeanische Kruste hingegen reicht hierfür keineswegs aus; sie wird aber unterlagert von Gesteinen, die offenbar weniger granitische, sondern vielmehr peridotitische Zusammensetzung aufweisen und daher über einen nur verschwindend geringen Gehalt an Zerfallssubstanz und damit Anteil an radiogener Wärmeproduktion verfügen. Theoretisch wäre also zu fordern, daß sich die Ozeane generell durch einen geringeren Wärmefluß als die Kontinente auszeichnen. Da dies offensichtlich nicht der Fall ist, hat G. I. F. Macdonald 1963 angenommen, daß sich die Ozeane durch eine

in gleicher Tiefe höhere Temperatur auszeichnen, die durch einen höheren Anteil spaltbaren Materials im subozeanischen Mantel (als im subkontinentalen) bedingt ist. Demnach müßte sich der Gegensatz Kontinent/Ozean auch im oberen Mantel noch fortsetzen, während man zuvor allgemein angenommen hatte, daß sich kein solcher Gegensatz bis über die Krusten-Mantel-Grenze hinaus in die Tiefe erstreckt.
Gemessen wird der irdische Wärmefluß in Bohrungen, am Meeresgrund in Tiefen von einigen Metern unterhalb des Meeresbodens, wobei man sich kleiner, stoßunempfindlicher Widerstandselemente (Thermistoren) bedient. Zwei derartige Temperaturfühler in vertikalem Abstand ergeben den Temperaturunterschied zwischen den beiden Meßpunkten und damit den Temperaturgradienten am Meeresboden; kennt man zudem die thermische Leitfähigkeit der jungen ozeanischen Sedimente, so läßt sich der terrestrische Wärmefluß nach einer einfachen Gleichung rasch errechnen. Während derartige Messungen auf den Festländern manchen Störungen durch Zutritt von Bodenluft oder Spaltenwasser abweichender Temperatur ausgesetzt sind, hat sich der Meeresboden als besonders günstig erwiesen. Wärmeflußmessungen in Tiefseebohrungen gehören daher heute zu den schon fast routinemäßig ausgeführten Meßvorgängen meereskundlicher Expeditionen.
Rechnerisch ergibt sich der terrestrische Wärmefluß aus dem Produkt von thermischer Leitfähigkeit des Gesteinsmaterials und dem gemessenen Temperaturgradienten ($q = k\ dT/dz$). Wie J. Verhoogen bereits 1956 abschätzen konnte, liegt der gesamte, mit dem irdischen Wärmefluß in Zusammenhang stehende Energieumsatz (ca. $6{,}5 \cdot 10^{27}$ erg/Jahr) um Größenordnungen höher als alle bei Erdbeben freigesetzte seismische Energie! Man darf diese Wärmemengen aus dem Erdinnern also keineswegs unterschätzen.
Während sich die mittelozeanischen Schwellen als Stätten neuer Krustenproduktion aus heißem Mantelmaterial durch besonders hohen Wärmefluß auszeichnen sollten, müßten die Inselbögen und randpazifischen Gebirgsketten, unter welchen gealterte und abgekühlte Kruste in den Mantel versinkt, vergleichsweise kühl temperiert sein.
Tatsächlich mißt man auf mittelozeanischen Schwellen örtlich verstärkten Wärmefluß; nach einer von O. Kappelmeyer 1968 gegebenen Darstellung bis zu etwa 10 HFU, also bis zum sechsfachen Betrage der Durchschnittswerte für den irdischen Wärmefluß (1,5 HFU). Verglichen jedoch mit den zirkumpazifischen Vulkangebieten ist dieser

Wärmefluß der mittelozeanischen Schwellen keineswegs besonders hoch; in den aktiven Vulkangebieten am Rande des Pazifiks werden sehr viel höhere, örtlich bis zu 1000 HFU erreichende Werte gemessen (also bis zum sechzigfachen des Normalwertes). Dieser Gürtel des randpazifischen Vulkanismus fällt räumlich mit den abtauchenden Benioffzonen der Seismik, also dem abwärts gerichteten Ast der Lithosphärenplatten zusammen. Aber auch dort im Hinterland von Inselbögen und jungen Faltengebirgen, wo kein aktiver Vulkanismus mehr zu beobachten ist, trifft man in weiter Verbreitung auf stark erhöhte Wärmeflußwerte. Als Beispiel mag etwa die Japansee dienen, deren überdurchschnittlich hoher Wärmefluß nach S. Uyeda durch das bisherige Modell der Plattentektonik nicht hinlänglich erklärbar ist.
Besonders hohe Bodentemperaturen finden sich insbesondere auch auf der Nordinsel Neuseelands, wo man im Thermalgebiet von Rotorua Geysire, Schlammvulkane und heiße Quellen beobachtet. Nicht nur die mittelozeanischen Schwellen mit ihrem Vulkanismus, sondern auch die Inselbögen und jungen Kettengebirge zeichnen sich somit durch übernormalen Wärmefluß aus, und dabei spielt keineswegs immer der Vulkanismus (oder sogenannte postvulkanische Erscheinungen) die Hauptrolle:
Nach einer von dem ungarischen Geophysiker V. Scheffer veröffentlichten Wärmeflußkarte von Europa zeichnen sich hier insbesondere zwei Gebiete durch überdurchschnittlich hohe Werte aus, zum einen die ungarische Tiefebene (Pannonische Senke) mit bis zu 2,5 HFU sowie die Toskana mit bis zu 13,8 HFU. Beide Gebiete sind frei von aktivem Vulkanismus und stellen jeweils Rückländer von jungen Faltengebirgsbögen – nämlich einerseits dem Karpatenbogen, andererseits dem Nordapenninbogen – dar. In der Toskana sind die sogenannten Soffioni, heiße Borsäurequellen, schon seit dem 18. Jahrhundert bekannt. Im Jahre 1777 wies der Kölner Chemiker Höfer im Dienste des Großherzogs der Toskana erstmals den vergleichsweise hohen Borsäuregehalt dieser Quellen nach, worauf zwei Jahre später der italienische Anatom Paolo Mascagni bedeutende derartige Quellen nahe beim heutigen Ort Lardarello entdeckte. Dieser Ort verdankt seinen Namen allerdings einem französischen Emigranten De Lardarel aus Vienne, der zur Zeit der Französischen Revulution in die Toskana verschlagen wurde und als erster eine wirtschaftliche Ausnutzung der Soffioni versuchte. Heute spielt der Borsäuregehalt wirtschaftlich

gesehen keine nennenswerte Rolle mehr; der Schwerpunkt der Ausnutzung von Dampfquellen vom Typ der Soffioni liegt in der Erzeugung elektrischer Energie. Das von Erdwärme gespeiste Kraftwerk bei Lardarello erzeugt bis zu 500 000 kW und versorgt damit die Stadt Florenz. Das Thermalgebiet von Wairakei auf der Nordinsel Neuseelands speichert nach den Berechnungen von J. W. Elder 1965 etwa $2 \cdot 10^{18}$ cal an Energie, wovon zur Zeit etwa $2{,}5 \cdot 10^{8}$ cal/sec abgegeben werden. Der Energievorrat reichte somit noch mindestens für 250 Jahre, sofern er nicht durch weiteren Energiezustrom aus der Tiefe ergänzt würde.
Die wirtschaftliche Nutzung der Erdwärme erfolgt heute allerdings nicht in Form natürlicher Quellaustritte, sondern mittels künstlicher Erschließung von Dampfquellen durch Bohrungen. In der Toskana trifft man im Raum Lardarello und südlich bis zu den Hängen des Monte Amiata immer wieder auf derartige Bohrpunkte. Das an sonstigen Energieträgern (wie Erdöl, Kohle oder Wasserkraft) nicht eben reiche Land Italien hat die Erschließung der Erdwärme als erstes in der Welt technisch weit vorangetrieben. Ähnliche Bedeutung kommt der Erdwärme in Form heißer postvulkanischer Quellen auf Island zu, wo man mittels heißer natürlicher Wässer Glashäuser heizt und so die Möglichkeit zur Reifung von Südfrüchten nahe am Polarkreis schafft.
Die Frage, ob hoher irdischer Wärmefluß Ursache oder Folge vulkanischer Tätigkeit ist, läßt sich gegenwärtig noch nicht eindeutig beantworten: Immerhin zeichnete sich auch die Toskana im Jungtertiär durch vulkanische Aktivität aus, und der obengenannte Monte Amiata ist ein derartiger, erloschener Vulkan. Für die ungarische Tiefebene oder für die Japansee (ebenfalls ein tektonisches Rückland hinter einem Inselbogen, wie die Pannonische Ebene das Hinterland des Karpatenbogens darstellt) fehlen jedoch alle Anzeichen vulkanischer Tätigkeit in geologisch jüngerer Zeit.
Man geht daher wohl nicht fehl in der Annahme, daß der Wärmefluß nicht immer von der An- oder Abwesenheit aktiven Vulkanismus bestimmt wird. Vulkanische Tätigkeit ist lediglich nur einer von zahlreichen Faktoren, die eine Erhöhung des irdischen Wärmeflusses bedingen können. Ein weiterer Faktor ist die vergleichsweise hohe Wärmeleitfähigkeit bestimmter Gesteine, etwa von Steinsalz in den Salzstöken der Norddeutschen Tiefebene. Auch aufsteigende artesische

Wässer, die sich in der Tiefe mit Wärme angereichert haben, können eine Verstärkung des Wärmeflusses bewirken; möglicherweise muß man die vergleichsweise hohen Werte der ungarischen Tiefebene so deuten.

Es fällt aber auf, daß sich in der Regel die tektonischen Rückländer von Insel- und Gebirgsbögen durch hohe Wärmeabgabe aus dem Erdinnern auszeichnen, während das jeweilige zugehörige Vorland (auf dem konvexen Außenrand des Bogens) sich durch ausgesprochen niedrige Wärmeflußwerte auszeichnet.

Diese Feststellung spricht mehr für die Tatsache, daß die Erdwärme gesetzmäßig mit der Gebirgsbildung in Zusammenhang steht. Dabei nimmt die Temperatur der Kruste offenbar vom konvexen Außen- zum konkaven Innenbogen der Insel(-respektive Gebirgs)ketten zu, während sich hoher Druck bevorzugt am Außenrand des aktiven Gürtels vorfindet. Druck und Temperatur sind also räumlich offenbar in dicht benachbarten Zonen konzentriert und bedingen bei der regionalen Gesteinsumwandlung das räumliche Nebeneinander von Hochdruck/Niedrigtemperatur- sowie Hochtemperatur/Niedrigdruck-Gürteln in den sogenannten »paired belts«. Steigt dabei die Temperaturkonzentration im tektonischen Rückland bis über die Schmelzpunkte der Mantel- und Krustengesteine an, so kommt es offenbar zu dem typischen Rückseitenvulkanismus junger Kettengebirgsgürtel.

Wie die vereinzelt angeordneten Zonen hoher Erdwärme vermuten lassen, ist die Wärmeflußverteilung im Erdinnern recht ungleichmäßig. Gebiete mit extrem hohem Wärmefluß treten meist nur punktuell in Erscheinung. Dies hat den amerikanischen Geophysiker W. J. Morgan von der Universität Princeton zu dem Gedankengang geführt, daß die Wärmeabgabe des Erdmantels auf eine vergleichsweise nur geringe Anzahl schmaler, kaminartiger Schlote konzentriert ist, in welchen heißes Material von der Kernmantelgrenze durch den gesamten Mantel hindurch bis an die Basis der Lithosphären-Platten aufsteigt; hier erhitzt es lokal auch die Lithosphäre und führt zur Ausbildung thermaler Zentren (»hot spots«, »points chauds«). Diese sind überwiegend entlang der mittelozeanischen Schwellen angeordnet (Island, Azoren, Ascension, Tristan da Cunha, Bouvet, Prince Edward, Réunion, Amsterdam, Ballemy, Sala y Gomez und Juan de Fuca) oder liegen in deren unmittelbarer Nachbarschaft (Kanarische Inseln, Kap Verden, Carnegie-Inseln). Für die kontinentale Kruste gibt Morgan eigentlich nur ein solches Thermalzentrum (Yellowstone in den westlichen Vereinigten Staaten) an.

Weder die ungarische Tiefebene, noch die Toskana oder das Thermalgebiet von Rotorua und Wairakei auf Neuseeland gilt nach Morgan als »hot spot«. Dagegen zählt er im zentralen Pazifik drei solcher Zentren auf, nämlich Hawaii, Mac Donald und Sala y Gomez, drei jeweils aktive Vulkaninseln, von denen aus sich in nordwestlicher Richtung ganze Reihen vulkanischer Inseln und untermeerischer Kuppen erstrecken. So bildet Hawaii mit den heute tätigen Vulkanen einen Endpunkt der Inselreihe, die sich erst in ostsüdost-westnordwestlicher Richtung, später in nordwestlicher Richtung (Empereur-Rücken) zur Halbinsel Kamtschatka erstreckt. In ähnlicher Weise liegt die Insel Sala y Gomez am Endpunkt der Inselreihe der Touamotu- und Lignes-Inseln oder Mac Donald am südöstlichen Ende der Marshall-, Gilbert-, Samoa-, Cook- und Tubua-Inseln. Derartige linienartig angeordnete ehemalige Vulkanreihen mit aktivem, südöstlichem Endpunkt erklärt Morgan im Sinne der »hot-spot«-Theorie mit konstanten Aufstiegskanälen im Erdmantel, aber einer sich langsam verschiebenden Erdkruste, so daß nach und nach immer neue Punkte der Lithosphäre über dem Aufstiegskanal zu liegen kommen und aufgeheizt werden. Die linienartigen Inselketten zeichnen demnach die Spur der Verschiebung der Lithosphärenplatten nach; in allen drei Fällen des zentralen Pazifiks ist diese Spur annähernd parallel zueinander orientiert, weist aber einen deutlichen Knick aus der Nordwest- in die Westnordwest-Richtung auf. Dieser (in allen drei Fällen wiederkehrende) Knick wird durch eine zeitweilige Änderung der Plattenbewegungsrichtung gedeutet; während die pazifische Platte anfänglich mehr in nordwestlicher Richtung gedriftet ist (also etwa auf den westlichen Aleutenbogen zu), scheint vor rund 80 Millionen Jahren eine Änderung der Hauptbewegungsrichtung um 40°–50° in mehr westlicher Richtung (zum Japan- oder Marianen-Graben) eingetreten zu sein. Die »hot spot«-Theorie scheint den tatsächlichen Verhältnissen der Wärmeabgabe des tiefen Erdinnern besser gerecht zu werden und gleichzeitig die Plattenbewegung der Lithosphäre zu bestätigen.

Nach den Vorstellungen von W. J. Morgan sinkt das unter den »hot spots« kaminartig von der Kernmantelgrenze aufsteigende heiße Material rings umher in breiter Front wieder zur Tiefe hin ab. Damit erfahren Ideen einer Mantelkonvektion, wenn auch in etwas abgeänderter Form, eine gewisse Erneuerung. Damit wird das bereits kurz erwähnte Problem der sogenannten Rayleighschen Zahl für den Mantel als Kriterium für konvektive Bewegungen erneut aktuell. Diese Rayleighsche Zahl ist an sich ein Maß für die Stabilität von Strömungen in geschichteten Flüssigkeiten, und daher nicht ohne weiteres auch auf den Erdmantel anzuwenden, von dem wir ja aufgrund der Ausbreitung elastischer seismischer Wellen wissen, daß er zumindest gegenüber kurzfristigen Schwingungen nicht wie eine Flüssigkeit, sondern wie ein fester Körper reagiert. Man kann aber dennoch versuchen, mittels bestimmter Wertannahmen für die diese Kennzahl bestimmenden Größen Anhaltspunkte für Rayleigh-Zahlen des Mantels zu gewinnen, die Konvektion im Erdmantel wahrscheinlich machen oder ausschließen.

Die Rayleigh-Zahl ist einerseits dem thermischen Ausdehnungskoeffizienten des Mediums, der Schwerebeschleunigung, dem Temperaturgradienten und der Dicke der Schicht direkt, andererseits der kinematischen Viskosität und der Temperaturleitfähigkeit umgekehrt proportional. Bleibt die Rayleighsche Zahl unter einem bestimmten, kritischen Wert, so kann ein Wärmeaustausch nur durch Wärmeleitung stattfinden. Konvektion ist also um so wahrscheinlicher, je größer die Rayleighsche Zahl für den Erdmantel wird. Von den genannten Größen besitzt der thermische Ausdehnungskoeffizient und die Schwerebeschleunigung (als konstante Größe) keinen besonderen Einfluß. Wichtig ist hingegen der vertikale Temperaturgradient innerhalb des Mantels sowie die Dicke, die sogar mit der vierten Potenz in Rechnung geht. Konvektion ist daher um so leichter möglich, je größer das Temperaturgefälle von der Kernmantelgrenze zur Lithosphäre und je dicker der Anteil des Mantels ist, der in die Bewegungen einbezogen wird. Morgan hat mit seiner Annahme, daß die Materialzufuhr zu den »hot spots« den gesamten Mantel umfaßt, den gleichsam höchstmöglichen Wert für die Rayleigh-Zahl erzielt.

Die kinematische Zähigkeit und die Temperaturleitfähigkeit hingegen müssen möglichst klein bleiben, wenn die Rayleigh-Zahl groß werden soll. Für Gesteine sind in der Tat nur sehr geringe Temperaturleitfähigkeiten gemessen worden. Und die Viskosität der Gesteine hängt sehr wesentlich von der Temperatur ab, die damit nicht nur über das vertikale Temperaturgefälle aus dem Erdinnern, sondern auch noch über die Zähigkeit des Mantelmediums in Rechnung geht.

Offenbar ist die Annahme konvektiver Bewegungen im Erdmantel zumindest dann begründet, wenn man mit vergleichsweise hohen Temperaturen – also etwa einem auf das Sechsfache erhöhten Wärmefluß wie bei den »hot spots« – rechnet.

Da die Dicke der Schicht mit der vierten Potenz in die Rayleigh-Zahl eingeht, kommt Mantelkonvektion offenbar nur dann zustande, wenn der gesamte Erdmantel einbezogen ist (also nicht innerhalb vergleichsweise geringmächtiger Mantelschichten). Dem steht nach Ansicht mancher Forscher die Existenz von Inhomogenitätszonen innerhalb des Mantels, wie etwa der Gutenbergschicht bei 100 km oder der Grenze von Oberem und Unterem Mantel bei 1000 km Tiefe, entgegen. Es ist aber sehr unwahrscheinlich, daß die Mantelkonvektion die Gutenberg-(»low velocity«-)Schicht überhaupt durchdringt; zwischen 100 und 2900 km Tiefe, also zwischen Gutenbergschicht und Kerngrenze bleibt auch ohnedies genügend Raum für konvektive Bewegungen. Und die Inhomogenitätszone bei 1000 km Tiefe, aufgestellt von K. E. Bullen aufgrund gewisser Änderungen in der seismischen Geschwindigkeit, ist kaum durch anderweitige geophysikalische Beobachtungen hinlänglich bestätigt. Es kann sich um gewisse geringfügige Phasenänderungen in Abhängigkeit vom Druck handeln, denen auch konvektiv bewegte Mantelmaterie bei ihrem langsamen Aufstieg ausgesetzt ist.

Insgesamt aber muß man feststellen, daß über die tatsächlichen Temperaturen im tiefen Erdinnern so wenig Klarheit besteht, daß schon aus diesem Grunde alle Abschätzungen von Materialkonstanten – wie etwa Rayleighscher Zahlen – für den Erdmantel recht hypothetisch bleiben müssen. Wird eine Mantelkonvektion aus anderweitigen Gründen heraus wahrscheinlich, so fällt es nicht sonderlich schwer, die Größen für die Ermittlung der Rayleigh-Zahl so zu wählen, daß Konvektion auch theoretisch begründet erscheint. Zweifellos ist aber für die Hochtemperaturzonen der Erde die Annahme konvektiver Bewegungen im Erdmantel durchaus geophysikalisch begründet.

Als einer der aktiven »hot spots« führt Morgan die Insel Island an. Etwa 150 tätige Vulkane dürften hier seit dem Ende der letzten Vereisung zu verzeichnen sein. Man rechnet, daß etwa ein Drittel der gesamten seit Beginn des 16. Jahrhunderts an die Erdoberfläche ausgetretenen Lava in Island aufgedrungen ist. Abgesehen von den großen Vulkanbauten der Hekla und Askja mit Zentralschlot, gewisser Dauertätigkeit, mit Bimssteintuffen heller rhyolitischer Schmelzen und

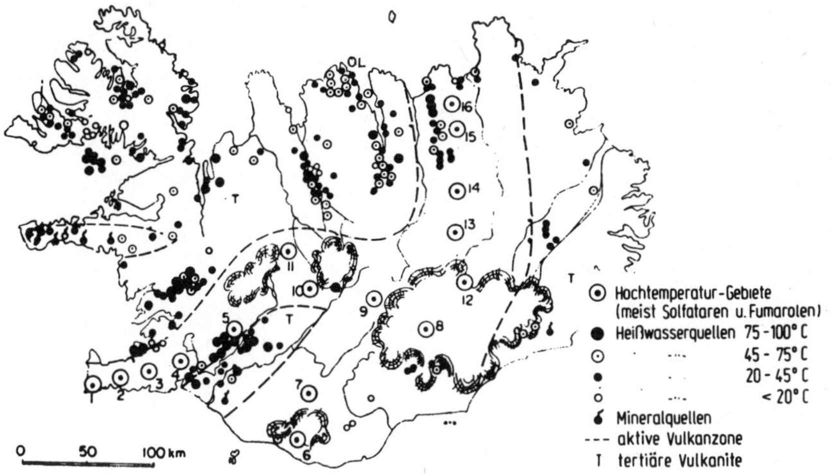

Geothermalgebiete in Island. (nach S. Anórsson)

dunklen basaltischen Schlacken, ist die Vulkantätigkeit Islands überwiegend durch Spaltenintrusionen gekennzeichnet. Aus derartigen Spalten dringt die Schmelze nicht selten auch zutage aus; so etwa beim jüngsten Ausbruch auf der Westmänner-Insel Heimaey am 23. Januar 1973, als plötzlich nachts um 1 Uhr 50 eine 1500 m lange Spalte aufriß, aus welcher sich Lavafontänen bis zu 150 m Höhe erhoben. Innerhalb von fünf Tagen erweiterte sich die Spalte auf 3 km Länge, und die Lavaförderung erreichte nahezu 80 Kubikmeter pro Sekunde. Die größte isländische Vulkankatastrophe in historischer Zeit war jedoch der Ausbruch des Laka-gigar im Jahre 1783, der eine furchtbare Hungersnot auslöste und damit Dreiviertel der isländischen Bevölkerung das Leben kostete.

Vierter Teil

Meere und Kontinente

Aufgrund der weltweiten ozeanographischen Forschungen der letzten zwei Jahrzehnte ergab sich mit den Vorstellungen der Plattentektonik ein erstes Modell globaler Geodynamik, das weithin Anerkennung erfuhr. Nicht zuletzt die Einfachheit des mechanischen Konzepts hat der Plattentektonik weltweite Zustimmung eingebracht. Man darf aber nicht verschweigen, daß es auch an Gegenstimmen nicht gefehlt hat: So wendet sich als erster 1970 der russische Altmeister der Geologie, V. V. Beloussov, gegen die neuen Hypothesen. Nun gab es auch früher schon keine geowissenschaftliche Hypothese ohne Antithese, ohne mehr oder minder akzentuierten Widerspruch, und manche nordamerikanischen Geowissenschaftler waren anfangs geneigt, in der Stellungnahme Beloussovs nicht viel mehr als das bekannte, stereotype russische »njet« zu amerikanischen Vorstellungen zu sehen.

Zwei Jahre später erhoben sich jedoch auch Gegenstimmen im eigenen Lager: In zwei umfangreichen Publikationen diskutierten A. A. und H. A. Meyerhoff (1972) mit sichtlich ablehnendem Ergebnis die Gedankengänge der Plattentektonik. Für viele amerikanische Geowissenschaftler kam diese Tatsache einem Schock gleich: War man sich doch fast schon darüber klargeworden, daß mit dem Konzept der Plattentektonik eine weitgehende Lösung aller geodynamischen Schwierigkeiten gefunden worden war. Rasch kam es zu einer Parteienbildung und zu offenem Zwist mit allen unschönen Begleitumständen wissenschaftlichen Streits. In einem privaten Schreiben an einen Bekannten im Nahen Osten beklagt sich einer der beiden Meyerhoffs, daß er wegen seiner kritischen Äußerungen zur Plattentektonik selbst von alten ehemaligen Studienfreunden nicht mehr gegrüßt werde. Leider bleibt auch die Diskussion um die Plattentektonik, wie so mancher andere wissenschaftliche Widerstreit der Meinungen, nicht völlig frei von persönlichen Aversionen und Verunglimpfungen. Amerika holt so um 1970 bis 1974 den mit aller Schärfe geführten wissenschaftlichen Disput nach,

der im alten Europa bereits 1920–1930 um die Wegenersche Kontinentalverschiebungstheorie entbrannt war.
Statt »sine ira et studio« Argumente zu prüfen und gelten zu lassen, werden immer wieder Meinungen und Ansichten ins Feld geführt und selbst persönliche Gegensätze und Angriffe nicht vermieden. Dabei muß man sich darüber im klaren sein, daß wir gegenwärtig erst am Anfang einer umfassenden Kenntnis unseres Planeten stehen, und daß sich der Wahrheitsgehalt einer wissenschaftlichen These nicht auf dem Abstimmungswege untermauern läßt, sondern nur durch effektive Beweise. Und noch ein weiteres lehrt der gegenwärtige Streit um die Plattentektonik: Die Geowissenschaften sind bereits als Fachgebiet zu vielschichtig geworden, als daß es noch viele Fachkollegen gäbe, die das Gesamtgebiet der kontinentalen und ozeanischen Geologie, der Geophysik und Geodäsie zu überblicken vermöchten. So sieht praktisch jeder nur noch seinen eigenen Teilaspekt des Gesamtgebietes, und es wird immer schwieriger, sich eine umfassende Meinung zu bilden.
Zweifellos hat die Mehrung unserer Kenntnis von der marinen Geologie und Geophysik wesentliche neue Resultate und Ansätze zu einer wahrhaft globalen Geodynamik gebracht, die tatsächlich ernst zu nehmen sind. Wissenschaftliche Thesen, die Anspruch auf allgemeine Gültigkeit und Anwendbarkeit erheben, müssen jedoch auch den kontinentalen geologischen Gegebenheiten entsprechen. Und hier liegen bislang noch die Schwierigkeiten des plattentektonischen Konzeptes: Aufgestellt von überwiegend auf marine Geologie und Geophysik konzentrierten Fachkollegen, wird die Plattentektonik in ihrer bisherigen einfachen Grundkonzeption den meist recht komplizierten geologischen Verhältnissen auf den Kontinenten nicht ganz gerecht. Um überhaupt eine einfache globale These aufstellen zu können, mußte man notgedrungen zunächst stark vereinfachen und Tatsachen festländischer Geologie außer acht lassen, die jedoch nicht ganz übersehen werden dürfen. Wir müssen uns daher in diesem vierten Teil mit gewissen Unverträglichkeiten der Plattentektonik, aber auch mit den denkbaren Ansätzen zur Synthese befassen.
Nach dem Modell der Plattentektonik bewegt sich die Lithosphäre generell von den mittelozeanischen Schwellen, wo neue Erdkruste gebildet wird, zu den randpazifischen Inselbögen und Kettengebirgen, wo gealterte Erdkruste an geneigten Benioff-Flächen in die Tiefe sinkt. Was für den zirkumpazifischen Gürtel gilt, muß aus einfachen Ana-

logiegründen auch für den indonesischen Abschnitt des mediterranen Gürtels gelten, der ebenfalls aus Inselbögen mit Tiefseegräben davor und aktivem Vulkanismus sowie hoher Seismizität aufgebaut wird. Über die Inselgruppe der Andamanen sowie das birmesische Festland steht aber dieser östliche Teil des mediterranen Gürtels mit dem Himalaja sowie mit den übrigen Falten- und Deckengebirgen des Nahen und Mittleren Ostens sowie des Mittelmeergebietes in unmittelbarem Zusammenhang. Man muß also auch für den mediterranen Gürtel eine grundsätzlich ähnliche Genese wie für den zirkumpazifischen annehmen.

Grundsätzlich ist aber zu fordern, daß jede globale geodynamische Hypothese auch den Gebirgsbau der Alten und der Neuen Welt hinlänglich zu erklären vermag. Sie muß also in Einklang mit den geologischen Beobachtungen insbesondere auch der am besten durchforschten Teile der Welt, nämlich Europas und Nordamerikas, stehen.

Von der Mittelatlantischen Schwelle aus soll nach der Plattentektonik die Bewegung der Lithosphäre einerseits nach Osten, andererseits nach Westen erfolgen. Da an den beiderseitigen Küsten des Atlantiks selbst keine unmittelbaren aktiven Gürtel des Krustenabbaues zu finden sind, kann die Plattenbewegung also nicht bereits hier zu Ende sein, sondern muß die angrenzenden Kontinentalmassen mitumfassen, nämlich bis hin zu den aktiven Zonen des zirkumpazifischen und mediterranen Gebirgsgürtels. Es ist also zu fordern, daß sich auch die kontinentalen Lithosphärenplatten dieser generellen Bewegung anpassen, das heißt in Europa von der Mittelatlantischen Schwelle weg nach Osten, in Nordamerika hingegen nach Westen wandern. Wir wollen sehen, ob diese Vermutung ihre Bestätigung in den regionalgeologischen Verhältnissen erfährt.

1. Das nordpazifische Paradoxon

Ein möglicher Test der plattentektonischen Vorstellungen beruht also letztlich darauf, die Bewegungsrichtung der Kontinentalmassen beiderseits des Atlantischen Ozeans festzustellen und mit der theoretischen Richtung des tektonischen Transportes nach dem Konzept der Plattentektonik zu vergleichen. Dabei geht es in erster Linie um die Flachlandsgebiete abseits der eigentlichen Faltengebirge, also um die Bewegungen im außeralpinen Europa und in Nordamerika östlich der Kordillerenregion. Stimmt die plattentektonische Konzeption, so müßte die Richtung des tektonischen Transportes im außeralpinen Europa von West nach Ost, beziehungsweise von Nordwest nach Südost verlaufen, möglichst in Richtung auf die Alpen und den angrenzenden mediterranen Faltengebirgsgürtel. Für Nordamerika ergäbe sich eine generelle Bewegung nach Westen, in Richtung auf den Gebirgsstrang der Kordilleren am Westrand des Kontinents als Teilstück des aktiven, randpazifischen Gürtels.

Während sich in den letzten Jahrzehnten wesentliche geowissenschaftliche Fortschritte auf den Weltmeeren ergaben und sich daher das Augenmerk mehr und mehr auf die ozeanische Geologie und Geophysik konzentrierte, blieb dennoch auch die kontinentale Geowissenschaft nicht untätig, auch wenn auf ihrem Gebiet wegen des schon zuvor erreichten Wissensstandes keine vergleichsweise attraktiven, ja aufsehenerregenden neuen Erkenntnisse gewonnen werden konnten.

Im Zusammenhang mit dem hier beabsichtigten Test plattentektonischer Vorstellungen war im Rahmen der kontinentalen Geowissenschaften von nicht zu unterschätzender Bedeutung die Ausdehnung gefügekundlicher Arbeitsmethoden aus ihrem ersten Anwendungsbereich in den Zentralalpen auf das außeralpine Europa, und damit die Gewinnung von Anhaltspunkten hinsichtlich der Richtung des tektonischen Transportes.

In Faltengebirgen ist die Haupteinengungsrichtung vergleichsweise leicht zu erkennen; die Richtung des tektonischen Transportes (a) verläuft senkrecht zur Längserstreckung der Faltenstränge. Die Gerade, um welche die Schichtung in den Faltenzügen gebogen ist, wird als Faltenachse bezeichnet und ergibt die Richtung b eines dreiachsigen Koordinatensystems mit den drei aufeinander senkrecht stehenden Achsen a, b und der Senkrechten c. Quer zu den Faltenachsen reißen bei der Faltung Zerrklüfte auf, die einer Querdehnung bei Einengung senkrecht zu den Faltenachsen entsprechen. H. Cloos hat diese Zerrklüfte als Querklüfte bezeichnet, B. Sander hingegen als ac-Fugen, weil sie parallel zu den beiden Koordinatenrichtungen a und c des gefügekundlichen Koordinatensystems verlaufen. Einer Haupteinengung in Richtung a des tektonischen Transportes und Prägung von Faltenachsen in Richtung b ist also eine Querdehnung unter gleichzeitiger Bildung von Zerrklüften in Richtung des tektonischen Druckes gesetzmäßig zugeordnet. Damit liegen die gefügekundlichen Koordinaten und zugleich die Richtung des tektonischen Transportes im Faltengebirge fest.

Weit schwieriger liegen die Verhältnisse im außeralpinen Europa; hier herrscht weitgehend Bruchschollenbau vor, dem nicht so ohne weiteres bestimmte gefügekundliche Koordinaten zugeordnet werden konnten. Seit langem kannte man zwar schon die beiden nahezu senkrecht zueinander verlaufenden Hauptbruchsysteme des außeralpinen Europas, das »rheinische« System mit Nordnordost-Südsüdwest-Richtung sowie das »herzynische« mit Westnordwest-Ostsüdost-Streichen. Das erste wurde benannt nach der Längserstreckung des Oberrheingrabens, das zweite nach dem Verlauf der Harznordrandstörung. Beide Bruchsysteme sind im Bruchschollenland Europas, insbesondere im »saxonischen« Bereich des südhannoversch-nordhessischen Berglandes, stark ausgeprägt. Aber welche der beiden Richtungen entsprach der b-Richtung, und welche der a-Richtung des tektonischen Transportes alpinotyp gefalteter Gebirge mit deutlichem Gefügeinventar?

Oder waren beide Bruchsysteme gleichwertig und bildeten, als zwei zusammengehörige Scherflächensysteme, nicht die Hauptspannungsrichtungen, sondern lediglich die Richtungen von Schubspannungen in der Erdkruste ab, denen die zugehörigen Hauptspannungsrichtungen jeweils als Winkelhalbierende zugeordnet waren? Dann entsprach das außeralpine Bruchsystem prinzipiell nicht den Gefügeverhältnissen der Faltengebirge, sondern war auf Scherungsvorgängen statt auf Haupteinengungsrichtungen gegründet. Daß das rheinische und herzynische Bruchsystem ungleichwertig sind, wurde allerdings bereits im vorigen Jahrhundert erkannt. Schon im Jahre 1885 führte der Göttinger Geologe Adolf von Koenen die Dislokationen im südlichen Niedersachsen auf eine generelle Einengung der Erdkruste in Nordnordost-Südsüdwest-Richtung zurück. Sein Schüler und Nachfolger Hans Stille, zweifellos einer der bedeutendsten Geologen Deutschlands, erkannte den b-axialen Charakter des herzynischen Bruchsystems und benannte die herzynischen Hebungszonen Saxoniens als tektonische Achsen (Ahlsburg-, Elfas-, Leinetal-Achse), durchaus im gefügekundlichen Sinn einer durch Einengung in Richtung tektonischen Transportes geprägten Folge von Querstrukturen.

In Südwestdeutschland führte L. van Werwecke (1897, 1914) den Bruchschollenbau der Randgebirge des Oberrheintales auf eine tektonische Einengung in Südsüdwest-Nordnordost-Richtung zurück, und M. Weber übertrug dieses Konzept 1921 praktisch auf das gesamte außeralpine Bruchschollenland Mitteleuropas. In Auswertung zwei Jahrzehnte währender tektonischer Arbeiten im saxonischen Bruchschollengebirge hat kurz nach dem Zweiten Weltkrieg Franz Lotze (1949) die tektonischen Koordinaten eindeutig im genannten Sinne festgelegt: Haupteinengungsrichtung ist die NNE-SSW-Richtung, Hauptdehnungsrichtung die Senkrechte dazu (WNW-ESE). Örtlich treten untergeordnet noch weitere Einengungen auf »rheinischen« (und Dehnung auf »herzynischen«) Brüchen hinzu. Noch fehlte es allerdings an eindeutigen Indizien, mittels derer man die Hauptspannungsrichtungen im Gestein auch für das außeralpine Europa festlegen konnte. Die genannten Bruchsysteme waren zwar außerordentlich charakteristisch für den Bau fast des gesamten außeralpinen Europas. Aber im mechanischen Sinne war ihre Ausdeutung ohne direkte Druckspannungsindizien nicht ganz eindeutig. Man benötigte also Gefügeelemente, die auch im ungefalteten, flachliegenden Schichtenaufbau außerhalb alpinotyper Faltengebirge zweifelsfrei erkennen ließen, in welcher Richtung die maximale Druckspannung und damit der tektonische Transport gewirkt hatte.

Zwar kannte man derartige Indizien, vor allem in Kalksteinen, schon seit dem vorigen Jahrhundert: Unter der Auflast der überlagernden Schichtfolgen und der Einwirkung von Lösungsvorgängen im Gestein kommt es nicht selten zur Entstehung zapfenähnlicher, deutlich längsgeriefter Drucklösungsformen. Nach dem griechischen Namen für den Schreibgriffel »stylos« haben diese tektonischen Drucklösungsgebilde die Bezeichnung »Stylolithen« erhalten (F. Klöden 1828, 1834); die Längsrichtung der Zapfen und Riefen entspricht dabei der Hauptdruckrichtung, also bei Vertikalstylolithen der Richtung des Überlagerungsdruckes infolge Gesteinsauflast. Neben den weitverbreiteten Vertikalstylolithen beobachtet man nun aber auch horizontal gerichtete, deren Entstehung auf seitlichen Druck zurückgeführt werden muß. Analog zu den Vertikalstylolithen kann man feststellen, daß die Haupteinengungsrichtung parallel zu den Zapfen bzw. Riefen verläuft. Unter der Einwirkung tektonischen Drucks ist demzufolge das Gestein seitlich zusammengepreßt worden, und die Drucklösungsformen geben die Hauptspannungsrichtung im Gestein an. Außerdem kann man an der Länge der ineinandergeschobenen Zapfen ablesen, wie stark die seitliche Verkürzung des Schichtstapels während der Lösungsvorgänge war, ohne daß es dabei zu einer Schichtfaltung gekommen wäre.

Während man also Druckspannungsindizien in Gestalt derartiger Stylolithen schon seit über anderthalb Jahrhunderten kannte, war man lange Zeit hindurch der Ansicht, diese Stylolithen hielten keine bestimmte Richtung ein. Bis in den Jahren 1964 und 1967 G. H. Wagner sich der Mühe unterzog, Horizontalstylolithen in Süddeutschland über größere Gebiete zu verfolgen und systematisch einzumessen. Diese Arbeit führte zu einem verblüffenden Ergebnis: Die Horizontalstylolithen hielten erstaunlich gut ihre Längsrichtung ein, und diese verlief in weiten Teilen Süddeutschlands von Nordnordost nach Südsüdwest, also praktisch parallel zum rheinischen Bruchsystem. Da die Längsrichtung der Zapfen und Riefen der Haupteinengungsrichtung und damit der Richtung maximaler Druckspannung entspricht, war damit auch das tektonische Koordinatensystem für den süddeutschen Raum festgelegt: Die rheinischen Brüche verliefen in Richtung des einengenden Druckes, welcher die herzynischen Achsen geschaffen hatte, und waren daher offensichtlich auf eine Aufspaltung in Richtung des tektonischen Transportes zurückzuführen.

H. Beiersdorf (1969) und W. Pleßmann (1972) konnten die Meßergebnisse G. H. Wagners über den süddeutschen Raum hinaus ergänzen; es zeigte sich, daß auch im saxonischen Bruchschollenland Nordhessens und Südniedersachsens die Nordnordost-Südsüdwestrichtung eindeutig

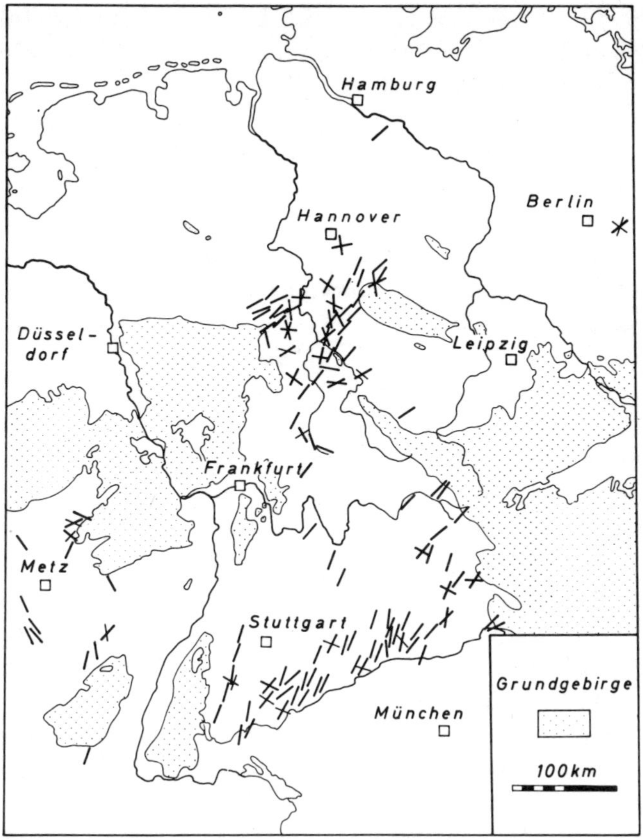

Richtung der Horizontal-Stylolithen in Zentraleuropa.

als Haupteinengungsrichtung und damit als Richtung des tektonischen Transportes (a im gefügekundlichen Sinn) angesprochen werden mußte. Daraus resultierte eine weitgehende Bestätigung der bereits von Adolf von Koenen (1885) und Hans Stille sowie insbesondere von Franz Lotze 1949 angenommenen tektonischen Bewegungsrichtung. Werner Pleßmann gelang es, mit Hilfe der Horizontalstylolithen den Zusammenhang der Hauptbewegungsrichtungen zwischen außeralpinem und alpinem Kräfteplan im Gebiet des Schweizer Juras zu ermitteln: Die im Vorland des Jura noch (wie im außeralpinen Mitteleuropa) NNE-SSW-verlaufenden Horizontalstylolithen schwenken unmittelbar am Rand des Gebirges in die gefügekundliche Richtung

senkrecht zu den Faltensträngen ein. Die Horizontalstylolithen des außeralpinen Miteleuropa geben somit unverkennbare Anhaltspunkte für die Richtung des tektonischen Transportes auch in ungefalteten Flachlandsgebieten und erlauben so, die in den Faltengebirgen gewonnenen gefügekundlichen Koordinaten auf die Vorländer der Gebirge zu übertragen. Nach diesen Untersuchungsergebnissen besteht kein Zweifel, daß das außeralpine Mitteleuropa lange Zeit seiner geologischen Entwicklung hindurch einen tektonischen Transport in NNE-SSW-Richtung erfahren hat. Dies gilt zweifellos auch für die Zeiträume nach der Oberkreide, ja offenbar bis in das Alttertiär hinein. Selbst Gesteine des Jungtertiär (Miozän) sind noch an Brüchen herzynischer und rheinischer Richtung versetzt worden.
Während man für einen Zeitraum seit etwa 120 Millionen Jahren eine Plattenbewegung von der Mittelatlantischen Schwelle in östlicher bzw. südöstlicher Richtung annimmt, sind also die außeralpinen Teile Mitteleuropas ausweislich gefügekundlicher Geländebefunde nicht in diesem Sinne, sondern von NNE nach SSW bewegt worden.
Versuchen wir nun, für die Vereinigten Staaten von Nordamerika westlich des Nordatlantik die Richtung des tektonischen Transportes zu ermitteln. Hier wäre nach der Theorie der Plattentektonik eine Westbewegung in Richtung auf die randpazifische Gebirgskette zu fordern. Tatsächlich kehrt aber wiederum ein Muster aus zwei annähernd senkrecht zueinander verlaufenden Bruchsystemen wieder, das zwar nicht ganz der räumlichen Anordnung in Mitteleuropa entspricht (statt NNE-SSW und WNW-ESE verlaufen hier die Bruchlinien mehr NE-SW und NW-SE), aber sonst große Ähnlichkeit mit den Brüchen Europas aufweist. Dem »rheinischen« Bruchsystem Europas läßt sich in USA eine Folge langgestreckter Störungszonen vergleichen, die mit Nordost-Südwest-Streichen das außerkordillere Nordamerika durchziehen. Wir wollen hier kurz die wichtigsten dieser Bruch- und Grabenzonen nennen: So die Trias-Gräben in der Piedmont-Region der östlichen Abdachung der Appalachen in den Staaten Virginia und North Carolina, die Nordwestrandstörung des Mississippitales mit annähernd 550 km Länge zwischen Jackson/Missouri und Arkadelphia/Arkansas, vergleichbar etwa der westlichen Randstörung des Rhônetalgrabens östlich vom Massif Central, drei Störungen nahe Elisabethtown in West Kentucky, neun Brüche im Cherokee-Territorium zwischen Tahlequah und Stilwell in Eastern Oklahoma, eine

rund 130 km lange Verwerfung nördlich von Wagoner in Nordost-Oklahoma sowie fünf Brüche am oberen Sabine River im östlichen Texas. Auf Spezialkarten findet man zu den genannten Hauptstörungslinien selbstverständlich beliebig viele weitere Spezialverwerfungen paralleler Erstreckung.

Den »herzynischen« Brüchen Mitteleuropas vergleichbar sind etwa die folgenden mit Nordwest-Südost-Streichen: Eine 70 km lange Störung nördlich von St. Louis im Mississippital, eine zweite, parallele von über 200 km Länge südlich von St. Louis, welche den Flußknick des Mississippi nördlich der Einmündung des Ohio bewirkt, die fast 100 km lange Verwerfung bei Galena und Forsyth im südlichen Missouri, die South Arkansas Bruch- und Grabenzone in der nördlichen Golfküstenregion sowie die Pickens-Gilbertown-Bruch- und Grabenzone mit ihren zahllosen Begleitbrüchen im südlichen Staat Mississippi und Alabama.

Zwar fehlen einstweilen noch direkte Messungen von Druckspannungsindizien im Gestein, was aber bei der weiten Verbreitung von Kalksteinen der Karbonformation leicht zu beheben wäre. Aber die Übereinstimmung mit dem Bruchmuster Mitteleuropas ist auch schon so auffällig genug.

In der nördlichen Golfküstenregion hat G. Murray 1961 ein vergleichsweise dichtes Netz von Brüchen nachgewiesen, das teilweise den »herzynischen« Brüchen Mitteleuropas in der räumlichen Anordnung entspricht, nach Westen aber mehr bogenförmig der heutigen Küstenlinie folgt – also den Golf von Mexiko gleichsam umrahmt.

In einer anregenden Studie gelang es Ernst Cloos, dem Bruder des bekannten deutschen Geologen Hans Cloos in Bonn (1885–1951), mit Hilfe von Ton-Modellversuchen des Geologischen Institutes der Universität Baltimore/Maryland im Jahre 1968 die Bruchsysteme der Golfküstenregion der USA auf ein großräumiges Schichtgleiten in nordsüdlicher Richtung, also zum Golf von Mexiko, zurückzuführen. Mit Ost-West-Bewegungen im Sinne der Plattentektonik sind die Bruchmuster der USA also sicher nicht erklärbar; und wie in Mitteleuropa die Bruchsysteme mit NNE-SSW-Transport bis in das Jungtertiär hinein aktiv geblieben sein müssen (sich also im weitesten Umfang zeitlich mit der Öffnung des Nordatlantik überschneiden), so ist auch das Störungsmuster der USA in der Golfküsten-Region noch bis mindestens in das Miozän (Jungtertiär) aktiv gewesen.

Auch ohne direkten Nachweis von gefügekundlichen Druckspannungsanzeichen läßt sich die tektonische Transportrichtung für die Hauptmasse des nordamerikanischen Kontinents mit Hilfe der San-Andreas-Horizontalverwerfung festlegen. An dieser rund 1500 km langen aktiven Störungszone, an der Schichtfolgen des unteren Miozän bis Oligozän um bis zu 250 km seitlich versetzt sind, erfolgen noch heute teils stetige, teils ruckartige und mit Erdbeben verbundene Verschiebungen um Zentimeterbeträge pro Jahr. Die Störung verläuft mit Nordnordwest-Südsüdost-Streichen von der Punta Arena südlich Kap Mendocina an der Westküste der Vereinigten Staaten durch den Westen Kaliforniens bis zum Salton Sea nahe der mexikanischen Nordgrenze. Die schmale Küstenregion westlich der San-Andreas-Störung wandert mit dem angrenzenden Pazifischen Ozean nach Nordwesten, während sich der östlich anschließende nordamerikanische Kontinent in südlicher Richtung bewegt. Damit ist für Nordamerika östlich der San-Andreas-Zone eine Nordsüd-(bzw. Nordost-Südwest-)Bewegung als Richtung des tektonischen Transportes erwiesen.

Während die San-Andreas-Störung als Scherungsbruch spitzwinklig zu den Hauptspannungsrichtungen aufgerissen ist, sind die »rheinischen« Nordost-Südwest-Brüche der Triasgräben östlich der Appalachen oder die Mississippi-Westrandstörung südlich der Ohio-Mündung als ac-Fugen in Richtung des tektonischen Transportes, also in der Hauptspannungsrichtung, aufgespalten, und die »herzynischen« Nordwest-Südost-Brüche bilden b-axiale Querelemente zur Richtung des tektonischen Transportes. Dieses Gefügeinventar entspricht – bis auf eine geringe Drehung der Hauptkoordinatenrichtungen um 20°–25° – weitestgehend den mitteleuropäischen Verhältnissen, und bestätigt mehr die Annahme des amerikanischen Geologen F. B. Taylor von einer Südverlagerung der Kontinente beiderseits des Nordatlantiks, als die Wegenersche Vermutung einer Westverlagerung des nordamerikanischen Kontinentes.

Daraus ergibt sich aber folgerichtig das verblüffende nordpazifische Paradoxon, daß sich die Festlandsgebiete beiderseits der Küstenlinien mehr in Nord-Süd-Richtung bewegen, während sich der Ozeanboden jeweils von der Mittelatlantischen Schwelle weg, also östlich davon nach Osten, westlich davon nach Westen, bewegen soll. Beschränkte sich die Plattentektonik auf den Anspruch, eine hinlängliche Deutung ozeanischer Verhältnisse zu liefern, könnte man diese Diskrepanz vielleicht noch in Kauf nehmen. Sie erhebt jedoch den umfassenden Anspruch auf globale Gültigkeit, und sollte daher auch den kontinentalen geologischen Tatsachen gerecht werden.

Für festländische Untersuchungen bietet sich außer den beiderseitigen Kontinenten noch das inmitten des Nordatlantik gelegene Island an, wo sich die Mittelatlantische Schwelle auf etwa 350 km Länge in Nordsüderstreckung über den Meeresspiegel erhebt. Und auch hier begegnet uns abermals ein Bruchsystem, das sich unschwer mit den bereits von den angrenzenden Kontinenten her bekannten tektonischen Mustern vergleichen läßt.

Von Nordost nach Südwest durchzieht in zwei Ästen der zentralisländische Graben die Insel, begleitet von Scharen paralleler Brüche und vielfach klaffender Spalten. Diese Bruch- und Grabenzone kann man ohne weiteres mit der mitteleuropäischen Bruch- und Grabenfolge des rheinischen Systems vergleichen; auch die Anhänger der Plattentektonik haben mehrfach auf Parallelen und Übereinstimmungen im geologischen Bau hingewiesen.

Gequert wird der zentralisländische Graben (eigentlich ein System zweier benachbarter Gräben mit möglicher gabelförmiger Verbindung) von ost-west-gerichteten Störungszonen, die nach P. L. Ward 1971 den Namen »Reykjanes fracture zone« (im Süden der Insel) sowie »Tjörnes fracture zone« (im Norden) erhalten haben und als Transform-Störungen gedeutet wurden. 1972 fügte K. H. Schäfer noch eine dritte, die Snaefellsnes-Vatnajökull-Zone inmitten Islands hinzu, die ebenfalls als Transform-Störung im Sinne T. Wilsons aufzufassen sei. In ihr verlaufen die Querbrüche allerdings auffällig parallel zu den herzynischen Brüchen Mitteleuropas, so daß man sich durchaus in das saxonische Bruchschollenland versetzt zu sehen glaubt. Die Horizontalverschiebungsbeträge an diesen »Transform-Störungen« sind nicht sehr bedeutend; ein erkennbarer Versatz geologischer und geomagnetischer Baueinheiten an den von Ward gedeuteten Querstrukturen ist nach Schäfer offenbar nicht nachzuweisen. Jedenfalls findet sich wieder ein rechtwinklig zueinander verlaufendes Muster zweier Bruchsysteme, von denen das eine offenbar lateralen Dehnungscharakter mit grabenartigem Bau aufweist (»rheinisch«, das heißt von Nordost nach Südwest verlaufend), während das zweite mehr den herzynischen Brüchen Mitteleuropas zu entsprechen scheint.

Hier inmitten des Atlantik soll aber die Mechanik der Krustenbewegungen grundlegend anders sein: Statt einer Aufspaltung der »rheinischen« Brüche in Richtung des tektonischen Transportes soll der zentralisländische Graben durch fortlaufendes seitliches Auseinanderweichen des Ozeanbodens gebildet worden sein, und die Querstörungen sind keine b-axialen Bauelemente wie in Mitteleuropa, sondern Gleitfugen mit lateralem Versatz in Richtung der Krustenbewegung.

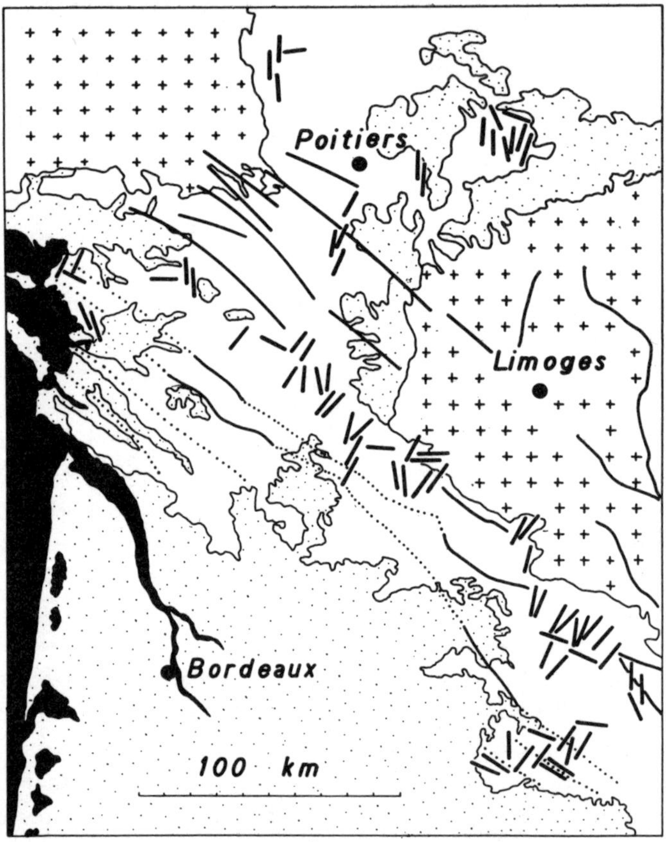

Orientierung der Horizontal-Stylolithen am Nord-Ost-Rand des Aquitanischen Beckens (Kreuzsignatur: Amorikanisches Massiv und westliches Massif Central; weiß: Mesozoikum; punktiert: Tertiär und Quartär). In NW-SO-Richtung verlaufen Bruchlinien und Faltenachsen einer saxonischen Faltung im 100 m- bis 10 km-Bereich (langgestreckte ausgezogene Linien und Punktreihen). (nach H. G. Wunderlich)

Nordatlantik und die beiden flankierenden Kontinentalblöcke sollen sich demnach grundsätzlich durch um jeweils 90° gedrehte Richtungen des tektonischen Transportes unterscheiden. Trifft diese Annahme zu, so müßte von Mitteleuropa aus in Richtung zur Atlantikküste ein Umschwenken von der Nordost- in die Westrichtung nachzuweisen sein.

Zur Überprüfung dieses Sachverhaltes hat der Autor (Wunderlich 1972) die Lage von Druckspannungsindizien (insbesondere Horizontalstylolithen) durch die Mitte Frankreichs hindurch bis an die Atlantikküste verfolgt. Während sich zwischen Metz und Bourges längs des Südostrandes des Pariser Beckens ein solches Umschwenken zunächst auch anzudeuten schien, und zwar durch mehrfache Überlagerung unterschiedlicher Streichrichtungen von Horizontalstylolithen, trat mit weiterer Annäherung an die Atlantikküste zwischen Poitiers und Bordeaux wieder das von Mitteleuropa her gewohnte Muster – mit herzynischen Achsen in WNW-ESE-Richtung – und Horizontalstylolithen in Richtung des tektonischen Transportes von Nordost nach Südwest auf. Das Ergebnis dieser Messungen war also keineswegs den Vorstellungen der Plattentektonik günstig; bis zur Atlantikküste herrscht das gleiche tektonische Grundmuster von Längs- und Querstrukturen, das in Mitteleuropa, Westfrankreich, auf Island und in Nordamerika wiederkehrt.

Und zweifellos geht es in allen genannten Fällen auch auf ein und dasselbe mechanische Grundprinzip zurück: Nämlich auf eine Einengung b-axialer Querstrukturen unter gleichzeitiger Aufspaltung und Querdehnung längs »rheinischer« (ac-)Spalten, Brüche und Gräben. Die Öffnung der Ozeane ist demnach offenbar kein aktives Auseinanderdriften ozeanischer Lithosphärenplatten, sondern eine Folge der Querdehnung mit Bildung klaffender Spalten in Richtung des tektonischen Transportes!

2. Irrgarten der Plattenbewegung

In der üblichen zweidimensionalen Darstellung eines Profilschnittes durch die Lithosphäre erscheint die Auseinanderbewegung von Lithosphärenplatten beiderseits mittelozeanischer Schwellen durchaus plausibel und verständlich. Bei dreidimensionaler, räumlicher Betrachtungsweise ganzer Erdkalotten aber gelangt man rasch zu Unverträglichkeiten, auf die als erster V. V. Beloussov (1970) hingewiesen hat und über die wir in diesem Kapitel sprechen müssen.

Ein markantes Beispiel stellt der afrikanische Kontinent dar. Von der Mittelatlantischen Schwelle des Südatlantiks aus gesehen sollte Afrika nach Osten wandern, um der Bildung neuer Kruste längs der mittelozeanischen Schwelle Platz zu machen. Vom zentralindischen Rücken aus gesehen sollte Afrika jedoch nach Westen ausweichen, und vom südatlantisch-südindischen Rücken aus gesehen wäre eine Nordverlagerung des Kontinents erforderlich. Nun kann aber Afrika nicht gleichzeitig nach Westen *und* Osten, sowie zusätzlich noch nach Norden wandern; man muß also annehmen, daß es weitgehend ortsfest blieb, von einer gewissen Nordbewegung in Richtung zum mediterranen Gürtel einmal abgesehen. Diese Annahme führt jedoch zu einer eigentümlichen Konsequenz. Wenn sich Afrika nämlich nicht aktiv von den umgrenzenden mittelozeanischen Rücken entfernt, so müssen sich diese umgekehrt von Afrika entfernen, das heißt, sie können ihrerseits nicht ortsfest sein. Dabei müßte dann die südamerikanische Platte genau doppelt so rasch nach Westen ausweichen, wie der Anwachsvorgang neuer Kruste am Westrand der afrikanischen Platte erfolgt. Entsprechend muß Australien doppelt so schnell nach Osten wandern, wie die Krustenneubildung am Ostrand der afrikanischen Platte vor sich geht. Diese merkwürdige Verdoppelung der Bewegungsgeschwindigkeiten mit wachsendem Abstand von einem in Ruhe gedachten afrikanischen Kontinent hat jedoch zweifellos etwas stark Konstruiertes.

Das ist jedoch noch nicht alles: Betrachten wir nämlich unter diesen

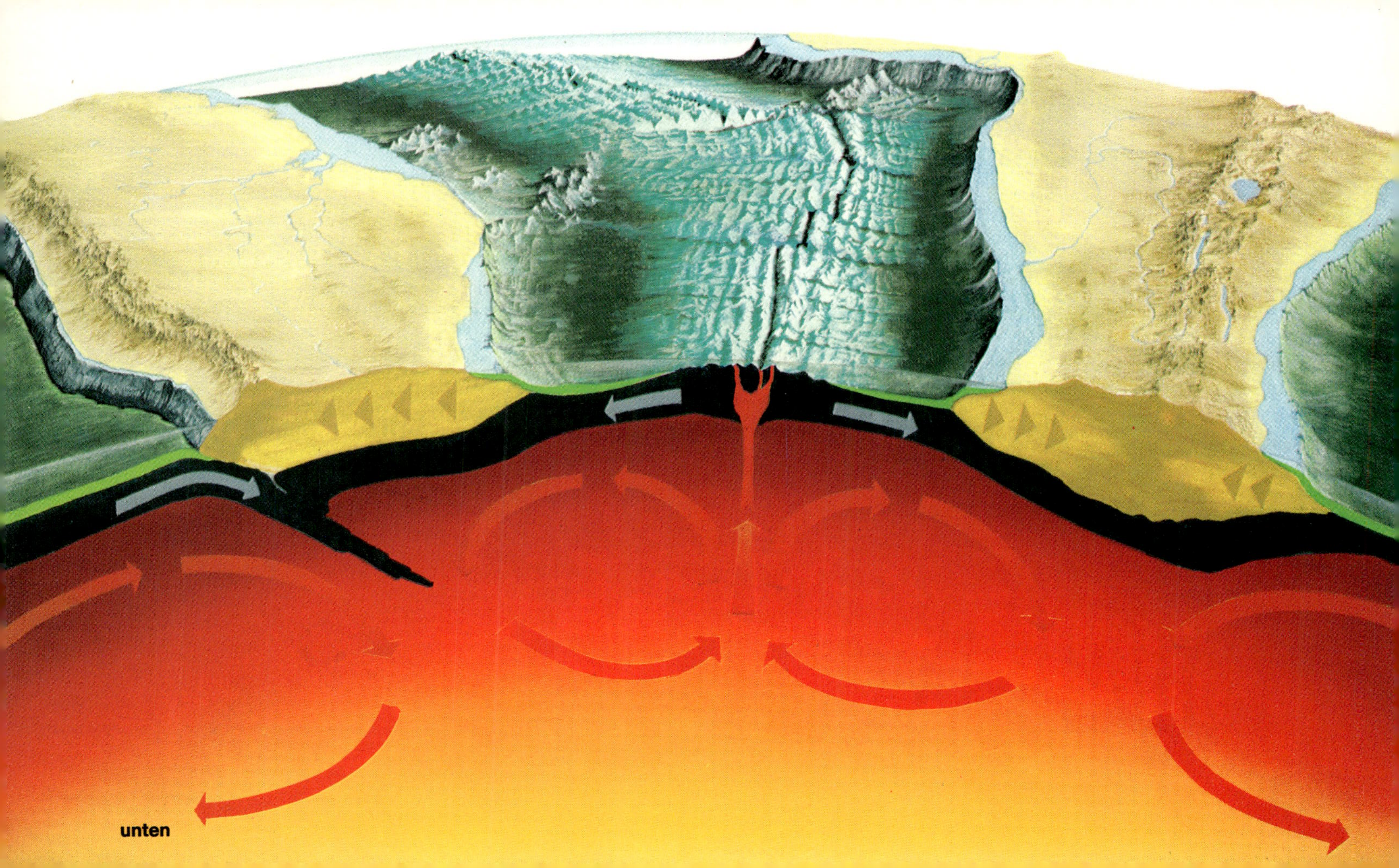
unten

Das Prinzip der Kontinentalverschiebung und des auseinandertreibenden Meeresbodens.
Die mittelozeanischen Rücken reißen jeweils in der Mitte ihrer Kammlinien faltenartig auf, und Schmelze aus dem Erdmantel dringt in die Spalten ein. Die hier ständig neu entstehende Erdkruste driftet beidseitig auseinander, bedingt durch die kontinuierliche Öffnung der Ozeane.
In den Zonen des Krustenabbaus sinkt abgekühlte ozeanische Kruste wieder in den Mantelbereich ab, wobei infolge partieller Aufschmelzung von abgesunkenen Krustenteilen, seismische und vulkanische Aktivität auftreten kann. Bei Übereinanderstapelung von ozeanischen und kontinentalen Krustenanteilen kommt es zu ungewöhnlichen Krustenverdickungen und zu Gebirgsbildung.

(Siehe Kapitel: Transportbänder am Meeresgrund)

Farbgrafik: Jörg Kühn

Voraussetzungen den Südatlantisch-südindischen Rücken südlich von Afrika, so muß dieser bei einer beiderseitigen Wanderung der mittelozeanischen Schwellen vom afrikanischen Kontinent weg eine erhebliche Dehnung in seiner Längsrichtung erfahren haben; er müßte praktisch in den letzten 100–120 Millionen Jahren um rund die halbe Breite des Südatlantiks und des Indiks, also um etwa 5000 km länger geworden sein.

Überhaupt bleibt es bei einem Kontinent wie Afrika, der an drei Seiten von aktiven mittelozeanischen Schwellen umgeben wird, nicht aus, daß – wie immer man auch diesen Kontinent bewegen mag – seine Bewegung an mindestens einer Stelle dieses Schwellenringes parallel, an einer anderen aber senkrecht zur Längserstreckung dieser aktiven Rücken verläuft. Wie aber ist der Unterschied zwischen einem Schwellenbereich, von welchem sich eine Tafel senkrecht zur Längserstrekkung des Rückens entfernt, und einem anderen, bei welchem die Bewegung angrenzender Platten parallel erfolgt?

Es gibt praktisch nur eine einzige Bewegungsmöglichkeit für einen rings von aktiven mittelozeanischen Schwellen umgebenen Kontinent, die keine örtlichen Unterschiede in der Richtung des tektonischen Transportes von Kontinent und umgebenden Schwellen bewirkt, nämlich die Rotation an Ort und Stelle. Und tatäschlich läßt sich aus dem Relativbewegungssinn der nordanatolischen Horizontalverwerfung, die sich als bedeutende Erdbebenlinie durch den Norden der Türkei erstreckt, auf eine langsame Rotation des afrikanischen Kontinents entgegen dem Uhrzeigersinn schließen. Im Falle einer derartigen Rotation ist allerdings die Richtung des tektonischen Transportes überall parallel – und nicht senkrecht – zu den mittelozeanischen Schwellen.

Entfernen sich aber die mittelozeanischen Rücken allseitig vom afrikanischen Kontinent, so ergibt sich nebenbei für die sie querenden »Transform«-Störungen im Sinne Tuzo Wilsons eine bemerkenswerte Konsequenz: Derartige Störungen sollen ja dadurch entstehen, daß die beiden längs der Störung aneinandergrenzenden Schollen unterschiedliche, nämlich entgegengesetzte Bewegungsrichtung aufweisen. Im Falle einer allgemeinen zentrifugalen Bewegung relativ zu einer ruhenden afrikanischen Scholle ist aber auch die Plattenbewegung beiderseits derartiger Transform-Störungen stets vom Kontinent weg gerichtet, also auf beiden Flanken der Störungen gleichsinnig, wenn auch auf der einen doppelt so rasch wie auf der anderen Seite.

Ähnliche Schwierigkeiten wie für den afrikanischen ergeben sich auch für den eurasischen Kontinent. Von Island aus gesehen sollte Eurasien in östlicher bis südöstlicher Richtung abwandern. Doch steht Eurasien über den Schelfsockel der Beringstraße ohne Unterbrechung mit dem nordamerikanischen Kontinent in Verbindung, und dieser sollte von der Mittelatlantischen Schwelle des Nordatlantiks aus gesehen in westlicher Richtung ausweichen. Befindet man sich aber auf der mittelozeanischen Schwelle des arktischen Nordmeeres, so ergibt sich für Eurasien und Nordamerika jeweils nur eine Südbewegung, da hier der aktive Rücken praktisch unmittelbar am Pol vorbeizieht. Aber auch die Nordkontinente können nicht gleichzeitig nach Osten, Westen und Süden wandern. Bleibt Afrika an Ort und Stelle, so scheidet konsequenterweise auch eine Ostbewegung Europas aus, da man sonst eine bedeutende Horizontalstörung im Zentralatlantik auf der Höhe der Straße von Gibraltar fordern müßte, die nicht vorhanden ist. So bleibt für Eurasien eigentlich nur eine generelle Südbewegung, in Richtung auf den mediterranen Gebirgsgürtel, dem damit eine ähnliche Bedeutung wie dem zirkumpazifischen zukommt. Tatsächlich muß ja auch der indische Subkontinent nach Norden, also in Richtung Himalaja – als ein Teilstück dieses Gürtels – gewandert sein. Entlang dem 65. nördlichen Breitengrad kann man von der europäischen Atlantikküste durch ganz Eurasien und über die sibirisch-alaskische Schelfbrücke sowie durch den Norden Nordamerikas bis zur amerikanischen Ostküste wandern, ohne irgend eine aktive Zone des Krustenabbaues zu queren; zwar weist der Ural Nordsüderstreckung auf, ist aber seit der unteren Trias (also seit über 200 Millionen Jahren) nicht mehr aktiv im Sinne etwa des randpazifischen oder teilweise des mediterranen Gürtels, und auch das Werchojansk-Gebirge im östlichen Sibirien ist von etwa gleichem Alter. Und die Beringsee ist lediglich ein epikontinentales Flachmeer ohne tektonische Aktivität. Eurasien und Nordamerika bilden also einen zusammenhängenden Festlandsblock, der mit annähernd U-förmiger Kontur das arktische Nordmeer umgürtet. Als einzige mögliche Kontinentalbewegung kommt in diesem Falle eine langsame beiderseitige Aufbiegung dieses Kontinentalbogens in Frage, wobei sich das Nordpolarmeer öffnet, indem Eurasien und Nordamerika in jeweils entgegengesetzte südliche Richtungen auseinanderweichen, ohne ihren Zusammenhang an der Beringstraße zu verlieren.

Für diese Südverlagerung Eurasiens benötigt man aber als Ausgleich einen ostwest-gerichteten aktiven Gürtel, wofür nur der mediterrane in Frage kommt. Damit erlangt der mediterrane Gürtel eine dem randpazifischen entsprechende tektonische Bedeutung.

Gerade an der westlichen Endigung dieses mediterranen Rückens, wo die südwärtige Bewegung Eurasiens bei der Öffnung des Nordpolarmeeres besonders groß sein müßte, wäre eine besondere Aktivität des Krustenabbaues zu erwarten. Zur Kompensation der ozeanischen Öffnung müßte hier im Bereich des mediterranen Gürtels in den letzten 100–120 Millionen Jahren ein Krustenareal von der Breite des heutigen Nordpolarmeeres abgebaut und im Untergrund verschwunden sein.

Und gerade hier im Westen des mediterranen Gebirgsgürtels befinden sich die Alpen mit ihrem aus Faltung und Deckenbau ablesbaren vergleichsweise hohen seitlichen Einengungsbetrag. Weder an den Küsten des Nordpolarmeeres noch an denjenigen des Atlantiks finden sich aktive Zonen eines Krustenabbaues, wie wir sie in den randpazifischen Inselbögen und Gebirgen vermuten können. Der mediterrane Gebirgsgürtel ist also die einzige in Frage kommende Stelle, an welcher zur Kompensation einer Öffnung des Atlantiks und des Nordpolarmeeres Kruste in größerem Umfange abgebaut werden konnte.

Zu einer Öffnung des Nordpolarmeeres durch südwärtige Verlagerung eine Öffnung des Nordpolarmeeres in einer Breite von über 2000 km teleuropas aus Nordnordost in Richtung Südsüdwest passen. Eurasien müßte sich demnach in dieser Richtung südwärts verlagert haben, um Eurasiens würde durchaus der geschilderte tektonische Transport Mitzu ermöglichen.

Allerdings scheint neuerdings die Hauptdruckspannungsrichtung in Mitteleuropa aufgrund herdmechanischer Analysen bei Erdbeben in Südwestdeutschland sowie im Bereich der Rheinischen Bucht nicht mehr im Sinne der von G. H. Wagner eingemessenen Horizontalstylolithen (NNE-SSW) zu verlaufen, sondern mehr von Nordwest nach Südost, was möglicherweise mit einer gegenwärtig verstärkten Öffnung des Nordpazifiks in Zusammenhang gebracht werden könnte. Sowohl die NNE-SSW- als auch die NW-SE-Bewegung der eurasischen Platte müßte jedenfalls von der mittelozeanischen Schwelle zum mediterranen Gebirgsgürtel erfolgen.

Und den Alpen käme dabei eine wesentliche Rolle des krustalen Abbaues zu, zumal in diesem Gebirge Deckenüberschiebungen bedeutenden Ausmaßes seit langem bekannt sind.

Nur: Die Alpen sind offenbar gegenwärtig nicht mehr in einem aktiven Stadium der Gebirgsbildung. Seit 6 bis 8 Millionen Jahren kommen die Alpen nicht mehr als aktive Zone des Krustenabbaues in Frage: Seit dieser Zeit – nämlich seit Ausgang des Miozäns – sinkt der Molassetrog am Nordrand der Alpen nicht mehr ab, um etwa unter den Alpen nach und nach zu verschwinden. Trotz Überlagerung mit bis zu einigen tausend Metern junger Molasse-Sedimente sinkt der Südrand der Süddeutschen Großscholle nicht mehr ein, wie es sich nach der Theorie für Platten im Vorland aktiver Zonen des Krustenabbaues gehört, sondern steigt im Gegenteil mehr und mehr empor, und zwar um rund 500 Meter in den letzten 6 Millionen Jahren. Von einer fortschreitenden Überfahrung des Vorlandes durch den Alpenkörper (oder umgekehrt einer Unterfahrung der Alpen durch das abtauchende Vorland) kann somit während des jüngsten Abschnittes der Erdgeschichte keine Rede mehr sein, aber gerade innerhalb dieses Zeitraumes ist nach den Ergebnissen der paläomagnetischen Untersuchungen im Bereich der Mittelatlantischen Schwelle eine besonders nachhaltige Öffnung des Atlantiks anzunehmen. Am Südrand der Süddeutschen Großscholle unmittelbar vor dem Alpenkörper sind wir relativ am weitesten von der Zentralzone der Mittelatlantischen Schwelle mit ihrer Krustenneubildung entfernt; die zugehörige Lithosphärenplatte hätte demnach hier hinlänglich Zeit gehabt, sich abzukühlen, an Mächtigkeit und Schwere zuzunehmen und im Untergrund zu versinken. Sie verhält sich aber völlig abwegig: Sie steigt trotz Entfernung von der aktiven Zone der Krustenneubildung und trotz Überlagerung mit Molassenablagerungen gegenwärtig auf, und dies schon seit rund 6 Millionen Jahren! Man könnte nun vermuten, daß ein anderer, noch aktiver Abschnitt des mediterranen Gürtels seither die Funktion der Alpen übernommen haben könnte, wenn diese selbst keine entsprechende Aktivität mehr aufweisen. Hierbei wäre etwa an die Bögen des Nord- und Süd-Apennin oder an den Inselbogen von Kreta (Peloponnes-Kreta-Rhodos) zu denken, die sich – zumindest teilweise – noch durch nennenswerte seismische und vulkanische Aktivität auszeichnen.

Der Apennin weist jedoch nicht, wie die Alpen, generelle Ostwest-Erstreckung auf, sondern zeigt mehr Nordsüd-Streichen, und der Kre-

ta-Bogen besitzt nur eine sehr begrenzte Längserstreckung, die in gar keinem Verhältnis zur geforderten generellen Südverlagerung Eurasiens steht.
So bleibt eigentlich nur eine Südwest-Verlagerung Nordamerikas als Kompensation der Öffnung des Nordpolarmeeres und Nordatlantiks. Diese Verlagerung müßte etwa in Richtung des im vorigen Kapitel erwähnten tektonischen Transportes von Nord(nord)ost nach Süd(süd)west erfolgen und zur aktiven Zone des randpazifischen Gürtels gerichtet sein. Diese Kontinentalbewegung verläuft aber größtenteils nicht senkrecht, sondern parallel zur Mittelatlantischen Schwelle!
Nach der Theorie der Bewegung Lithosphärischer Platten besteht ein unmittelbarer Zusammenhang zwischen aktiven mittelozeanischen Rücken mit Krustenneubildung und randpazifischen Inselbögen und Gebirgsgürteln. Auffällig ist aber, daß beide Bauformen, diejenigen der Krustenneubildung und diejenigen des Krustenabbaues, nicht parallel zueinander verlaufen; so biegt im Nordatlantik die Mittelatlantische Schwelle nach Nordosten ab, während sich die Kordilleren der westlichen Vereinigten Staaten und Kanadas über Alaska nach Westen wenden, um ihre Fortsetzung im Aleuten-Bogen zu finden. Ähnliches gilt auch für den Südatlantik: Während sich die Mittelatlantische Schwelle und die Südindische um Afrika herum nach Osten wendet, findet der aktive Gürtel der Hochanden über das Magellanes-Orogen und den Südantillen-Bogen seine Fortsetzung nach Südwesten, auf den Orkney-Inseln und der Antarktischen Halbinsel als südlicher Umrahmung des Pazifiks. Die Wege von den Zentren der Platten-Neubildung zu denen des Lithosphären-Abbaues werden also immer größer, ohne daß diese Tatsache von Einfluß auf den tektonischen Ablauf sein soll.
Ähnliches gilt auch für den pazifischen Ozean: Vom Südpazifischen Rücken zum randpazifischen Gürtel Neuseelands und des Kermadec-Tonga-Grabens nimmt die Entfernung (und damit der Transportweg der Lithosphärenplatten) von Süden nach Norden zu, und zwar von 2000 auf 6000 km, also auf das Dreifache. Währenddessen vermindert sich der Abstand nach Osten, zum Atacama- und Peru-Graben in der gleichen Richtung von 3000 auf weniger als 2000 km. Vom Ostpazifischen Rücken zu den aktiven Zonen der Nordwestpazifischen Inselwelt müssen die Lithosphärenplatten sogar einen Weg von annähernd 10 000 km zurücklegen, ehe sie die erforderliche Abkühlung, Mächtig-

keit und Schwere erreicht haben, um im Untergrund zu versinken. Warum, so muß man fragen, genügt an einer Stelle ein so kurzer Transportweg, wie zwischen Ostpazifischem Rücken und Perugraben, für eine ausreichende Alterung lithosphärischer Platten, während an anderer Stelle Transportwege über die gesamte Breite des zentralen Pazifiks erforderlich werden, um denselben Effekt zu erzielen?

Natürlich könnte man vermuten, daß in kühl temperierten Abschnitten der Erde dieser Alterungseffekt rascher erzielt wird als in vergleichsweise warmen Krustenarealen. Aber gerade der Südostpazifik mit kurzen lithosphärischen Transportwegen ist ausweichlich der Wärmeflußmessungen von Lee und Uyeda ein Gebiet thermischen Überschusses, während der gesamte zentrale und westliche Pazifik durch vergleichsweise niedrigen Wärmefluß gekennzeichnet wird. Die unterschiedlichen Transportweiten der Lithosphärenplatten bis zum Erreichen der benötigten Schwere für ein Versinken im Untergrund sind also mit der Wärmeflußverteilung der Erde nicht erklärbar.

Was aber soll man davon halten, daß die ostpazifische Schwelle als aktive Zone der Krustenproduktion nach Norden hin unter dem Nordamerikanischen Kontinent verschwindet, aber gleichwohl weiter neue Kruste produziert, als ob sie noch ungestört an der Erdoberfläche läge! Denn auch zwischen dem Golf von Kalifornien und der Schwelle von Juan de Fuca setzt die aktive Krustenproduktion ja keineswegs aus; hier müssen sogar wegen der großen Breite des Pazifiks besonders hohe Neubildungs- und Transportraten auftreten.

Der Pazifik weist noch zwei weitere ähnliche Probleme auf, die sich mit der Plattentektonik nur schwer in Einklang bringen lassen. Das eine ist der Kreuzungspunkt der Antarktisch-Südpazifischen Schwelle mit dem zirkumpazifischen Gürtel südlich von Neuseeland, das zweite ist das plötzliche Umbiegen des paläomagnetischen Streifenmusters nach Westen im Nordpazifik südlich des Aleutenbogens.

Wenn die Plattenbewegung von den Schwellen zu den aktiven Inselbögen erfolgt (beziehungsweise zu den ihnen vorgelagerten Tiefseegräben), so ist schwer einzusehen, daß sich Schwellen und aktive Gürtel fast senkrecht zueinander kreuzen. Was geschieht an einem solchen Kreuzungspunkt? Hier müßte die Plattenbewegung, wenn sie senkrecht zur Schwelle erfolgt, parallel zum aktiven randpazifischen Gürtel verlaufen, das heißt, die neugebildete Kruste kann nicht abgebaut werden oder, wenn die Bewegung senkrecht auf den randpazifischen Gür-

tel gerichtet ist, läuft sie praktisch parallel zur krustenproduzierenden Schwelle. Und die Umbiegung des paläomagnetischen Streifenmusters südlich der Aleuten läßt eine Plattenbewegung praktisch nur in zentrifugaler Richtung, also nach außen, zu – nicht aber von der Juan-le-Fuca-Schwelle in Richtung zum zentralen Pazifik: Da an der Umbiegungsstelle des Streifenmusters die Bogenlänge zum zentralen Pazifik hin mehr und mehr abnimmt, käme es bei einer zentripetalen Plattenbewegung zu Querstauchungen in radialer Anordnung, es müßten also konvergierende Querfalten auftreten, die dieser räumlichen Verkürzung des Bogenumfanges Rechnung tragen.
Auch beim Aleutenbogen, vor welchem das paläomagnetische Streifenmuster in Ost-West-Richtung verläuft (mit Altern von 60 bis 80 Millionen Jahren), müßte die krustenproduzierende Schwelle inzwischen bereits verschwunden sein, abgebaut unter dem Aleutengraben – ähnlich wie die Ostpazifische Schwelle zwischen Kalifornien und Juan-le-Fuca unter dem nordamerikanischen Kontinent.
Nach der Theorie der Plattentektonik wäre weiter zu fordern, daß jeweils zwischen zwei Riftzonen mit Krustendehnung (beziehungsweise -neubildung) ein Gürtel mit Krustenabbau eingeschaltet ist. Dies gilt jedoch nicht für den Nordostatlantik zwischen Mittelatlantischer Schwelle und der Riftregion der Mittelmeer-Mjösazone (Oberrheingraben, Rhônetal, Hessisch-Südniedersächsische Gräben), und auch nicht für Afrika zwischen der ostafrikanischen Riftzone (Bruch- und Grabensystem vom Roten Meer über die Arfar-Senke bis zum Njassa-See) und der Mittelatlantischen Schwelle im Westen sowie andererseits der Zentralindischen Schwelle im Osten.
In seinem Einwand gegen die Plattentektonik führt V. V. Beloussov 1970 noch eine Reihe weiterer Argumente an. So weist er auf ein von van Andel 1968 gefundenes Grünschiefer-Vorkommen vom Mittelatlantischen Rücken bei 22° 30′ nördlicher Breite hin, welches auf metamorphe Vorgänge im Bereich angeblicher Krusten-Neubildung hindeutet. Im Scheitelgraben des Atlantischen Rückens, wo sich nach der Theorie die akute Krusten-Neubildung vollziehen soll, fanden Cifelli und Mitarbeiter 1966 Ober-Miozän-Foraminiferen mit einem geologischen Alter von 8,5 und 18,6 Millionen Jahren, und Basaltproben vom Mittelatlantischen Rücken unter 45° nördlicher Breite ergaben radiometrische Altersdatierungen von 29 Millionen Jahren. Beloussov findet es höchst erstaunlich, daß beim Zerfall des alten

Gondwanablocks sowohl die Kontinente als auch die mittelozeanischen Schwellen wandern, wobei letztere stets genau halb so schnell bewegt werden wie die driftenden Kontinente, so daß die Rücken stets annähernd halbwegs zwischen den Kontinentaltafeln verbleiben. Erstaunlich ist weiterhin die keineswegs gleichmäßige Öffnung der Ozeane in Zeit und Raum sowie die auffällige Schwankung in den Sedimentmächtigkeiten beiderseits der mittelozeanischen Rücken.
Eine Symmetrie des paläomagnetischen Streifenmusters beiderseits der untermeerischen Rücken ist keineswegs überall ausgebildet; so fehlt sie beispielsweise beim Südatlantischen sowie beim Carlsberg-Rücken im nordwestlichen Indischen Ozean. Außerdem sind die paläomagnetischen Messungen von der Wasseroberfläche aus offenbar nicht unproblematisch: Wörtlich sagt Beloussov »jede Andeutung einer Symmetrie verschwindet völlig, wenn man in größerer Wassertiefe genauere magnetische Messungen durchführt. Dabei löst sich das Streifenmuster in eine große Zahl kleiner ovaler Anomalien auf, die untereinander fiederförmig angeordnet sind«.
Wenn auch die mittelozeanischen Schwellen wandern, weshalb bleibt dann jeweils die Verbindung ihrer Vulkane mit den tiefen Herden des Mantels bestehen, statt infolge der Plattenbewegung abzureißen? Weshalb sollen die ozeanischen Platten als starre Tafeln reagieren, sobald sie sich von den Schwellen entfernt haben, wenn sie doch bereits im Bereich dieser Rücken durch Querstörungen gegliedert sind? Und weshalb verheilen diese Störungen mit wachsendem Abstand von den Schwellen? Und weshalb, so möchte man hinzufügen, reagiert überüberhaupt ozeanische Kruste trotz völlig unterschiedlichem Aufbau, gleichartig wie kontinentale, mit welcher sie nach der Theorie in der amerikanischen, afrikanischen oder australischen Platte unmittelbar verbunden ist?
Vom Reykjanes-Rücken des Nordatlantiks lassen sich die magnetischen Anomalien nach Island verfolgen, wo sie jedoch ihre Fortsetzung durchweg in jungen, pleistozänen vulkanischen Bildungen finden. Und was geschieht in denjenigen Abschnitten mittelozeanischer Schwellen, bei welchen das paläomagnetische Streifenmuster beiderseits fehlt (wie im zentralen Atlantik, südlich von Afrika, stellenweise am Indischen Rücken und im Südpazifik)? Erfolgt dort keine analoge Öffnung der Ozeane?

3. Rotation um den Westalpenbogen

Die Bedenken des russischen Geologen V. V. Beloussov und anderer gegen die Vorstellungen der Plattentektonik haben gezeigt, daß diese globale Synthese der Geodynamik in ihrer vorliegenden Form noch nicht allen Ansprüchen gerecht wird, die man an eine umfassende Theorie der Erdkrustengestaltung stellen muß. Sie ist weitgehend von den ozeanischen Verhältnissen abgeleitet und verlangt daher überall da, wo kompliziertere geologische Verhältnisse auf den Kontinenten vorliegen, nach einer gewissen Modifikation. Es ist durchaus verständlich, daß die Vertreter der Plattentektonik überwiegend im Lager der Ozeanographen und Geophysiker zu suchen sind, weniger unter den Geologen, deren Geländearbeit sie mit den komplexen Lagerungsformen der Gesteine in den jungen Faltengebirgen konfrontiert hat. Und daß die Plattentektonik mehr am Beispiel der einfacher gestalteten überseeischen Räume entwickelt wurde, und nicht am Modell der Geologie Europas, erklärt die Tatsache, daß die Plattentektonik offenbar noch zu starke Vereinfachungen aufweist, als daß sie auch hier ohne weiteres anwendbar wäre.

Ein Blick auf die geologische oder physische Karte Europas zeigt bereits, welchem besonderen Problem wir hier gegenüber stehen: Außer dem rheinischen und herzynischen Bruchschollensystem des außeralpinen Europas hat dieser westliche Subkontinent der großen eurasischen Festlandmasse Anteil an dem jungen, mediterranen Gebirgsgürtel, der mit seltsam gewundenem Verlauf den nördlichen und westlichen Teil des Mittelmeerbeckens umschließt. Würde es sich nur um einen geradlinigen, langgestreckten Gebirgszug handeln, der zwischen die Kontinentalmassen Afrikas und Eurasiens eingeschaltet ist, so wäre die geodynamische Deutung relativ einfach. Wie aber soll man sich die Entstehung eines derartig stark gekrümmten Gebirgsgürtels vorstellen, dessen vielfältige Bogenkontur in keiner Weise zu einer einfachen Horizontalverlagerung lithosphärischer Platten paßt?

Wer einmal offenen Auges den Gebirgsbogen der Westalpen, des angrenzenden Nordapennin, der Karpaten verfolgt hat, kann sich nur schwer vorstellen, daß eine einfache Plattenbewegung – in welcher Richtung auch immer – derart komplexe Bauformen hinterlassen hat. Nach der Theorie der Plattenbewegung müßten sich ja die jeweiligen Vorländer stets nahezu senkrecht in Richtung auf die aktiven Gebirgsgürtel zu bewegen, das heißt, bei stark bogenförmigem Verlauf zentripetal zum Zentrum des Gebirgsbogens, also im Falle des Westalpenbogens mit seinem Krümmungsradius von nur rund 100 km allseitig in Richtung auf einen bestimmten Punkt im Bereich der westlichen Poebene. Das nördliche Vorland der Alpen müßte dabei nach Süden, das nordwestliche nach Südosten, das westliche nach Osten wandern.

Mit starren, keilförmigen Platten ist eine derartige konvergierende Bewegung ausgeschlossen; die radial aufeinander zulaufenden Plattenstücke würden sich bereits im Vorland des Gebirgsbogens rasch bis zur Bewegungsunfähigkeit verkeilen, ohne den eigentlichen Gebirgsgürtel zu erreichen. Man müßte daher den Platten schon eine erhebliche säkulare Plastizität oder die Konsistenz etwa eines Gummituches zubilligen, damit eine solche zentripetale Bewegung am Rande eines Bogens überhaupt zustande kommt. Nur: in diesem Falle verringert sich der Krümmungsbogen mit Annäherung an das Gebirge, und es käme zwangsläufig zu Stauchfalten, die radial vom Gebirgsbogen weg ins Vorland hinein verlaufen. Derartige Faltenzüge (oder anderweitige Einengungsformen) mit radialer Erstreckung außerhalb der mediterranen Faltengebirgsbögen fehlen jedoch gänzlich.

Außerdem haben wir bereits gesehen, daß die Richtung des tektonischen Transportes im außeralpinen Europa nicht zentripetal zur westlichen Poebene, sondern ursprünglich weithin recht konstant von Nordnordost nach Südsüdwest verläuft. Nur östlich des Bruch- und Grabensystems der Mittelmeer-Mjösazone ist diese Richtung (nahezu) auf die Alpen gerichtet; in Westeuropa verläuft diese Richtung völlig unabhängig vom Westalpenbogen.

Die rheinische Bruch- und Grabenzone sowie die Horizontalstylolithen laufen schräg auf den Außenrand der Alpen zu und westlich am Alpenbogen vorbei; wo die Faltenstränge des Schweizer Juras als äußerster Saum des Gebirges am weitesten nach Nordwesten vorspringen, ist die Mittelmeer-Mjösazone um einen Betrag von rund 150–200 km westlich versetzt und springt vom Südende des Oberrheingrabens über die Bresse-Senke zum Nordende des Rhônetales. So entsteht zunächst der Eindruck, als ob die Tektonik des außeralpinen Europa völlig unabhängig von derjenigen der Alpen sei, mit weitgehend selbständigen gefügekundlichen Koordinaten.

Auch die tektonische Erforschungsgeschichte Europas hat sich weitgehend so entwickelt, daß Beobachtungen im Faltengebirge der Alpen und solche im außeralpinen Bruchschollenland weitgehend unabhängig voneinander gemacht wurden. Während man für die Alpen seit Beginn dieses Jahrhunderts mehr und mehr mit weitreichendem Deckentransport zu rechnen gezwungen war, setzten die tektonischen Untersuchungen im außeralpinen Europa gleichsam stillschweigend voraus, daß kein nennenswerter Horizontaltransport vorläge. Man kann aber keine größeren Deckenverfrachtungen im Alpenkörper annehmen, ohne auch das alpine Vor- oder Rückland in diese Bewegungen einzubeziehen; mit der Erkenntnis des alpinen Deckenbaues erhob sich demnach zugleich die Frage, wie denn die Verlagerung alpiner und außeralpiner Baueinheiten auf einen gemeinsamen Nenner zu bringen seien.

Vielfach ging man davon aus, daß sich der afrikanische Kontinent relativ zum europäischen hin bewegt habe. Damit standen die Horizontalverfrachtungen im ost-west-gerichteten Abschnitt der Schweizer, bayerischen und österreichischen Alpen durchaus in Einklang. Wie aber sollte eine solche Nordverlagerung Afrikas den Ost-West-Transport der Deckeneinheiten im Bereich der französisch-italienischen Westalpen erklären?

Und weshalb bogen die Alpen südlich des Genfer Sees aus der Ost-West-Richtung der Schweizer-österreichischen Alpen unvermittelt in die Nord-Süd-Richtung der französisch-italienischen Westalpen um, obwohl doch der afrikanische Kontinent über den Meridian von Genf noch um ein- bis zweitausend Kilometer nach Westen weiterlief? Für die engen Bogenkonturen konnte man einen so ausgedehnten Kontinentalblock wie den afrikanischen kaum verantwortlich machen.

Oder waren die gewaltigen Deckenstapel der Alpen insgesamt aus dem Bereich der heutigen Poebene herausgequollen, sich allseitig in Richtung zum außeralpinen Vorland überlagernd? Aber in der Enge der Poebene fehlt der benötigte Ablagerungsraum, um Decken von vielen Hunderten von Kilometern Schubweite unterzubringen. Und welcher mechanische Prozeß sollte die Deckenbewegung einerseits nach Norden,

andererseits nach Westen oder Nordwesten bewirkt haben? Versuche einer Abwicklung des alpinen Deckensystems kamen übereinstimmend zum Schluß, daß hierfür eine großräumige Südverlagerung alpiner Baueinheiten weit über den engen Rahmen der Südalpen und des Nordapennin hinaus erforderlich wird. Also war die alpidische Geodynamik nicht ohne Einbeziehung derjenigen des Apennin zu lösen; beide Gebirge mußten gleichzeitig in die Betrachtung einbezogen werden. Und auch der Nordapennin weist weithin deckenartige Verfrachtung krustaler Bauelemente auf, die ihrerseits einer Abwicklung und einer Einwurzelung in ausreichenden Ablagerungsräumen bedurften. Diese Abwicklung war, sinngemäß zu derjenigen der Alpen, bei dem überwiegenden Nord-Süd-Verlauf des Apennin nur im Westen oder Südwesten möglich. Damit erhielt man aber Deckenbewegungen in nahezu allen Richtungen der Windrose innerhalb eines Abschnitts des mediterranen Gebirgsgürtels, der nur etwa ein Zehntel der Gesamtbreite des afrikanischen Kontinents betrug.
Vom Ligurischen Meer aus ging die Deckenbewegung des Nordapennin zunächst in östlicher Richtung bis hin zum Außenrand des Nordapennin- und Abruzzenbogens am Westufer der Adria. Zur Poebene hin schwenkt diese Deckenbewegung jedoch mehr in nordwestlicher Richtung um, und die Faltenzüge im Untergrund der Poebene weisen mit ihrer West-Ost-Erstreckung auf eine Nordrichtung des tektonischen Transportes hin. Im Alpenkörper schwenkt diese Richtung von Nord über Nordwest bis West um, letzteres vor allem im nordsüdverlaufenden Strang der französisch-italienischen Westalpen. Innerhalb eines Abstandes von nur rund 200 km von den Westalpen zum Nordapennin dreht somit die Richtung des tektonischen Transportes um annähernd 180°, nämlich von West-Ost auf Ost-West. Diese Drehung ist eines der markantesten Kennzeichen der alpidischen Geodynamik Europas und bewirkt letztlich die auffällige doppelte Bogenform von Westalpen und Nordapennin.
Das halbkreisförmige Umschwenken der tektonischen Transportrichtung wird im außeralpinen Europa noch ergänzt durch die bereits genannte Richtung der Horizontalstylolithen und Bruchsysteme von Nordnordost nach Südsüdwest; diese Transportrichtung außerhalb der Alpen weist zwar zunächst an diesen vorbei ins südliche Frankreich, doch mündet sie letztlich in den Bereich des Ligurischen Meeres, wo die Deckenbewegung des Nordapennin ansetzt. Vom Ligurischen Meer

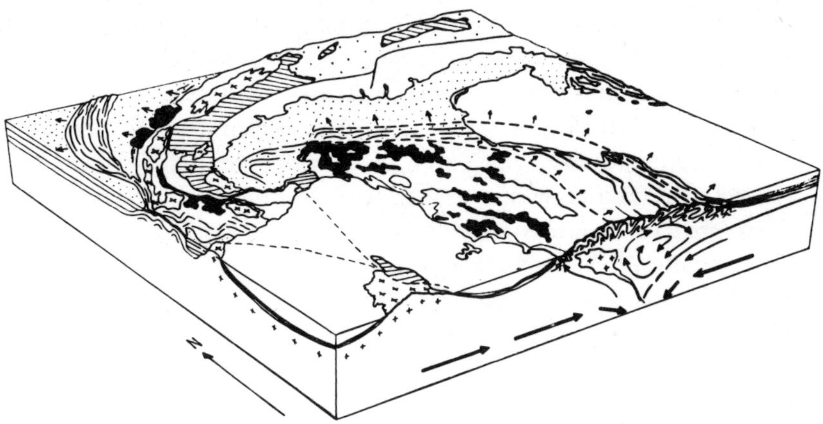

Gebirgsbildung im Alpen-Nordapennin-Bogen. Pfeile zeigen die Bewegungsrichtung an. Länge der vorderen Blockbildkante 800 km. (nach H. G. Wunderlich)

im Nordosten zieht sich nach L. Glangeaud und Mitarbeitern eine breite Zone mit Gräben und Diapiren am Meeresboden, mit maximaler Schwere und auffälliger Reduktion der Krustendicke, nach Südsüdwest in den Bereich des Westmediterranbeckens, also in südwestlicher Richtung. Diesem Sektor der nachhaltigen Ausdünnung der Kruste steht im Nordosten, im Nordapennin und in den Alpen ein Sektor starker Krustenverdickung mit Unterschwerezonen gegenüber. Wie die meereskundlichen Forschungen im Westmediterranbecken und in der Ligurischen See ergeben haben (L. Glangeaud, R. Schlich, G. Pautot, G. Bellaiche, P. Patriat, M. Ronfard 1965, J. Alinat, J. Polveche, A. Guillaume, O. Leenhardt 1966, C. Agarate, M. J. Berry, L. Knopoff 1967), weist der Meeresboden zwischen Balearenbecken und Ligurischem Meer weithin Strukturen der jungen Krustendehnung auf, in die diapirartig Material aus der Tiefe eingedrungen ist. So sind die seismisch ermittelten Reflektionshorizonte des Meeresbodens immer wieder von breiten Zonen des Diapirismus unterbrochen, und Abschiebungen mit Dehnungstendenz charakterisieren den tieferen Untergrund. Nach W. B. F. Ryan, M. und J. I. Ewing 1966 scheint es sich möglicherweise bei diesen Diapiren des westmediterranen Beckens um Salzstöcke zu handeln, die teilweise bis nahe an den Meeresboden aufgedrungen sind. Die auffällige Ausdünnung der Kruste in diesem Teil des Mittelmeeres, die Bruchtektonik mit Dehnungstendenz im Untergrund und das diapirartige Aufdringen von Salzgesteinen in sich öff-

nende Räume überlagernder Sedimente spricht eine beredte Sprache für nachhaltige Dehnung des entsprechenden Sektors, welcher dem Sektor der Einengung und Krustenverdickung im Alpen-Apennin-Raum offenbar gesetzmäßig zugeordnet ist. Aus diesem breiten Bereich der Krustendehnung und -ausdünnung stammt offenbar ein Teil des Materials, das im Nordapennin- und Alpenbogen durch Überschiebung und Deckenbau sowie intensive Schichtfaltung zuviel angehäuft ist.
Ein gewaltiger Transportvorgang mit rotierender Verlagerung von Deckenschubmassen hat hier offenbar Teile der Erdkruste aus dem Raum des Westmediterranbeckens und der Ligurischen See in den Nordapennin hinein verfrachtet, und Deckenstapel aus dem heutigen Bereich des Nordapennin bis in die Alpen bewegt. Nimmt man die durch Horizontalstylolithen erkennbare Richtung des tektonischen Transportes außerhalb der Alpen hinzu, so erhält man insgesamt eine Rotation um den Westalpenbogen herum von Nordnordost, Nord-Süd und West-Ost bis Süd-Nord und Ost-West.
Es ist also nahezu eine Drehung um 300°, welcher die Erdkruste im Bereich des Westalpenbogens ausgesetzt war. Dabei kam es offensichtlich nicht nur zu einer Verformung der Krustengesteine, sondern weithin auch zu deren Horizontalverfrachtung. Relativ breite Säume krustaler Gesteinsmassen wurden als Deckschollen aus ihrem ursprünglichen Ablagerungsraum hinweggeführt und in den Faltengebirgen des Apennin und der Alpen mehrfach übereinandergestapelt. In den Alpen findet man nicht selten eine drei- und mehrfache Übereinanderfolge überschobener Deckeneinheiten. Wie aber läßt sich eine derartige Rotation der Erdkruste mechanisch verstehen?
Man muß wohl davon ausgehen, daß die Erdkruste im Bereich des westmediterranen Beckens auf weniger als die Hälfte ihrer normalen Dicke ausgedünnt ist, während der Deckenbau der Faltengebirge im Sektor Nordost-Korsika, Nordapennin, Alpen weithin fast zu einer Verdoppelung der Krustenmächtigkeit geführt hat. Dies ist kaum anders als mit weiträumigen horizontalen, und zwar rotierenden Bewegungen von Krustenteilen zu erklären. Und zwar handelt es sich um eine generelle Drehung entgegen dem Uhrzeigersinn.
Merkwürdigerweise war es wiederum kein europäischer Geologe, sondern ein australischer Wissenschaftler, der einen entsprechenden Vorschlag zur Deutung der Rotationsvorgänge im Mittelmeerraum gemacht hat: S. W. Carey von der Universität Tasmania in Hobart gab

1958 anläßlich eines dortigen Symposiums über Kontinentalverschiebung einen recht interessanten Denkanstoß zur Erklärung rotationaler Schollenverlagerungen im Mittelmeergebiet. Danach bewegen sich die Kontinente Afrika und Eurasien in ost-westlicher Richtung horizontal aneinander vorbei, und zwar Europa nach Westen, Afrika nach Osten, um die Drehung entgegen dem Uhrzeigersinn zu deuten. Zwischen die beiden Kontinentalmassen eingefügt finden sich kleinere »Drehschollen«, die wie ein Wälzlager mit vertikalen Achsen zwischen die kontinentalen Tafeln eingeschaltet sind. So leitet sich die Rotationsbewegung krustaler Schollen auf eine horizontale Differentialbewegung von Kontinenten mit jeweils entgegengesetzter Transportrichtung zurück, und man könnte auch im Falle des Westalpenbogens rotationale Verlagerungen kleinerer Platten auf eine Bewegung größerer Platteneinheiten zurückführen.

Allerdings: Nach dem Bewegungssinn der nordanatolischen Horizontalverschiebung muß sich umgekehrt Eurasien nach Osten, Afrika nach Westen bewegen, was einen gerade entgegengesetzten Antrieb derartiger Drehschollen dazwischen bewirken würde. Und schließlich können Afrika und Eurasien nicht unterschiedlich in ost-westlicher Richtung bewegt worden sein, sonst müßte der Atlantik östlich der Mittelatlantischen Schwelle eine entsprechend unterschiedliche Breite aufweisen.

Daher ist gegenwärtig von diesem Konzept eigentlich nur noch die Auflösung des Mittelmeergebietes in eine ganze Reihe individueller »Miniplatten« mit komplizierter Eigenbewegung übriggeblieben. So versucht man, diese Teilbewegungen mehr oder minder gut auf die größeren Transportvorgänge der Plattentektonik zurückzuführen. In manchen Teilen des Mittelmeeres, insbesondere natürlich im Bereich der jungen, bogenförmigen Faltengebirge, ist man gezwungen, mit einer entsprechend großen Zahl derartiger Miniplatten zu operieren. Und die erforderliche Drehung dieser Platten um vertikale Achsen sollte in anderer als der von S. W. Carey vorgeschlagenen Weise zustande kommen.

Denn diese Rotation ist nicht nur aus der tektonischen Transportrichtung und der Verlagerung der Deckeneinheiten im Nordapennin und in den Alpen abzulesen. So verlagern sich im Nordapennin in Zeit und Raum tektonische Senkungs- und Hebungszonen, die im Laufe der letzten hundert Millionen Jahre von einer Nord-Süd-Erstrekkung auf Nordwest-Südost und schließlich auf die West-Ost-Richtung der Faltenstränge im Untergrund der heutigen Poebene umschwenken.

Einen völlig unabhängigen Beweis aber lieferte die Geophysik, nämlich durch paläomagnetische Untersuchungen. Einen ersten Hinweis auf eine Drehung Korsikas entgegen dem Uhrzeigersinn in erdgeschichtlich junger Zeit erbrachten 1965 T. P. Ashwort und A. E. M. Nairn. Dieser Drehungssinn paßt ausgezeichnet zur Richtung des tektonischen Transports vom Sektor der Dehnung im Westmediterranbecken zum Sektor der Einengung im Apennin-Alpen-Raum. Tatsächlich entspricht diese Krustenverlagerung durchaus dem Careyschen Modell von der Öffnung krustaler Leerräume hinter Drehschollen, die er als »Sphenochasms« bezeichnet hat. Das Westmediterranbecken scheint durchaus diesem Modell eines »Sphenochasms« infolge rotationeller Verlagerung von Teilen der Erdkruste in die Überschußräume des Nordapennin-Alpen-Bogens hinein zu entsprechen.

Wenig später wiesen R. van der Voo (1967), P. G. van Dongen (1967) sowie N. D. Watkins und A. Richardson (1968) unabhängig voneinander eine Rotation der Iberischen Halbinsel, ebenfalls mittels paläomagnetischer Messungen und auch entgegen dem Uhrzeigersinn, nach. Im Jahre 1969 folgten paläomagnetische Studien an der Universität Utrecht (van der Voo, J. D. A. Zijderveld) sowie am Laboratoire de Paléomagnétisme des Institut de Physique du Globe der Universität Straßburg (A. Roche, M. Westphal), die übereinstimmend eine Rotation der Erdkruste entgegen dem Uhrzeigersinn für Sardinien, das Westmediterrangebiet, die Lombardischen Alpen und Teile der französischen Westalpen ergaben. Damit bestätigten sich unter anderem ältere paläomagnetische Untersuchungen von J. De Boer 1963 an der Universität Utrecht, die eine entsprechende Rotation für die Vizentinischen Alpen erkennen ließen. 1973 ermittelten Mitarbeiter des Geophysikalischen Institutes der Universität München unter Leitung von Professor Angenheister eine analoge Rotation der Euganeen im Süden der Dinarischen Alpen während des Jungtertiärs, und im selben Jahre wies M. Westphal von der Universität Straßburg paläomagnetisch die Drehung des westalpinen Pelvoux-Massivs sowie eines Teiles der benachbarten Briançonnaiszone um 30°–45° entgegen dem Uhrzeigersinn nach. Man kommt also nicht umhin, eine großangelegte Rotation von Teilen des Westmediterrangebietes mit der Iberischen Halbinsel,

W
N
S

oben
Horizontalstylolithen. Unter Einwirkung tektonischen Drucks und Lösungsvorgängen im Gestein (auf der Abbildung Kalkstein) kommt es zur Entstehung zapfenähnlicher deutlich längsgeriefter Drucklösungsformen. Das Gestein wurde seitlich zusammengepreßt, die Haupteinengungsrichtung läuft parallel zu den Zapfen und Riefen, welche somit die Hauptspannungsrichtung im Gestein angeben. Durch Einmessung der Drucklösungsformen mit dem Geologenkompaß erhält man Werte, die Hinweise auf die Bewegungsrichtung der Schichtstapel geben.

(Siehe Kapitel: Das nordpazifische Paradoxon)

unten
Stricklava. Die relativ schnell erstarrende Oberfläche der gasarmen Lava wurde von der darunter noch weiterfließenden Lava mitgeschleppt und zu Stricken zusammengeschoben. Schnelleres Erkalten am Außenrand des Lavastroms verursacht eine bogenförmige Krümmung in Fließrichtung. Jüngere Lavastricke bedecken mit plastischen Fließbewegungen bereits erkaltete Lavawülste. Dieser Vorgang kann sich in einem Zeitraum von wenigen Stunden abspielen.

(Siehe Kapitel: die irdische Schmelze)

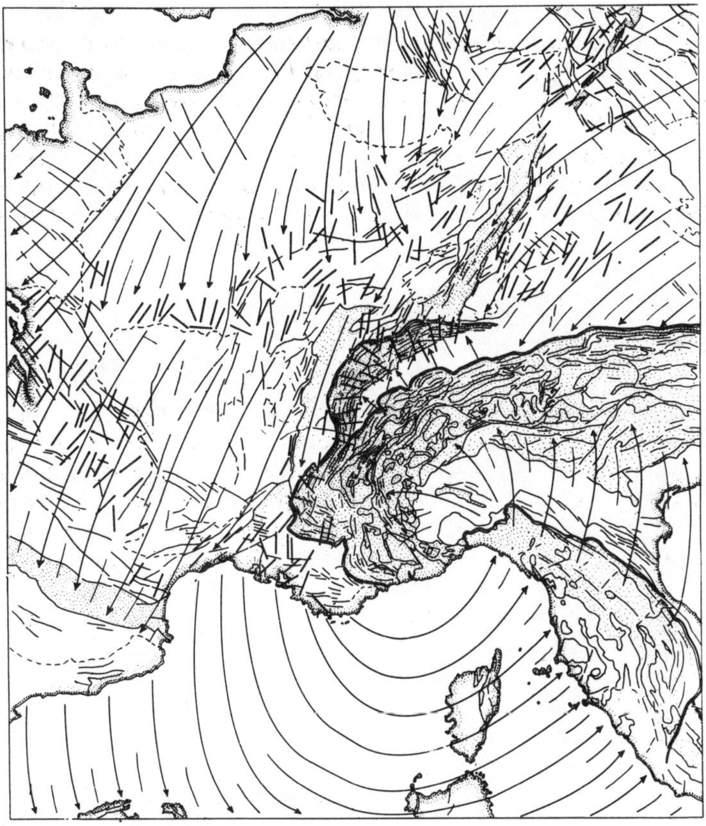

Subkrustales Strömungsbild Westeuropas auf Grund der saxonischen Bauformen, der Horizontal-Stylolithen im Vorland, der paläomagnetischen Messungen, und unter Berücksichtigung des alpin-apenninen Bauplanes. (nach H. G. Wunderlich)

mit Sardinien und Korsika, des Nordapennin, der Euganeen zwischen Alpen und Apennin, der Lombardischen und Vizentinischen Südalpen, des Pelvoux-Massivs und von Teilen der Briançonnaiszone in den französischen Westalpen um jeweils 30°–60° anzunehmen.

Mit dieser Rotation allein ist es aber nicht getan. Seit 1956 hat der Autor, teilweise in enger Zusammenarbeit mit W. Pleßmann, in Fortsetzung gefügekundlicher Untersuchungen von B. Sander und F. Karl in den Ostalpen, das tektonische Inventar des inneren Westalpen-Bogens sowie des Nordapennins aufgenommen. Dabei ergaben sich überraschende Tatsachen; meist liegen Durchkreuzungen von zwei (und mehr) Faltenachsenrichtungen vor, die kaum anders als mit einer Rotation der Beanspruchungspläne unter allseitiger Einengung zu erklären sind. Für die Alpen vorherrschend ist dabei ein Achsensystem mit Ost-West- (bzw. Südsüdwest-Ostnordost-) und Nordsüd-Achsen, während im Nordapennin noch die Richtungen Nordwest-Südost sowie Nordost-Südwest hinzukommen. Diese Falten- und Deckengebirge

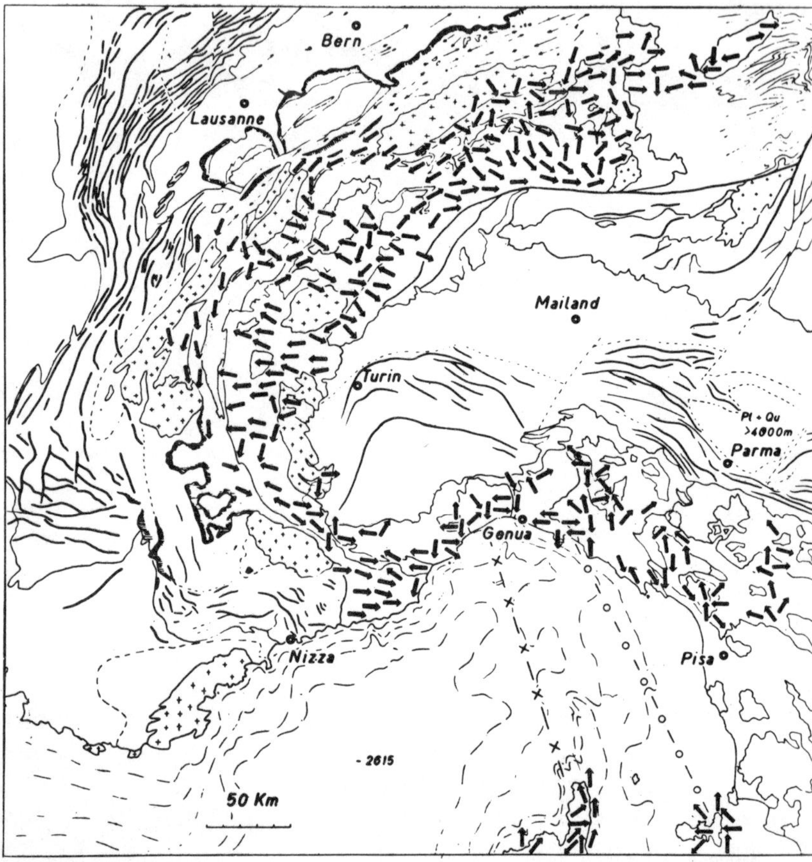

Lage der Faltenachsen im Westalpen-Nordapennin-Bogen. Die wirr erscheinende Anordnung der Achsenrichtungen im inneren Teil des Gebirgsbogens (dicke Pfeile) läßt fortgeschrittene Achsenvergitterung erkennen. Die schwächere Faltung der Vorländer (ausgezogene Linien) läßt zwar Achsenwölbung, aber keine ausgesprochene Querfaltung erkennen. (nach H. G. Wunderlich)

sind also gar nicht mit einer einfachen seitlichen Einengung, etwa durch gegenseitige Annäherung von Afrika und Eurasien, in Einklang zu bringen, sondern sind auf eine fast allseitige Schichtverkürzung mit Faltung und Deckenüberschiebung zurückzuführen.

Zur Rotation entgegen dem Uhrzeigersinn um ein Drehzentrum in der Nähe der Ligurischen Küste kommt also offensichtlich noch eine zentripetale Bewegung in Richtung zum Rotationszentrum hinzu. Die krustalen Massen sind nicht nur durch einfache Drehung im Nordapennin und in den Alpen angehäuft, sondern gleichzeitig noch radial zum Rotationszentrum, insbesondere in den Nord-Süd- verlaufenden Strang des Westalpenbogens, hineingedreht worden. Nur bei Rotation *und* zentripetaler Konzentration, also fast allseitiger Einengung, ergibt sich das komplexe Bild der alpinen und nordapenninen Achsenverteilung.

Westalpen- und Nordapenninbogen sind also offensichtlich Ausdruck weiträumiger rotierender Verlagerung der Erdkruste unter gleichzeitiger zentripetaler, also allseitiger Einengung. Es ist klar, daß ein solcher

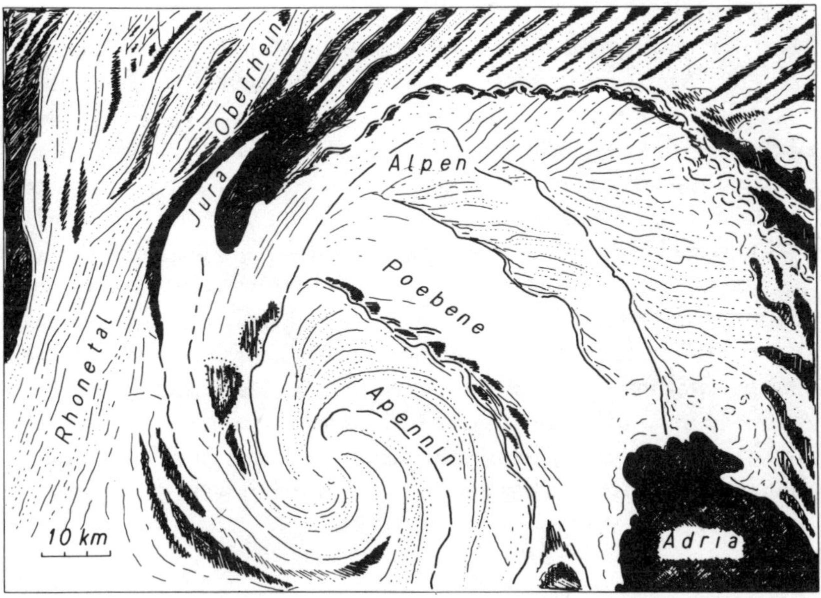

Zum Vergleich Schema einer Zyklone (nach Satellitenfoto) über demselben Raum. (nach H. G. Wunderlich)

Bewegungsvorgang nicht mit starren Platten zu bewerkstelligen ist, und daß der Antrieb zu derartigen rotationellen Bewegungen mit zentripetalem Einströmen nicht in der Kruste selbst gesucht werden kann. Dies Bild wird nur verständlich unter der Annahme, daß die vergleichsweise dünne Erdkruste einer langsamen, fließenden Bewegung des Erdmantels ausgesetzt war (und ist), die zwar im außeralpinen Europa weithin gleichsinnig und in parallelen Stromfäden von NNE nach SSW verläuft, aber im Westmediterrangebiet und bis zum Alpenkörper eine quasi säkular-turbulente Drehung erfährt.
Entgegen allen bisherigen Vorstellungen über den Bewegungsvorgang im Erdmantel herrscht hier offenbar nicht nur Konvektion um horizontale Achsen (mit Aufsteigen heißer und Absinken kühler Materie), sondern gleichsam eine Art Verwirbelung um senkrechte Achsen, die in der überlagernden Erdkruste rotationelle Verlagerungen entgegen dem Uhrzeigersinn mit Einströmen zum Wirbelzentrum erzeugt. Damit wird nicht nur die Mantelkonvektion als solche erwiesen, sondern außerdem belegt, daß diese thermische Umwälzung der Mantelgesteine örtlich zu quasi-turbulenten Bewegungen führt. Statt überall gleichmäßig parallel zu strömen (das heißt in laminarer Bewegung), ist die Mantelmaterie im Bereich der Gebirgsbögen vom Typ des Westalpen- und des Nordapenninbogens in ähnlicher rotierender Bewegung – wenn natürlich auch unendlich viel langsamer – wie die Atmosphäre. Auch für die Atmosphäre nahm man ursprünglich vor Beginn des Raumfahrtzeitalters eine einfache konvektive Bewegung äquatorparalleler Wirbelwalzen rund um die Erde an, in welchen Warmluft auf- und Kaltluft absteigt. Erst der Blick aus dem Weltraum hat uns die Augen dafür geöffnet, welch' komplizierte rotationelle Bewegungen tatsächlich durch Thermokonvektion auf dem Erdball entstehen. Was der Weltraumfahrer an Hand der Wolkenfelder von der Luftmassenbewegung der Erde sieht, entspricht im wesentlichen dem horizontalen, also advektiven Anteil der atmosphärischen Konvektion. Und was die Gebirgsbögen der Erdkruste bewirkt, ist offenbar analog dazu der advektive Teil der thermischen Mantelkonvektion.

4. Wie Gebirge entstehen

Der geologische Bau Europas zeigt also offensichtlich zwei grundsätzlich unterschiedliche Züge: Während der Bereich des mediterranen Gebirgsgürtels seit der Triaszeit im Westalpenbogen, Karpatenbogen, Kretabogen, Gibraltarbogen durch rotierende Verlagerung der Erdkruste gekennzeichnet ist, herrschen im außeralpinen Raum weithin parallele, sogenannte laminare Bewegungen der Krustengesteine vor.

Der Nordrand der Alpen trennt diese beiden so gegensätzlichen Krustenareale. Da das alpine Europa – ähnlich wie das außeralpine – bis zur Triaszeit eine fast übereinstimmende geologische Entwicklung durchlaufen hat, ist der grundsätzliche Unterschied beider Abschnitte nicht im geologischen Aufbau der Erdkruste begründet. Vielmehr muß das gegensätzliche Verhalten offenbar auf wesentliche Unterschiede im Bewegungsantrieb der Tiefe gesucht werden; die Mantelmaterie unterhalb der Lithosphäre befindet sich offenbar im mediterranen Raum in völlig abweichender Bewegung als im außeralpinen Europa. Herrscht hier im tieferen Untergrund eine weitgehend parallele, laminare Bewegung vor, so kommt es im mediterranen Gürtel offenbar immer wieder zu rotierender Verlagerung um vertikale Achsen, die Drehschollenbewegung in der Lithosphäre auslöst. Es ist selbstverständlich, daß solche Bewegungsvorgänge des Erdmantels kaum anders als mit einer gewissen langfristigen, »säkularen« Plastizität der dortigen Gesteinsmassen zu erklären ist. Die Lithosphäre wird durch Reibungskoppelung mitgeführt, so daß sich jeweils der advektive Bewegungszustand des unterlagernden Mantels in der Krustenbewegung abbildet.

Der Außenrand des alpinen Gürtels trennt somit Areale unterschiedlicher advektiver Bewegung des Erdmantels, stellt also eine entscheidende Grenze lithosphärischer Massen mit abweichendem Bewegungssinn dar.

Gebirge zeichnen somit die Grenzen derartiger lithosphärischer Massen nach. Sie verhalten sich damit ähnlich wie atmosphärische Fronten als Luftmassengrenzen mit unterschiedlichem Bewegungssinn. Nur daß die Advektion des Erdmantels und damit die Bewegung innerhalb der Lithosphäre mit kaum merklicher Geschwindigkeit vor sich gehen, während der Witterungsablauf zu äußerst raschen Veränderungen führt.

Offenbar ist jedoch die lithosphärische Massengrenze – ähnlich wie diejenige atmosphärischer Fronten – nicht ortsfest, sondern erfährt eine langsame Verlagerung innerhalb geologischer Zeiträume. So hat sich der Außenrand der Alpen im Laufe der Erdgeschichte langsam nach Norden verlagert und damit immer neue Teile des einstigen Vorlandes in die alpinen Bewegungsvorgänge einbezogen.

Im Bereich der Süddeutschen Großscholle (W. Carlé 1955) hat sich diese Einbeziehung in das alpidische Geschehen in der jüngsten Erdgeschichte durch eine Rotation des Beanspruchungsplanes bemerkbar gemacht: Während als Haupttransportrichtung ursprünglich die Nordnordost-Südsüdwest-Richtung galt, dreht im älteren Tertiär die Einengungsrichtung auf Südsüdost-Nordnordwest und verläuft heute bereits Nordwest-Südost, was einer Rotation um annähernd 60° entspricht. Indem das außeralpine Europa von den Drehbewegungen des mediterranen Europa mehr und mehr randlich erfaßt wurde, setzte sich auch hier die Rotation als charakteristische Antriebsform durch. Unterhalb der Lithosphäre reicht demnach der Bereich der mediterranen Mantel-Advektion weiter nach Norden, als der gegenwärtige Nordrand der Alpen vielleicht erkennen läßt.

Die Nordwest-Südost-Richtung als Hauptdruckrichtung ergibt sich aus seismischen Herdanalysen süddeutscher und rheinischer Erdbeben (L. Ahorner 1967, G. Schneider 1971).

Worin besteht nun aber der Unterschied der außeralpinen und der mediterranen Lithosphäre und Mantelmaterie? Zweifellos nicht nur in der abweichenden Bewegungsrichtung und -art, sondern auch in einer verschiedenartigen Konsistenz. Während die außeralpine Lithosphäre so langsam und in laminarer Bewegung wandert, daß es kaum zu nennenswerten Krusteneinengungen kommt, nimmt die Bewegungsgeschwindigkeit im mediterranen Gürtel, insbesondere in den Bereichen der Rotation, offenbar so weit zu, daß örtlich Überfahrungen von Deckschollen, Faltung und Schieferung möglich werden. Im außer-

alpinen Bewegungsfeld herrschen weithin annähernd ausgeglichene Verhältnisse des Krustenaufbaues, der Schwere-, Druck- und Temperaturverteilung, während innerhalb des mediterranen Gürtels lokal beträchtliche Störungen dieser geophysikalischen Bedingungen nachzuweisen sind. Die Krustendicke schwankt im Mittelmeerraum von Ort zu Ort in beträchtlichem Maße; ebenso die Schwereverteilung, so daß sich örtlich Bereiche der Über- und der Unterschwere unterscheiden lassen. Unregelmäßige Druck- und Temperaturverhältnisse lassen sich an den einzelnen Gürteln der Gesteinsmetamorphose ablesen; nicht selten sind Bereiche mit verstärktem Druck, aber erniedrigter Temperatur, oder umgekehrt Zonen niedrigen Drucks, jedoch erhöhter Temperatur räumlich voneinander getrennt. Noch heute zeichnet sich der Bereich des mediterranen Faltengebirgsgürtels durch ausgesprochene Hochtemperaturzonen aus; neben dem pannonischen Rückland des Karpatenbogens und dem toskanischen Wärmehoch hinter dem Nordapenninbogen, von denen bereits die Rede war, sei hier noch die Ägäis genannt: So konnten R. Hänel und O. Kappelmeyer von der Bundesanstalt für Bodenforschung in Hannover neuerdings mittels Infrarot-Radiometermessungen und Infrarot-Scanner-Befliegungen im Geothermalgebiet von Polychnitos auf Süd-Lesbos um 2°–3° erhöhte Bodentemperaturen nachweisen. Heiße Quellen sowie der bekannte aktive Vulkanismus Santorins (Theras) deuten in dieselbe Richtung.
Man kann also feststellen, daß sich Gebirgsbildungszonen durch nachhaltige Störung der Druck- und Temperaturverteilung, der Schwere und Krustendicke auszeichnen. Diese Störungen sind offenbar nicht ortsfest, sondern verlagern sich langsam innerhalb geologischer Zeiten vom Innen- zum Außenbogen eines Gebirges. Besonders charakteristisch sind aber auch die Vertikalbewegungen der Kruste: Zunächst erfolgt eine Absenkung mit Anhäufung junger Sedimente in einem geosynklinalen Senkungstrog. Dieser Bereich der starken Absenkung ist vor ozeanischen Inselbögen nicht selten als Tiefseegraben ausgebildet, weil hier oft die Sedimentationsrate zu gering ist, um die Absenkung auszugleichen. Im kontinentalen Milieu hingegen steht meist genügend Abtragungsmaterial zur Verfügung, um mit der Absenkungsrate Schritt zu halten, so daß keine so ausgeprägte Depression der Erdoberfläche entsteht.
Durch die Absenkung der Geosynkline, des initialen Senkungstroges, wird so viel wenig verfestigtes Gesteinsmaterial angereichert, daß sich

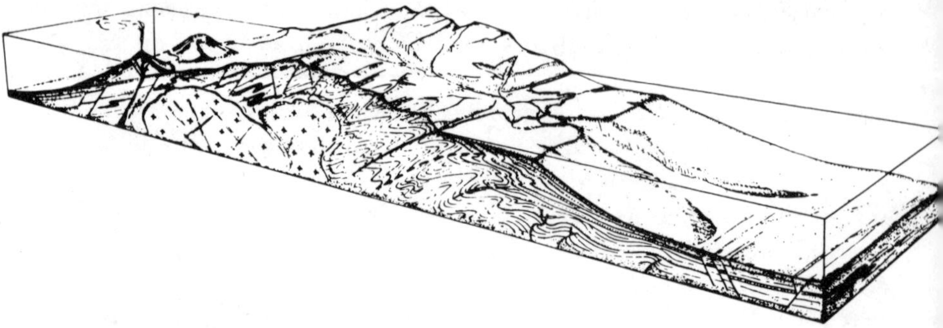

Das Orogen im Blockbild. Rechts geosynklinaler Senkungstrog, sodann herausgehobenes Gebirge und links Rücktiefe mit Vulkanismus.

diese Zone durch ihre geringe Gesteinsdichte, also durch ein Massen- und damit Schweredefizit auszeichnet. Damit ist die Schwereverteilung der Kruste nachhaltig gestört; zum Ausgleich setzt in dem Augenblick, wo die Absenkung aufhört, eine isostatische Hebung und damit Gebirgsbildung im orographischen Sinn ein. Hinter dem eigentlichen Hebungssaum aber erfolgt abermals Absenkung, diesmal allerdings in Form einer Rücktiefe. Während sich die Geosynkline und Vortiefe vor einem orographischen Rücken durch vergleichsweise niedrige Krustentemperaturen auszeichnet, ist die Rücktiefe in der Regel höher temperiert; hier sind die Hochtemperaturgebiete, die heißen Quellen und Vulkane anzutreffen. Senkungs- und Hebungszonen sind ebenfalls nicht ortsgebunden, sondern verlagern ihre räumlichen Achsen ebenfalls langsam von innen nach außen, man kann dabei etwa mit einer Verlagerungsgeschwindigkeit von Millimetern bis Zentimetern pro Jahr rechnen.

Die Heraushebung eines Gebirges durch Isostasie ist also ohne weiteres verständlich; Anhäufung krustaler Massen geringer Dichte bedingt gleichsam zwangsläufig einen Auftrieb, der zur Entstehung orographischer Höhenrücken, ja von Hochgebirgen führt. Wodurch aber wird die Absenkung der Geosynklinen, der Vor- und Rücktiefen bedingt? Hierfür gibt es eigentlich nur eine sinnvolle Erklärung, nämlich daß im Bereich der jungen Faltengürtel Mantelmaterie zur Tiefe hin absinkt, wobei die darüber liegende Lithosphäre teilweise mit in die Tiefe geschleppt wird. Allerdings gelingt es nicht, Lithosphärenmassen endgültig in den Mantel versinken zu lassen: Die Krustenmaterie ist spezifisch zu leicht und außerdem zu rasch schmelzend, als daß sie auf Dauer in den Tiefen des Erdmantels verweilen könnte. Schon bald überwiegen die Auftriebskräfte, die einer Abwärtsbewegung der Kruste sowie einer fortschreitenden Krustenverdickung entgegenwirken.

Als einer der ersten hat der Münchner Geologe Ernst Kraus 1936 (»Der Abbau der Gebirge«) diese Vorstellung von der Abwärtsbewegung der Kruste und des Mantels in den Orogenzonen entwickelt; als »Verschluckungshypothese« wurden die Gedankengänge von Ernst Kraus in den folgenden zwei Jahrzehnten in Europa viel diskutiert, wenn auch nicht allgemein anerkannt. Kraus rechnet für die Ostalpen mit zwei Zonen des »Hinabbaues«, die er als Narbenzonen bezeichnet und längs der Inntalfurche sowie zwischen Dinarischen und Zentral-Alpen lokalisiert.

Vor allem die Frage nach der Existenz und Beweisbarkeit solcher Kalkalpiner oder Zentralalpin-Dinarischer Narbenzonen hat letztlich wohl auch dazu geführt, daß das Konzept von Ernst Kraus, obwohl durchaus richtig im prinzipiellen Ansatz, keinen durchgreifenden Erfolg zeitigte.

Mit der Kenntnis der seismischen Herdtiefenschnitte, die mit 20°–30° unter Gebirge und Inselbögen einfallen, war eine andere Art des »Hinabbaues« erkannt worden, die man heute als Benioff- oder »Subduktionszonen« bezeichnet:

Konvergierende und zur Tiefe hin absteigende Äste der Mantelkonvektion schleppen Krustenteile des Vorlandes längs eines Tiefseegrabens oder einer Vortiefe unter den Inselbogen bzw. unter das Gebirge. Die Abstromnarben liegen also nicht eigentlich im Gebirge, sondern sind vom Rande her unter den Gebirgskörper geneigt. Am Prinzip des »Hinabbaues« ändert diese Modifikation allerdings vergleichsweise wenig; das Gefühl für wissenschaftliche Loyalität und Gerechtigkeit gebietet, über der modischen Verwendung der Begriffe Benioff- oder Subduktionszonen nicht die Narbenzonen und den Hinabbau der Gebirge im Sinne von Ernst Kraus zu verschweigen, die schon vor fast vierzig Jahren in die wissenschaftliche Literatur eingeführt wurden.

Gebirge sind also nicht nur Ausdruck lithosphärischer Massengrenzen, sie weisen auch auf eine Gegeneinanderbewegung der Mantelmaterie im Untergrund beiderseits des aktiven Gürtels sowie auf einen abwärts gerichteten Ast der Mantelkonvektion hin.

Die sedimentäre Anhäufung leichter Krustengesteine in geosynklinalen Trögen ist keineswegs die einzige Art der Krustenverdickung, die zu isostatischem Auftrieb und damit zur Bildung von Höhenrücken und Hochgebirgen führen kann. Eine weitere Möglichkeit ist die seitliche Einengung unter Faltung, die zur Raumverkürzung quer zum Streichen, aber zur Mächtigkeitszunahme der Kruste in der Vertikalen führt.

Eine weitere Möglichkeit ist die Übereinanderstapelung von Krustenteilen durch den Deckenbau: Bei flach geneigten Narben- bzw. Subduktionszonen gelangt der eine von zwei benachbarten Lithosphärenabschnitten randlich unter den anderen, was somit zu einer Verdoppelung der Krustenmächtigkeit führt. In Wirklichkeit bleiben jedoch die beiden Krustenteile nicht ungestört, wenn sie sich durch Subduktion übereinanderstapeln; vielmehr wird ein ausweislich der seismischen Herdtiefenschnitte 80 bis 100 km dicker Anteil von Krustengesteinen längs der Benioffzonen intensiv zerschert und deckenartig übereinandergeschoben. Daß sich die gebirgsbildende Aktivität in Raum und (geologischer) Zeit verlagert, läßt darauf schließen, daß die Abstromnarben im Mantel nicht streng ortsgebunden sind, sondern innerhalb erdgeschichtlicher Zeiträume eine langsame seitliche Verlagerung erfahren.

Die neuen Herdtiefenschnitte der Erdbebenverteilung, etwa für den sehr aktiven Bereich der südamerikanischen Anden, zeigen, daß von sogenannten »Benioff-Flächen« keine Rede sein kann: Die seismischen Herde liegen zwar kontinentwärts tiefer und tiefer; sie gruppieren sich aber längs einem rund 80 km dicken Saum, der alles andere als eine konkrete Fläche markiert. Mit 80 km Mächtigkeit ist eine derartige Benioffzone dicker als die Gesamtmächtigkeit der alpinen Kruste einschließlich der unter den Alpen vermuteten Airy-Wurzel. Es entsteht bei der Gebirgsbildung also offensichtlich nicht nur eine (oder wenige) Überschiebungsbahnen, sondern die gesamte Lithosphäre wird infolge Subduktion der Krustenmassen nachhaltig zerbrochen und zerschert. Damit ist aber nur ein Teil der wirklichen Bewegungen in seismische Aktivität umgewandelt; ein nicht zu unterschätzender weiterer Anteil erfolgt plastisch, in Gestalt der Faltung und Umkristallisation, ohne daß dabei seismische Energien freigesetzt würden.

Bei diesem plastischen Anteil der Verformung spielt einmal die geologische Zeit, zum anderen die Erdwärme eine ausschlaggebende Rolle.

Je langsamer die Bewegungen und je höher der Wärmestrom aus dem Erdinnern, desto leichter läßt sich das Gestein »säkularplastisch« den Veränderungen anpassen, ohne daß es zu bruchartigen Verformungen kommt. Und fast jeder Aufschluß im Faltengebirge läßt Beispiele derartiger bruchloser, plastischer Verformung erkennen.

Von den beiden Faktoren geologische Zeit und Erdwärme steht zumindest der erste in großem Umfange zur Verfügung, wenn man sich vergegenwärtigt, daß der Bau der Alpen sich über einen Zeitraum von über 100 Millionen Jahren erstreckt. Schwieriger verhält es sich mit dem Wärmestrom aus dem Erdinnern; wenn sich Gebirge über Abstromnarben der Mantelmaterie entwickeln, so müßte in den aktiven Gürteln der Gebirgsbildung eigentlich ein anormal niedriger Wärmefluß zu beobachten sein. In Wirklichkeit aber findet man in den aktiven Gürteln vom Typ des mediterranen und des randpazifischen ausgesprochene Hochtemperaturbereiche unmittelbar neben Gebieten mit normalem oder gar vermindertem Wärmefluß.

Und zwar beobachtet man generell eine Ermäßigung des Temperaturgradienten im Vorland, also am Außenrand der Insel- oder Gebirgsbögen, während sich der Temperaturüberschuß auf die Rückländer der konkaven Innenbögen konzentriert. Hier sind auch die vulkanisch aktiven Zonen angesiedelt, so daß Erdwärme und Vulkanismus häufig (wenn auch keineswegs immer) beieinander liegen. Entscheidend ist dabei eigentlich nur die Konzentration der Wärmeabgabe aus dem tieferen Erdinnern; ob es nämlich dabei auch zur Gesteinsaufschmelzung – und damit zu aktivem Vulkanismus – kommt, hängt nicht nur vom Temperaturgradienten ab: Erhöhter Druck kann verstärkte Wärmeproduktion ausgleichen, und Fehlen geeigneter niedrigschmelzender Mineralvorkommen vermag ebenfalls die Schmelzbildung zu unterbinden.

Zu typischem »Rückseitenvulkanismus« hinter jungen Faltengebirgen und Tiefseegräben kann es also nur kommen, wenn Gesteinschemismus, Druck und Temperatur günstig sind, das heißt, es muß schmelzfähiges Gestein in Unterdruckbereichen so tief versenkt oder einem so hohen Wärmefluß ausgesetzt werden, daß tatsächlich auch eine Überschreitung des Schmelzpunktes möglich ist. Daß die dabei produzierte vulkanische Schmelze in der Regel nur dem am leichtesten schmelzenden Mineralanteil des Ausgangsmaterials entspricht (»partielle, gradierte Aufschmelzung«), dürfte einleuchten. Auch die Schmelze steht vom Ort ihrer Entstehung an unter Dichteauftrieb, da es sich stets um eine Verflüssigung der am leichtesten schmelzbaren, am wenigsten dichten Minerale handelt. Nur der schwer schmelzende, spezifisch schwerere Restbestand kann in größere Tiefen gelangen, ohne aufgeschmolzen und an die Oberfläche zurückbefördert zu werden. Daß krustale Massen also einfach im Mantel »versinken«, ist praktisch unmöglich. Ihre geringe Dichte und der dadurch ausgelöste Dichteauftrieb wirkt dem entgegen.

Man könnte allerdings den Vulkanismus für die hohe Erdwärme hinter Gebirgs- und Inselbögen verantwortlich machen. Aber dies hieße wohl, Ursache und Wirkung vertauschen: Hoher Wärmefluß findet sich zwar regelmäßig hinter aktiven Gürteln, aber keineswegs immer ist dort auch Vulkanismus anzutreffen; erinnert sei etwa an den hohen Wärmefluß im Bereich der Japansee hinter dem aktiven Japanbogen, dem der Japangraben und die Benioffzone der kontinentwärts wachsenden seismischen Herdtiefe gesetzmäßig zugeordnet sind. Der hohe Wärmefluß hinter aktiven Zonen ist daher nicht allein mit vulkanisch aufsteigenden Massen erklärbar und paßt schlecht zu einer Subduktionszone mit ausschließlich abwärtiger Massenbewegung im Erdmantel. Man muß vielmehr annehmen, daß im Rückland der Gebirgsbildungszonen auch heißes Mantelmaterial konvektiv aufsteigt und sich mit dem absteigenden kühlen Substrat vor der aktiven Zone vermischt. Dieses Aufsteigen erfolgt nicht als Schmelze, sondern im festen Zustand, wenn auch (bei den vergleichsweise hohen Gesteinstemperaturen) in säkularplastischer Konsistenz. So trennt die aktive Gebirgszone also unterschiedliche Massen der Lithosphäre und der Mantelkonvektion; es handelt sich gleichsam um Fronten zwischen relativ kühlen und heißen Massen der Lithosphäre und des Mantels, die miteinander in Kontamination gebracht werden. Die aufsteigenden heißen Mantelmassen besitzen eine vergleichsweise hohe Dichte, die zu einem gravimetrisch meßbaren Dichteüberschuß der orogenen Rückländer führt; dementsprechend kommt es zu einem isostatischen Absinken dieser Dichteüberschußgebiete in Form von »Rücktiefen«.

Wie atmosphärische Fronten Luftmassengrenzen zwischen Kalt- und Warmluft darstellen, sind Gebirge und Inselbögen lithosphärische Fronten zwischen benachbarten, unterschiedlichen Gesteinsmassen. Während aber in der Atmosphäre vor der Front ein Temperaturanstieg, dahinter ein Druckanstieg erfolgt, sind die Vorländer vor

Lithosphärischen Fronten im allgemeinen kühl-, die Rückländer heißtemperiert, und das Vorland zeichnet sich durch Druckerhöhung, die Rücktiefe durch Krustendehnung aus. Dabei muß man allerdings auch bedenken, daß wir den Luftozean von seinem Grunde, der Erdoberfläche aus, betrachten, während wir die Mantelkonvektion von oben her sehen.

Die seismischen Herdtiefenschnitte mit ihrer Dicke von rund 80 km zeigen, daß es sich bei den Benioffzonen niemals um einzelne, konkrete Aufschiebungsflächen zwischen zwei bestimmten Lithosphärenplatten handeln kann. In der Benioffzone unter den südamerikanischen Anden könnte man bequem die gesamten Alpen samt ihrer Airy-Wurzel unterbringen. Vielmehr handelt es sich um relativ breite Zonen der Zerscherung infolge Relativbewegung der Mantelmaterie, mit Abwärtsbewegung davor und Aufsteigen dahinter, wobei Krustenschollen von Hochgebirgsmächtigkeit bis in den Einzelkornbereich zerbrochen, zerschert, gefaltet, in Deckschollen zerlegt und überschoben werden: Insofern stellen Faltengebirge insgesamt herausgehobene Abschnitte ehemaliger Benioffzonen dar.

Der entscheidende Bewegungsantrieb liegt also keineswegs im Gebirge selbst, sondern in der Gegeneinanderbewegung der Mantelmaterie, die entlang typischer Frontalzonen aufeinanderstößt. Diese Mantelmaterie kann nur in säkular-plastischer Bewegung – und keinesfalls in mechanisch starrem Zustand sein, sonst wären derartige Bewegungsbilder faktisch unmöglich. Aber auch die darüber lagernden Lithosphären-Platten besitzen keine Eigenschaften wirklicher starrer Platten oder Tafeln: Nicht nur auf den vielfach geborstenen Kontinenten ist die Lithosphäre in ein Schollenmosaik kleiner und kleinster Bruchstücke zerlegt; auch der Ozeanboden erweist sich bei näherer Betrachtung als ein vielfältiges Schollenmosaik mit Längs- und Querbrüchen, von denen viele schon seit Jahrzehnten der Ozeanographie gut bekannt sind, insbesondere seit Erfindung des Echolots. Statt von Platten oder Tafeln, wie in der sogenannten »Plattentektonik«, sollte man daher von säkular-plastischen Strömungsfeldern sprechen, die über Reibungskoppelung das Schollenmosaik schwimmender Krusten-Bruchstücke in Bewegung setzen. Ist die säkular-strömende Bewegung im Untergrund laminar, so entstehen Bruchschollengebiete wie das außeralpine Europa oder außerkordillere Nordamerika. Ist hingegen der Bewegungsantrieb in der Tiefe quasi säkular-turbulent, so entstehen Ge-

birgsbögen und Inselgirlanden vom Typ des mediterranen Gürtels oder der nordwestpazifischen Randzone.
Die Plattentektonik der modernen globalen Geodynamik muß also insofern modifiziert werden, daß man an die Stelle der starren Platten Bewegungsfelder strömender Mantelmaterie setzt, und den Bewegungsantrieb aus den Lithosphärenplatten in die Unterlage des konvektiv und advektiv strömenden Mantels verlagert. Gebirge sind Frontalzonen, die Massengrenzen unterschiedlich bewegter Mantelmaterie nachzeichnen. Daher konzentriert sich hier der tektonische Druck, der vielfach zu einer Vergitterung mehrfacher Einengungsrichtungen führt. Dies gilt insbesondere bei rotierender Bewegung über Wirbelzonen der Mantelkonvektion, mit allseitigem Einströmen und Absinken subkrustaler Massen. Daß bei derartiger abwärtiger Bewegungstendenz auch umwandlungsfähige Gesteine der Geosynklinalfüllung fortschreitend metamorphosiert und in kristalline Schiefer umgewandelt werden, ist selbstverständlich. Unter bestimmten Bedingungen erzeugt diese Gesteinsmetamorphose unter Temperaturerhöhung einen zusätzlichen Metamorphose-Druck, nämlich dann, wenn bei der Umwandlung freigesetzte leichtflüchtige Komponenten (Kristallwasser, OH-Gruppen, CO_2) aus dichten Tongesteinen nicht rasch genug entweichen können. In diesem Falle baut sich während der Gesteinsmetamorphose im Gestein selbst ein endogener Umwandlungsdruck auf, der sich frontal durch das Gestein fortpflanzt und tektonische Wirkungen auslösen kann.

5. Gebirgsbildung heute

Wer in älteren Darstellungen geologischer Erscheinungen liest, findet im allgemeinen die Gebirgsbildung als kurzfristiges, mehr oder minder katastrophales Ereignis geschildert, das einen bestimmten Krustenabschnitt unvermittelt trifft und in ein Haufwerk von Bruchschollen oder Faltenstränge verwandelt. In keinem anderen Teilgebiet der Geologie hat sich George Cuviers Kataklysmen-Hypothese länger gehalten als gerade in der Tektonik. Dies ist an sich durchaus verständlich; niemand kann unmittelbar zusehen, wie Gebirge entstehen. Die dabei auftretenden Bewegungen erfolgen so unendlich langsam, daß das menschliche Leben nicht ausreicht, tatsächliche Veränderungen der Erdkruste durch Gebirgsbildung überhaupt wahrzunehmen. Und alle beobachtbaren Hochgebirge der Erde sind tatsächlich auch weitgehend Vorzeitformen; also Relikte tektonischer Ereignisse mehr oder minder lang zurückliegender geologischer Epochen. Wenn Gebirge aber Grenzen lithosphärischer Massen über unterschiedlich bewegter Mantelmaterie darstellen, und wenn der Bewegungsantrieb in der Mantelkonvektion bzw. -advektion zu suchen ist, so ist kaum damit zu rechnen, daß diese Bewegungen weltweit tatsächlich einmal völlig zum Stillstand kommen, um später wiederum – und noch dazu ruckweise – in Gang gesetzt zu werden. Mantelkonvektion infolge Wärmeabgabe des tiefen Erdinnern, also im wesentlichen des hochtemperierten äußeren Erdkerns, ist vielmehr ein dauernder Vorgang, auch wenn seine Intensität in Raum und Zeit gewissen Schwankungen unterworfen sein kann. Natürlich ist an einem bestimmten Punkt der Erdoberfläche das gebirgsbildende Geschehen ein mehr oder minder episodischer Prozeß, da sich die Lage der lithosphärischen Fronten in erdgeschichtlicher Zeit verlagert. So werden die verschiedenen Teile der Erdoberfläche zu unterschiedlichen Zeiten und mit verschiedener Intensität von Gebirgsbildungsvorgängen betroffen. Ganz frei davon ist aber kein zeitlicher oder räumlicher Abschnitt der Erdgeschichte und -oberfläche.

Die Schwierigkeit liegt vor allem darin, zu erkennen, wo sich aktive Gebirgsbildungsvorgänge in der Gegenwart abspielen. Solche Zonen der Gebirgsbildung sind aus verschiedenen Gründen heraus von hohem wissenschaftlichem und praktischem Interesse: Wissenschaftlich deswegen, weil die Geologie vorwiegend aktualistisch orientiert ist, also Vorzeitformen in der Regel an Hand von gegenwärtigen (»rezenten«) Vorgängen deutet. Bei der Verwitterung, Abtragung, Sedimentation gilt dieses aktualistische Prinzip schon seit langer Zeit und wird zum Vorteil auch für vergangene erdgeschichtliche Epochen angewandt. In der Tektonik hingegen blieb bis lange in dieses Jahrhundert hinein die Vorstellung lebendig, daß bezüglich der Gebirgsbildung die Gegenwart eine Ausnahmestellung einnimmt; während in der erdgeschichtlichen Vergangenheit immer wieder Zeiträume katastrophaler gebirgsbildender Ereignisse aufeinander folgten, sollte die Jetztzeit gebirgsbildend ausgesprochen wenig aktiv sein. Diese – weitgehend durch Anschauungen von George Cuvier vor über 150 Jahren geprägte – Ansicht hinderte die Geologen lange Zeit daran, sich praktische Gedanken zu machen, wo man überhaupt nach aktiven Gebirgsbildungszonen suchen könnte. Erst langsam seit der Mitte dieses Jahrhunderts setzt sich mehr und mehr die Erkenntnis durch, daß auch in tektonischer Hinsicht die Gegenwart nichts Außergewöhnliches darstellt; man darf nur nicht erwarten, daß plötzlich und unerwartet ein vollständiges Gebirge vor unseren Augen auftaucht. Im Gegenteil, die gebirgsbildenden Bewegungen verlaufen in der Regel so langsam, daß die Bewohner der betroffenen Landschaften überhaupt nicht merken, daß sie über einem werdenden Gebirge leben.

Hinzu kam die Unmöglichkeit, wichtige geophysikalische Kennziffern im vorigen Jahrhundert (und früher) messend zu erfassen, weil die hierfür benötigten Geräte noch nicht zur Verfügung standen. So blieb zunächst nur der Vulkanismus und die Erdbebentätigkeit als Hinweis auf orogene Aktivität, aber beide Erscheinungen sind keinesfalls nur auf Bereiche aktiver Gebirgsbildung beschränkt und daher für sich alleine noch nicht ausschlaggebend. Immerhin konnte man schon seit langem vermuten, daß der Reichtum an tätigen Vulkanen und teilweise verheerenden Erdbeben im randpazifischen und mediterranen Gürtel mit gebirgsbildenden Vorgängen in Zusammenhang steht.

Aber vielfach neigte man eher zur Ansicht, es handele sich dabei um späte Nachwirkungen der Gebirgsbildung früherer erdgeschichtlicher

Epochen, insbesondere des orogen-aktiven Jungtertiärs. Man glaubte, allenfalls die späten Nachphasen der großen Gebirgsbildungsprozesse der jüngeren Erdgeschichte vor Augen zu haben, statt unmittelbar Zeugen solcher Bewegungsabläufe zu sein. Es war eines der großen Verdienste Alfred Wegeners, mit seiner Kontinentalverschiebungstheorie zugleich auch die Vorstellung vom Weiterwirken gebirgsbildender Vorgänge bis in die Gegenwart hinein belebt zu haben. Gerade die Überzeugung, daß sich der Atlantische Ozean noch heute öffnet und zu Gebirgsbildungen im randpazifischen Bereich Anlaß gibt, führte ihn 1930 in die Eiswüsten Grönlands und damit in den Tod: Seine Absicht war, hier im Bereich des Nordatlantiks das Auseinanderrücken von Grönland und Europa unmittelbar messen und damit nachweisen zu können, und er ist in der Überzeugung gestorben, daß ihm dieser Nachweis auch gelungen sei. Heute wissen wir, daß hierfür die geodätische Meßgenauigkeit leider noch immer nicht ganz ausreicht, doch können wir hoffen, immerhin noch in diesem Jahrhundert Meßgeräte entsprechend hoher Genauigkeit zur Verfügung zu haben, um Bewegungen der Lithosphäre direkt erfassen zu können. Satellitentechnik und Radar sowie Lasertelemetrie und Geodymeter versetzen uns möglicherweise in absehbarer Zeit in die Lage, das Werk Alfred Wegeners abzuschließen.

Aus langfristigen geologischen Beobachtungen, etwa durch den seitlichen Versatz charakteristischer Gesteinsverbände an Horizontalstörungen – wie etwa der San-Andreas-Rift in Kalifornien – läßt sich die Bewegungsgeschwindigkeit von Krustenverlagerungen in der Größenordnung von einigen Millimetern bis Zentimetern pro Jahr abschätzen. Derartige Bewegungen sind so minimal, daß sie den Bewohnern der betroffenen Gebiete nur dann auffallen, wenn sie einmal ausnahmsweise ruckartig verlaufen und dadurch Anlaß zu einem Erdbeben geben. Der größte Teil des Bewegungsablaufes erfolgt hingegen kontinuierlich, ohne erkennbare Erschütterungen, und damit auch ohne merkliche Veränderungen der Erdoberfläche innerhalb der kurzen Zeitspanne des menschlichen Erlebens.

Es gilt also, endgültig von der veralteten Anschauung gebirgsbildender Katastrophen Abschied zu nehmen. Freilich kommt es im Zuge gebirgsbildender Vorgänge immer wieder zu Erdbeben und Vulkanausbrüchen, aber das sind keine ungewöhnlichen Vorgänge im Laufe der Erdgeschichte, und sie hinterlassen auch keine fertigen Gebirge. Es handelt sich bloß um kleine Schritte zur Entstehung eines Gebirges, vergleichbar dem Knarren einer schlecht geölten Türangel, die sich außerdem teilweise auch ohne wesentliche Erschütterungen dreht.

Ähnliche Bewegungsgeschwindigkeiten in der Größenordnung von Millimetern oder Zentimetern pro Jahr erhält man auch für Hebungen und Senkungen der Erdoberfläche in Gebirgsbildungszonen, etwa bei der Auswertung der Sedimentationsrate in Geosynklinaltrögen, oder der jungen Hebung ehemals mariner Ablagerungen – etwa am Beispiel gehobener Strandterrassen – im Bereich junger Faltengebirge. Damit läßt sich die Größenordnung der Geschwindigkeit tektonischer Veränderungen der Erdoberfläche recht gut abschätzen. Summiert sich allerdings der Bewegungsablauf mehrerer Jahre oder gar Jahrzehnte, so sind auch hin und wieder größere, auch ruckartige, Bewegungsraten denkbar.

Ein weiteres, traditionelles Kennzeichen junger oder gar anhaltender gebirgsbildender Tätigkeit sind starke orographische, also Höhenunterschiede der Erdoberfläche. In der Regel wirken abtragende Kräfte ausgleichend auf das Relief der Erde ein; wo sich Gebiete mit hoher Reliefenergie erhalten haben, kann die verursachende Gebirgsbildung nicht erdgeschichtlich lange Zeit zurückliegen.

Insbesondere Vortiefen oder Tiefseegräben mit starker Senkungsrate vor einem Hebungsrücken (Inselbogen oder Gebirge) mit nachfolgender Rücktiefe im Bereich des Innenbogens sind in diesem Sinne durchaus charakteristisch. Gleichzeitig besteht auch ein gesetzmäßiger Zusammenhang zwischen Orographie, Seismik und Vulkanismus: Während sich die vulkanische Tätigkeit auf die Innenseite hinter dem Tiefseegraben oder den Innenbogen eines Gebirges konzentriert, fallen die seismischen Herdtiefen von der Vorderseite (mit dem Tiefseegraben) zur Rücktiefe mehr und mehr ab; ausgesprochene Tiefherdbeben kann man am ehesten im weiteren Rückland aktiver Orogenzonen erwarten.

Weitere Charakteristiken für anhaltende gebirgsbildende Tätigkeit sind erst seit kürzerer Zeit meßbar. Dabei ist an Anomalien des Druckes, der Schwere und der Temperatur in jungen Gebirgsbildungszonen zu denken. Wie bereits im vorigen Kapitel besprochen, zeichnen sich aktive Gürtel der Erde durch unausgeglichene Druck-, Temperatur- und Schwereverhältnisse aus; sind die betreffenden Kriterien stark genug und noch dazu in charakteristischer Weise angeordnet, so erge-

ben sie stichhaltige Hinweise auf anhaltende gebirgsbildende Aktivität.
So beobachtet man in den stark absinkenden Vortiefen vor Hebungsrücken nicht selten Porenwasser-Überdruck in Erdöl- und Erdgas-Bohrungen, wie dies beispielsweise im Bereich der Poebene vor dem Nordapennin-Bogen der Fall ist.
Unter Porenwasser-Überdruck versteht man einen meßbar höheren Druck der Porenflüssigkeit im Gestein, als er eigentlich bei der feststellbaren Tiefe durch Auflast und hydrostatische Belastung erklärbar wäre. Solcher Porenwasser-Überdruck ist also ein Hinweis auf die Wirksamkeit zusätzlicher seitlicher, gebirgsbildender Spannungen im Gestein. Als Kriterium für aktive Gebirgsbildung ist Porenwasser-Überdruck in der Senkungszone vor dem Hebungsrücken zu erwarten. Es ist verständlich, daß hierfür unmittelbar Erdöl- oder Erdgasbohrungen zur Verfügung stehen müssen, um derartigen Porenwasser-Überdruck nachweisen zu können. Erdgas- und Erdölgewinnung in Gebieten mit Porenwasser-Überdruck führen zu einer Druckentlastung und daher nicht selten zu einer Absenkung der Erdoberfläche durch Entgasung oder Entwässerung der Gesteinsporen; ein Teil der Tragfähigkeit der Bodenschichten beruht in diesem Falle nämlich auf der internen Porenwasser-Spannung; geht diese zurück, so sinkt auch die Sedimentsäule in sich zusammen, und nachhaltige Bodensenkungen können die Folge sein. Spektakuläre derartige Bodensenkungen haben sich in den vergangenen Jahrzehnten vor allem in Oberitalien abgespielt: Durch Erdgasgewinnung im Bereich des Podeltas kam es hier zu einem rapiden Abfall des internen Gasdrucks, der einen Teil der Deckgebirgslast trug. Senkungen der Erdoberfläche bis zu 25 cm pro Jahr und Überflutungen der Deiche am Fluß und zur Adria hin waren die Folge. Durch Guareschis berühmte Erzählungen von »Don Camillo und Peppone« sind diese Überflutungen im Bereich des Podeltas sogar in die Weltliteratur eingegangen.
Auch Venedig hat unter ähnlichen Schwierigkeiten zu leiden; hier ist es nicht die Erdgas-, sondern die Wassergewinnung aus dem Untergrund, die innerhalb weniger Jahrzehnte zu einer verstärkten Senkung der Lagunenstadt geführt hat. Inzwischen laufen Versuche, die Absenkung durch Einpressen von Wasser in die Schichten unter der Stadt rückgängig zu machen. Es liegt jedoch auf der Hand, daß derartige Maßnahmen, wenn sie überhaupt technisch von Erfolg gekrönt sind, außer-

ordentlich aufwendig und keineswegs problemlos sind. Schon durch das Anbohren kritischer Bodenschichten kann ein Restbestand von gespanntem Porenwasser und -gas entweichen und zunächst zu noch verstärkter Senkung führen, ehe wieder mit einer Einpressung und Hebung begonnen werden kann. Vorsorglich sollte in jungen Senkungsgebieten in Fluß- oder Meeresnähe grundsätzlich jede Art von Erdgas-, Erdöl- oder Wassergewinnung so lange unterlassen werden, bis geologisch hinlänglich gesichert ist, daß keine unerwünschten Absenkungsvorgänge ausgelöst werden, wenn man die Bodenschichten anbohrt.

Ein weiteres Charakteristikum junger Orogenzonen ist die anomale Erdwärme im Bereich des Rücklandes. Zwar ist das Thermalgebiet der heißen Borsäurequellen vom Typ der Soffioni in der Toskana schon seit nahezu zweihundert Jahren bekannt, doch wurde es eigentlich nicht in den Zusammenhang mit der aktiven Gebirgsbildung, sondern als postvulkanische Erscheinung mit dem seit dem Jungtertiär erloschenen Vulkanismus dieses Raumes gebracht. Das vielleicht am besten untersuchte Hochtemperaturgebiet im Rückland eines aktiven Inselbogens ist gegenwärtig die Japansee zwischen dem asiatischen Festland und den Japanischen Inseln: Wärmeflußmessungen sind heute zur See offenbar technisch leichter auszuführen als auf dem Festland selbst, so daß vor allem Wärmeflußmessungen im kontinentalen Rückland aktiver Orogenzonen noch weitgehend fehlen. Hohe Erdwärme hinter einer Inselkette oder einem Gebirgsbogen mit vorgelagertem Tiefseegraben oder stark absinkender Vortiefe ist jedoch zweifellos ein wichtiges Kriterium für tätige Gebirgsbildung, vor allem dann, wenn sie mit den übrigen bereits genannten Kennzeichen verbunden ist.

Das vielleicht beweiskräftigste Argument für orogen-gestörte Krustenverhältnisse im Zuge anhaltender Gebirgsbildungstätigkeit aber liefert die Gravimetrie, die Schweremessung. War man früher auf Beobachtungen von Lotablenkungen und Pendelmessungen angewiesen, so stehen heute genau registrierende Gravimeter zur Verfügung, mit welchen zu Wasser und zu Lande, ja sogar vom Flugzeug aus gemessen werden kann.

Schwerestörungen kennt man theoretisch bereits seit über 200 Jahren, seit Bouguers Nachweis der zu geringen Lotablenkung im Vorland der Andenkette. Seine Beobachtung – wie diejenige Pratts im südlichen Himalaja-Vorland – bewiesen die vergleichsweise geringe Dichte der

Gesteine, welche die Hochgebirge der Erde aufbauen. Zieht man die oberflächlich sichtbaren Gesteinsmassen dieser Gebirge nach dem von Bouguer angegebenen Verfahren der Geländekorrektion ab, so verbleibt eine negative Schwere – Anomalie, welche die Konturen des Gebirges nachzeichnet. Solche »Bouguer-Anomalien« sind ein Beweis für die isostatische Kompensation der in Hochgebirgen konzentrierten, spezifisch leichten Krustenmassen.
Mit dem von Airy gefundenen Prinzip der Isostasie schien zunächst das Problem der Schwereverteilung gelöst zu sein, zumal Heckers Pendelmessungen auf den großen Ozeanen seine generelle Gültigkeit auch für die Weltmeere erwies. Bis F. A. Vening-Meinesz 1930 die langgestreckten, inselbogenparallelen negativen Schwerestörungen in Indonesien entdeckte, die nicht nach dem Isostasie-Prinzip erklärbar waren. Es gab also auch Zonen innerhalb des randpazifischen und mediterranen Gebirgsgürtels, die noch keine isostatische Kompensation aufwiesen; Vening-Meinesz erklärte die von ihm gefundenen Unterschwerezonen sinngemäß mit seiner »down-buckling«-Hypothese der Erdkruste als Bereiche künftiger Gebirgsbildung. 1938 wies H. H. Hess ähnliche negative Schwerestörungen auch vor anderen Inselbögen, etwa in Westindien, nach. Damit waren Indizien gefunden, die für Bereiche künftiger Gebirgsbildung sprachen. So wesentlich diese Erkenntnis auch ist, dem eigentlichen Ziel eines Nachweises gegenwärtiger Orogenzonen war man damit noch nicht eigentlich nähergekommen. Man wußte zwar, wie sich Gebirge mit weitgehend abgeschlossener Orogenese und Inselbögen mit künftiger Gebirgsbildung gravimetrisch verhielten. Aber noch immer fehlte das Zwischenstück, das »missing link« der gegenwärtigen Orogene.
Erst 1966 schloß sich diese Lücke. In einer Darstellung über »Wesen und Ursachen der Gebirgsbildung« (Mannheim 1966) wies der Autor nach, daß es zwischen den Bouguer-Anomalien und den Vening-Meinesz-Anomalien noch Übergänge gibt, die weder durch abgeschlossene, noch durch völlig zukünftige Gebirgsbildung deutbar waren, sondern nur im Rahmen einer andauernden gebirgsbildenden Aktivität verständlich wurden. Solche Schwerestörungen finden sich beispielsweise im Mittelmeerraum: Während dem Südapennin- und dem Kreta-Bogen jeweils Vening-Meinesz-Anomalien südlich vorgelagert sind (die also gänzlich dem Vorland angehören und durch Anhäufung unvollständig verdichteter junger Vortiefensedimente erklärt werden kön-

nen), und während die Alpen sich durch eine Bouguer-Anomalie als Folge weitgehender isostatischer Kompensation auszeichnen, besitzt der Nord-Apennin eine negative Schwerestörung, die halbwegs im Vorland, aber halbwegs im Gebirge liegt. Eine solche Schwereverteilung ist weder nach dem Isostasie- noch nach dem »down-buckling«-Prinzip zu deuten.

Wie unschwer verständlich, kann eine solche Schwerestörung keinem dauernden Gleichgewicht der Massenverteilung in der Erdkruste entsprechen. Der durch die negative Schwerestörung dokumentierte latente Dichte-Auftrieb muß in absehbarer geologischer Zeit zumindest denjenigen Teil des Vorlandes dem Gebirge angliedern, der innerhalb der Unterschwerezone liegt. Gleichzeitig steigt auch der Nordrand des Gebirges weiter auf, der sich ebenfalls noch durch Unterschwere auszeichnet.

Hier liegt demnach zweifellos der Fall eines »Gebirges im Werden«, unter anhaltendem Anbau von Teilen des Vorlandes, vor. Da sich der Innenbogen des Nordapennins durch Überschwere auszeichnet, ist hier als isostatische Kompensation eine Absenkung am Rande der Rücktiefe (dem Ligurischen Meer) zu erwarten. Mit der Hebung und dem Anbau im Norden (am Rande zur Poebene) und der fortschreitenden Senkung des südlichen Innenbogens ergibt sich in erdgeschichtlichen Zeiträumen eine allmähliche Verlagerung des Gebirges nach Norden, zum Po-Tal beziehungsweise zu den Südalpen hin. Man kann sich dabei unschwer vorstellen, daß schließlich einmal der restliche verbliebene Zwischenraum zwischen Alpen und Apennin gefaltet und dem Gebirge angegliedert wird, bis man ohne Unterbrechung von einen Orogen ins andere gelangen kann.

Damit besitzen wir eine ganze Reihe unabhängiger Kriterien zur Erkennung rezenter Gebirgsbildungszonen: Hohe Reliefenergie, Vortiefe oder Tiefseegraben, Hebungsrücken oder Inselbogen, schließlich eine Rücktiefe auf der konkaven Seite des Orogens, Rückseiten-Vulkanismus oder zumindest postvulkanische Aktivität, Erdbebentätigkeit mit von außen – also von der konvexen Seite – nach innen (zum konkaven Innenbogen) zunehmender Herdtiefe im Sinne einer nach rückwärts geneigten Benioffzone, Porenwasser-Überdruck in den jungen Sedimenten der Vortiefe, hohe Erdwärme in der Rücktiefe sowie eine charakteristische Schwereverteilung mit nach außen – also zum konvexen Außenbogen hin – verschobener negativer Schwerestörung bei

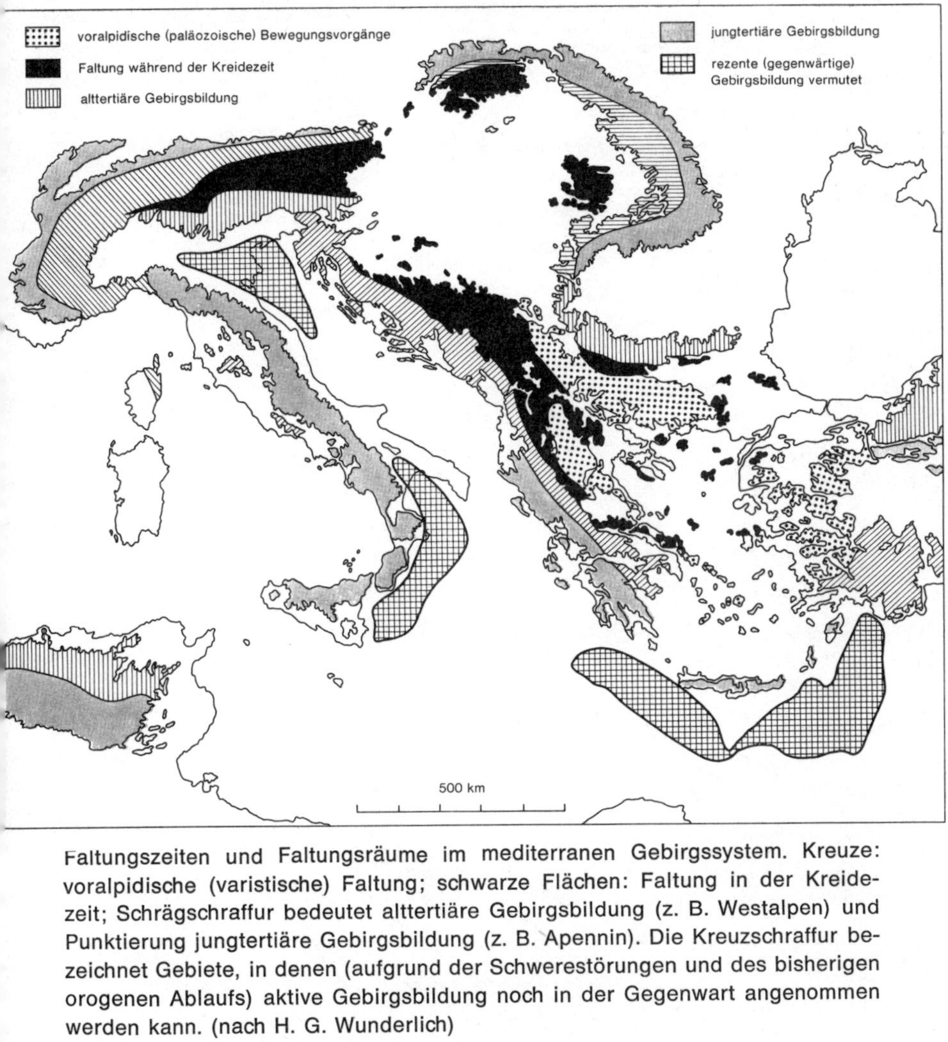

Faltungszeiten und Faltungsräume im mediterranen Gebirgssystem. Kreuze: voralpidische (varistische) Faltung; schwarze Flächen: Faltung in der Kreidezeit; Schrägschraffur bedeutet alttertiäre Gebirgsbildung (z. B. Westalpen) und Punktierung jungtertiäre Gebirgsbildung (z. B. Apennin). Die Kreuzschraffur bezeichnet Gebiete, in denen (aufgrund der Schwerestörungen und des bisherigen orogenen Ablaufs) aktive Gebirgsbildung noch in der Gegenwart angenommen werden kann. (nach H. G. Wunderlich)

hoher Überschwere des Rücklandes. Hinzu kommt meist noch die typische Bogenform und die langgestreckte Struktur der Senkungs-, Hebungs- und Schwerestörungs-Zonen werdender Gebirge, so daß man mittels aller dieser Kriterien Zonen gegenwärtiger gebirgsbildender Aktivität schon recht gut zu erkennen und zu identifizieren vermag.

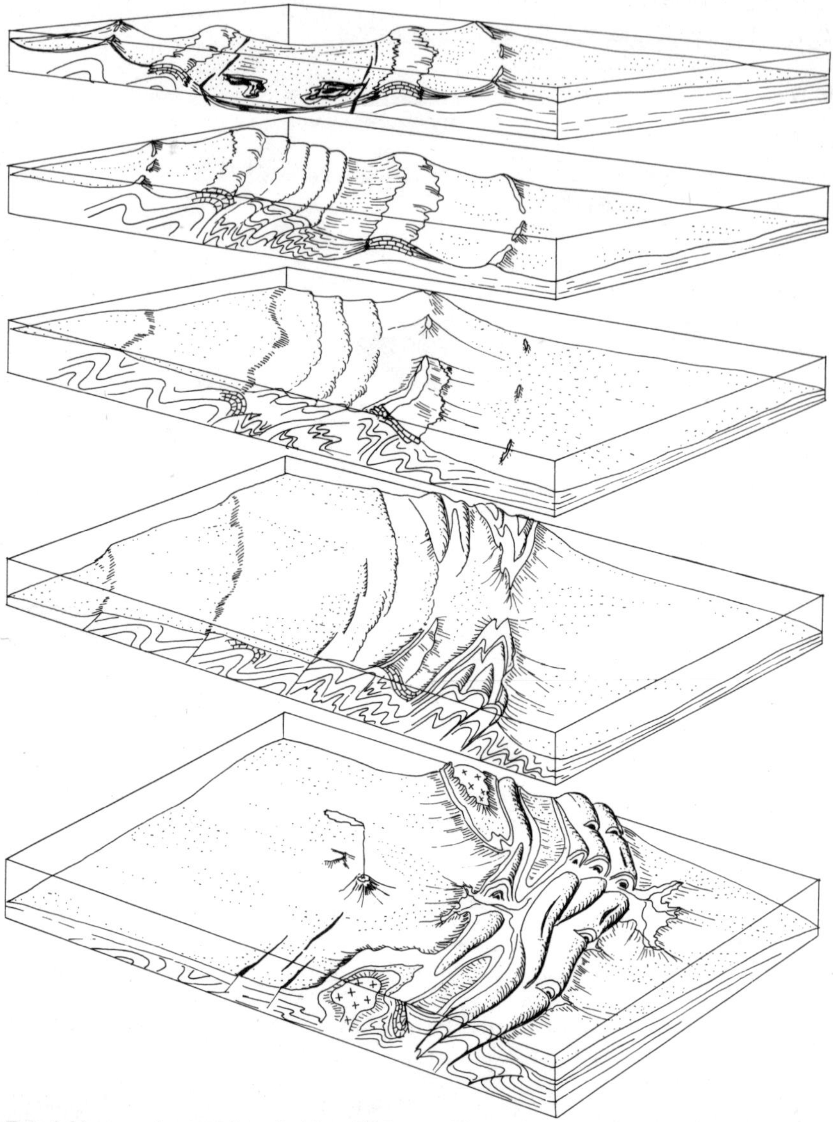

Entwicklungsschema der Gebirgsbildung. (Von oben nach unten): Im ersten Stadium ein Senkungstrog (Eugeosynkline), von untermeerischen Schwellen flankiert, an dessen Boden Lava ausfließt. Sodann fortschreitende Faltung und Überschiebung; Auffüllung des Senkungstroges durch Abtragungsschutt des entstehenden Gebirges; Heraushebung von Inselketten. Fünftes Stadium: Faltengebirgsgürtel über dem Meeresspiegel. Auf der Rückseite durch dünne gedehnte Kruste Aufdringen von Gesteinsschmelzen. (nach H. G. Wunderlich)

Im einzelnen lassen sich verschiedene, fortschreitende Entwicklungsstadien der Gebirgsbildung unterscheiden: Den Ausgangspunkt bildet die Einsenkung eines geosynklinalen Troges mit starker Absenkungs-, Sedimentations- und Kompaktionsrate. In diesem Trog wird das Ausgangsmaterial für die spätere Faltung und Gesteinsmetamorphose angesammelt. Ist die sedimentäre und tektonische Auffüllung (durch Faltung und Deckenbau) so weit vorangetrieben, daß eine isostatische Hebung beginnt, so bildet sich einwärts des sich nach außen verlagernden Troges ein Inselbogen, später ein Höhenrücken, der schließlich bis zur Hochgebirgsform aufsteigen kann. In den Hebungsvorgang werden die wegen ihrer relativ geringen Dichte auftriebsfähigen, gefalteten und überschobenen Krustengesteine einbezogen, deren tektonische Verformung durch Gegeneinanderbewegung subkrustaler Ströme des Vor- und Rücklandes in Benioffzonen erfolgt, die vom Vortiefenbereich unter die Hebungszone flach einfallen. Hat die Heraushebung auch die Vortiefe in ihrer Gesamtheit erfaßt, gibt es also keine Absenkungstendenz vor der Hebungszone mehr, so kommt der gesamte Gebirgsbildungsprozeß damit zum Stillstand; seit Einsetzen von Hebungsbewegungen im Molasse-Vorland der Alpen ist also für dieses Gebirge das Ende der eigentlichen Orogenese angekündigt.
Im Mittelmeerraum ist das Inselbogen-Stadium durch die Inselkette vom Peloponnes über Kreta, Karpathos nach Rhodos, mit dem vorgelagerten Tiefseegraben des Plinius- und Ptolomaios-Tiefs, vertreten. Die im nördlichen Rückland vorhandene Überschwerezone im Bereich jungen Vulkanismus und hoher Erdwärme steht einem stark nach Süden vorgeschobenen Schweredefizit gegenüber. Auch der Süd-Apenninbogen weist noch die stark auswärts verschobene negative Schwereanomalie sowie rückwärtige Überschwere mit aktivem Vulkanismus auf; in beiden Fällen entspricht die hohe seismische Aktivität durchaus dem Bild junger Orogenzonen. Beim Nordapennin ist die negative Schwerestörung schon teilweise in das heutige Gebirge einbezogen, und der Rückseitenvulkanismus ist erloschen. Bei den Alpen schließlich fallen Gebirgskontur und Schweredefizit zusammen, eine Hebung des Vorlandes um rund 500 Meter seit Beginn des Pliozäns sowie der seit dem Miozän erlahmte Rückseitenvulkanismus (der Monte Berici und Euganeen) deuten den erreichten Endzustand der Orogenese an.

6. Massenbewegungen im Erdmantel

Wer vom interplanetarischen Raum aus die Erde betrachtet, erkennt an der Bewegung der von den Luftmassen mitgeführten Wolkenfelder den advektiven Anteil der Thermokonvektion der Atmosphäre. In ähnlicher Weise müßte es möglich sein, aus der Verlagerung lithosphärischer Massen auf die Bewegungen des unterlagernden Mantels zu schließen.

Die Atmosphäre wird nach oben und unten durch mehr oder minder ebene Grenzflächen abgeschlossen, nämlich den Erdboden als untere und die Tropopause als obere Begrenzung des Luftozeans; um im Bilde zu bleiben, könnte man diese beiden Begrenzungsflächen auch mit dem Meeresboden und dem Meeresspiegel vergleichen. Bewegungen über diese beiden Begrenzungsflächen hinaus sind nicht möglich; daher müssen alle vertikalen Bewegungen innerhalb der Atmosphäre in Annäherung an Erdboden oder Tropopause in horizontale übergehen. Während man die vertikalen, auf- oder absteigenden Bewegungen von Luftmassen als Konvektion bezeichnet, hat man für die horizontalen den Begriff der Advektion eingeführt. Auch der Erdmantel wird nach oben und unten von Grenzflächen abgeschlossen; die untere Begrenzung ist die Außenhülle des Erdkernes, die obere die Mohorovicic-Zone als Untergrenze der Erdkruste. Die Erdkruste selbst mit ihrer Dicke zwischen etwa 10 km und 70 km ist zweifellos zu dünn, um eine interne Konvektion zu ermöglichen. Anders steht es aber mit dem Erdmantel; geht man von der Gesamtmächtigkeit von fast 2900 km aus, deren vierte Potenz als Schichtdicke im Sinne der Rayleighschen Ziffern in Rechnung geht, so sind thermische Massenverlagerungen praktisch nicht auszuschließen.

Aber auch für diese Art der Mantelkonvektion gilt, daß vertikale Bewegungen des Massenaustausches nahe den Begrenzungsflächen in Horizontalbewegungen übergehen müssen; einer Aufbeulung der Mohorovicic-Zone wirken rasch steigende gravitative Kräfte entgegen, die kaum Anomalien größer als einige zehn Kilometer zulassen würden, und faktisch dasselbe gilt auch für die Kernmantelgrenze. Während konvektive Bewegungen innerhalb der vollen Mächtigkeit des Erdmantels weitgehend durch vertikale Komponenten gekennzeichnet sein mögen, mit Annäherung an die Erdkruste (und den Erdkern) gehen sie demnach zwangsläufig in horizontale, also advektive Bewegungen über. Es erscheint daher durchaus sinnvoll, auch für die Bewegungen des Erdmantels, welche den Antrieb der Lithosphärenmassen liefern, den Begriff der Advektion zu wählen.

Es ist charakteristisch für advektive Bewegungsvorgänge, daß sie primär durch vertikale Massenverlagerungen ausgelöst werden, also im eigentlichen Sinne reine Ausgleichsbewegungen sind. Daher ist aus der Horizontalbewegung selbst der tatsächliche Bewegungsantrieb nicht ablesbar. Vielmehr sind es vielfache Zusatzkräfte (wie die Coriolis-Beschleunigungen bei atmosphärischen Wirbeln), die das advektive Bewegungsbild prägen. Dieses Bewegungsbild läßt sich daher auch nicht theoretisch ableiten, sondern muß durch unmittelbare Geländebeobachtungen erschlossen werden. So hat man sich auch bis in das Raumfahrtzeitalter hinein nie so recht vorstellen können, wie die Erde vom interplanetarischen Raum aus betrachtet tatsächlich aussieht; man dachte an mehr Symmetrie der auf- und absteigenden Luftmassen, also an äquatorparallele Wirbelwalzen thermischer Konvektion, wenn auch im einzelnen abgelenkt durch Corioliskräfte. Daß es in der Atmosphäre praktisch keine zonare, also äquatorparallele Symmetrie in der Luftmassenverteilung und -bewegung gibt, war eine der Überraschungen der Weltraumforschung.

Auch die Lithosphäre zeigt keine derartige äquatorparallele Symmetrie in der Anordnung der aktiven Gebirgsgürtel oder der diesen zugrunde liegenden lithosphärischen Massenverlagerungen, wie jeder Blick auf eine physische Erdkarte sofort zeigt.

Es ist jedoch nach den Ausführungen über Gebirgsbildung in den vorigen Kapiteln offensichtlich, daß die jungen Gebirgsgürtel der Kontinente den Grenzen von subkrustalen Bewegungsfeldern mit unterschiedlicher Verlagerungsrichtung folgen. Und zwar scheint die Bewegung beiderseits der Gebirge in Richtung zum aktiven Gürtel zu erfolgen, wenn auch keineswegs genau senkrecht zur Begrenzung dieser Strömungsfelder des Erdmantels.

Nach den Vorstellungen der Plattentektonik sind auch die mittelozeanischen Schwellen Grenzen lithosphärischer Bewegungsfelder, wobei man weniger die plastische Konsistenz der Mantelmaterie, sondern das mehr starre Verhalten der Oberkruste, mit ihrer Neigung zur Bruchtektonik, vor Augen hat. Allerdings sind nach diesen Vorstellungen mittelozeanische Schwellen und aktive Gebirgsgürtel bzw. Inselbögen grundsätzlich verschieden: Während die Bewegung angrenzender lithosphärischer Massen bei Gebirgen und Inselbögen beidseitig in Richtung auf die Grenzlinie erfolgt, weichen die Lithosphärenplatten längs der mittelozeanischen Schwellen auseinander.

Auch die mittelozeanischen Schwellen lassen Anzeichen gegenwärtiger Aktivität erkennen. So zeichnen sie sich durch eine gewisse Erdbebentätigkeit aus, und zwar nach L. R. Sykes 1967 insbesondere innerhalb eines etwa 20 km breiten axialen Streifens längs der Firste der Rücken. Möglicherweise sind es auch im wesentlichen die »Transform-Störungen« (Querverwerfungen) der Rücken, die seismisch aktiv sind. Der ostpazifische Rücken soll sich nach R. N. Anderson und H. C. Noltimier 1973 durch eine geringere Seismizität als die übrigen mittelozeanischen Schwellen auszeichnen.

Zum Unterschied von den aktiven Gebirgsgürteln und Inselbögen läßt die Seismizität der mittelozeanischen Rücken jedoch keine einseitige Zunahme der Herdtiefe im Sinne einer Benioffzone erkennen.

Mittelozeanische Rücken im Atlantik und Indik zeigen eine vergleichsweise starke Reliefenergie, mit deutlichem Zentralgraben in der Scheitelregion sowie mit axialer negativer Bouguer-Schwereanomalie. Dabei findet man aber nicht, wie beim randpazifischen Gürtel, einseitig angeordnete ausgesprochene Tiefseegräben oder auswärts verschobene Schwerestörungen.

Der Ostpazifische Rücken zwischen 40° Süd und 17° Nord weist eine ausgeglichenere Topographie auf und besitzt statt des Scheitelgrabens einen achsialen Horst, ebenso der Reykjanes-Rücken südlich von Island. Anderson und Noltimier führen diese Abweichung auf eine raschere Öffnung des Südostpazifik (und im Falle des Reykjanes-Rücken auf höhere Erdwärme in der Nähe Islands) zurück: Die Lithosphärenmassen werden rascher zur Seite hin weggeführt, so daß die Zentralzone mit der jüngsten Intrusionsfolge als Erhebung zurückbleibt, während bei langsamer Öffnungsgeschwindigkeit die Intrusionstätigkeit nicht voll ausreicht, um dieselbe Lithosphärenmächtigkeit wie in der Umgebung zu schaffen, was sich in Form eines Zentralgrabens äußert.

Die genauere mathematische Ableitung erfolgt mittels Analyse der Standard-Abweichung der jeweiligen achsialen, normalen Magnetisierung von der Scheitellinie des Rückens. Und damit beginnen bereits gewisse Unsicherheiten: Während beispielsweise R. J. Blakely und A. Cox 1972 mit Magnetometern an Bord des Schiffes die mittlere Abweichung der Instrusionszone im Scheitelbereich der Rücken zu 3 km bestimmt haben, kommt T. Atwater 1973 bei Messungen mit tief versenkten Instrumenten nahe am Meeresboden nur auf eine durchschnittliche Breite der Intrusionszone von 0,5 km von der Scheitellinie.

Zur Lösung dieser Diskrepanz haben A. Cox, R. J. Blakely und J. D. Philipps 1972 die Hilfshypothese einer zweilagig aufgebauten ozeanischen Kruste eingeführt: Messungen direkt am Meeresboden werden nur von der oberen Schicht beeinflußt, während die Magnetometer an der Wasseroberfläche auf die Magnetisierung der dickeren Unterlage (Layer II) ansprechen. Die obere Schicht reißt jeweils nur längs der Scheitellinie (oder bis in 0,5 km Abstand davon) auf, während die untere Schicht bis in 3 km Entfernung beiderseits der zentralen Achse von jungen Schmelzen intrudiert wird.

Weitere Hilfshypothesen wurden erforderlich, als R. D. Hyndman und S. J. Rankin 1972 einen ungewöhnlich niedrigen Wärmefluß mitten auf dem Mittelatlantischen Rücken unter 45° N nachwies. Statt ausgesprochen hoher Erdwärme über der Zone anhaltender Intrusion und Krustenneubildung ergab sich hier ein unternormaler Wärmefluß. Um nicht das gesamte Konzept der Öffnung der Ozeane zu gefährden, erfanden R. N. Anderson und C. R. B. Lister 1972 die »hydrothermale Kühlung« mittelozeanischer Scheitelzonen durch Wasserzirkulation, nicht bedenkend, daß dieses Prinzip dann ja auch bei anderen Schwellenbereichen anwendbar sein müßte. In einem recht zweifelnden Artikel zum Thema Plattentektonik weist der namhafte französische Geologe Marcel Lemoine in »La recherche« 1973 darauf hin, daß man beim Dredgen und Bohren auf mittelozeanischen Rücken keineswegs nur auf Basalte und Serpentinite jungen Alters, sondern auch auf Granite, Diorite, ja sogar präkambrisches Kristallin mit 1,5 Milliarden Jahren Alter gestoßen ist: »On a pu écrire en effet que l'une des caractéristiques de beaucoup d'articles traitant de la tectonique des plaques est l'oubli quasi systématique des faits qui cadrent mal avec les modèles« (»man hat in der Tat geschrieben, daß es ein

Charakteristikum vieler Artikel über Plattentektonik ist, gleichsam systematisch die Tatsachen zu vergessen, die schlecht zu den Modellvorstellungen passen«). Anderson und Noltimier erklären derartige »remnants of rather old oceanic crust« (»Überbleibsel alter Krustenteile«), wie sie auch von T. Saito, M. Ewing und L. Burckle 1966 von den Scheitelzonen mittelozeanischer Rücken erwähnt werden, mit geringer oder fehlender Verlagerungsgeschwindigkeit in manchen Zentralzonen unmittelbar am Scheitelpunkt, während die Bewegungsgeschwindigkeit erst in einem gewissen Abstand von der Rückenachse ihren Maximalwert erreicht.

Auch diese Hilfshypothese ist nicht ganz befriedigend, wenn man bedenkt, daß es sich ja bei Graniten, Dioriten und präkambrischem Kristallin kaum um ozeanische Kruste jüngeren Alters im Sinne der Plattentektonik handeln kann; im Gegenteil, derartige Gesteine unterscheiden sich in nichts von der kontinentalen Kruste, und sie werfen damit die Frage auf, inwieweit ozeanische Kruste noch ausgedünnte kontinentale Anteile beherbergt. Falls sich der Fund von Glaukophangesteinen von der Ostpazifischen Schwelle bestätigt, müßte hier örtlich sogar mit ungewöhnlich niedrigen Temperaturgradienten, aber hohem Druck gerechnet werden, was weitere Hilfshypothesen erforderlich machen dürfte. Zumindest zeigen die Schweremessungen, daß die mittelozeanischen Schwellen weitgehend isostatisch kompensiert sind; die zentralen, negativen Bouguer-Störungen ergeben sich nur bei entsprechender Geländekorrektion, das heißt Subtraktion der Aufragungen des Meeresbodens im Schwellenbereich.

Die vielleicht größte Schwierigkeit im Bereich der mittelozeanischen Schwellen bieten die variablen Öffnungsgeschwindigkeiten, wie sie aufgrund des paläomagnetischen Streifenmusters abgeleitet werden. Danach soll sich ein und derselbe Rücken des Ostpazifiks unter 40° Süd nach W. C. Pitman, E. M. Herron und J. R. Heirtzler (1968) um 9 cm/Jahr, unter 20° Süd nach E. M. Herron sowie R. N. Anderson und J. G. Sclater (1972) um 18 cm/Jahr sowie unter 17° Nord nach R. L. Larson und C. G. Chase (1970) um 10 cm/Jahr öffnen. Eine Verdoppelung der Öffnungsgeschwindigkeit auf nur 20° streichende Erstreckung ist aber kaum ohne gewaltige Spannungen innerhalb der Kruste denkbar, die sich in Form von Erdbeben und Horizontalverschiebungen äußern müßten, sofern diese Kruste überhaupt ähnlich »wie eine Platte« reagiert.

In Wirklichkeit sind alle diese Öffnungsgeschwindigkeiten nicht vom wirklichen Alter der Schwellengesteine, sondern – um einen Ausdruck von K. S. Deffeyes 1970 zu verwenden – von ihrem magnetischen Alter abgeleitet, und dieses hängt in erster Linie vom Zeitpunkt des Unterschreitens der Curie-Temperatur bei der Abkühlung ab. Wenn man also geophysikalisch das Alter einer Schwellenregion aus ihrer paläomagnetischen Magnetisierungsrichtung ableitet, so muß man sich darüber im klaren sein, daß damit nicht das eigentliche, geologische Gesteinsalter (etwa der Intrusion der Schmelze) erfaßt wird, sondern der jeweilige Zeitpunkt, zu welchem bei der Abkühlung der betreffenden Gesteine der Curie-Punkt unterschritten und damit die Magnetisierung thermoremanent festgeschrieben wurde.
Wie der Autor (Wunderlich 1973) anläßlich der Hauptversammlung der Deutschen Geologischen Gesellschaft in Braunschweig 1972 ausgeführt hat, erhält man auf mindestens zweierlei Weise ein und dasselbe paläomagnetische Streifenmuster: Einmal, wenn bei der Öffnung der Ozeane entsprechende Mengen heißer Schmelze in die Zentralzonen der Rücken eindringen und rasch entsprechend abkühlen, zum zweiten, wenn statt der Öffnung der Ozeane Abkühlungsfronten der Curie-Temperatur in umgekehrter Richtung durch die Erdkruste wandern, wobei sich spiegelbildlich zwei Curie-Isothermen beidseitig den mittelozeanischen Schwellen nähern. Das paläomagnetische Streifenmuster besagt letzlich ja nur, daß innerhalb einer bestimmten paläomagnetischen Phase (mit normaler oder inverser Orientierung des Erdfeldes) ein bestimmter Krustenstreifen unter Curie-Temperatur abgekühlt wurde; dies kann bei konstanter Anordnung der Temperatur-Isograden durch Verlagerung der Lithosphäre erfolgen, jedoch auch bei konstanter Lage der Lithosphärenmassen durch Verschiebung der Temperatur-Isograden erzielt werden. Und tatsächlich muß man für den isländischen Abschnitt der mittelatlantischen Schwelle seit dem Jungtertiär eine beiderseitige Abkühlung der Kruste annehmen, da beide Flanken Islands außerhalb des zentralen Grabens von ausgedehnten vulkanischen Deckenmassen aufgebaut werden, die seither von ihrer Schmelztemperatur (annähernd 1100° C) auf Normaltemperatur (4,1° mittlere Jahrestemperatur für Reykjavik) abgekühlt wurden.
Selbstverständlich kann auch Krustenverlagerung und Verschiebung der Temperatur-Isograden gleichzeitig auftreten; mit Sicherheit aber darf man nicht das paläomagnetische Streifenmuster allein auf die

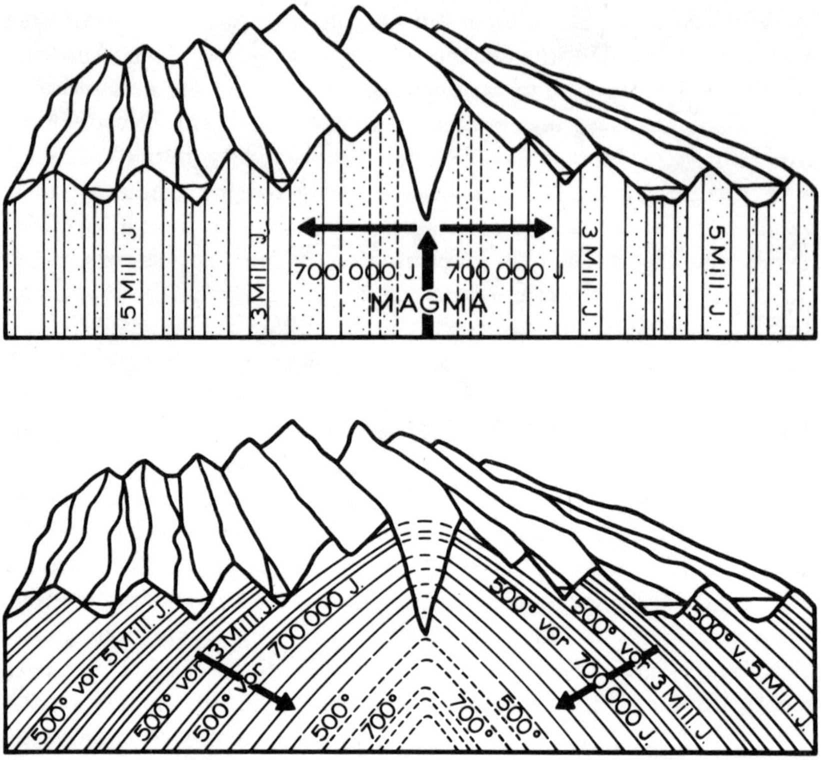

Entstehung des paläomagnetischen Streifenmusters parallel zu den untermeerischen Schwellen durch Öffnung der Ozeane (oben: nach F. J. Vine und D. H. Matthews); oder umgekehrt durch Verlagerung von Abkühlungsfronten unter Curie-Temperatur beiderseits in Richtung auf die thermische Scheitelzone (unten), unabhängig von den jeweiligen detaillierten geologischen Lagerungsverhältnissen. (nach H. G. Wunderlich)

Öffnung der Ozeane zurückführen. Um wahre Öffnungsgeschwindigkeiten zu erfassen, wäre zunächst die Kenntnis der Abkühlungsgeschwindigkeit und erdgeschichtlichen Temperaturentwicklung im Erdinnern erforderlich.

Wo die Erdwärme so hoch ist, daß die Curie-Temperaturen nicht erreicht oder nicht rechtzeitig unterschritten wurden, kommt es überhaupt nicht zur Ausbildung paläomagnetischer Streifenmuster. Dies erklärt das Fehlen dieser Streifen in manchen Teilen des nördlichen und zentralen Atlantiks, des zentralen und südlichen Indiks und östlichen Pazifiks. Daß das Streifenmuster nicht in Wirklichkeit die geologische Orientierung der Gesteine und deren Gesteinsalter wiedergibt, sondern auch unabhängig von der Topographie des Meeresbodens verlaufen kann, lassen die magnetischen Messungen des französischen Forschungsschiffes M/S Galliéni im südöstlichen Indik erkennen: Während der Westindische Rücken in südwest-nordöstlicher Richtung verläuft, ist das paläomagnetische Streifenmuster in der zentralen Rückenregion fast West-Ost gerichtet, so daß sich nahezu ein Winkel von 45° zwischen magnetischer und topographischer Orientierung ergibt (R. Schlich 1973).

Alles in allem muß man also feststellen, daß die Plattentektonik in ihrer bisherigen Form zweifellos zu einfach ist, um als wirklich umfassende geodynamische Hypothese dienen zu können. Trotz einiger guter Ansätze ist dieses Konzept noch nicht ausreichend. Dies hängt natürlich mit dem noch nicht genügenden Kenntnisstand von den ozeanischen Bauformen und ihren geophysikalischen Zustandsformen zusammen.

Man kann aber offenbar feststellen, daß mittelozeanische Schwellen nicht demselben Bautyp wie kontinentale Gebirge und randpazifische Inselbögen angehören: Relief, Seismizität und Schwereverteilung weisen auf eine selbständige Entstehung nach eigenem Bauplan. Vor allem aber scheinen mittelozeanische Schwellen nicht, wie Gebirge und Inselbögen, unterschiedliche Lithosphärenmassen voneinander zu trennen: Sie stellen nämlich – anders als etwa der Japanbogen – keine geothermischen Grenzen dar. Demnach ist die Lithosphäre beiderseits der Rücken thermisch (und das bedeutet zugleich im wesentlichen geodynamisch) im selben Zustand.

So bleibt eigentlich nur ein langsames Auseinanderweichen der ozeanischen Kruste längs der mittelozeanischen Schwellen, wenn dabei auch nicht zwangsläufig die von der Paläomagnetik genannten »Öffnungsgeschwindigkeiten« zu gelten haben. Auch ist ein Auseinanderweichen der Kruste nicht automatisch mit einer subkrustalen Divergenz senkrecht zu den Rücken gleichzusetzen; nach den Erkenntnissen der Gefügekunde steht eine Öffnung der Ozeane längs der mittelozeanischen Rücken sogar eher mit einer Aufspaltung in Richtung der Bewegung des subkrustalen Substrates in Einklang. Im Kapitel über das nordatlantische Paradoxon (die großräumige Übereinstimmung der Bruchsysteme beiderseits des Nordatlantiks und auf Island) wurde dieser Gedankengang bereits näherausgeführt. Die auffällige Rechts-Links-Symmterie des Atlantiks und anderer submariner Rücken spricht dafür, daß diese mittelozeanischen Schwellen in Richtung der subkrustalen Massenverlagerung verlaufen, wenn auch mit Querdehnung senkrecht zur Richtung des tektonischen Transportes.

So kann man versuchen, mit Hilfe der untermeerischen Rücken als Leitlinien subkrustaler Advektion, mit Hilfe der Inselbögen und kontinentalen Gebirge als Grenzzonen lithosphärischer Bewegungsfelder sowie mit Hilfe der bekannten Horizontalverwerfungen vom Typ der San-Andreas-Störung als Schienen des Aneinandervorbei-Gleitens ein Bild subkrustaler Bewegung zu zeichnen.

In Auswertung der großen Horizontalverschiebungen der Erde kam der Schweizer Geophysiker N. Pavoni bereits 1964 zu einem System ausgedehnter rotierender Felder der Lithosphäre, welche die paläomagnetisch belegten Schollenrotationen im großen nachbilden: Die randpazifischen Horizontalverschiebungen (San-Andreas, Atacama, Philippinen, Neuseeland) ergeben zusammen eine Rotation der pazifischen Lithosphärenkalotte entgegen dem Urzeigersinn, was zugleich das sinngemäße Umbiegen des paläomagnetischen Streifenmusters im Nordostpazifik erklärt. Aus der nordanatolischen Horizontalverwerfung und ihrer Fortsetzung in den Gebirgen des mittleren Ostens läßt sich auf eine gleichsinnige Rotation der afrikanischen Lithosphärenkalotte schließen. Diese Rotationsvorgänge sind, weil an kontinentalen, geologisch und geodätisch unmittelbar zugänglichen Störungszonen nachweisbar, kaum von der Hand zu weisen.

Legt man die Richtung des tektonischen Transportes (als subkrustales Advektionssystem) parallel – und nicht senkrecht, wie bei der Vorstellung der Plattentektonik – zu den mittelozeanischen Rücken, so vermeidet man eine ganze Reihe von Unverträglichkeiten, die in den vorangegangenen Kapiteln aufgezeigt wurden. Zudem paßt diese Art des subkrustalen Massentransportes ausgezeichnet zum Bild der rotierenden Felder der Erdkruste im Sinne N. Pavonis; der Antrieb in der Tiefe durch advektive Verlagerung der Mantelmaterie regt die überlagernde Lithosphäre zu rotierenden Bewegungen an, genau wie auch das Bewegungsbild der Erdatmosphäre weniger von konvektiven, als von advektiven Massenverlagerungen gekennzeichnet wird, wenn man die Erde von oben her betrachtet.

In den aktiven Gebirgen und Inselbögen grenzen Lithosphärenmassen

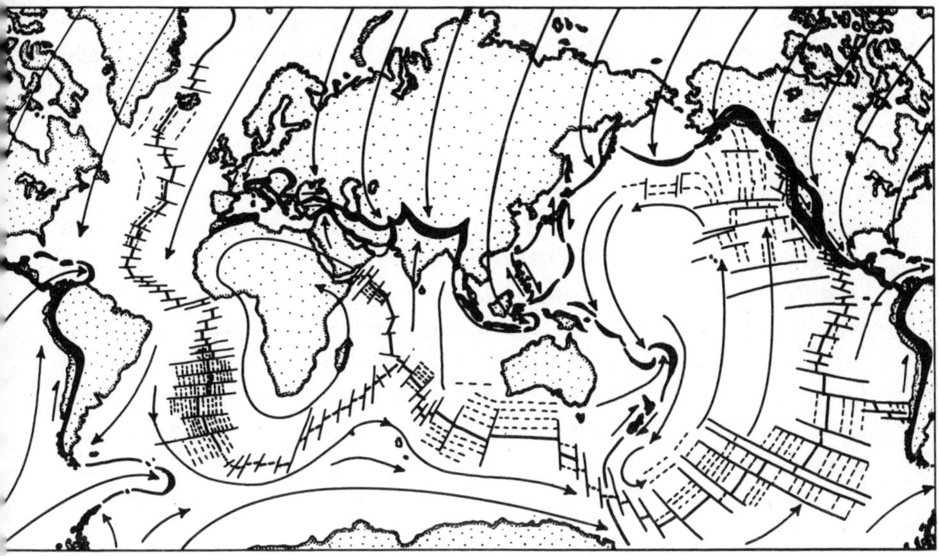

Bewegungsbild der Erdkruste. Pfeilrichtung: Relativbewegungssinn von Horizontalverschiebungen und subkrustaler Bewegungsablauf. Schwarz: Junge Orogenzonen der Erde. (nach H. G. Wunderlich)

unterschiedlicher Temperatur und Bewegungsrichtung aneinander; hier erfolgt der Übergang zum vertikalen Abtauchen der Mantelmaterie im Untergrund, also der Ansatz zum abwärts gerichteten vertikalen Ast der Mantelkonvektion, dem allerdings die Lithosphäre wegen ihrer geringen Dichte nur teilweise zu folgen vermag. Der Aufstieg der Mantelmaterie hingegen erfolgt offenbar nicht unter den mittelozeanischen Schwellen allein (hier haben wir nur stellenweise mit Schmelzaufstieg in den thermischen Zentren zu rechnen). Der überwiegende vertikale Anteil der Mantelkonvektion vollzieht sich in Form weitgespannter Rotationskörper mit vertikalen Achsen, in welchen heißes Substrat von der Kernmantelgrenze spiralartig in die Höhe steigt. Über diesen Rotationskörpern liegen die rotierenden Felder der pazifischen und der afrikanischen Lithosphärenkalotte, die sich auffälligerweise genau um 180° auf der Höhe des Äquators einander gegenüberliegen.

Es kommen jedoch offenbar noch zwei weitere rotierende Aufstiegszonen hinzu, beide ebenfalls mit charakteristischer Anordnung, nämlich im Bereich der Rotationsachse der Erde: Die antarktische und die arktische Lithosphärenkalotte, in deren Untergrund aufsteigendes Mantelsubstrat rotationell allseitig ausfließt. Die gegenwärtige Mantelkonvektion zeichnet sich demnach offensichtlich durch vier bedeutende Konvektionszellen aus, deren Anordnung zu je zwei und zwei (an den Polen und am Äquator) eine vergleichsweise hohe, nämlich tetraedrische Symmetrie verkörpert. Dabei ist der Rotationssinn der äquatorialen Aufstiegszentren entgegen, derjenige der polaren mit dem Uhrzeigersinn gerichtet. Ob sich in dieser Symmetrie ein Einfluß der Erdrotation bemerkbar macht, läßt sich nur vermuten; zweifellos aber liegt ein Einfluß der Geoidgestalt vor, deren Abweichungen offenbar durch aktive Mantelkonvektion aufrechterhalten werden.

Zweifellos aber ist es die Wärmeabgabe des tiefen Erdinnern, genauer gesagt des heißen, ja offenbar flüssigen äußeren Erdkerns, welche die Massenverlagerungen im Erdmantel auslöst und damit über Reibungskoppelung auch die Bewegungen der lithosphärischen Kalotten in Gang setzt.

7. Vom Wachsen der Kontinente

Wie muß man sich aber die Bewegung der Mantelmaterie vorstellen, wenn die seismischen Untersuchungen über Wellenausbreitung im Erdinnern ergeben haben, daß der Erdmantel im physikalischen Sinne im wesentlichen ein fester Körper ist? Zweifellos handelt es sich bei der Mantelkonvektion nicht um Bewegungsvorgänge im flüssigen, sondern im festen, säkularplastischen Zustand. Kurzfristigen Spannungen gegenüber wirkt die Mantelmaterie durchaus im Sinne des festen Aggregatszustandes. Je länger aber die Spannungen andauern, insbesondere aber bei Belastungen in geologischen Zeiträumen, desto eher kann sich die säkulare Plastizität der Gesteine auswirken: Dabei wird das Material nicht insgesamt verflüssigt, sondern paßt sich durch Umkristallisation, durch Veränderung der Kristallgitter und Gitterbausteine, dem veränderten Spannungszustand an. Überall da, wo ausreichend hohe Temperaturen einen derartigen Umkristallisationsprozeß begünstigen (etwa bei kristallinen Schiefern der Regionalmetamorphose), wirken durchaus feste Gesteine erdgeschichtlich wie plastische Massen, indem sie sich bruchlos biegen und falten lassen. Jeder tief abgetragene und gut aufgeschlossene Abschnitt der Erdkruste zeigt eine deutliche Zunahme der Rekristallisationsbereitschaft mit steigender Temperatur, also eine wachsende Beweglichkeit, ohne daß dabei die Grenze zwischen festem und flüssigem Aggregatzustand überschritten zu werden brauchte. Bewegungen in der Größenordnung Millimeter bis Zentimeter pro Jahr erfolgen in der tieferen Erdkruste sowie im Erdmantel in der Regel bruchlos, säkularplastisch. Deswegen ist die Bezeichnung Plattentektonik im Grunde auch nicht angemessen: Weder liegt der Bewegungsantrieb in den Lithosphärenkalotten selbst, noch verhält sich die Lithosphäre physikalisch im Sinne starrer Platten, sondern eher im Sinne sehr zäher, säkularplastischer Massen.

Für die aktiven Gebirgsgürtel wird die Verformung und Anhäufung krustaler Massen aus der Gegeneinanderbewegung subkrustaler

Advektionsfelder durchaus verständlich. Wie aber soll man sich die Entstehung der mittelozeanischen Schwellen vorstellen, wenn hier die aneinandergrenzenden subkrustalen Bewegungsfelder auf beiden Seiten einen ähnlichen Bewegungszustand aufweisen? Diese untermeerischen Rücken liegen offenbar in Richtung der subkrustalen Bewegung, also gleichsam im Stromstrich, wobei hier vermutlich die größten Bewegungsgeschwindigkeiten erreicht werden. Je höher aber die Geschwindigkeit des tektonischen Transportes im Sinne der Gefügekunde, desto stärker ist auch der Effekt der Querdehnung, und desto bessere Aufstiegsbedingungen für Schmelzen und andere Förderprodukte aus dem Erdmantel stehen zur Verfügung. Die jeweilige Höhe der untermeerischen Rücken ist demnach offensichtlich nur eine Funktion der Querdehnung, nämlich der vulkanischen Fördermenge aus dem Untergrund. Je rascher die subkrustale Bewegung, desto schneller der lithosphärische Transport, desto ausgeprägter aber auch die Querdehnung, die zur eigentlichen Öffnung der mittelozeanischen Spaltensysteme und damit zur Öffnung der Ozeane führt.

Dabei wird die Kruste insgesamt ausgedehnt und verdünnt, unabhängig von der petrologischen Zusammensetzung dieser Kruste. So kann durchaus auch kontinentales Krustenmaterial in die Querdehnung einbezogen werden und als Granit, Diorit oder präkambrischer Gneis auf untermeerischen Schwellen in Erscheinung treten. Lediglich die seismisch bestimmte Krustendicke besagt ja, ob man den jeweiligen Krustenabschnitt als kontinental oder als ozeanisch bezeichnet. Man darf also nicht damit rechnen, daß die Kontinente einst vor Beginn der Öffnung der Ozeane unmittelbar aneinandergehangen haben; nicht selten dürften ursprünglich noch Übergangsstücke kontinentaler Zusammensetzung wechselnder Breite dazwischen bestanden haben, die jedoch inzwischen der ozeanischen Querdehnung, Ausdünnung und Durchtränkung mit vulkanischen Förderprodukten ausgesetzt waren.

Nur so ist es zu erklären, daß man nicht selten auf mittelozeanischen Schwellen alte Gesteine, kontinentales Material und junge Fördermassen unmittelbar nebeneinander findet.

Auch die weithin vergleichsweise ausgeglichenen Wärmeflußwerte, insbesondere aber der geringe Wärmefluß mitten auf der Mittelozeanischen Schwelle unter 45° nördlicher Breite, stehen im Gegensatz zum bisherigen Konzept der Plattentektonik. Die heiße Mantelmaterie

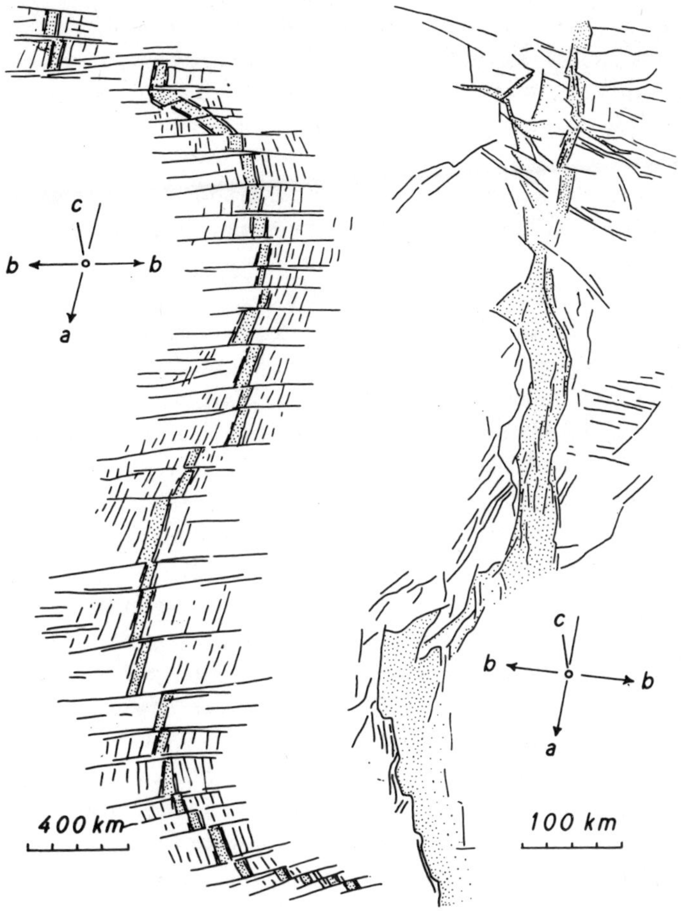

Haupteinengungsrichtung und Querdehnung im Bereich der Mittelatlantischen Schwelle (links) und der mitteleuropäischen Bruch- und Grabenzone (rechts). Da zwischen beiden Gebieten keine lithosphärische Massengrenze (Subduktionszone, Gebirgsgürtel) verläuft, muß in beiden Fällen die tektonische Transportrichtung weitgehend übereinstimmen. Seitlicher Versatz der Scheitelzone der Schwellen ist kein Beweis für Horizontalverschiebungen, wie ein Vergleich mit fiederartig angeordneten Grabenstücken Mitteleuropas beweist. Bei einer primären Bewegungsrichtung von Nord(ost) nach Süd(west) wird die verformte Kruste zum Teil in eine Ausweichrichtung quer zur Transportrichtung gepreßt, was zu einer Längung (Querdehnung) in Richtung der b-Achsen (Bruch- und Faltenachsen in Ost-West-Richtung quer zum Verlauf der Grabenzonen) und zu einer Öffnung von Dehnungsbrüchen in der Transportrichtung führt. (nach H. G. Wunderlich)

steigt nur dort konzentriert und in engen Förderkanälen (»plumpes«, »panaches«) unter Thermalzentren (»hot spots«, »points chauds«) auf, wo sie praktisch verflüssigt ist.
Säkularplastisch vermag Mantelmaterial offenbar nur in weitspannigen Rotationskörpern spiralig aufzusteigen, wobei der Durchmesser dieser Zellen der Größenordnung der rotierenden Großfelderung der Erde entspricht. Daher herrscht im großräumigen Bild der Erde auch kein starker Gegensatz der Wärmeflußverteilung außerhalb der aktiven Orogenzonen und Vulkanzentren.
In der Gegenwart besitzt die Erde offenbar vier derartiger rotierender Konvektionszellen mit aufsteigender Bewegungstendenz der heißen Mantelmaterie, denen zwei orogene Gürtel mit absteigender Konvektionstendenz im Mantel gegenüberstehen. Muß man nun damit rechnen, daß Zahl und Lage der Zellen der Mantelkonvektion über die gesamte Erdgeschichte hinweg konstant waren, oder sind hierbei gewisse Veränderungen denkbar oder wahrscheinlich?
Die Bewegungsvorgänge innerhalb der aktiven Orogengürtel und Inselbögen sowie die Öffnung der Ozeane längs der mittelozeanischen Schwellen umfassen im vorstehend skizzierten Sinn etwa die letzten 120 Millionen Jahre der Erdgeschichte. Seit diesem Zeitraum dauert etwa in den Alpen und ihren Nachbargebirgen sowie im randpazifischen Gürtel die gebirgsbildende Aktivität an. Was aber war vorher, in den langen Milliarden von Jahren der Erdgeschichte, die bereits durch radiometrische Alterbestimmungen irdischer Gesteine belegt sind?
Auf den Ozeanen sind sicher wenig Hinweise zu finden, die über geodynamische Entwicklung unserer Erde vor Beginn des alpidischen Gebirgsbildungszyklus Auskunft geben könnten. Dafür aber liefern die Kontinente genügend Beweise, daß es praktisch zu allen Zeiten der Erdgeschichte Gebirgsbildung und damit Geodynamik gegeben haben muß: Kein Kontinent, der nicht Spuren alter, längst tiefgründig abgetragener Gebirgsgürtel aufwiese.
So erstreckt sich im Norden Europas von Schottland (lateinisch »Caledonia«) nach Norwegen und Schweden das Kaledonische Orogen des Altpaläozoikums, dessen gebirgbildende Aktivität im Unterdevon beendet war. Die Mittelgebirgsaufragungen Zentraleuropas, wie Böhmische Masse, Thüringer Wald, Harz, Rheinisches Schiefergebirge, Ardennen, Schwarzwald, Massif Central und Bretagne, sind bruchschollenartig erhaltene Überreste eines ehemals ausgedehnten Falten-

gebirges, das seinen Namen »Varisciden« von einem bei Tacitus erwähnten ehemaligen Volksstamm aus der Gegend von Hof am Fichtelgebirge trägt. Die gebirgsbildende Aktivität dieses Variskischen Gebirges umfaßt das jüngere Devon und Karbon; sie klingt im älteren Perm aus.

Nach Osten hin wird die Osteuropäische Festlandstafel vom Ural begrenzt, ebenfalls einem alten Faltengebirge, dessen Aktivität jedoch örtlich bis in das ältere Mesozoikum hinein andauert (nämlich bis in die untere Trias). Von ähnlichem Alter ist das Werchojansk-Gebirge im Osten der Lena, am Ostrand der Sibirischen Tafel. Das Byrangagebirge der Taimyr-Halbinsel im Norden Sibiriens sowie die zentralasiatischen Gebirge zwischen Kasachstan und dem Baikalsee entsprechen ihrer orogenen Aktivität nach zeitlich etwa unseren Varisciden. In den Küstenländern des östlichen Asiens ist hingegen die sogenannte kimmerische (altmesozoische) Gebirgsbildung verbreitet, die in Mitteleuropa keine eigentliche Faltung hinterlassen hat. Seit dem Ende des Paläozoikums verlagert sich dann die orogene Aktivität mehr und mehr aus Zentralasien in die randpazifische, noch immer aktive Region.

Wenn Gebirgsgürtel im aktiven Entwicklungsstadium tatsächlich Grenzen geodynamischer Bewegungsfelder nachzeichnen, so muß man zwangsläufig mit einer großräumigen Verlagerung und Umstellung der subkrustalen Massenbewegung rechnen. Zwar sind die Bereiche der Krustendehnung zur Kompensation dieser alten Faltungs- und Einengungsvorgänge längst verlorengegangen; wir müssen sie in den heute nicht mehr eindeutig rekonstruierbaren ozeanischen Bereichen jener erdgeschichtlichen Vergangenheit vermuten. Aber die geodynamischen Grenzen der alten Orogene im kontinentalen Milieu sind uns erhalten geblieben, und wir können feststellen, wo einstmals bedeutende geodynamische Bewegungszonen aneinandergrenzten.

Lassen sich aus dem Verlauf und der Zahl voralpidischer Orogenzonen Aussagen über den früheren Bewegungszustand der Erde machen?

Leider ist vielfach die Fortsetzung ehemaliger Orogengürtel unbekannt, verborgen unter jüngeren Sedimenten oder gar abgeschnitten an den Küsten der Weltmeere. Aber immerhin kann man feststellen, daß zahlreiche charakteristische Erscheinungen junger Faltengebirge (wie Geosynklinalsedimentation, Vulkanismus, Gesteinsmetamorphose, Intrusionstätigkeit, Hebung und Abtragung) auch bei älteren in ganz ähnlicher Weise nachzuweisen sind. Offenbar hat sich am grundsätzlichen Ablauf der Gebirgsbildung im Laufe der Erdgeschichte nicht allzuviel geändert, wenn naturgemäß jedes Gebirge – schon infolge seiner geologisch wechselvollen Vorgeschichte – gewisse individuelle Züge trägt.

Wichtiger aber ist die Feststellung, daß sich Gebirgsbildungszonen, je weiter wir in die erdgeschichtliche Vergangenheit zurückblicken, desto dichter im Bereich der Kontinente scharen. Da alle Gebirge einstmals aus marinen Sedimentations- und Senkungströgen hervorgegangen sind, kann ein Festlandsverband erst bestehen, seit diese ehemals trennenden geosynklinalen Meeresräume durch Gebirgsbildung dem Festland angegliedert wurden, also seit die ursprünglichen Teilkontinente durch Orogenese fortschreitend miteinander verschweißt wurden.

Wo sich heute ein riesiger zusammenhängender Eurasischer Kontinentalblock zwischen Atlantik- und Pazifikküste erstreckt, kann man noch im Altmesozoikum mehr als fünf Teilstücke unterscheiden, die durch damals aktive Gebirgsbildungsgürtel voneinander getrennt waren: Die osteuropäische Tafel westlich des Ural, die Sibirische Tafel östlich des westsibirischen Tieflandes (das damals noch weithin unter Wasser lag), Ostsibirien jenseits des Werchojanskgebirges, die Chinesische Tafel am Ostrand des Kontinents und der Indische Schild im Süden Asiens. Im Jungpaläozoikum waren große Gebiete im Westen Europas, der Ural und Zentralasien weithin orogen aktiv, und damit zugleich die eigentlichen Kontinentalbereiche entsprechend eingeschränkt. Im Altpaläozoikum ist die Europäische Tafel noch an drei Seiten (Kaledoniden, Ural, verschiedene Abschnitte Süd- und Mitteleuropas) von aktiven Orogenen umgeben; im Mesozoikum hingegen haben sich die zwei verbliebenen orogenen Außenränder der varistischen Gebirgsbildung (Ural, Mittel- und Südeuropa) auf einen letzten im Süden (Alpiden) reduziert, und heute läßt sich bereits absehen, daß auch der mediterrane Gürtel im Süden Europas rapide dem Ende seiner gebirgsbildenden Aktivität entgegengeht.

Macht man sich klar, daß die Zahl der Bewegungszellen der Mantelkonvektion mit der Anzahl der aktiven Orogenzonen steigen muß (vermutlich gilt ein ähnliches Zahlenverhältnis wie heute bei 4 Konvektionszellen zu 2 Orogengürteln), so ist eine Abnahme der Bewegungsintensität im Erdmantel innerhalb erdgeschichtlicher Zeit kaum von der Hand zu weisen.

Besonders deutlich wird dieses Bild auch für präkambrische Zeiträume am Beispiel des afrikanischen Kontinents: Je älter die orogenen Zyklen, desto enger scharen sich die zugehörigen aktiven Gebirgsbildungsgürtel, und desto kleiner ist der Durchmesser der dazwischen verbleibenden, ungestörten Tafelländer. Zur Zeit der sogenannten

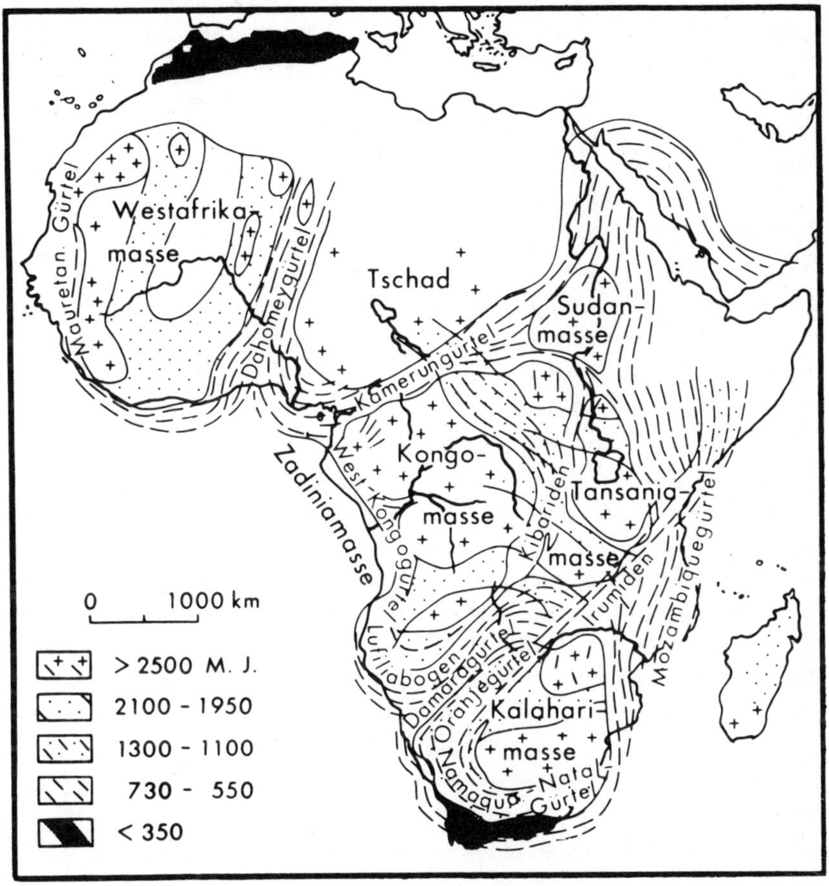

Präkambrische Gebirgsbildungsgürtel und Schilde in Afrika.

Limpopo-Ubendia-Orogenese vor 1,9–2,1 Milliarden Jahren betrug der Abstand der aktiven Gürtel (beziehungsweise der Durchmesser der kontinentalen Tafelländer dazwischen) jeweils nur einige hundert Kilometer, so dicht folgt Orogenzone auf Orogenzone im Innern des heutigen Kontinents. Im Laufe der Kibariden- und Irumiden-Faltung wachsen diese kleinräumigen, altpräkambrischen Protokontinente zu immer größeren kontinentalen Baueinheiten zusammen, so daß während der panafrikanischen Orogenese (730–550 Millionen Jahre vor der Gegenwart) aktive Gürtel den afrikanischen Kontinent nur noch im Abstand von weit über 1000 km queren. Diese Gebirgsbildung zu Ende des Präkambriums hinterläßt schließlich ein zusammenhängendes Kontinentalareal, das nicht nur Afrika, sondern zusätzlich noch Teile Südamerikas, Indiens und Australiens umfaßt. Mesozoisch-tertiäre Orogengürtel sind nur noch im äußersten Norden und Süden Afrikas (im Atlas-Gebirge und in den Kapfalten) anzutreffen; ihr Abstand – und damit der Durchmesser des dazwischenliegenden anorogenen Kontinents – ist auf 6000–7000 km angewachsen.

Weltweit kann man für das ältere Präkambrium rund 15 und mehr protokontinentale Schollen nachweisen, die durch aktive Gebirgsgürtel voneinander getrennt waren. Durch Erlahmen der orogenen Aktivität innerhalb der trennenden Grenzzonen schlossen sich diese Protokontinente noch im Präkambrium zunächst zu 13 Einheiten (Laurentia, Fennosarmatia, Angaria, Sinia, Indischer Schild, Westaustralische Masse, Arabisch-Nubischer Schild, Westafrikanische Masse, Kongo-Masse, Kalahari-Masse, Brasilianischer Schild, Patagonischer Schild und Antarktika), an der Wende zum Paläozoikum jedoch zu 7 Altkontinenten zusammen (Laurentia, Fennosarmatia, Angaria, Sinia, Ur-Gondwana, Patagonia und Antarktika).

Während der kaledonischen Gebirgsbildungsära vermindert sich die Zahl der 7 Altkontinente durch den Zusammenschluß von Laurentia und Fennosarmatia sowie von Patagonia und Antarktika auf 5 (um 400 Millionen Jahre vor der Gegenwart).

Die varistische Faltungsära brachte eine weitere Reduzierung der Kontinentalblöcke von fünf auf vier, indem durch das Abklingen der orogenen Aktivität in Teilen des Ural die Osteuropäische Tafel mit Asien zusammenwuchs. Endgültig wurde diese Verbindung allerdings erst an der Wende zum Mesozoikum vollzogen (»permotriadisch«, d. h. vor rund 220 Millionen Jahren), als praktisch nur noch drei Kontinente (Laurasia, Gondwana und Sinia) verblieben.

Die kimmerische Orogenese vor ca. 150 Millionen Jahren hinterließ eine Zweigliederung der Kontinente, nämlich einen Nord- sowie einen Südkontinent, die sich erst im Zuge der alpidischen Orogenese der

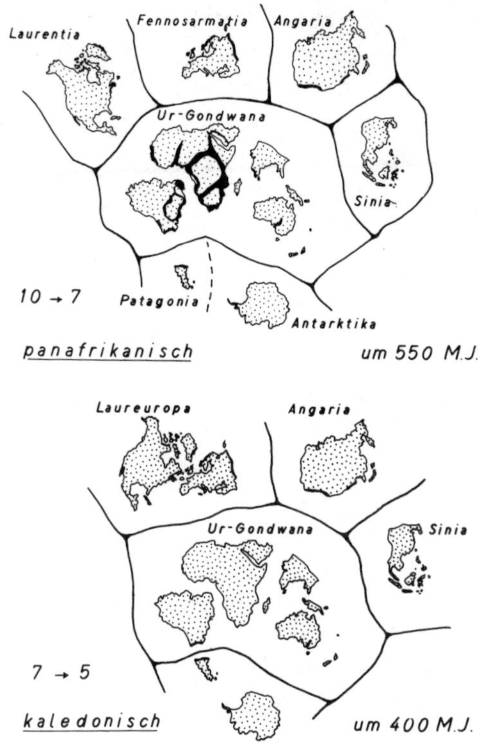

Protokontinentale Schollen und geodynamische Bewegungszellen gegen Ende des Präkambriums (oben, schematisch), und im Altpaläozoikum (unten, heutige Kontinental-Umgrenzung nur zur Orientierung, ozeanische Dehnungszonen hypothetisch).

letzten 120 Millionen Jahre in eine West- sowie eine Ostfeste neu gliederten: Durch die Öffnung des Atlantiks wurden die durch Schelfbrücken verbundenen Kontinente der Neuen Welt (Nordamerika, Südamerika, Antarktika) von der Alten Welt – den ebenfalls über Schelfverbindungen zusammenhängenden übrigen Kontinenten getrennt; Genaugenommen sind allerdings auch West- und Ostfeste über die Schelfbrücke der Bering-See in kontinentalem Kontakt miteinander.

Mag man über den genauen Zeitpunkt des Zusammenschlusses der einzelnen Kontinentalschollen – also über das Abklingen der gebirgsbildenden Aktivität in den einzelnen Orogenzonen – noch hie und da

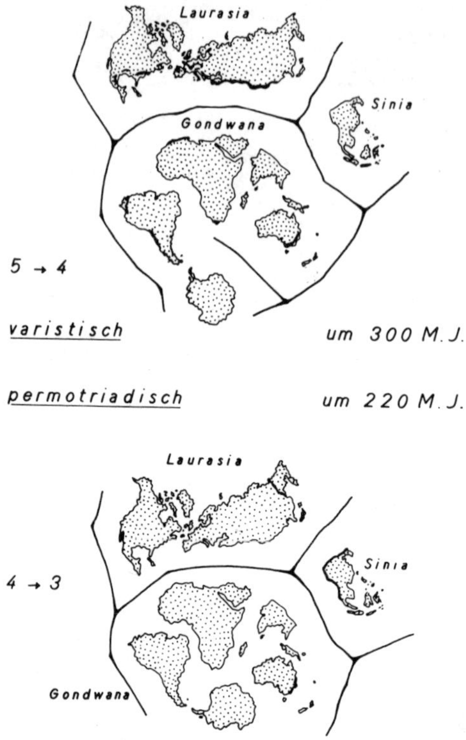

Die Vereinigung Laurasiens im Jungpaläozoikum (Drei- bis Vierzellenstadium, oben) und Gondwanias an der Wende zum Mesozoikum (Dreizellenstadium, unten).

unterschiedlicher Meinung (oder nicht hinlänglich unterrichtet) sein, am Gesamtbild des langsamen Abklingens der orogenen Aktivität des Erdinnern durch Abnahme der Anzahl der Orogengürtel und Konvektionszellen sowie des progressiven Wachsens der Kontinentalblöcke durch Zusammenschluß immer zahlreicherer protokontinentaler Schilde kann kaum mehr gezweifelt werden. Statt kontinentaler Kerne von der Größe des Rhodesischen Schildes vor 3 Milliarden Jahren mit rund 0,2 Millionen km^2 Fläche stehen wir heute kontinentalen Blöcken wie Afro-Eurasien mit etwa 2 Millionen km^2 gegenüber.
Wo früher Orogenzonen im Abstand von einigen hundert Kilometern die Erdoberfläche zerteilten, treten uns heute lediglich zwei Gebirgsbildungsgürtel gegenüber, von denen der mediterrane in nicht wenigen

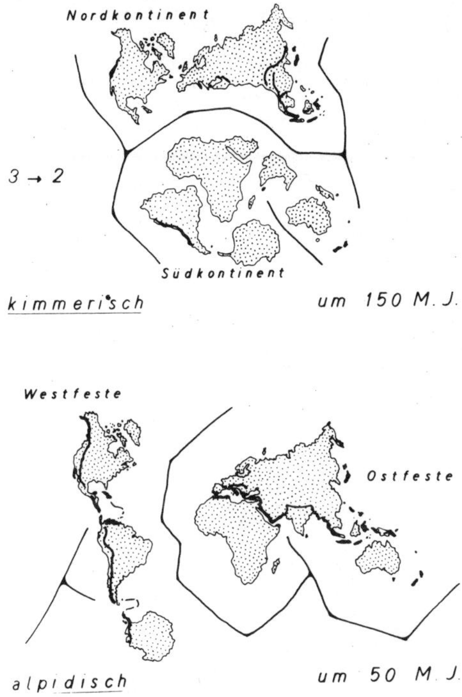

Zweizellenstadium der Mantelkonvektion vor (oben) und nach (unten) dem mesozoischen Umbruch: meridionale Gliederung der Kontinente in einen Nord- und Südkontinent im älteren Mesozoikum (oben), longitudinale Trennung der Kontinente in Alte und Neue Welt bis zur Gegenwart (unten). (nach H. G. Wunderlich)

Teilabschnitten bereits kaum mehr nennenswerte Aktivität aufweist. Trägt man die Größenzunahme der Kontinentalmassen als Diagramm gegenüber der erdgeschichtlichen Zeit ab, so erhält man eine recht interessante Kurve, die mit Annäherung an die Gegenwart exponentiell ansteigt: Die Zahl der Gebirgsgürtel und Konvektionszellen sowie die Größe der dazwischen eingeschalteten Kontinentaltafeln wächst also offenbar nicht gleichmäßig, linear mit der Zeit, sondern mit beträchtlicher Progression. Extrapoliert man diese Kurve in Gedanken in die geologische Zukunft, so ist abzusehen, daß auch die verbliebenen aktiven Gürtel erlahmen werden, und die Kontinente schließlich ohne trennende Orogenzonen zusammenwachsen.

Nach dieser Entwicklung zu urteilen, muß der Schluß gezogen werden,

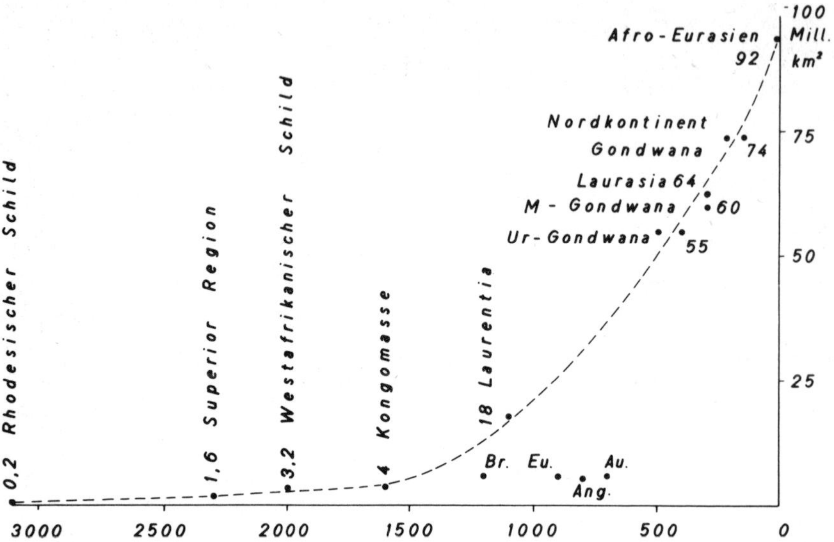

Größenzunahme der Kontinentalschollen (in Millionen km²) während der Erdgeschichte (in Millionen Jahren), von den protokontinentalen Schilden des Präkambriums (links) bis zum künftigen Superkontinent Afro-Eurasien (oben). Seperior Region = Keimzelle des Kanadischen Schildes (Ur-Lau = rentia), Br. = Brasilianischer Schild, Eu = Osteuropäische Tafel (Fennosarmatia), Ang = Angara-Kontinent (Sibirische Tafel), Au = Westaustralische Masse. (nach H. G. Wunderlich)

daß der Erdmantel in der geologischen Vorzeit in eine weit größere Zahl konvektiver Bewegungszellen gegliedert war, was zweifellos einer insgesamt höheren Bewegungsintensität und damit auch Wärmeabgabe aus dem tiefen Erdinnern entsprach. In einem Zeitraum von einigen Millionen Jahren dürfte danach auch die Aktivität der noch verbliebenen aktiven Gürtel erlahmen, während andererseits vor mehr als 3 Milliarden Jahren praktisch jeder Abschnitt der Erdoberfläche von orogener Aktivität betroffen wurde, so daß uns keine älteren, nicht überprägten Krustenteile erhalten geblieben sind. Dies erklärt, weshalb man keine beliebig hohen radiometrischen Gesteinsalter auf der Erde findet: Bei jeder neuen Einbeziehung in orogene Vorgänge, die in der Regel mit einer erneuten Aufheizung und Regionalmetamorphose verbunden sind, wird die physikalische Uhr des radioaktiven Zerfalls gleichsam wieder auf null gestellt, indem die Zerfallsprodukte von den Zerfallssubstanzen abgetrennt werden.

Atlantikküste in Südmarokko. (NASA-Foto, aufgenommen aus 280 km Höhe). Gegenüberstellung eines Orogen-Wirbels (südlicher Antiatlas) mit dem weißen Wolkenwirbel einer Zyklone.
Wie atmosphärische Fronten Luftmassengrenzen zwischen Kalt- und Warmluft darstellen, so sind Gebirge (und Inselbögen) krustale Fronten zwischen benachbarten, unterschiedlichen Lithosphärenmassen, wobei sich der advektive Bewegungszustand des unterlagernden Erdmantels in der Krustenbewegung abbildet. Die Advektion des Erdmantels und damit die Bewegungen innerhalb der Lithosphäre spielen sich allerdings mit kaum merklicher Geschwindigkeit ab, während der Witterungsverlauf zu äußerst raschen Veränderungen führt.

(Siehe Kapitel: Wie Gebirge entstehen)

Wenn das derzeitige Verhältnis von konvektiven Zellen im Erdmantel und Gebirgsbildungsgürteln in der Kruste auch für frühere erdgeschichtliche Epochen annähernd gilt, so kann man damit rechnen, daß die Zahl dieser Konvektionszellen seit dem frühen Präkambrium – also innerhalb rund 3 Milliarden Jahren – von etwa 30 auf nurmehr 4 zusammengeschrumpft ist, wobei allerdings immer mehr Raum für zusammenhängende, wachsende Kontinentalschollen entstand.

Bisher hat man sich diese Konvektionszellen im Querschnitt viel zu einfach, ja geradezu primitiv gedacht: Als vertikal auf- und absteigende Mantelmaterie mit direkter Verbindung nahe der Erdoberfläche und in der Tiefe. Derartige Bewegungszellen sind innerhalb einer Kugel und bei vergleichsweise rascher Rotation unmöglich. Die Mantelkonvektion muß ja eine Reihe von unabdingbaren Randbedingungen erfüllen: So muß beispielsweise der gesamte Innenraum des Erdmantels zwischen Kerngrenze und Asthenosphäre (Lithosphären-Grenze) vollständig in die Bewegungen einbeziehbar sein; mit kugel- oder ellipsenförmigen Konvektionszellen ist aber keine vollständige Raumerfüllung einer Kugelschale möglich. Zudem werden Lithosphären-Kalotten der Erdoberfläche ausweislich der Horizontalstörungen und paläomagnetischen Messungen, welche auf eine Krustenrotation hindeuten, zu Drehbewegungen um vertikale Achsen angeregt. Entscheidend aber dürfte sein, daß die Rotationsgeschwindigkeit der Mantelmaterie mit zunehmendem Abstand von der Erdachse wächst: aufsteigendes Material muß demnach unterschiedlich stark auf die Geschwindigkeit der oberen Mantelschichten beschleunigt, absteigendes auf diejenige der Kerngrenze abgebremst werden.

So liegen von Fall zu Fall konvektive Partien ganz unterschiedlicher vertikaler und horizontaler Geschwindigkeit vor; als einzige Bewegungsform, die solche Massen unterschiedlicher Geschwindigkeit ohne nennenswerten Sprung in sich zu vereinigen vermag, nahe der Erdoberfläche eine Rotation der Lithosphärenkalotten um vertikale Achsen auslöst, den gesamten Mantelinhalt thermisch-konvektiv umzuschlagen in der Lage ist, eine langsame Beschleunigung oder Abbremsung zum Ausgleich veränderter Umlaufgeschwindigkeiten bei Vertikalverlagerungen ermöglicht und dennoch Zellenstruktur besitzt, ist die mit ihren Nachbarn vielfach ineinandergreifende räumliche Spirale.

Ähnlich wie in der Atmosphäre, scheint daher auch die Mantelkon-

vektion in ständiger, spiralförmig auf- oder absteigender Bewegung zu sein, wobei man an der Erdoberfläche weniger den vertikalen, sondern mehr den horizontalen Bewegungsanteil beobachtet. Die Lithosphäre bzw. Erdkruste wird über Reibungskoppelung von den advektiven Massenverlagerungen des Mantels mitgeschleppt, was zur Gebirgsbildung, Deckenbewegung und Kontinentaldrift führen kann. Der Bewegungsantrieb liegt dabei jedoch nicht, wie die Plattentektonik darzustellen versucht hat, in den vergleichsweise dünnen und unbedeutenden Lithosphärenplatten, sondern in der Massenverlagerung des darunter liegenden Erdmantels, der von der Kerngrenze her aufgeheizt wird und diese Wärme nicht hinlänglich durch Wärmeleitung oder -strahlung nach außen abzugeben vermag. Konvektive Massenbewegung ist daher die einzige wirksame Möglichkeit für einen ausreichenden Wärmeaustausch innerhalb des Erdmantels. Die Zunahme der Zellen- und damit Kontinentaldurchmesser im Laufe der Erdgeschichte ist nicht anders als mit einer Abnahme dieser endogenen Wärmeabgabe zu deuten, wenn man erdgeschichtlich lange Zeiträume der Erdentwicklung überschaut.
Bei der dichten Scharung der Orogengürtel in der frühen erdgeschichtlichen Vergangenheit ist überhaupt kein Platz für einen einzigen, zusammenhängenden Superkontinent nach Art der sogenannten »Pangäa« Alfred Wegeners; ein derartiger, alle Kontinente zusammenfassender Kontinentalblock wird erst dann in der geologischen Zukunft möglich sein, wenn die Zahl der Konvektionszellen noch weiter – nämlich auf zwei und weniger – abgenommen hat.

8. Die Zukunft der Erde

Wenn aber die Wärmeabgabe des tiefen Erdinnern im Laufe der Erdgeschichte abgenommen hat – und dafür spricht die Abnahme der Zahl der Orogengürtel und Konvektionszellen sowie die Größenzunahme der Kontinentalblöcke –, so führt dies zu folgenschweren Konsequenzen, die in diesem abschließenden Kapitel kurz angedeutet werden müssen.
Offenbar war in früher erdgeschichtlicher Zeit die Manteltemperatur allgemein höher als heute, was eine größere Beweglichkeit der Mantelmassen bewirkte. Aber auch der heiße, flüssige Außenkern dürfte eine größere Ausdehnung besessen haben: Der Erdmantel wuchs also offenbar auf Kosten des äußeren Kerns, indem sich die Kernmaterie auf Manteltemperatur abkühlte und vom flüssigen in den säkularplastischen Aggregatzustand überging.
Für präkambrische Zeiträume kann man daher mit einem geringmächtigeren Mantel rechnen, der infolge seiner höheren Beweglichkeit eine weit größere Zahl von Konvektionszellen umschloß. Je mehr die Manteldicke wuchs und die Beweglichkeit abnahm, desto weniger, aber größere Konvektionszellen verblieben im Erdmantel.
Der heiße, flüssige Außenkern hingegen nahm an Dicke ab, vermutlich nicht nur nach außen, zum Mantel hin, sondern auch nach innen, zum wachsenden, festen inneren Kern.
Die schwindende Wärmeabgabe des Erdkerns ist also zwangsläufig mit einer verminderten Beweglichkeit des gesamten Erdinnern verbunden; so nahm zweifellos der Anteil ruptureller Verformung mit seismischer Energiefreisetzung auf Kosten der säkularplastischen Verformung im Laufe der Erdgeschichte zu. In den alten, präkambrischen Schilden trifft man weitgehend nur auf säkularplastische Verformung, also im wesentlichen Faltung unter ständiger Rekristallisation, während heute die Erdbebentätigkeit einen wesentlichen Anteil tektonischer Vorgänge kennzeichnet. Aber noch immer ist die Energie des

irdischen Wärmeflusses um Größenordnungen höher als die gesamte seismische Freilassungsenergie eines Jahres.

Man würde nun eigentlich erwarten, daß sich die Abnahme der endogenen Wärmeabgabe im Laufe der Erdgeschichte durch eine analoge Abnahme der Oberflächentemperaturen auswirken würde. Schließlich hat nach den überschlägigen Berechnungen des japanischen Geochemikers Rankama die Menge radiaktiv zerfallbarer und damit Wärme produzierender Substanz in der Erde im Laufe der überblickbaren geologischen Zeit auf weniger als die Hälfte des ursprünglichen Bestandes abgenommen.

Erstaunlicherweise aber sind die Oberflächentemperaturen des frühen Präkambriums nicht generell nennenswert höher gewesen als heute; schon damals gab es marine Ablagerungen, die auf eine Hydrosphäre hindeuten, sowie hie und da Vereisungen, die auf Temperaturen unterhalb des Gefrierpunktes hinweisen. Die mittleren Jahrestemperaturen müssen also – nicht anders als heute – um den Nullpunkt der Celsius-Skala geschwankt haben und können kaum mehr als um einige Zehner Grad von diesem nach oben und unten abgewichen sein. Macht man sich klar, daß an sich jede beliebige Temperatur zwischen dem absoluten Nullpunkt (-273,15° C als Anfangspunkt der thermodynamischen Temperaturskala) und der Temperatur des solaren Plasmas von Millionen Grad Celsius beliebig zur Verfügung stände, so ist diese geringe Temperaturschwankung um den Gefrierpunkt des Wassers herum auf der Erde innerhalb geologischer Zeiträume von annähernd 3 Milliarden Jahren eine ganz ungewöhnliche Temperaturkonstanz.

Wie aber soll man sich eine derartige langfristige Temperaturkonstanz erklären, wenn die endogene und radiogene Wärmeproduktion bzw. -abgabe des Erdinnern nicht konstant geblieben sein kann? Zwangsläufig muß es dann ja im Laufe der Erdgeschichte eine Art der Temperaturkompensation für die endogene Temperaturabnahme gegeben haben, und dieser Ausgleich ist nicht aus dem Erdinnern, sondern nur von außerhalb der Erde, also aus dem interplanetarischen Raum denkbar.

Selbst vergleichsweise eindrucksvolle paläoklimatische Ereignisse, wie die mehrfachen Eiszeiten der erdgeschichtlichen Vergangenheit, haben mit Depressionen der Jahresmitteltemperaturen zwischen 4 und etwa 16° C keine grundlegende Verschiebung der Erdtemperaturen von Dauer bewirkt; es handelt sich vielmehr um vergleichsweise kurzfristige Schwankungen, nach deren Ende sich die klimatischen Bedingungen wieder beruhigten und auf ein erneutes, warmes und ausgeglichenes Klima einpendelten. Eine fortschreitende Temperaturabnahme der Oberflächentemperatur der Erde infolge stetig geringerer endogener Wärmeabgabe ist also nicht festzustellen.

Langfristige Konstanz der Oberflächentemperaturen – zumindest der Mittelwerte – ist bei Abnahme der endogenen Wärmeabgabe nur möglich, wenn eine exogene Wärmekompensation erfolgt. Und als exogene Wärmequelle kommt bei den zur Diskussion stehenden Energiemengen eigentlich nur die Sonne in Frage.

Heute liefert die Sonneneinstrahlung einen weit höheren Beitrag zur Gesamtbilanz der Oberflächentemperatur der Erde, als der vergleichsweise geringe Anteil des endogenen Wärmestromes. Dieser aber muß offenbar im Laufe der Erdgeschichte abgenommen haben – und zwar exponentiell, wie im vorigen Kapitel näher ausgeführt wurde. Und die endogene Wärmeabgabe ist über die gesamte Erde ausgedehnt, während die Sonneneinstrahlung stets nur die der Sonne zugekehrte Seite der Erde, und zwar mit zu den Polen hin rasch abnehmender Intensität, trifft. Die endogene Wärme ist generell also offenbar weit ausgeglichener, wenn man einmal von ausgesprochenen Thermalzentren und Vulkanzonen absieht. Die Sonne als exogene Wärmequelle hingegen bevorzugt äquatornahe Klimazonen, schafft also stärkere Temperaturgegensätze, sei es zwischen Klimazonen oder zwischen Tag und Nacht.

Es ist also schon ein grundsätzlicher Unterschied, ob die Erdoberfläche von innen heraus erwärmt oder durch Sonneneinstrahlung erhitzt wird; der Übergang von stärkerer endogener Wärmeabgabe zu vorwiegender solarer Strahlungswärme kann daher nicht ohne Folgen für die Bewohner der Erdoberfläche gewesen sein.

Eine Zunahme der solaren Einstrahlung auf der Erdoberfläche ist auf zweierlei Weise denkbar: Entweder müßte sich die Sonnenstrahlung insgesamt, also der Energie-Ausstoß des Sonneninnern, erhöht – oder der Abstand der Erde von der Sonne vermindert haben. Im ersteren Fall könnte man an eine in früheren Erdzeitaltern geringere Produktion solarer Strahlungsenergie denken, oder an eine Veränderung im Mechanismus des Wärmetransportes vom Sonneninnern, wo die Wärmeproduktion durch Kernfusion von Wasserstoff zu Helium erfolgt, zur Photo- und Chromosphäre am Sonnenrand, von wo aus die Abstrahlung in den interplanetaren Raum stattfindet. Von der Sonne zur Erde vermindert sich die Strahlungsintensität mit dem Quadrat der Entfernung. Selbstverständlich können auch astrophysikalische Vorgänge und Veränderungen im Sonnenabstand gleichzeitig auftreten. Daß eine Abnahme der Gravitationskonstanten im Sinne des englischen Physikers Dirac zu einer Verminderung der Produktion von Sonnenenergie und einer Vergrößerung des Sonnenabstandes führen würde, also nicht mit den geologischen Beobachtungen einer langfristigen Temperaturkonstanz auf der Erde in Einklang steht, wurde bereits bei der Diskussion um die Expansionstheorie im Kapitel »Dehnt sich die Erde aus« besprochen. Andererseits würde natürlich eine langsame Zunahme der Gravitationskonstanten zu einer in geologischen Zeiträumen steigenden Energieproduktion und einer Minderung der Sonnenferne führen, aber eine derartige Zunahme der Gravitationskonstanten steht mit anderweitigen Vorstellungen der Physik und der Astronomie, etwa derjenigen von einer Expansion des Kosmos, in eklatantem Widerspruch. Bei konstanter Gravitation und Sonnenmasse sollte man aber auch mit gleichbleibender astrophysikalischer Energieproduktion rechnen, von gewissen Schwankungen abgesehen, die noch zu erwähnen sein werden.

Andererseits bewegt sich die Erde bei ihrem Umlauf um die Sonne stets im Schwere- und Magnetfeld der Sonne. Zusammen mit dem Gravitationsfeld des Mondes verursacht dasjenige unseres Zentralgestirns ständige zusätzliche Bewegungen der Atmosphäre, Hydrosphäre und festen Erde, die man als Tiden (Ebbe und Flut) bezeichnet. Die hierfür benötigten Energien werden der Erdrotation entzogen, die daher innerhalb erdgeschichtlicher Zeiträume nach und nach abgebremst wird, das heißt, die Tageslängen nehmen in geologischer Zeit langsam zu.

Da sich die Erde auf ihrer Bahn um die Sonne zugleich auch mit ihrem eigenen Magnetfeld in demjenigen der Sonne bewegt, kommen ständig die beiderseitigen Kraftlinien zum Schnitt, was zu einer Art von »Magnetbremsung« führt; bewegt sich ein leitfähiger Körper (wie die Ionosphäre oder der Erdkern) in einem Magnetfeld, so werden Ströme induziert, deren Induktion allerdings Energie kostet. Diese Energie wird zum Teil der Bahnenergie der Erde entzogen, die daher in geologisch langen Zeiträumen auf ihrer elliptischen Bahn um die Sonne langsam abgebremst wird. Zwar vermindert sich auch die Masse der Sonne durch Strahlung und Aussendung des sogenannten Sonnenwindes, eines solaren Partikelstromes innerhalb des interplanetarischen Raumes, doch ist dieser Massenverlust und damit die Verminderung der Sonnenanziehung minimal. Es ist wahrscheinlich, daß die Abnahme der Erdbahnenergie langfristig gesehen stärker ist als diejenige der solaren Gravitation, zumal dann, wenn der solare Massenverlust durch Aufnahme von Material aus dem interplanetarischen Raum hin und wieder etwas ausgeglichen wird.

Vorgänge aber, die vermehrend für die Erdbahnenergie wirken könnten, sind praktisch unbekannt. Eine langsame Abnahme der Erdbahnenergie bedeutet aber, daß die anziehende Wirkung des Zentralgestirns im Sonnensystem nach und nach die Oberhand gewinnt: Die Erdbahn bleibt dann keine strenge Ellipse, sondern wird zu einer immer enger werdenden elliptischen Spirale verformt. Der Endpunkt dieser elliptischen Spirale aber ist dann zwangsläufig in der Sonne zu suchen. Das würde bedeuten, daß die Erde schließlich einmal in ferner geologischer Zeit im Zentralgestirn unseres Sonnensystems aufgeht, wenn die Gravitationskonstante sich nicht vermindert und keine Kompensation für die magnetische Minderung der Erdbahnenergie erfolgt.

Was der Erde in ferner geologischer Zukunft einmal passieren könnte, dürfte anderen, inneren Planeten schon in der erdgeschichtlichen Vergangenheit zugestoßen sein, wenn die hier skizzierten Vorstellungen im Prinzip richtig sind. Man müßte also annehmen, daß es in der geologischen Vergangenheit bereits mehrfach zur Fusion innerer Planeten (jenseits des Merkurs) mit der Sonne gekommen ist, daß also der Abstand der einzelnen Planeten von der Sonne nicht konstant ist, sondern in geologischen Zeiträumen mehr und mehr schwindet.

Gibt es dafür irgendwelche Anhaltspunkte, und was geschieht eigentlich, wenn ein Planet in die Sonne eintritt?

Meist wird ja heute angenommen, daß sich Sonne und Planeten aus einer gemeinsamen Ursprungsmasse ausgeformt haben, daß also die Planeten sich von der zentralen Masse der Sonne entfernt haben. Hierfür spricht die auffällige Übereinstimmung in der Lage der Bahnebenen der Planeten; deren Neigung gegenüber der Ekliptikebene beträgt 2°30′ (beim Saturn) und weniger, nur Venus (mit 3°23,5′), Merkur (mit 7°) und Pluto (mit 17,1°) weichen etwas stärker in ihrer Bahnneigung von der Erde ab. Andererseits muß man feststellen, daß

mehr als 99 % der Masse des gesamten Sonnensystems im Zentralgestirn konzentriert sind. Es ist nur schwer vorstellbar, daß sich 1/743 der Sonnenmasse entgegen allen Gravitationskräften vom Zentrum entfernt und in Planeten aufgegliedert haben sollte.
Demgegenüber erscheint es fast plausibler, anzunehmen, daß die Sonne ihre Planeten als Bruchstücke ferner Weltenkörper eingefangen und in eine Umlaufbahn gezwungen hat; stammen diese Bruchstücke aus annähernd demselben Abschnitt des Weltraumes, vielleicht von ein und derselben kosmischen Katastrophe (wie etwa dem Zerfall einer Supernova-Explosion), so besitzen sie auch alle annähernd die gleiche Neigung ihrer Bahnebenen. Wenn aber die Massen der Sonne und diejenige der Planeten sich so stark unterscheiden, dürfte es dann überhaupt eine Rolle spielen, wenn ein Planet (von einem Promille der Sonnenmasse!) in diese eintritt? Ändert sich dabei überhaupt etwas im Sonneninnern, was Rückwirkungen auf die Erde in geologischer Zeit ausgelöst haben könnte?
Auffälligerweise zeigt die Merkurbahn gewisse Abnormitäten, nämlich eine ungewöhnliche Rotation der langen Achse ihrer Bahnellipse, die nicht ohne weiteres mit den Newtonschen Gesetzen der Himmelsmechanik allein erklärbar ist. Man könnte diese Erscheinung auf einen weiteren, transmerkuren Planeten zurückführen, dessen Schwerefeld die Merkurbahn beeinflußt. Ein solcher zusätzlicher Planet ist aber mit absoluter Sicherheit nicht vorhanden. So hat man in der Astronomie versucht, die Abnormität der Merkurbahn aus Einsteins allgemeiner Relativitätstheorie heraus zu erklären, die ein gewisses Zusatzglied zum Newtonschen Gesetz der Bahngestalt ermöglicht, weil die Materieverteilung im Raum zugleich auch die Geometrie dieses Raumes bestimmt. Es wäre allerdings aus den vorstehenden Überlegungen heraus auch durchaus denkbar, daß dieser störende transmerkure Planet einst – und zwar vor nicht sehr langer geologischer Zeit – durchaus vorhanden war, aber inzwischen in der Sonne aufgegangen ist, während die Merkurbahn noch immer gewisse Störungseffekte aufweist, obwohl der Störkörper selbst nicht mehr auffindbar ist. Tatsächlich ist die Masse eines Planeten im Vergleich mit der Sonne zu klein, um wesentliche Veränderungen des Schwerefeldes hervorzurufen. Aber viele Planeten – insbesondere die sonnennahen wie Merkur, Venus, Erde und Mars – sind aus vergleichsweise schweren Atomkernen aufgebaut, im Gegensatz zum Wasserstoff und Helium des Sonneninnern.

Zwar kann man auch aus sehr schweren Kernen (wie etwa Uran) Kernenergie durch Atomzerfall erzeugen, wie dies in den ersten Atombomben von Hiroshima und Nagasaki der Fall war. In der Sonne wird hingegen Fusionsenergie durch Zusammenschluß von Wasserstoffkernen zu Helium gewonnen, und dabei stören Verunreinigungen mit anderem Material, insbesondere solche mit Kernen vom Atomgewicht des Eisens und seiner Nachbarn im Periodensystem der chemischen Elemente. Bei ersten irdischen Versuchen, Fusionsenergie auf dem Wege der Plasmaphysik zu gewinnen – wobei das Plasma selbst wegen seiner extrem hohen Temperaturen nicht in Behältern aus üblichem Material, sondern in Magnetfeldern eingeschlossen werden muß, da alle irdischen Stoffe sofort schmelzen würden – hat sich die Empfindlichkeit der Fusionsreaktion gegenüber derartigen Verunreinigungen herausgestellt. Schon geringste Mengen von Fremdsubstanz, wie sie aus der Umgebung des Plasmas verdampfen, können den Fusionsvorgang erheblich stören.
Da die Sonne ein riesiger, durch gravitative Kräfte zusammengehaltener freischwebender Fusionsreaktor mit hohem Reinheitsgrad ist, wirken Verunreinigungen durch Aufnahme planetarischen Materials in ähnlicher Weise negativ auf die Energieproduktion ein, zumal derartige Planeten höherer Dichte bis tief in die Brennzone des Sonneninnern einzudringen vermögen.
Die vielleicht entscheidenste Folge beim Eintritt eines Planeten in die Sonne ist astrophysikalisch gesehen die Verunreinigung der Sonnenmaterie, des Wasserstoffes, bei dessen Fusion zu Helium Fusionsenergie freigesetzt und über Thermokonvektion im Sonneninnern und Wärmestrahlung in den innerplanetarischen Raum nach außen abgeführt wird. Mit einer derartigen Verunreinigung ist eine entsprechende Minderung der Kernenergieproduktion und -abgabe verbunden, das heißt, der solare Kernreaktor gibt zeitweilig eine verringerte Leistung ab, bis die Störprodukte im Plasma weitgehend abgebaut sind. Da die planetarischen Verunreinigungen im Sonneninnern konvektiv umgelagert werden, wirken sie sich offenbar nur zeitweilig unmittelbar auf die Brennzone im Sonneninnern aus; man muß also mit mehreren zeitweilig rascher aufeinanderfolgenden Störungen der Sonnenstrahlung rechnen, die von langen Epochen gleichmäßiger Energieabgabe zwischen den kurzfristigen Ereignissen planetarischer Fusion getrennt sind.

Tatsächlich beobachtet man im Verlauf der Erdgeschichte ziemlich genau dieses Bild der paläoklimatischen Entwicklung: Mit einem zeitlichen Abstand von je rund 300 Millionen Jahren, während welcher das Erdklima weithin warm und ausgeglichen war, folgen kurze Unterbrechungen von wenigen Millionen Jahren Dauer, mit ausgesprochenen Klimaschwankungen, die mit abnehmender Intensität sechs- oder mehrfach aufeinanderfolgen. Diese Klimaschwankungen während der Erdgeschichte werden Eiszeiten genannt, weil dabei die polaren, die Vorlands- und Gebirgs-Eiskalotten weithin an Ausdehnung und Mächtigkeit zunehmen. Jede Eiszeit ist in sich in Kalt- und Warmzeiten untergliedert, so daß man in der Tat erstaunliche Schwankungen der Temperatur auf der Erde in kurzfristigem, mehrfachem Wechsel beobachten kann.
Ist ein solcher Zeitraum der Klimaschwankungen abgeklungen, so bleibt das Klima wieder für die nächsten 300 Millionen Jahre weithin ausgeglichen. Eiszeiten mit Kalt- und Warmzeit-Schwankungen kennen wir aus dem Pleistozän, aus den letzten rund 2,5 Millionen Jahren, etwa 300 Millionen Jahre früher aus dem Jungpaläozoikum (»permokarbone« Vereisung an der Wende dieser beiden geologischen Formationen), wiederum etwa 300 Millionen Jahre früher aus dem jüngsten Präkambrium (»eokambrische« Vereisung, weil ihre Gletscherbildungen in der Regel von fossilführenden kambrischen Sedimenten überlagert werden) sowie verschiedentlich aus dem älteren Präkambrium.
Seit rund hundert Jahren, seit man von der Bedeutung und Ausdehnung der großen nordischen Vereisung Europas im Pleistozän weiß, haben sich Geologen Gedanken gemacht, wie wohl solche Eiszeiten zu erklären wären. Man hat die verschiedensten Eiszeit-Entstehungshypothesen aufgestellt, die der Verbreitung von Land und Meer, dem Relief der Erdoberfläche, kosmischen und meteorologischen Vorgängen unterschiedlichster Art Rechnung tragen. Aber eine wirkliche Erklärung des Eiszeitphänomens bieten alle diese Hypothesen nicht, zumal die meisten von ihnen an der langfristigen Klimaentwicklung scheitern: Es gilt ja nicht, nur eine einmalige vorübergehende Eiszeit zu erklären, man muß auch eine Lösung dafür finden, weshalb zwischen den Eiszeiten mit ihrem mehrfachen Wechsel von Warm- und Kaltzeiten 300 Millionen Jahre ohne entsprechende Klimaschwankungen auftreten. So gilt beispielsweise die Schwankung der Erdbahnelemente nach Milankovic nicht nur für das kühle Pleistozän, sondern auch für

das warme Tertiär, und all' die verschiedenen Relief-Hypothesen, die zwar für die pleistozäne Vereisung logische Erklärungen abgeben, gelten kaum für die früheren Eiszeiten mit völlig veränderter Erdoberfläche.

So bleibt als einzige wirklich sinnvolle Erklärung für die erstaunliche paläoklimatische Entwicklung der Erde, der letztlich auch die biologische Evolution und der Mensch als ihr höchstentwickeltes Produkt ihre Entstehung verdanken, eine solare, also astrophysikalische: Veränderungen im solaren Fusionsprozeß, ausgelöst durch Eindringen fremder planetarischer Massen in die interne Brennzone des Sonneninnern. Der letzte derartige Prozeß scheint vor rund 2,5 Millionen Jahren erfolgt zu sein; andere in vergleichbaren geologischen Abständen von jeweils rund 300 Millionen Jahren davor. In vielleicht weiteren 300 Millionen Jahren wird der Merkur, nach ihm Venus und schließlich die Erde in dem Zentralgestirn unseres Sonnensystems aufgehen. So ist es wohl die Bestimmung der Erde, die einst vor vielen Milliarden Jahren wohl als Bruchstück einer kosmischen Großexplosion geboren wurde, mehr und mehr dem Bannkreis der Sonne zu verfallen und schließlich in dieser zu enden.

Bis dahin aber wird längst die endogene Aktivität des Erdinnern abgeklungen sein, die Erdoberfläche wird – bei immer stärkerer Energieeinstrahlung von der Sonne aus – verstärkter atmosphärischer Turbulenz, schließlich der Austrocknung und Einebnung sowie steigendem Kohlendioxidgehalt der Luft aus karbonatischen Gesteinsverbindungen ausgesetzt sein, bis wegen des damit steigenden Bodendrucks und dem Mangel an freiem Sauerstoff jegliches Leben erlischt, lange ehe die Erde in gefahrvolle Nähe zur Sonne gelangt.

Zugegeben: Es ist kein sehr heiteres Bild von der Zukunft der Erde. Aber auch die allmähliche Entfernung der Erde von der Sonne infolge Abnahme der Gravitationskonstante vermochte kein tröstlicheres Bild zu zeichnen. Ob Kälte- oder Wärmetod der Erde, beide Lösungen sind gleich negativ in ihrem Endergebnis. Damit muß sich die Menschheit wohl abfinden; nichts ist von Dauer, auch nicht der gegenwärtige Erdzustand. Dennoch fällt es in den Aufgabenbereich des Geologen, sich über den Augenblick hinaus aus der Kenntnis der erdgeschichtlichen Zusammenhänge Gedanken über die Zukunft der Erde zu machen. Entscheidend dabei ist nur, daß das gezeichnete Bild moderner wissenschaftlicher Erkenntnis entspricht. Und für die heutige lebende

Menschheit sowie weitere Äonen von Generationen besteht aus dem hier skizzierten Ende der Erde noch keine Gefahr: Hunderte von Millionen Jahre, mehr als die gesamte belebte Erdgeschichte vor der Gegenwart, trennen uns noch von diesem Endziel.
Viele Wissenschaftler werden diese Gedankengänge möglicherweise als unzulässige Spekulationen ablehnen. Ihnen ist es genug, wenn sie immer tiefer und spezieller in die Geheimnisse eines Details der Natur eindringen. Aber über dieser zweifellos verdienstvollen Tätigkeit sollte man die große Aufgabe der Synthese nicht völlig vergessen, damit es der Wissenschaft nicht ergeht wie einem Manne, der zu dicht an ein Mosaik herantritt und damit nur noch einzelne Bausteine sieht, aber das gesamte Bild von der Erde aus den Augen verliert.

Fünfter Teil

Anhang

1. Überblick über die Erdgeschichte (Formationstabelle)

Ära (Zeitalter)	Formation (Periode, System)	Abteilung	Stufe	Beginn vor Mill. Jahren
Käno-(Neo-) zoikum (Erdneuzeit)	Quartär	Holozän (Nacheiszeit)		
		Pleistozän (Eiszeitalter)		1,5 (– 3,5)
	Tertiär	Neogen (Jungtertiär)	Pliozän	
			Miozän	
		Paläogen (Alttertiär)	Oligozän	
			Eozän	
			Paleozän	

geologische Vorgänge	Entwicklung des Lebens
deutliche Erwärmung gegenüber dem Pleistozän, jedoch noch ausgeprägte Klimazonierung mit Eiskappen, Gletschern u. Eisschelfen. Austrocknen kontinentaler Innenbecken. Andauern tektonischer Bewegungen	Ausbreitung des Menschen, verstärkter Eingriff in die Natur, Domestikation der Tier- und Pflanzenwelt. Erschließung körperfremder Energievorräte, Schaffung künstlicher Lebensbedingungen
4–6 starke Klimaschwankungen, spürbar in mittleren und höheren Breiten, mehrfache Ausbreitung großer Inlandeismassen (vor allem auf der Norderde), unterbrochen von Wärmezeiten (Interglazialen). Eustatische (klimabedingte) Meeresspiegelschwankungen bis ca. ± 200 m. Junge Hebung der Gebirge	erhebliche klimabedingte Veränderung der Tier- und Pflanzenwelt, Verschiebung der Floren- u. Faunenzonen, beschleunigte biologische Evolution durch klimatische und geographische Isolation, rasche Entwicklung des Menschen
gegen Ende des Neogens Klimasturz. Anhaltende Gebirgsbildung im mediterranen Faltengebirgsgürtel (Apennin, Karpaten, Griechenland, Zagrosgebirge, Himalaya, Indonesien). Daneben starke Bruchtektonik; Ausbildung der Bruchschollenfelder u. Großgrabenzonen, junger Vulkanismus. Braunkohlenbildung	stete Zunahme heute noch lebender Arten der Fauna und Flora. In Europa infolge fortschreitender Temperaturabnahme südwärtige Verlagerung der Palmen-Nordgrenze aus Nord- nach Süddeutschland, schließlich ins Mittelmeergebiet. Entwicklung der Prähomininae (Vorstadien der Menschwerdung: Australopithecus- u. Paranthropus-Gruppe)
Höhepunkt der alpidischen Gebirgsbildung (Alpen, Pyrenäen, Betische Kordillere, Atlas, Dinarisches Gebirge) mit Intrusionstätigkeit und regionaler Gesteinsumwandlung (Tessiner Kristallisation). Ausdehnung der Festlandsräume (Beginn der gegenwärtigen Geokratie) nach	Ausbreitung der Koniferen und der Blütenpflanzen (Kiefern, Sumpfzypressen, Mammutbäume sowie Palmen, Kastanien, Eichen Zimt- und Kampferbäumen). Rasche Entfaltung der Säugetiere (konstante Körpertemperatur und Entwicklung der Jungen im Mutterleib machen von

Ära (Zeitalter)	Formation (Periode, System)	Abteilung	Stufe	Beginn vor Mill. Jahren
Mesozoikum (Erdmittelalter)	Kreide	Oberkreide	Dan Maastricht Campan (Senon) Santon Coniac (Emscher) Turon Cenoman	
		Unterkreide Gault	Alb Apt Barreme Hauterive	
		Neokom	Valangin Berrias/Wealden	
				136
	Jura	Malm (Weißjura)	Tithon/Purbeck Kimeridge/Portland Oxford	
		Dogger (Braunjura)	Callov Bathon Bajoc	
		Lias (Schwarzjura)	Toarc Pliensbach Sinemur Hettang	
				190–195

Ostchinesisches Meer
Kaulun
Victoria
Hongkong (brit.)
Haiphong
Tonkin
Haikou
Hainan
Da Nang
Luzon
Binh Dinh
Phnompenh
Golf von Thailand
Saigon-Cholon
Mekong-delta
Con Son
Kota Bharu
George Town
Südchinesisches Meer
Zamboanga
Brunei
Natuna Besar
Kuching
Äquator
Pontianak
Celebessee
Palembang
Djakarta
Sundaschelf
Javasee
Tjirebon
Madura
Timorsee
Nord-australisches Becken
Broome
Roebuck B.
Cuvier-Becken
2103

Indonesien, charakteristische Inselbogenstruktur. Die bogenförmige Anordnung dieser Inselgruppe wird durch Konvektionsbewegungen in der Mantelmaterie verursacht. Vor dem Inselbogen befindet sich ein Bereich starker Absenkung (geosynklinaler Senkungstrog), der als Tiefseegraben ausgebildet ist, weil die Sedimentationsrate zu gering ist, um die Absenkung auszugleichen. Mantelmaterie sinkt zur Tiefe hin ab, wobei die darüber liegende Lithosphäre teilweise mitgeschleppt wird. Da in der Tiefe das Krustenmaterial spezifisch zu leicht ist, überwiegen aber bald Auftriebskräfte, die zu Hebung und Orogen-Bildung führen.

In diesen Gebieten mit Inselgirlanden und vorgelagerten Tiefseegräben spielen sich gegenwärtig aktive Gebirgsbildungsvorgänge ab.

(Siehe Kapitel: Gebirgsbildung heute)

geologische Vorgänge	Entwicklung des Lebens
letzten Meeresüberflutungen im mittleren Paleozän, mittleren Eozän und Mitteloligozän (Pariser Becken, Hessische Senke). Bildung von Gips und Steinsalz	Temperatureinflüssen unabhängig – z. B. Beuteltiere, Huftiere, Raubkatzen, Halbaffen). Daneben zahlreiche Reptilien u. Insekten. Im Meer neben Muscheln, Schnecken, Seeigeln und Knochenfischen u. a. Großforaminiferen bis 15 cm Durchmesser (Nummuliten)
warmes, ausgeglichenes Klima von Pol zu Pol, ausgedehnte Meeresüberflutungen der Kontinentaltafeln in Europa, Nordamerika, Nordafrika und Australien (Thalattokratie. Ab Mittelkreide Einsetzen der alpidischen Gebirgsbildung. Andauern gebirgsbildender Bewegungen im zirkumpazifischen Raum. Nach der Oberkreide starke Eintiefung des Zentral-Pazifik; seit Unterkreide Öffnung des Atlantiks. Starker Plateau-Vulkanismus (Parana-Becken). Trümmereisenerze nördlich des Harzes (Salzgitter, Peine, Ilsede), Steinkohlen im Deister, Schreibkreide	in der mittleren Kreide ausgeprägter Florensprung mit Einsetzen und rascher Ausbreitung der Angiospermen (Känophytikum: Schutz gegen Trockenheit und bessere Ausnutzung der Sonnenenergie durch Blütenpflanzen mit in Fruchtknoten eingeschlossenen Samenanlagen und großen Blättern). Optimale Entwicklung der Reptilien (Riesensaurier, jedoch Ende der Kreidezeit aussterbend wie die Ammoniten)
ausgeprägte Thalattokratie mit weitreichenden Meerestransgressionen. Starke Eintiefung der alpidischen Geosynkline (Senkungsbecken der Alpen, aus welchem sich das spätere Gebirge entwickelt hat). Zonenweise heftiger Geosynklinalvulkanismus. Einsetzen der zirkumpazifischen Gebirgsbildung (Japan, westliche Kordilleren Nordamerikas). Festländische Entwicklung in den Kernen der Südkontinente (Gondwana) sowie in Zentral- und Ostasien (Angaraschichten mit Kohlenbildung). Bedeutende Eisenerzlager (Minette), Ölschiefer.	die Flora zeichnet sich durch Vorherrschen der Nacktsamer aus (Gymnospermenzeit, Mesophytikum, mit Nadelbäumen, Ginkgogewächsen, Palmfarnen u. a.). Begünstigte Entwicklung der Reptilien mit Großformen (Ichthyosaurier, Plesiosaurier etc.), auch Flugsaurier. Erscheinen der ersten Vögel. Reiche marine Faunen mit Fischen, Ammoniten, Belemniten, Schnecken, Muscheln, Seeigeln, Korallen, Schwämmen, Foraminiferen u. Radiolarien. Nur kleinwüchsige Säuger

Ära (Zeitalter)	Formation (Periode, System)	Abteilung	Stufe	Beginn vor Mill. Jahren
	Trias	Keuper	Rät	
			Nor	
			Karn	
			Ladin	
		Muschelkalk	Anis	
		Buntsandstein	Skyth	
				225
Paläozoikum (Erdaltertum)	Perm	Zechstein	Tatar	
			Kazan	
		Rotliegend	Kungur	
			Artinsk	
			Sakmara	
				280
	Karbon	Siles	Stefan	
			Westfal	
			Namur	
		Dinant	Visé	
			Tournai	

geologische Vorgänge	Entwicklung des Lebens
überwiegend geokrate Epoche der Erdgeschichte mit anhaltend festländischer Entwicklung im Bereich der Südkontinente und Indiens (Gondwanaserie) mit verbreiteter Aridität, Salzbildung im ob. Buntsandstein, mittleren Muschelkalk und Gipskeuper, mehrfache Meeresvorstöße in das germanische Epikontinentalbecken Mitteleuropas (ob. Buntsandstein, Muschelkalk, Rät). Entstehung der alpidischen Geosynkline (Stammtrog der Alpen). Gebirgsbildung und Metamorphose in Japan, örtlich Vulkanismus. Abklingen der Uralfaltung	neben Schachtelhalmen und Farnen weit verbreitet Gymnospermen. Entwicklung der ersten, noch kleinwüchsiger Säugetiere neben den vorherrschenden Reptilien und Amphibien. Die Goniatiten (Paläoammonoidea) des Paläozoikums werden durch die Ceratiten (Mescammonoidea) u. die Tatrakorallen durch die Hexakorallen abgelöst.
Abklingen der varistischen Gebirgsbildung, Ausgleich des Gebirgsreliefs durch Abtragung und Beckensedimentation, in Europa und Nordamerika zeitweilig Epikontinentalmeere mit arider Salzabscheidung. Eintiefung und Faltung der westuralischen Vortiefe. Sonst jedoch ausgeprägte Geokratie mit kräftigem Vulkanismus im Rotliegenden und Vereisung im Bereich der Süderde (Australien)	an der Wende Rotliegend/Zechstein Florenschnitt vom Paläo- zum Mesophytikum: An die Stelle der Gefäßsporenpflanzen (Pteridophyten der Steinkohlenflora) treten die Gymnospermen. Aussterben der Trilobiten, vieler Echinodermen und Brachiopoden. Starke Entwicklung der Reptilien
Höhepunkt der varistischen Gebirgsbildung, zunehmende Geokratie (Ausdehnung der Festlandsräume). Starke Klimaunterschiede: Norderde, feuchtwarm, Süderde (einschl. Indiens) kalt mit ausgedehnter Inlandvereisung. Steinkohlen im ob. Karbon. Im unt. Karbon Vulkanismus. Grauwackensedimentation, anschließend Faltung, Schieferung, Gesteinsmetamorphose und Erzmineralisation	reiche Entfaltung der Pflanzenwelt mit deutlicher Differenzierung in Florenprovinzen (Bärlappe, Farne, Schachtelhalme, Farnsamer, erste Gymnospermen). Reiche Fauna mit Amphibien, ersten Reptilien (Cotylosaurier), Insekten, Goniatiten, Brachiopoden, Korallen u. a. m.

Ära (Zeitalter)	Formation (Periode, System)	Abteilung	Stufe	Beginn vor Mill. Jahren
	Devon	Oberdevon	Strun	
			Famenne	
			Frasne	
		Mitteldevon	Givet	
			Eifel	
		Unterdevon	Ems	
			Siegen	
			Gedinne	
				395
	Silur		Ludlow	
			Wenlock	
			Valent (Llandovery)	
				430–440
	Ordovizium		Ashgill	
			Caradoc	
			Llandeilo	
			Llanvirn	
			Arenig (Skiddav)	
			Tremadoc	
				500
Kambrium		Oberkambrium		
		Mittelkambrium		
		Unterkambrium		

geologische Vorgänge	Entwicklung des Lebens
weite Meeresüberflutungen auf fast allen Kontinenten (thalattokrate Epoche). Einsenkung der varistischen Geosynkline mit vulkanischer Aktivität. Im Unterdevon Abklingen der kaledonischen Gebirgsbildung, danach old-red-Festland in Nordeuropa. Im Mitteldevon ausgeprägte Riffbildung. Gegen Ende des Devon Einsetzen der varistischen Bewegungen; in Südamerika zur gleichen Zeit Beginn der festländischen (Gondwana-) Entwicklung. Flachmeere des Unterdevon mit zeitweiligem Trokkenfallen als Bildungsraum der ersten Landpflanzen	zu Beginn des Devon Florenschnitt von der Thallophyten- bzw. Algenzeit (Proterophytikum) zum Paläophytikum mit Nacktpflanzen (Psilophyten) im Unterdevon, mit Pteridophyten (Bärlappe, Schachtelhalme, Farne) ab ob. Mitteldevon. Erfindung des Lignins und Kutins, der Leitbündel und Spaltöffnungen sowie des sekundären Dickenwachstums. Reiche Fauna mit ersten Amphibien. Knochen- und Knorpelfischen, Insekten sowie zahlreichen Wirbellosen
Höhepunkt der kaledonischen Gebirgsbildung in Schottland und Skandinavien. Vulkanismus. In Thüringen, Böhmen und der Bretagne Eisensilikatoolitherze, in Nordamerika und Sibirien Salzabscheidung	Thallophytenflora des Proterophytikums (höhere Pflanzen fehlen) hingegen reiche marine Fauna mit Panzerfischen, Gigantostraken, Echinodermen, Trilobiten, Cephalopoden, Schnecken, Muscheln, Graptolithen, Brachiopoden, Korallenriffe
fortschreitende Meeresüberflutung mit größter Ausdehnung des nordamerikanischen Epikontinentalmeeres im ob. Ordoviz. Takonische Gebirgsbildung der Appalachen. Eintiefung kaledonischer Geosynklinaltröge in Skandinavien. Schottland, Irland, im östlichen Ural u. Zentralasien. Erste kaledonische Bewegungen z. T. Vulkanismus	marine Thallophyten. Mit den Agnathen und Panzerfischen erscheinen im höheren Mittelordoviz die ersten marinen Wirbeltiere. Als Wirbellose sind vertreten die Graptolithen, Brachiopoden, Trilobiten, Schnecken, Cephalopoden, Muscheln und Echinodermen
zunehmende Erwärmung nach der vorangegangenen jungpräkambrischen Vereisung. Nach überwiegend festländischem Unterkambrium weithin transgredierendes Mittelkam-	neben vergleichsweise armer Algenflora reiche marine Fauna: außer den Wirbeltieren sind bereits alle Stämme des Tierreiches vertreten, insbesondere Trilobiten, Brachio-

Ära (Zeitalter)	Formation (Periode, System)	Abteilung	Stufe	Beginn vor Mill. Jahren
				570
Präkambrium (Erdurzeit)	Proterozoikum (Jungpräkambrium)	Jungproterozoikum		1200
		Altproterozoikum		

geologische Vorgänge	Entwicklung des Lebens
brium; Entstehung der kaledonischen Geosynklinaltröge (Stammtröge des späteren Kaledonischen Gebirges)	poden, Cephalopoden, Medusen und riftbildende Archäocyathiden
Im Zuge der bedeutenden Gebirgsbildungsvorgänge an der Wende zum Paläozoikum (Panafrikan. Gebirgsbildung, Baikal-, Sinkiang- u. Brasil-Orogenese) wachsen die protokontinentalen Schilde zu Kontinentaltafeln zusammen. Vor 900–1000 Mill. J. weitere bedeutende Orogenesen: Grenville/Kanada, Gotiden/Skandinavien, Rondonia/Brasilien, Kibariden/Südafrika, Delhi-Aravalli u. Satpur/Indien, Carpentaria/Australien sowie Chengchiang/China. Danach geokrate Epoche mit jungpräkambr. Vereisung (Katanga-, Otavi-Tillit Südafrikas, in Australien, China (Sinium), Moelv/Norwegen, Armorikanischer Schild/Nordwest-Frankreich). Rotsedimente weisen auf Vorhandensein einer Sauerstoff-Atmosphäre hin	Beginn der Metazoen (Mehrzeller): Medusen, Oktokorallen, Anneliden (Würmer), Invertebraten (Wirbellose) unbekannter systematischer Stellung (Adelaide-System Südaustraliens). Biostratigraphische Gliederung mittels Kalkalgen (Collenia); biogene Kalk- und Dolomitserien an der Wende zum Paläozoikum erste schalentragende Versteinerungen Sauerstoffgehalt der Atmosphäre steigt bis auf ca. 10 % des heutigen an
Entstehung der protokontinentalen Schilde; wichtige Gebirgsbildungen: 1300–1400 Mill. J.: Elsonia/Kanada, Owrutsch/Rußland, Lüliang/China 1700–1800 Mill. J.: Hudson/Kanada, Svecofenniden u. Kareliden/Nordeuropa, Wolhynische Orogenese/Rußland, Stanowoi/Sibirien, Wutai u. Taischan/China, Nullaginia/Australien, Eastern Ghats/Indien 1900–2000 Mill. J.: Krivoi Rog/Rußland, Saamiden/Nordeuropa, Limpopo-Ubendia/Südafrika, Tocantins/Brasilien zunächst geokrate Epoche mit dem	Beginn des Thallophytikums (Algenzeit) mit der Entwicklung riffbildender Stromatolithen (Kalkalgen). Beginn der Photosynthese, damit Zunahme des Sauerstoffgehalts der Atmosphäre, zunächst bis zum Erreichen des Pasteur-Levels (ca. 1 % des heutigen), gesteuert durch fakultative Anaerobier mit wahlweiser Gärung bzw. Atmung. Abspaltung der ersten tierischen Organismen vom gemeinsamen Stamm der Fadenalgen

Ära (Zeitalter)	Formation (Periode, System)	Abteilung	Stufe	Beginn vor Mill. Jahren
				2000
	Archaikum (Altpräkambrium)			ca. 4500

geologische Vorgänge	Entwicklung des Lebens
Transvaal-Tillit/Südafrika um 2000 Mill. J. (mittelpräkambrische Vereisung), danach überwiegend thalattokrat	
Entstehung der ältesten erhaltungsfähigen Teile der Erdkruste. Wichtige Gebirgsbildungen: 2000–2300 Mill. J.: präkarelische Gneise Finnlands, Orechow-Faltung d. Ukraine, Aldan-Orogenese Sibiriens, Dharwar-Gürtel Indiens, südl. Mandschurei. 2500–2700 Mill. J.: Kenora-Faltung Kanadas, Belomoriden der Kola-Halbinsel. Shamvadian Südafrikas, Kalgoorlie-Pilbara-Gürtel Westaustraliens. 2900 Mill. J.: Guayana-Orogenese Südamerikas 3000 Mill. J.: Katarchaikum der Kolahalbinsel 3500 Mill. J.: Swaziland-System Südafrikas. Älteste Vereisungsspuren: Witwatersrand-Tillit Südafrikas ca. 2500 Mill. J.	Entstehung erster primitiver Formen irdischen Lebens. Lebensfeindliche Uratmosphäre mit ca. 0,1 % Sauerstoffgehalt des heutigen (Urey-Level, bedingt durch Photo-Dissoziation von Wassermolekülen durch kurzwellige Sonnenstrahlung). Überwiegend Kohlensäure mit hoher Temperatur (Treibhaus-Wirkung) und hohem Bodendruck; möglicherweise geringere Solarkonstante (Einstrahlungsrate am Außenrand der Atmosphäre) als heute

Diese Formationstabelle wurde mit freundlicher Genehmigung des Verlags dem Werk Hans-Georg Wunderlich: Bau der Erde, Geologie der Kontinente und Meere, Bd. I., Bibliographisches Institut, Mannheim, Wien, Zürich 1973 entnommen.

2. Literatur

Ahorner, L., Murawski, H. u. Schneider, G.: Seismotektonische Traverse von der Nordsee bis zum Apennin. – Geol. Rundschau Band 61, Stuttgart 1972

Anderson, R. N. u. Noltimier H. C.: A Model for the Horst and Graben Structure of Midocean Ridge Crests based upon Spreading Velocity and Basalt Delivery to the Oceanic Crust. – Geophys. J. R. astr. Soc. (1973) 34

Angenheister, G., Bögel, H., Gebrande, H., Giese, P., Schmidt-Thomé, P., Zeil, W.: Recent investigations of surficial and deeper crustal structures of the Eastern and Southern Alps. – Geol. Rundschau Band 61, Stuttgart 1972

Bederke, E. u. Wunderlich H. G.: Atlas zur Geologie. – BI-Hochschulatlanten, Band 302, Mannheim 1967

Cloos, E.: Experimental Analysis of Gulf Coast Fracture Patterns. – The American Association of Petroleum Geologists Bulletin, No. 3, 1968

Courtillot, V.: Les »panaches« moteurs de la dérive des continents. – La Recherche, numéro 32, Paris 1973

Dietrich, G. u. Ulrich, J.: Atlas zur Ozeanographie. – BI-Hochschulatlanten, Band 307, Mannheim 1968

Frey, M. u. Hunziker, J.: Progressive niedriggradige Metamorphose Glaukonitführender Horizonte in den helvetischen Alpen der Ostschweiz. – Contr. Mineral. and Petrol. 39, 1973

Günther, K.: Ergebnisse meeresgeologischer und geophysikalischer Untersuchungen in der Nördlichen Tyrrhenis und im Ligurischen Meer und ihre Konsequenzen für die Deutung der Orogenese des Nordapennins. – N. Jb. Geol. Paläont. Abh., Bd. 142, Stuttgart 1973

Illies, J. H.: The Rhine Graben Rift System-Plate Tectonics and Transform Faulting. – Geophysical Surveys 1, 1972

Jordan, P.: Die Expansion der Erde. – Die Wissenschaft, Bd. 124, Braunschweig 1966

Kertz, W.: Einführung in die Geophysik 1. – BI-Hochschultaschenbücher, Bd. 275, Mannheim 1969

Koark, H.: Geologie von Schweden. – Geol. Rundschau, Bd. 59, 1970

Lemoine, M.: Un certain dogmatisme menace-t-il la tectonique des plaques? – La Recherche, No. 33, 1973

Maack, R.: Kontinentaldrift und Geologie des südatlantischen Ozeans. Berlin 1969

Müller, K.: Das »Randcenoman« der Nördlichen Kalkalpen und seine Bedeutung für den Ablauf der ostalpinen Deckenüberschiebungen und ihrer Schubweiten. – Geol. Rundschau, Bd. 62, Stuttgart 1973

Pavoni, N.: Faltung durch Horizontalverschiebung.

– Die Nordanatolische Horizontalverschiebung. – Eclogae geol. Helv. 1961, Vol. 54, No. 2, Basel 1961

– Aktive Horizontalverschiebungszonen der Erdkruste. – Bull. Ver. Schweiz. Petrol. – Geol. Vol. 31, Nr. 80, 1964

Plessmann, W. u. Spaeth, G.: Beziehungen zwischen Gesteinsformation und Schallgeschwindigkeiten. – Geol. Rundschau, Bd. 61, Stuttgart 1972

Schäfer, K.: Transform Faults in Island. – Geol. Rundschau, Bd. 61, Stuttgart 1972
Schick, R.: Erdbeben als Ausdruck spontaner Tektonik. – Geol. Rundschau, Bd. 61, Stuttgart 1972
– u. G. Schneider: Physik des Erdkörpers. – Ferdinand Enke Verlag Stuttgart 1973
Schlich, R.: Quand les géophysiciens explorent l'océan Indien. – La Recherche, No. 40, Paris 1973
Schmidt-Thomé, P.: Lehrbuch der Allgemeinen Geologie, Band 2, Tektonik. Stuttgart, 1972
Schwan, W.: Zur geologisch-tektonischen Entwicklung des Japanischen Inselbogens und Meeres. – Z. Deutsch. Geol. Ges. Bd. 124, Hannover 1973
Schwarzbach, M.: Eine Karte des quartären und tertiären Vulkanismus in Europa. – Eiszeitalter und Gegenwart, Bd. 12 Öhringen/Württ. 1961
– The Geological Knowledge of the North Atlantic Climates of the Past. – Oxford 1963
– Geologenfahrten in Island. – Verlag Die Karawane, Ludwigsburg 1964
Streckeisen, A.: Plutonismus und Orogenese. – Schweiz. Min. Petr. Mitt., Bd. 50, Heft 3, 1970
Strobach, K.: Curvature of Island Arcs and Plate Tectonics. – Zeitschrift für Geophysik, Bd. 39, 1973
Tollmann, A.: Zur Frage der Geschwindigkeit des Deckenschubes. – Geol. Rundschau, Bd. 61, H. 3 Stuttgart 1972
Torge, W.: Der heutige Stand in der Bestimmung der Erdfigur. – Zeitschrift für Vermessungswesen 98. Jahrg. 1973, Heft 6
Trümpy, R.: Über die Geschwindigkeit der Krustenverkürzung in den Zentralalpen. – Geol. Rundschau Bd. 61, H. 3, 1972
Uyeda, S.: Dérive des continents et tectonique des plaques. – La Recherche, No. 25, Paris 1972
Wedepohl, K. H.: Geochemistry. New York 1971
Westphal, M.: Etudes Paläomagnetiques de Quelques Formations Permiennes Et Triasiques Dans Les Alpes Occidentales (France). – Tectonophysics, 17, 1973
Wunderlich, H. G.: Wesen und Ursachen der Gebirgsbildung. – BI-Hochschultaschenbücher Bd. 339, Mannheim 1966
– Inverse Dichteverteilung in der Erdkruste – Ursachen und tektonische Auswirkungen. – N. Jahrbuch für Geologie u. Paläontologie, Monatshefte, 1, 1–27 Stuttgart, 1967
– Einführung in die Geologie. – Band 1 u. 2, BI-Hochschultaschenbücher, Bd. 340 u. 341, Mannheim 1968
– Wanderung und Wachstum der Kontinente. – Jh. Ges. Naturkde. Württ., 126. Jahrgang, Stuttgart 1971
Wunderlich, H. G.: Plattentektonik in kritischer Sicht. – Zeitschrift der Deutsch. Geol. Gesellschaft, Bd. 124, Hannover 1973
– Grundzüge der alpidischen Geodynamik West-Europas. – Neues Jahrbuch Geol. Paläont. Mh. H. 2, Stgt. 1973
– Das Bewegungsbild der Erdkruste. – N. Jb. Geol. Paläont. Mh. H. 2, Stgt. 1973
– Bau der Erde, Geologie der Kontinente und Meere, Bd. 1 BI-Hochschultaschenbücher, Mannheim, 1973

3. Register